# GESCHICHTE DER ELEMENTAR-MATHEMATIK

IN SYSTEMATISCHER DARSTELLUNG
MIT BESONDERER BERÜCKSICHTIGUNG
DER FACHWÖRTER

VON

DR. JOHANNES TROPFKE
OBERSTUDIENDIREKTOR I. R.

DRITTER BAND

## PROPORTIONEN, GLEICHUNGEN

DRITTE, VERBESSERTE UND VERMEHRTE AUFLAGE

BERLIN UND LEIPZIG 1937
WALTER DE GRUYTER & CO.
VORMALS G. J. GÖSCHEN'SCHE VERLAGSHANDLUNG / J. GUTTENTAG, VERLAGSBUCHHANDLUNG / GEORG REIMER / KARL J. TRÜBNER / VEIT & COMP.

vormals G. J. Göschen'sche Verlagshandlung — J. Guttentag, Verlagsbuchhandlung — Georg Reimer — Karl J. Trübner — Veit & Comp.
Berlin W 35, Woyrschstr. 13

Archiv-Nr. 12 28 37

Druck von Metzger & Wittig in Leipzig

# Vorwort.

Wie in Band I und II der dritten Auflage, sind auch in dem vorliegenden Band III Vergleichstafeln zwischen den Seitenzahlen und den Anmerkungsnummern der beiden letzten Auflagen angeführt worden, um die großen Verzeichnisse am Schluß des Bandes VII der zweiten Auflage besser ausnutzen zu können.

Im Anhang II ist das Material wiederum vergrößert worden; daher sind die Bezugsangaben auf diesen Anhang in Band I[3] und II[3] unrichtig geworden und gemäß der Angaben auf S. 236 zu ändern.

Berlin, im Januar 1937.

**Der Verfasser.**

# Inhalt.

## Proportionen. Gleichungen.

# PROPORTIONEN. GLEICHUNGEN.

# A. Die Proportionen.

## I. Die Lehre von den Proportionen.

Für die Griechen lag der unschätzbare Nutzen der Proportionen darin, daß sie ihnen mit ihren Umwandlungen einen Ersatz für unsere Gleichungen zu geben vermochten. Diese wichtige Verwendung läßt die umfangreiche Behandlung, die die griechischen Mathematiker, wie Euklid (um 325 v. Chr.), aber auch noch die arabischen und abendländischen Gelehrten bis in die Neuzeit herein den Proportionen zuteil werden lassen, verstehen. Als längst die Buchstabensprache in der Gleichungslehre durchgebildet war, pflegte man die Resultate noch in Proportionsform zu schreiben, die die Stelle unserer jetzigen geschlossenen Formeln einnimmt. Erst in neuester Zeit ist der ihnen zur Verfügung gestellte Raum arg beschnitten worden. Während J. Wallis (1616—1703; Professor der Geometrie in Oxford) der Proportionslehre in der lateinischen Ausgabe (1693) des großen Werkes, das er 1685 über die Algebra verfaßt hat, $14\frac{1}{2}$ Folioseiten widmete,[1] während in Karstens *Lehrbegriff der gesamten Mathematik* (1767/8) — ohne Anwendungen — fast 70 Seiten dieses Thema breittraten,[2] in Segners *Vorlesungen* von 1747[I 414] sogar 33 Großquartseiten,[3] ist in modernen Lehrbüchern der Stoff auf etwa 3 bis 4 Seiten zusammengedrängt[4] und könnte ohne Schaden noch weiter verkürzt werden. In sehr erfreulicher Beschränkung behandelt schon J. G. Tralles[II 1341] 1788 die Proportionen auf nur 6 Kleinoktavseiten. B. Fr. Thibaut strich 1801 in

---

[1] Wallis, *Opera*[I 682], II, 1693 Oxoniae, *Algebra* S. 85—99; englische Ausgabe von 1685[I 682], S. 78—88. — G. Vitali versichert in seinem *Lexicon mathematicum, astronomicum et geometricum,* Paris 1668, S. 391, Z. 8 v. u., von der Proportionslehre: *Ea est basis, supra quam totius matheseos structura fundatur, quin immo et scopus, ad quem omnia eius praecepta collineant* (Sie ist die Grundlage, auf die sich der Aufbau der ganzen Mathematik stützt, ja sogar das Ziel, auf welches alle ihre Lehrsätze hinstreben). — [2] Karsten[I 313], S. 152—178, 308—341, 366—376. — [3] VI, S. 331—383; VIII, S. 420—449[I 414]. — [4] Fr. Bussler, *Die Elemente der Mathematik,* Dresden 1897, I, S. 101—105.

seinem ausgezeichneten Lehrbuch (*Grundriß der reinen Mathematik*, 1. Aufl.[II 123]) die Proportionslehre ganz. Doch war die Zeit damals noch nicht reif dazu. Schon in der 2. Auflage (1809) fügt er sie in einem kleinen Anhang[5] wieder bei und bemerkt: „Obschon die Lehre von den Verhältnissen zweyer gegebenen Zahlen mit der von den vier Rechnungsarten, die von den Proportionen mit besonderen Fällen der Theorie von den einfachen Gleichungen des ersten Grades, völlig dasselbe ist, ja, wegen der Einführung einer ganz neuen und höchst unbequemen Terminologie, als schädliche Lehre angesehen werden muß: so ist sie doch in dem bisherigen Vortrage der mathematischen Wissenschaften so allgemein im Gebrauch, daß eine historische Kenntnis von ihr nicht wohl entbehrt werden kann, sey es auch, daß man sich bey eignen Untersuchungen dieser unbequemen Formen enthalte. Daher mag hier, wenigstens historisch, das Hauptsächliche der gewöhnlichen Darstellungen dieser Lehre vorkommen."

Die Proportionslehre ist eine wissenschaftliche Fortführung des Dreisatzgedankens, der sich auch in der Regeldetri (vgl. Bd. I[3], S. 187—188) offenbart. Schlußfolgerungen einfacher Art gehören zu den ersten Regungen des menschlichen Denkens. Klare Verwendung des Proportionalitätsbegriffes findet sich bereits im ägyptischen Rechenbuch des Ahmes (zwischen 1788 und 1580 v. Chr.).[6] Im Papyrus Moskau[III 135], etwa gleichen Alters, tritt erstmalig ein Fachwort für Verhältnis auf: '*ḏb* $2\frac{1}{2}$' ist (in der Aufgabe 7) das Verhältnis der großen zur kleinen Kathete im rechtwinkligen Dreieck.[7] Der Verhältnisbegriff ist hier also nicht mehr rein rechnerisch verwendet, sondern schon geometrisch ausgenutzt. Wirkliche Proportionen in mehr oder weniger algebraischer Fassung sind aber wohl in dieser frühen Zeit keineswegs anzunehmen. Wie weit die ägyptische Mathematik nach dieser Richtung fortschritt und die griechische Lehre vorbereitete, wie weit Übertragung auf geometrische Beziehungen vorgenommen wurde, läßt sich bei der mangelhaften Überlieferung noch nicht mit Klarheit feststellen. Griechische Nachrichten zeigen mehr nach Babylon, von wo Pythagoras (6. Jahrh. v. Chr.) seine Vorkenntnisse erhalten habe: in diesem Sinne berichtet Iamblichus (Anfang 4. Jahrh. n. Chr.),[8] ein allerdings sehr später Schriftsteller,

[5] Daselbst S. 145[II 123]. — [6] Vgl. I[3], S. 72, 188. K. Vogel, *Besprechung der Chace-Ausgabe des Papyrus Rhind*[I 381], Arch. Gesch. Math. Techn. 12, 1930, S. 422—423. — [7] W. W. Struve[III 135], S. 123 f., § 7; K. Vogel[II 795], Arch. Gesch. Math. Techn. 13, 1931, S. 454. — [8] Iamblichus, ed. Pistelli[I 546], S. 118, Z. 23: *ὕρημα δ' αὐτὴν φασιν εἶναι Βαβυλωνίων καὶ διὰ Πυθαγόρου πρῶτον εἰς Ἕλληνας*

den man aber als gut vertraut mit babylonischer Mathematik kennt. Neuerdings entzifferte Keilschrifttexte[9] weisen allerdings Rechnungen auf, die es außer Zweifel stellen, daß die Babylonier schon in sehr früher Zeit den Begriff der geometrischen Proportion gekannt haben.

In der Schule des Pythagoras behandelte man die arithmetische und geometrische Proportion (*ἀναλογία*):[10]

$$\alpha)\ a - b = c - d,$$

$$\beta)\ a : b = c : d,$$

ferner die bei Gleichheit der inneren Glieder aus ihnen sich ergebenden stetigen Proportionen (*μεσότητες*)

$$1)\ a - b = b - c, \qquad 2)\ a : b = b : c,$$

zu denen sich als dritte die sogenannte harmonische[11] Proportion

$$3)\ a : c = (a - b) : (b - c)$$

gesellte. Eine Definition der harmonischen Proportion mit Hilfe eines Proportionalitätsfaktors: $a - b = k\,a$; $b - c = k \cdot c$ findet sich bei Platon.[12] Den Wert eines Verhältnisses nennt Platon *πυϑμήν*.[13] Anfangs verstand man unter *ἀναλογία* nur die geometrische Proportion, während *μεσότης* als Allgemeinbezeichnung alle fünf umfaßte; allmählich wurde *μεσότητες* (*medietates*)[14] Fachausdruck für die nur drei Größen enthaltenden Proportionen.[15] Als vollkommenste — *τελειοτάτη* nach Nikomachos (100 n. Chr.); *μουσική* nach Iamblichos (Anfang des vierten Jahrhunderts n. Chr.)[16] — galt

*ἐλϑεῖν.* Vgl. auch O. Neugebauer, *Approximation*, Arch. Orient. Forschung 7[II 985], S. 94 ff. — 9 O. Neugebauer, Daselbst[II 985], S. 96. Die babylonische Mathematik hatte vielleicht schon einen festen terminus technicus für das allgemeine Verhältnis $b : a$ in igi-TE-EN šá (a) (b) — šè. Vgl. O. Neugebauer, *Der Verhältnisbegriff in der babylonischen Mathematik.* Analecta orientalia comm. scientif. de rebus orientis antiqui. Pontif. Instit. Nr. XII, Roma 1935, S. 248, Z. 15. — Derselbe, *Zur geometrischen Algebra* (*Studien zur Geschichte der antiken Algebra III*), Qu. Stud. B. 3, 1936, S. 254, Anm. 10. — 10 „Proportional" heißt schon bei Euklid *ἀνάλογον*; dies wird adverbial gebraucht, z. B. *αἱ πλευραὶ ἀνάλογόν εἰσιν.* Pappos sagt *ἡ τρίτη ἀνάλογον εὐϑεῖα*, die dritte Proportionale. Die Fachwörter *ἀναλογία ἀριϑμητική* und *γεωμετρική* werden bei Aristoteles[31] erwähnt, aber erst von Nikomachos als solche in seiner *Introductio*[I 728] II, 23, 1; II, 22, 1 überliefert. Vgl. Übersetzung von d'Ooge[I 151], S. 268 und 266. An anderer Stelle nennt N. sie *ἀναλογία κατὰ ποσότητα* (II, 21, 5 und 24, 1) und *ἀναλογία κατὰ ποιότητα* (II, 21, 5 und 25, 5). — 11 *Ἁρμονικὴ ἀναλογία*, Nikomachos[I 728], II, 21, 1; 23, 6. — 12 Vgl. d'Ooge[I 151], S. 62, Z. 6—7. — 13 *Republ.* 546[c]. Vgl. d'Ooge[I 151], S. 25, Anm. 2. — 14 Boëtius, *Inst. Arithm.* ed. Friedlein[I 73], S. 139. — 15 Vgl. hierzu Nesselmann[I 316], S. 210—212, Anmerkung. — 16 Nicomachi *Introductio*[I 728], II, 19, 1; S. 144, Z. 20; d'Ooge[I 151], S. 284; Iamblichus[I 546], S. 118, Z. 20.

bei den Pythagoreern diejenige Proportion, die aus zwei Zahlen, ihrem arithmetischen und harmonischen Mittel gebildet wird:

$$a : \frac{a+b}{2} = \frac{2ab}{a+b} : b .$$

IAMBLICHOS will wissen, daß gerade diese bereits den Babyloniern bekannt war.[17]

Am weiteren Ausbau der Lehre von den Medietäten erwarben sich ARCHYTAS von Tarent (430—365 v. Chr.) und HIPPASOS (Schüler des PYTHAGORAS) Verdienste. Sie fügten den drei Medietäten 1—3 drei neue hinzu:[18]

$$4)\ a:c = (b-c):(a-b), \qquad 5)\ b:c = (b-c):(a-b),$$
$$6)\ a:b = (b-c):(a-b).$$

Auch soll der zweite den Namen „harmonische Proportion“ für die bis dahin übliche Bezeichnung ὑπεναντία[19] in Aufnahme gebracht haben. Schließlich treten bis zur Zeit des NIKOMACHOS noch vier weitere Medietäten hinzu:

$$7)\ a:c = (a-c):(b-c), \qquad 8)\ a:c = (a-c):(a-b),$$
$$9)\ b:c = (a-c):(b-c), \qquad 10)\ b:c = (a-c):(a-b),$$

die von IAMBLICHOS zwei sonst unbekannten Pythagoreern, MYONIDES und EUPHRANOR, zugeschrieben werden.[20] Diese zehn Formen liegen den Betrachtungen des NIKOMACHOS (um 100 n. Chr.) in seiner *Εἰσαγωγὴ ἀριθμητική*[21] zugrunde; sie werden in Euklidischer Form durch PAPPOS (Alexandria, Ende des dritten Jahrhunderts n. Chr.)[22] behandelt, der besonders den ersten drei eine sehr einfache, einheitliche Definition gibt: „$b$ ist zwischen $a$ und $c$ arithmetisches, geometrisches oder harmonisches Mittel, je nachdem sich die Differenzen $(a-b)$ und $(b-c)$ wie $a:a$, wie $a:b$ oder wie $a:c$ verhalten.[23] Von der arithmetischen Form 1) erwähnen wir noch, daß NIKOMACHOS für den Fall $a-b = b-c = d$ die Beziehung $b^2 - ac = d^2$ aufstellt, die bei späteren Schriftstellern als *regula Nicomachi* wiederkehrt (vgl. B. II³, S. 125).[23a]

17 IAMBLICHUS[1546], S. 118, Z. 23. O. NEUGEBAUER[II985], S. 95. — 18 IAMBLICHUS[1546], S. 100, 113, 116. — 19 IAMBLICHUS[1546], S. 100, Z. 22. — 20 Daselbst S. 116, Z. 5—6. — 21 NICOMACHUS[1728], lib. II, cap. 21—29, S. 119—147. — 22 PAPPUS, *Collectionis* lib. III, § 30—57; ed. HULTSCH[113], I, S. 70—105. — 23 Daselbst, lib. III, § 30; ed. HULTSCH[113], S. 70, Z. 21 bis S. 72, Z. 5. Schon bei THEON von Smyrna (um 130 n. Chr.); vgl. D'OOGE[1151], S. 62. — 23a Das arithmetische Mittel mehrerer Größen ist an verschiedenen Stellen der HERON'schen Schriften benutzt. In den *Geometrica* § 26, Op. IV[1543], S. 387 wird das Mittel von 7, 5 und 3 mit $\frac{1}{3}(7+5+3) = 5$ berechnet. In den *Mensuris* § 59, Op. V[II636], S. 209 heißt es bei dem Mittel von 20, 15, 12 und 8: addiere

Aus den Medietäten entstand durch Fortsetzung:

$$a - b = b - c = c - d = d - e \quad \text{usf.}$$
$$a : b = b : c = c : d = d : e \quad \text{usf.}$$

die arithmetische, bzw. geometrische Reihe $a, b, c, d, e$ usf. Mit der harmonischen Medietät $a : c = (a - b) : (b - c)$ beschäftigen sich die Schriftsteller selten; ihre Fortsetzung über drei Glieder hinaus bringt erst STIFEL in seiner *Arithmetica integra* von 1544.[24] Indem er aus drei Größen $a, b, c$, die der harmonischen Medietät genügen, das erste und letzte Glied durch $a = \frac{bc}{2c - b}$, bzw. $c = \frac{ab}{2a - b}$ berechnet, kann er nicht nur aus $b, c$ ein folgendes Glied finden, sondern für $a, b$ auch ein vorhergehendes, so daß die Fortsetzung nach beiden Richtungen erfolgt. STIFEL ist sich bewußt, daß bei $a < b$ eine Rückwärtsfortsetzung stets möglich ist, aber nicht immer eine Fortsetzung nach rechts; diese versagt nämlich, wenn $2a - b = 0$ ist. Eine Erklärung des Wortes ‚harmonische Proportion' wird auch in neueren Büchern fast nie gegeben.[25]

Von den beiden allgemeinen Proportionsarten mit vier Größen interessiert uns hauptsächlich die geometrische $\beta$).

Trotz ihrer geringen Verwendbarkeit werden die arithmetischen Proportionen $\alpha$) von den einzelnen Schriftstellern, bis ins neunzehnte Jahrhundert hinein, gewissenhaft gelehrt;[26] selbst in verschiedenen modernen Schulbüchern nehmen sie den ohnehin so knappen Platz wichtigeren Stoffen weg. Sie verschwinden erst gegen Ende des neunzehnten Jahrhunderts aus den Lehrbüchern, obgleich man wiederholt schon auch viel früher gegen sie Sturm gelaufen war.[27]

---

alles und dividiere durch 4. — Ganz allgemein heißt es im Absatz nach der *Geometrica*-Stelle, S. 389, Z. 9—10: „Wenn man 5 mal mißt, muß man $\frac{1}{5}$ der Summe nehmen, wenn 7 mal, $\frac{1}{7}$ und so weiter". Sicher sind solche Berechnungen in Babylonien und Ägypten schon in alters ferner Zeit ausgeführt worden. Die Pyramidenstumpfformel $V = \frac{1}{3}(a^2 + ab + b^2) \cdot h$, Papyrus Moskau[135], 1850 v. Chr. nimmt als Vergleichsprisma ein solches von gleicher Höhe, aber mit einer Grundfläche, die das arithmetische Mittel der drei Flächen $a^2$, $ab$, $b^2$ ist. — 24 *Ar. integra*[123], S. 57 u. 58. — 25 Vgl. aber VAN SWINDEN, *Elemente der Geometrie*, bearbeitet von C. F. A. JACOBI, 1834[II 1219], S. 103. Über den Namen siehe WIELEITNER, *Mathem. Quellenbücher I*[121], S. 15. Über den Zusammenhang der Musik mit der Proportionslehre, vgl. P. TANNERY, *Du rôle de la musique grecque dans le développement de la mathématique pure*, Bibl. math. $3_3$, 1902, S. 161—175. Mém. scient. 3, 1915, S. 68ff. O. NEUGEBAUER, *Approximation*[II 985], S. 94—96. — 26 Schuld ist wohl, daß EULER in seiner *Algebra*[165] die arithmetischen Proportionen in einem besonderen Kapitel behandelt, S. 243 bis 255. — 27 LAGRANGE wendet sich in seinen Vorlesungen zu Paris 1795 vor der Normalschule gegen den Namen „arithmetische Proportion": „*La dénomi-*

Der Lehre von den **geometrischen** Proportionen hat Euklid das fünfte Buch seiner Elemente eingeräumt, so weit sie sich auf allgemeine — geometrische wie arithmetische — Größen bezieht; im siebenten Buch, Satz 5—21, wird sie alsdann für reine Zahlen wiederholt, bzw. ergänzt. Der Grund dieser Anordnung ist geschichtlich zu verstehen. Proportionsbetrachtungen, Untersuchungen der Ähnlichkeit von Figuren gehören zu den ältesten Forschungen der griechischen Mathematik. Die sich bildende wissenschaftliche Arithmetik erkannte in ihrem Zahlbegriff nur die ganzen Zahlen an, nicht die Brüche. Die Proportionen ermöglichen nun eine Bruchlehre nur mit Hilfe der ganzen Zahlen (vgl. Bd. II³, S. 80—81). Solche Untersuchungen waren in der Pythagoreischen Schule bereits zu einem gewissen Abschluß gekommen, als die Entdeckung des Irrationalen durch jüngere Mitglieder der Schule die gewonnenen Resultate ins Wanken brachte. Es erschien unerhört, daß die Länge der Diagonale eines Quadrates durch eine Seite nicht gemessen werden konnte, da doch die Diagonale eine wohl definierte Größe war. Die Begriffe Zahl und Linie war nicht mehr in Deckung! Die Mathematik mußte sich umgruppieren. Sätze der Geometrie, die bis dahin mit Proportionen bewiesen waren, bedurften neuer Beweise, die sich nicht auf Zahlengebilde stützten. Die Proportionslehre mußte andrerseits neu aufgebaut werden, um auch den Begriff der irrationalen Zahlen aufzunehmen (vgl. Bd. II³, S. 84f.). Die Durchführung gelang Eudoxos von Knidos (410—356 v. Chr.);[28] aber seine Theorie war nicht mehr einfach genug, um am Anfange der Elemente behandelt werden zu können. Euklid wies der verbesserten Proportionslehre daher erst das V. Buch zu; in den ersten vier Büchern wird jede Benutzung der Proportionen vermieden. In diesem V. Buche scheint sich aber Euklid den Schriften des Eudoxos recht eng anzuschließen.[29] Darauf weist die zuweilen altertümliche Fassung und die Schwerfälligkeit des Ausdruckes hin. In der Fassung der De-

*nation de proportion me paraît très-impropre pour ce qu'on appelle proportion arithmétique*" (J. Éc. pol. II, cah. 7—8, S. 181). E. G. Fischer sagt in den *Anmerkungen zu seinem Lehrbuch*, 1820[II 574], X, § 1, S. 92 sehr richtig: „Der Verfasser will es nicht verhehlen, daß er einen geheimen Groll gegen die sogenannten arithmetischen Verhältnisse hat. Er weiß nicht den geringsten Nutzen von ihnen anzugeben, der nur von einiger Erheblichkeit wäre; und doch nimmt ihr Vortrag einige Zeit weg, mit welcher der Lehrer der Mathematik gar nicht sparsam genug umgehen kann." — 28 Nach Mitteilung des Euklidkommentators Proklos (410 Byzanz bis 485 Athen); Proclus[II 369], S. 67, Z. 5. — 29 Proclus[II 369], S. 68, Z. 8; Euklid, ed. Heiberg, V, Leipzig 1888, S. 280, 282 (Scholien zu Euklid).

finition 5 im V. Buch ist jedoch Euklid über Eudoxos hinausgegangen; Aristoteles († 322 v. Chr.) wenigstens, der in vielen eingestreuten Bemerkungen seiner Schriften verrät, daß er mit der Eudoxischen Theorie vertraut war, hat eine Fassung, die sich mit der Euklids (Erscheinen der Elemente um 325) nicht deckt.[30]

Euklid beschränkt sich auf die geometrischen Proportionen, deren allein er zum Aufbau seines Systems bedarf. Über die anderen Proportionen, die die Pythagoreer behandelt hatten, teilt er uns nichts mit. Nicht einmal die Bezeichnung ‚geometrische Proportion' kommt bei ihm vor. Auch in dieser Beschränkung scheint Euklid sich von den älteren Lehrbüchern, wie sie Leon und Theudios vor ihm verfaßt hatten, zu unterscheiden. Dies kann man wieder aus Bemerkungen bei Aristoteles schließen, der eben nur diese älteren Bearbeitungen kannte und gelegentlich die Benennung „geometrisch" überliefert.[31] Die bei Aristoteles vorkommende Bezeichnung *ἡ συνεχής*[32] für eine stetige Proportion hat Euklid auch nicht aufgenommen, wohl aber kennt er das Fachwort *ὅρος*[33] für Glied einer Proportion.

Euklid unterscheidet, wie wir, bei einer Proportion $a:b = c:d$ Vorderglieder und Hinterglieder (*τὰ ἡγούμενα*; *τὰ ἑπόμενα*), äußere und innere Glieder (*τὰ ἄκρα* oder *τὰ ἔσχατα*; *τὰ μέσα*); er versteht mit der zugrunde liegenden Proportion dieselben Verwandlungen vorzunehmen, die heute noch eingeübt werden. So zeigt er, daß aus $a:b = c:d$ folgende weitere Formen abgeleitet werden können:[34]

1) $b:a = d:c$ (*ἀνάπαλιν*, *inverso*, *umgekehrt*; Nikomachos, lib. II, 24, 2[I 728], auch *ἀναστρόφως*; Boëtius:[I 73] *conversim*; Anaritius:[II 400] *conversio*) Eukl. El. V, 7, Corr. Erkl. 14 (H. 13).

2) $a:c = b:d$ (*ἐναλλάξ*, *alterne*, *vicissim*, *verwechselt*; Nikomachos lib. II, 21, 6; 24, 2[I 728], auch *ἀναμίξ*; Boëtius: *permutatim*, *permixtim*; Anaritius: *permutata propositio*) Eukl. El. V, 16, Erkl. 13 (H. 12).

30 J. L. Heiberg[I 715], Abh. Gesch. Math. 18, 1904, S. 21—22. — 31 Aristoteles, Akademieausgabe[I 6] II, S. 1131 rechts, Z. 12 bis 13; *Καλοῦσι δὲ τὴν τοιαύτην ἀναλογίαν γεωμετρικὴν οἱ μαθηματικοί.* — 32 Aristoteles II, S. 1131 links, Z. 33. — 33 Aristoteles II, S. 1131 rechts, Z. 5, 9; Euklid, Elem. 5, def. 8, ed. Heiberg, Op. 2[I 712] S. 4, Z. 7. — 34 Die Euklidischen Sätze sind nach der Übersetzung von Lorenz[II 1129], die am bekanntesten ist, zitiert. Die Abweichungen der Heibergschen Ausgabe sind mit einem H. in Klammern beigefügt; vgl. auch Hankel[I 188], S. 390—391.

3) $(a+b):b=(c+d):d$ (σύνθεσις λόγου; *componendo, verbunden*; ältere deutsche Lehrbücher: *gesammelt, zusammengebracht*): V, 18 u. Erkl. 15 (H. 14); VII, 5, 6, 12. Umkehrung V, 17.

In 3) wird später unterschieden:

$(a+b):a=(c+d):c$, *rückwärts verbunden*
$(a+b):b=(c+d):d$, *vorwärts verbunden*
} nach L. CHR. STURM[1413] (1707) *Kurtzer Begriff d. ges. Mathesis.*

4) $(a-b):b=(c-d):d$ (διαίρεσις λόγου; *dividendo, getrennt*; ANARITIUS: *divisa proportio.* Deutsche Lehrbücher: *disjuncta, zerteilt, voneinander geschieden*): V, 17 u. Erkl. 16 (H. 15); VII, 7, 8.

5) $a:(a-b)=c:(c-d)$ (ἀναστροφή λόγου, ἀναστρέψαντι; *per conversionem, zurückkehrend*; ANARITIUS: *eversa proportio.* Deutsche Lehrbücher: *conversa, verwendet, herausgewendet*): V, 19, Zusatz u. Erkl. 17 (H. 16); VII, 11.

EUKLID kennt auch Sätze für mehrfache Proportionen:

6) Aus $a:b=d:e$
und $b:c=e:f$
} (ἀ. τεταγμένη; *ordinata* [ANARITIUS], *geordnete Proportionen*: diese Bezeichnung fehlt bei EUKLID.

folgt $a:c=d:f$ (δι' ἴσου; ANARITIUS: *proportio aequalitatis; ex aequo, ex aequalitate, aus dem Gleichen*): V, 22 u. Erkl. 18 (H. 17). VII, 14.

7) Aus $a:b=e:f$
und $b:c=d:e$
} (ἀ. τεταραγμένη; ANARITIUS, *inordinata; perturbata, zerstreute, verworfene* [WOLFF] *Proportionen*): Erkl. 20 (H. 18)

folgt $a:c=d:f$ (δι' ἴσου) vgl. Nr. 6: V, 23.

Ferner sei noch angeführt, um die heute gebräuchlichen Sätze zu vervollständigen:

8) Aus $a_1:b_1=c:d$
und $a_2:b_2=c:d$
} folgt $a_1:b_1=a_2:b_2$ V, 11.

9) $a:b=c:d=e:f$ gibt $(a+c+e):(b+d+f)=a:b$ V, 1. und 12.

10) $a:b=c:d$ gibt $na:nb=c:d$ V, 15.

11) $a:b=c:d$
$e:b=f:d$
} gibt $a:e=c:f$ V, 22.

12) $a:b=d:e$
$b:c=f:d$
} gibt $a:c=f:e$ V, 23.

Erwähnenswert wäre noch der letzte Satz im fünften Buch EUKLIDS, daß, wenn $a:b = c:d$, wo $a > b$ und $a > c$, dann auch $a + d > b + c$ sein muß.

Der Satz von der Gleichheit der Produkte aus den inneren und äußeren Gliedern einer Proportion, der heute an die Spitze der ganzen Proportionslehre gestellt zu werden pflegt, fehlt im fünften Buch gänzlich; er findet sich erst VII, 19[35] (nebst Umkehrung), in geometrischer Form schon VI, 16. Das Fehlen in Buch V erklärt sich daraus, daß hier die Glieder einer Proportion $a:b = c:d$ ganz allgemeine Größen sind, z. B. links Strecken und rechts Volumina. Für solche haben aber nach EUKLIDscher Auffassung die Produkte $ad$ und $bc$ keinen Sinn. Hingegen handelt es sich in VI, 16 nur um Strecken, so daß die Produkte als Rechtecke aufgefaßt werden können.

Die Berechnung des vierten Gliedes einer Proportion aus den drei anderen[36] läßt sich ohne weiteres aus den Sätzen EUKLIDS vornehmen, wird jedoch von ihm, entsprechend dem rein theoretischen Charakter der Elemente, übergangen. Solche Einzelheiten werden dann gelegentlich bei späteren Schriftstellern nachgeholt; so in diesem Falle in geometrischer Form durch PAPPOS (lib. VII), in arithmetischer Form durch JORDANUS NEMORARIUS († 1237?) in der Schrift *De numeris datis*,[37] als Regeldetrischluß bei LEONARDO von Pisa.[38] Es folgen PEURBACH (1423—1461; Wien),[39] REGIOMONTANUS (1436 Königsberg in Franken — Rom 1476)[40] u. a.

Daß das Quadrat der mittleren Proportionalen gleich dem Produkt der äußeren Glieder ist, lehrt EUKLID nebst Umkehrung geometrisch VI, 17. Die arithmetische Form des Satzes

---

35 EUKL. VII, 19, ed. HEIBERG, Bd. 2[1712], S. 226: *Ἐὰν τέσσαρες ἀριθμοὶ ἀνάλογον ὦσιν, ὁ ἐκ πρώτου καὶ τετάρτου γενόμενος ἀριθμὸς ἴσος ἔσται τῷ ἐκ δευτέρου καὶ τρίτου γενομένῳ ἀριθμῷ· καὶ ἐὰν ὁ ἐκ πρώτου καὶ τετάρτου γενόμενος ἀριθμὸς ἴσος ᾖ τῷ ἐκ δευτέρου καὶ τρίτου, οἱ τέσσαρες ἀριθμοὶ ἀνάλογον ἔσονται.* Für das Verwandeln einer Proportionsform in eine Produktform hat PAPPOS den Fachausdruck *χωρίον χωρίῳ*, so *Collect.* VII, prop. 21, § 64, ed. HULTSCH[113], II, S. 700. Z. 26 u. a. O.; vgl. PAPPOS, VII, prop. 123, § 189, S. 858, Z. 23—25: *Ὡς ἄρα ἡ ΖΑ πρὸς τὴν ΑΓ, οὕτως ἡ ΕΔ πρὸς τὴν ΓΕ. χωρίον χωρίῳ· τὸ ἄρα ὑπὸ ΑΖ ΕΓ ἴσον ἐστιν τῷ ὑπὸ ΑΓ ΔΕ.* — 36 Vgl. für den allgemeinen Größenbegriff: O. BECKER, *Eudoxos-Studien II. Warum haben die Griechen die Existenz der vierten Proportionale angenommen?* Qu. u. St., Gesch. d. Math., Astr. u. Phys. B2 1933, S. 369 bis 387. — 37 M. CURTZE[1535], *Tractatus de numeris datis.* Z. Math. Phys. 36, 1891, S. 41 (lib. II, Satz 1). — 38 G. ENESTRÖM, Bibl. math. $4_3$, 1903, S. 217. — 39 *Opus Algorithmi*[1875, 498], Ausg. v. 1522 unter der Überschrift *De regula Aurea sive detre*, Signatur $B_{III}$ v⁰. — 40 REGIOMONTANUS, *De triangulis omnimodis libri quinque*[1557], Nürnberg 1533 (geschrieben um 1464), S. 20.

wird, da er in VII, 19 (Gleichheit der Produkte der äußeren und inneren Glieder) enthalten ist, von EUKLID nicht besonders aufgenommen, aber später von THEON von Alexandria (zweite Hälfte des vierten Jahrhunderts n. Chr.) hinzugesetzt.[41] Wir finden sie erstmalig bei HERON (um 100 v. Chr.)[42] benutzt.

Daß aus $a:b = b:c$ die Beziehung

$$a:c = a^2:b^2$$

folgt, ebenso aus $a:b = b:c = c:d$

$$a:d = a^3:b^3,$$

ist EUKLID bekannt,[43] vielleicht schon den Pythagoreern.

Im Anschluß hieran sind noch zwei Sätze des achten Buches anzuführen (VIII, 11 und 12), daß sich nämlich zwischen zwei Quadratzahlen stets eine mittlere Proportionale einschieben lasse ($a^2:ab = ab:b^2$), bei Kubikzahlen aber deren zwei eingeschoben werden müssen ($a^3:a^2b = a^2b:ab^2 = ab^2:b^3$), zwei Theoreme, deren Kenntnis, wie eine Stelle im *Timaeus* beweist,[44] bei Platon (429 bis 348, Athen) bereits vorhanden war, deren Entdeckung, vielleicht bloß auf Grund jener Timäusstelle, NIKOMACHOS geradezu dem PLATON zuschreibt.[45] Nach anderen[478] gehen sie auf HIPPOKRATES von Chios zurück.

Über die Größenverhältnisse des arithmetischen und geometrischen Mittels im Vergleich zueinander sind erst in der Neuzeit Untersuchungen angestellt worden. Ein französischer Mathematiker, LENTHÉRIC, wies 1830 nach,[46] daß das geometrische Mittel zweier Größen $a$ und $b$ stets kleiner als ihr arithmetisches Mittel ist,[47] daß die Differenz beider aber weniger betrage als $\frac{(a-b)^2}{8b}$ (für $b < a$).

[41] EUCL., *Elementa* ed. HEIBERG 2[1712], 1884, S. 428, Appendix, Uulgo VII, 20. — [42] *Vermessungslehre, Opera* 3[1308], ed. SCHÖNE S. 18, Z. 6—7: Ἐπεὶ οὖν τρεῖς ἀριθμοὶ ἀνάλογον ἔχουσιν, ἔσται ὁ ὑπὸ τῶν ἄκρων ἴσος τῷ ἀπὸ τοῦ μέσου τετραγώνῳ. — Lateinisch bei JORDANUS NEMORARIUS, *De numeris datis III: Extremus in extremum ducatur et tantum erit, quantum medius in se ductus*; ed. CURTZE[1535], Z. Math. Phys. 36, 1891, Hist.-lit. Abt. S. 81. — [43] V., def. 9, 10[1712], vgl. auch VI, 19, Zusatz. — [44] PLATO, *Timaeus* 32, ed. STALLBAUM, VIII, Gotha-Erfurt 1838, S. 126ff. Vgl. hierzu FR. HULTSCH, *Zu Platons Timaeos*, Neue Jahrb. f. Philol. u. Päd. 107, 1873, S. 493—501 und D'OOGE[1151] S. 23, Z. 6ff. — [45] NICOMACHUS[1728], lib. II, cap. 24, 6, S. 129, Z. 14—17. — [46] Ann. math. p. appl., 21, 1830/31, S. 84. — [47] Wie H. G. ZEUTHEN, *Geschichte der Mathematik im Altertum und Mittelalter. Vorlesungen.* Deutsch von FISCHER-BENZON, Kopenhagen 1896, S. 148, bemerkt, weiß bereits EUKLID (VI, 27), daß das geometrische Mittel kleiner ist, als das arithmetische Mittel.

Eine Erweiterung auf das arithmetische und geometrische Mittel beliebig vieler Größen ist dann durch J. LIOUVILLE 1839 vorgenommen worden.[48]

## 2. Schreibart, Wörter.

Für die Schreibart der Griechen ist in Anm. 35 ein Beispiel aus PAPPOS gegeben. Das indische Rechenbuch von BAKHṢĀLI (zwölftes Jahrhundert n. Chr.) — vgl. II[3], S. 12—13 — schreibt die Proportion

$$10 : \frac{163}{60} = 4 : \frac{163}{150}$$

in der Form[49]

| 10 | 163 | 4 | pha 163 |
|---|---|---|---|
| 1 | 60 | 1 | 150 |

Eine symbolische Schreibart für Proportionen tritt zum erstenmal bei dem Westaraber ALQALAṢĀDĪ (Andalusien; † 1477 oder 1486) auf, der zwischen je zwei der vier Größen ein Punktedreieck setzt, so daß unser $7 : 12 = 84 : 144$ gemäß der arabischen Schreibrichtung folgendermaßen aussieht:

$$144 \therefore 84 \therefore 12 \therefore 7.$$ [50]

REGIOMONTANUS (1436—1476; Wien, Nürnberg, Rom) schreibt unser $a:b:c$ einfach $a.b.c.$[51] Der Engländer WILLIAM OUGHTRED (1574 bis 1660, Pfarrer in einem Landort) brachte 1631 die Form[52]

$a.b::c.d$ (*ut a ad b, sic c ad d*)

auf, die sich besonders in England sehr lange gehalten hat, ja heute noch zu finden ist. Von weniger Erfolg war sein Vorschlag $a.b.c \div$ für die stetige Proportion $a:b = b:c$.

In der gleichzeitig erschienenen *Trigonometry* von R. NORWOOD werden die vier Glieder nur nebeneinander gestellt; den Sinussatz im schiefwinkligen Dreieck schreibt NORWOOD z. B.

BD: ED: sE: sA:

oder

sE. sA: AD. ED:[53]

Die Punkte sind ihm offenbar nur Abkürzungszeichen, aber noch keine Symbole, die den proportionalen Zusammenhang andeuten

---

[48] Journ. Math. p. appl. 4, 1839, S. 493—494. — [49] G. R. KAYE, *Indians Mathematics*[I 122], S. 26 (α). — [50] CANTOR 1[3], S. 815. — [51] *Briefwechsel*, ed. CURTZE[I 333a], S. 332, Nr. β u. ö. — [52] 1631, *Clavis mathem.*[I 680], cap. VI, § 3: 7.9::28.36. — [53] *Trigonometry*[I 350], London 1631, S. 35.

sollen: hierfür genügt ihm die einfache Nebeneinandersetzung. Mißdeutungen sind bei seinen formelhaften Zusammenstellungen nicht möglich. In einer umfangreichen Proportionstafel,[54] die die Hauptfälle des allgemeinen sphärischen Dreiecks behandelt, wird an mittlerer Stelle der Doppelpunkt bevorzugt, wie in dem zweiten Beispiel oben. Aus solchen Abkürzungspunkten mag auch die Zeichensetzung bei OUGHTRED entstanden sein. NORWOOD ist bei seinen Abkürzungspunkten stehen geblieben; OUGHTRED, der für algebraische Symbolisierung guten Blick und Griff hatte, vollzog den formalen Fortschritt, der bedeutungsvoller ist, als es zuerst erscheint. An einer Stelle hat OUGHTRED übrigens auch den modernen Doppelpunkt

62496 : 34295 : : 1 : 0 | 54 . 9 —.[55]

Es liegt hier indes ein Druckfehler vor (vgl. Bd. II[3], S. 30), den OUGHTRED in der nachfolgenden englischen Übersetzung wieder entfernte, der aber genügte, dem Doppelpunkt in anderen Werken (V. WING 1651, 1655, 1656[II 131], J. GREGORY 1668[II 132] u. a.) Eingang zu verschaffen.[56]

Die Form der arithmetischen Proportion $a - b = c - d$ empfiehlt als allein logisch zuerst CHR. VON WOLFF (1679 Breslau — 1754 Halle),[57] die für die geometrische Proportion $a : b = c : d$ stammt von LEIBNIZ[58] (1646 Leipzig — 1716 Hannover), der sich (1693) mit

---

54 Ebenda S. 73. — 55 *Trigonometria*[II 130], 1657, letzte Seite des Anhanges; ebenso vorletzte Seite *1 : partes : : Differentia prima : Excessus.* Dieselbe Form hat TH. STREETE, *Astronomia Carolina* (1661), lateinische Ausgabe: *Astronomia Carolina sive nova theoria motuum caelestium* in Lat. versa a JOH. GABR. DOPPELMAYR, *Additae* JOH. BAPT. MORINI *tabulae Rudolphinae in compendium redactae*, Norimbergi 1705, z. B. S. 10. — 56 Weitere Werke werden angeführt von FL. CAJORI, *W. Oughtred*, Chicago and London 1916, S. 76. — 57 *Anfangsgründe aller math. Wissenschaften*, Ausg. v. 1750, I, § 67, S. 73; noch nicht in der 1. Auflage von 1710[145], wo VON WOLFF schreibt 3 . 5 ∵ 6 . 8 (I, S. 65, § 64). — 58 LEIBNIZ, *Matheseos universalis pars prior, de Terminis incomplexis*[II 121], Nr. 16; *Ges. Werke*, ed. GERHARDT, 3. Folge, II 3, Bd. 7, Halle 1863[I 786], S. 56, Z. 20 f.: *Sic quidam solent per* $a \div b \div\!\!\div c \div d$ *significare, eandem esse rationem seu proportionem ipsius a ad b, quae est ipsius c ad d. Sed ego deprehendi regulariter non esse opus in calculo peculiaribus signis pro rationibus et proportionibus, earumque analogiis seu proportionalitatibus, sed pro ratione sive proportione sufficere signum divisionis et pro analogia seu proportionum coincidentia sufficere signum aequalitatis. Itaque rationem seu proportionem ipsius a ad ipsum b ita scribo:* $a : b$ *seu* $\frac{a}{b}$, *quasi de divisione ipsius a per b ageretur. — Et analogiam seu duarum proportionum aequalitatem sive convenientiam designo per aequalitatem duarum divisionum seu fractionum. Et cum designo, eandem esse rationem a ad b, quae est c ad d, sufficit scribere*

großer Bestimmtheit gegen die unnötige Verwendung besonderer Zeichen zur Andeutung einer Proportion wendet, da man mit dem Zeichen der Division und der Gleichheit vollständig auskomme. Wie berechtigt der Tadel ist, den LEIBNIZ ausspricht, erkennt man aus der Mannigfaltigkeit der für denselben Zweck gebrauchten Zeichen. Neben den schon erwähnten finden sich nämlich noch:

| | |
|---|---|
| $a \mid b \;\; \Vert \;\; c \mid d$ | DESCARTES, 1619—1621[59] |
| $a\, \pi\, b\, 2 \mid 2\, c\, \pi\, d$ | HÉRIGONE, 1634, *Cursus mathematicus*[I 47] (vgl. Bd. II[3], S. 32). |
| $a$——$b$——$c/d$ | SCHOOTEN 1659;[60] |
| $a \quad b :: c \quad d$ | RAHN, 1659, Teutsche Algebra[I 910]; |
| $a : b :: c : d$ | JAMES GREGORY, 1668, *Exercitationes geometricae*;[61] DAVID GREGORY, 1684, *Exercitatio geometrica*[II 920] und sehr oft; noch 1796 bei LACROIX;[62] |
| $a : b \mid c : d$ | S. REYHER, 1697, *Deutscher Euclid*[II 382]. |

Durch LEIBNIZ' Einfluß und VON WOLFFS Vorbild[63] tritt ganz allmählich Einheitlichkeit ein.

---

$a:b = c:d$ *seu* $\frac{a}{b} = \frac{c}{d}$ etc. (Manche pflegen durch $a \div b \because c \div d$ anzudeuten, daß die Verhältnisse $a$ zu $b$ und $c$ zu $d$ dieselben sind. Ich habe aber stets getadelt, daß man im Rechnen besondere Zeichen für die Verhältnisse und ihre Proportionen habe; für das Verhältnis genügt das Divisionszeichen, für die Proportion das Gleichheitszeichen ...). Vgl. auch *Monitum de characteribus algebraicis*[II 42], Miscellanea Berol., 1710, S. 159, Z. 3f. — 59 *Œuvres* 10[I 842], S. 240; ebenso PH. DE LA HIRE, *Nouveaux Élémens des sections coniques*, Paris 1679, z. B. S. 184 u. ö. In einem Brief von 1638, *Œuvres* 2[I 843], S. 171, Z. 20 ersetzt DESCARTES auch den mittleren Doppelstrich durch einen einfachen. DESCARTES vermeidet sonst gern die Proportionsform und ersetzt sie durch Gleichungen. — 60 DESCARTES, *Geometria*, 2. Aufl., 1659[II 93], S. 208—211. — 61 Z. B. S. 3[II 132]: $a : 2\,Q :: C : E$ u. ö. — 62 S. F. LACROIX, *Cours de mathématiques*, Paris 1796—1798, 7 vol. — 63 VON WOLFF bringt die neue Schreibart zuerst 1710 in den Acta Eruditorum bei Referaten und in Briefen (vgl. S. 14, $v : dbr = ca - ga : db - gb$ bei Anführung eines Briefes von JOH. KEILL; S. 162, $1 : 4 = \frac{x^2}{2} : 2x^2$; ferner S. 229, 311. KEILL schreibt selbst die alte Form, z. B. *Euclidis Elementorum libri priores sex ...*, Oxoniae 1723, S. 99 $A : B :: C : D$): in früheren Bänden benutzt auch VON WOLFF noch die alte Schreibart, z. B. Jahrgang 1707, S. 313, $DC.AD :: EC.ME$. Durch seine *Anfangsgründe* von 1710[I 24] (Bd. 1, S. 65, § 64: $3.12 :: 5.20$ oder auch mit dem Herrn VON LEIBNITZ $3 : 12 = 5 : 20$), ferner seine *Elementa matheseos universae*, 1, Halle 1713[I 494] (vgl. 2. Abdruck, Halle 1717, S. 49, $A : B = C : D$) wird für weitere Verbreitung gesorgt, freilich zuerst nur langsam. Es folgen ihm: FR. WAGNER, *Gründliche und vollständige Anweisung zur Arithmetik*, Halle 1721, S. 361, Anm. 2 („Die

Infolge Fehlens einer Symbolik waren die Mathematiker des Altertums und Mittelalters gezwungen, sich für die Größe des Verhältnisses (*πηλικότης* nach EUKLID, *πυθμήν* nach IAMBLICHOS, *radix* nach BOËTIUS, sonst lat. *exponens*, *denominator*, *quotiens*) eine besondere Nomenklatur zu schaffen. In der folgenden Zusammenstellung ist die griechische Bezeichnung[64] aus IAMBLICHOS[I 546], die lateinische aus BOËTIUS[65] genommen.

| Verhältnis | λόγος | ratio |
|---|---|---|
| 2:1 | διπλάσιος | dupla |
| 3:1 | τριπλάσιος | tripla |
| $n$:1 | πολυπλάσιος | multipla |
| 1:2 | ὑποδιπλάσιος | subdupla |
| 1:3 | ὑποτριπλάσιος | subtripla |
| 3:2 | ἡμιόλιος | sesquialtera |
| 4:3 | ἐπίτριτος | sesquitertia |
| 5:4 | ἐπιτέταρτος | sesquiquarta |
| $(n+1):n$ | ἐπιμόριος | superparticularis |
| 2:3 | ὑφημιόλιος | subsesquialtera |
| $1\frac{2}{3}:1$ | ἐπιδιμερής | superbipartiens tertias |
| $1\frac{3}{4}:1$ | ἐπιτριμερής | supertripartiens quartas |
| [$4\frac{3}{7}:1$ | . | quadrupla supertripartiens septimas] |

---

mathematici haben allerley Zeichen die proportion anzudeuten: wir wollen aber vor anderem daraus das erwählen, daß wir zwischen den Zahlen, die in proportion stehen, zwo kleine Linien (=) machen, z. E. 3 : 6 = 4 : 8.“); DANIEL STENIUS, *Theorema Pythagoricum*, Upsalae 1727, S. 12; ANDR. MAYER, *Dissertatio de infinitis curvarum subevolutis*, Wittenb. 1736, S. 28; PETRI HORROBOWII *operum mathematicorum* tomus primus, Hauniae 1740, I, cap. VI, S. 115; JOHANN BERNOULLI, *Opera omnia* 1, 1742[II 197], S. 46; $FG:HX = AG:AX$ (Abdruck einer Abhandlung aus Act. Erud. 1689, S. 586—588; dort ist aber gedruckt $FG, HX :: AG, AX$); JAKOB BERNOULLI, *Opera*, 1, Genf 1744[II 227], S. 281, 297, 307, 330, 381 u. ö. (aber S. 367ff. $A.B :: C.D$); J. CHR. HEILBRONNER, *Verschiedene geometrische Aufgaben*, Leipzig 1745, S. 11; F. W. VON OPPEL, *Analysis triangulorum*, 1746[II 88], S. 1 und dauernd; A. C. CLAIRAUT, *Élémens d'algèbre*, 1746[II 761], S. 21 (zuerst in Frankreich); J. A. SEGNER, *Vorlesungen*, 1747[I 414], S. 347, 352; W. J. G. KARSTEN, *Mathesis theoretica elementaris atque sublimior*, Rostock 1760, II, 219, 242; G. W. KRAFFT, *Institutiones geometriae sublimioris*, Tübingen 1753, S. 54: $PJ:PC = GH:GE$. Das Auftreten der Form $a:b::c:d$ verfolgt FL. CAJORI, *W. Oughtred*, 1916[56], S. 73—78 und *History of Math. Notations*[II 71], I, § 251 bis 258. — 64 Ebenso bei THEON von Smyrna (um 130 n. Chr.), ed. HILLER[I 822], S. 76ff. und NIKOMACHOS (um 100 n. Chr.)[I 728]. Zu NIKOMACHOS vgl. das Fachwörterlexikon bei D'OOGE[I 151], S. 291ff. — 65 BOËTIUS, ed. FRIEDLEIN[I 73], *Instit. Arithm.*, I, 23, 24, 28, S. 47, 49, 58; vgl. auch WALLIS, *Algebra*, London 1685[I 682], S. 79—80; *Opera*, II, *Algebra*[I 682], 1693, S. 86—87.

Die letzte Bezeichnung (aus WALLIS' *Algebra* von 1685) zeigt, zu welchen verwickelten Wortbildungen vorgeschritten werden mußte. Noch viel ergötzlicher lesen sich die Verdeutschungsversuche des sechzehnten Jahrhunderts.

*Λόγος* ist ältestes Fachwort für Verhältnis; es ist bereits in den Fragmenten, die aus HIPPOKRATES' (um 440 v. Chr.) Schriften erhalten sind, nachzuweisen;[66] die Gleichheit zweier Verhältnisse heißt *ἀναλογία*, ein Wort von etwa demselben Alter, wenn es uns auch erst bei ARISTOTELES (384—322 v. Chr.) entgegentritt.[67] EUKLID führt es als Fachwort in Definition 8 des 5. Buches ein, gebraucht aber dafür auch *λόγος*, wie in den Definitionen 12—17. — Das Wort geometrische Proportion, das wir ebenfalls erstmalig bei ARISTOTELES[31] kennen lernten, gehört auch dem ältesten Bestande an, ebenso wie die Bezeichnung arithmetische und harmonische Proportion[10], die uns allerdings nicht vor NIKOMACHOS (um 100 n. Chr.) in dieser Dreizahl bekannt wird;[68] *ἀναλογία* ohne Zusatz ist bei THEON von Smyrna (um 130 n. Chr.)[69] immer die geometrische Proportion, wie sie ja EUKLID allein behandelte. Geometrisch heißt das Verhältnis $a:b$, weil es in der griechischen Mathematik ursprünglich an geometrischen Figuren definiert wurde; als Gegensatz bot sich arithmetisch von selbst. Die klassische lateinische Übersetzung von *λόγος* ist *ratio*, gelegentlich übersetzt CICERO einmal das griechische *ἀναλογία* mit dem seltenen Wort *proportio*,[70] ebenso MARTIANUS CAPELLA (470 n. Chr).[71] BOËTIUS (480? Rom — 524 Pavia) greift dies Wort auf,[72] benutzt es aber für Verhältnis (*λόγος*) und bildet neu für *ἀναλογία proportionalitas*;[73] dem adverbialen *ἀνάλογον* (vgl. Anm. 10) entspricht bei ihm *proportionaliter*.[74] Die neue Fachwort-

---

66 RUDIO, *Urkunden*[1879], S. 48, Z. 7. — 67 ARISTOTELES[16], II, S. 1131, links Z. 31: *Ἡ γὰρ ἀναλογία ἰσότης ἐστὶ λόγων.* — 68 *Introductio*[1728], II, cap. 22, § 21, S. 122, Z. 14: *Ἀναλογία . . . ἀριθμητική, γεωμετρική, ἁρμονική.* Vgl. auch FL. CAJORI, *Origin of the names arithmetical and geometrical progression and proportion*, School Science and Mathematics 22, 1922, S. 734—737 und *P. S. Ciruelo on the names „Arithmetical“ and „Geometrical“ proportions and progressions.* Isis 10, 1928, S. 363—366. — 69 *Expositio*[1822], S. 114, Z. 1—2. — 70 *Timaeus* cap. IV, § 13, ed. MÜLLER, Leipzig 1894, S. 217, Z. 36f.: *Graece ἀναλογία, Latine (audendum est enim, quoniam haec primum a nobis novantur) comparatio proportiove dici potest* (Das griechische Analogia kann lateinisch — man mag es wagen, da ich hier zuerst Neues vortrage — comparatio oder proportio genannt werden). — 71 *De nuptiis*[1640], VII, 794. — 72 *Inst. Arithm.*[173], z. B. 28, ed. FRIEDLEIN S. 59, 5 u. ö. — 73 Daselbst II, 40, S. 137, Z. 2f.: *Est igitur proportionalitas duarum vel trium vel quotlibet proportionum assumptio ad unum atque collectio.* Auch ANARITIUS[1400], S. 154, Z. 28 gebraucht *proportionalitas.* — 74 Daselbst S. 78, Z. 1 u. ö.; GERBERT, *Opera*, ed. N. BUBNOW[172], S. 179.

bildung *proportionalitas* macht Schule und hält sich bei den Mathematikern griechisch-lateinischer Euklidtradition starr bis zum Ausgang des siebzehnten Jahrhunderts, vereinzelt noch weiter. Wir finden das Wort sofort bei CASSIODORUS (475—570 n. Chr.);[75] dann in einer alten Euklidübersetzung aus dem zehnten Jahrhundert, die unmittelbar aus dem Griechischen erfolgte;[76] hier wird auch das ungefüge *proportionaliter esse* getreu dem Urtext nachgeahmt. GERBERT (940?—1003, Rom) erfindet außerdem noch das Verbum *proportionari.*[77] Dem BOËTIUS (s. oben) folgt ferner GERHARD von Cremona (1114 bis 1167, Toledo),[78] RADULPH von Laon († 1133),[79] HUGO PHYSICUS (um 1165),[80] eine anonyme Handschrift aus dem dreizehnten Jahrhundert,[81] JORDANUS NEMORARIUS († 1237?),[82] JOHANNES DE LINERIIS (um 1322, Paris),[83] PETRUS DE DACIA (1291),[84] vor allem JOHANNES CAMPANUS von Novarra (um 1270) in seiner so vielfach benutzten Euklidübersetzung, die 1482 im Druck erschien.[85] Die zahlreichen Scholastiker, die besonders vom vierzehnten bis sechzehnten Jahrhundert über „Proportionen" schrieben, verstanden darunter auch nur die „Verhältnisse". Dasselbe tut COMMANDINO (1509—1575) in seiner Euklidausgabe von 1572;[86] er nimmt aber statt *proportionalitas* unmittelbar das Fremdwort *analogia.*

Arabischer Einfluß scheint sich geltend zu machen, wenn das Wort *proportio* von der Bedeutung *Verhältnis* zu der modernen Auffassung *Verhältnisgleichung* übergeht. Bei LEONARDO von Pisa (1228, *Liber abbaci*) ringen beide Auffassungen miteinander;[87] vielleicht spie-

---

75 Ed. MIGNE[I 719], S. 1215. — 76 M. CURTZE, *Zur Geschichte der Übersetzungen der Elemente im Mittelalter.* Bibl. math. $10_2$, 1896, S. 2. — 77 M. CURTZE, *Die Handschrift No. 14836 d. Kgl. Hof- u. Staatsbibl. München*, Abh. Gesch. Math. 7, III, 1895, S. 87, Z. 27. — 78 *Liber trium fratrum*, ed. M. CURTZE[I 272], S. 127: *proporcio duarum linearum bg, ex aggregatarum ad bz est sicut proporcio gb ad be.* Ferner in *Epistola de proportione et proportionalitate* des AHMED BEN JUSUF (Anfang X. Jhrh., Ägypten), vgl. M. CANTOR, Bibl. math. $2_2$, 1888, S. 7—9; M. CURTZE, *Eine Studienreise*, Zentralbl. Bibliothekswesen 16, 1899, S. 288. — 79 *Arithmetischer Traktat*[I 273], S. 114, Z. 8. — 80 *Practica geometriae. Ein anonymer Traktat, E. 12. Jahrh.*, ed. M. CURTZE, Monatsschr. Math. Phys. 8, 1897, S. 199. — 81 M. CURTZE[78], Z. f. Bibliothekswesen 16, 1899, S. 297 ff. — 82 *De numeris datis* II, 3; M. CURTZE[I 595], Z. Math. Phys. 36, 1891, Hist.-lit. Abt. S. 42. — 83 *Algorithmus de minutiis*[I 655], Venet. 1540 $f_{ij}$. — 84 *Commentarius*[I 81], ed. M. CURTZE, S. 75, Z. 30 u. ö. — 85 Venedig 1482 bei RATDOLT, *Praeclarissimus liber elementorum Euclidis* V, def. 4, ꝺiij v⁰ (erste gedruckte lateinische Euklidausgabe. Erste gedruckte griechische Ausgabe von SIMON GRYNAEUS, Basel 1533, *Εὐκλείδου στοιχείων βιβλ. ιε' ἐκ τῶν Θεῶνος συνουσιῶν*). — 86 Pisauri 1572. — 87 *Scritti* I[180], S. 181, Z. 7, S. 387, Z. 19 ist *continua proportio* unser „stetige Proportion"; ebenso wird S. 395 in der Überschrift *de proportione quattuor*

geln sich hier zwei arabische Schulen wieder, die wir schon bei der Bezeichnung der Unbekannten in der Gleichung (vgl. Bd. II[3], S. 134) vermuten konnten. Ganz unabhängig von solchen Einflüssen hat der Italiener BARTOLOMEO ZAMBERTI (um 1473 geb.) den Anstoß zum Bedeutungswechsel von *proportio* gegeben. Ihm lag das griechische Original vor, das nun durch ihn zum erstenmal (1505) ohne den Umweg über die Araber den Zeitgenossen zugänglich gemacht wurde.[88] ZAMBERTI steht in scharfem Gegensatz zu CAMPANUS; er sucht dessen Übersetzung an allen Stellen zu verbessern. Absichtlich übersetzt er *λόγος* mit *ratio* und hat so das Wort *proportio* für *ἀναλογία* frei. Er sagt völlig modern *Proportio est rationum identitas*[88a] (Proportion ist die Gleichsetzung von Verhältnissen). Ähnlich drückt sich ORONTIUS FINAEUS (1494—1555, Paris) in der *Arithmetica practica*, 1535,[89] aus: *Proportio est duarum rationum similitudo*; in der Euklidausgabe,[90] 1536, schließt er sich bei V, def. 4 sogar wörtlich an ZAMBERTI an. In Deutschland gibt schon 1539 GLAREANUS (H. LORITI) die neuen Wörter.[91] Dadurch, daß RAMUS 1555[92] und nach ihm CHRISTOPH CLAVIUS 1574 in seiner berühmten, gewissenhaften Euklidausgabe[93] sich für die Umprägung entscheiden, ist sie für immer gesichert. Nur gelehrte Schriftsteller, die ihre Belesenheit in älteren Autoren besonders unterstreichen wollen, wie DANIEL SCHWENTER (1618 *Geometria practica*),[94] kehren zur älteren Gewohnheit zurück.

Verdeutschungsversuche sind: *Proportz* (STIFEL, SCHWENTER), *Schick* (KEPLER),[94a] *gleiche Verhältnis, Ebenmaß, Gleichförmigkeit der Verhältnisse*. W. SCHMID (1539)[95] unterscheidet zwischen *Vergleychung*

*numerorum* das Wort *proportio* im modernen Sinne gebraucht. S. 389, Z. 2, besonders in der *Practica geometriae*[I 694], z. B. II, S. 42, heißt es aber „Verhältnis". — 88 EUKLID, ed. B. ZAMBERTI, Venedig 1505. — 88a Fol. Ciii v. — 89 S. 54[I 384]. — 90 *In sex priores libros geometricorum elementorum Euclidis demonstrationes*, Paris (1536), 1544. — 91 *De sex arithmeticae practicae speciebus*[I 478], S. 71. — 92 *Arithmeticae libri tres*[II 69], S. 37: *proportio est rationum similitudo.* — 93 EUKLID, ed. CLAVIUS, Romae 1574; 2. Aufl. Coloniae 1590; dann *Opera* I, Moguntiae 1612, S. 1—638. — 94 *Geometriae Practicae Novae et Auctae Tractatus* I—IV (1. Aufl., *Geometria practica nova*, Nürnberg 1618—1627; 2. Aufl., Nürnberg 1623—1626); 3. Aufl., Nürnberg 1641, I, S. 87: Die vergleichung der *proportion* wirdt *proportionalitet* genennet (wie wol die Gelehrten an statt das Wort *proportion* und *proportionalitas* gebrauchen die zwey / *Ration* und *proportion*, wir wollen bey dem ersten nit ohne Ursach verbleiben). Über die einzelnen Auflagen vgl. ENESTRÖM. Bibl. math. $8_3$, 1907—1908, S. 88—89; $9_3$, 1908—1909, S. 164—165. — 94a *Messe-Kunst*[II 483] in der ‚Erklärung': *Schick, Ratio, Proportio.* — 95 WOLFGANG SCHMID, Das erst Buch der *Geometria*, Nürnberg 1539, S. 27, Z. 18, 24.

(= Verhältnis) und *Vergleichlichkeit* (= Proportion). Für unser „in gleichem Verhältnis geteilt" sagt HOLTZMANN in seiner Euklidübersetzung (1562)[I 62] *proportzlich geteilt.* Das Zeitwort sich verhalten scheint D. SCHWENTER 1625 zuerst benutzt zu haben;[95a] bei HOLTZMANN 1562[95b] heißt es einfacher sich halten. — *Verhältnis*, das zuerst bei J. C. STURM (1667)[96] auftritt, führt bis über die Mitte des achtzehnten Jahrhunderts hinaus den Artikel „die"; so bei L. CH. STURM 1707[I 413], CHR. VON WOLFF (1710)[I 24], A. G. KÄSTNER (1758)[I 396], ferner bei J. H. LAMBERT (1765)[II 944], CHR. DE FLORENCOURT (1781)[97] u. a. „Das" Verhältnis sagt schon W. J. G. KARSTEN (1767).[98] KARSTENs Buch scheint in dieser Beziehung tonangebend geworden zu sein. Ihm folgen J. FR. HAESELER (1777)[I 540], G. FR. HILDEBRANDT (1785),[99] J. E. A. HILDEBRAND (1793)[100] usw. In EULERs Algebra (1770) gehen noch beide Artikel[100a] durcheinander, sogar innerhalb zweier Druckzeilen.

Die Fremdwörter Proportion (1694, PIRCKENSTEIN)[101] Proportionalität (1562, W. HOLTZMANN),[102] proportional (1555, J. SCHEYBL),[103] proportioniert (1489, WIDMANN)[104] dringen bald fast unverändert in die deutsche Sprache ein. Für ein „Glied einer Proportion" stellt sich die Proportionale ein (1489, WIDMANN).[105] Verhältnisgleich, das sich neuerdings einzubürgern scheint,[106] ist eine gute Verdeutschung, die man A. TELLKAMPF (1829)[107] verdankt.

Für Vorderglied und Hinterglied sagte EUKLID (um 325 v. Chr.), wie schon oben angeführt, *τὰ ἡγούμενα* (= die führenden) und *τὰ ἑπόμενα* (= die folgenden). NIKOMACHOS (erstes Jahrhundert n. Chr.) wählte *πρόλογος* (= Vorglied) und *ὑπόλογος* (= Nachglied).[108] Im Lateinischen gab BOËTIUS (480?—524 n. Chr.) die griechischen Fachwörter mit *dux* (= Führer) und *comes* (= Begleiter) wieder,[109]

---

95a *Geometria*[94] I Buch, Überschrift zu Aufgabe 18: *daß sich die erste Linie zu der anderen verhalte* ... — 95b *Euklidübersetzung*[I 62] S. 124, 142. — 96 Übersetzung der Sandrechnung des ARCHIMEDES[I 611], Schluß der Vorrede. — 97 *Abhandlungen zur juristischen und politischen Rechenkunst*, Altenburg 1781. — 98 *Lehrbegriff*[I 313] z. B. I, S. 153. — 99 G. FR. HILDEBRANDT, *Handbuch der reinen Größenlehre*, I, Göttingen 1785. — 100 J. E. ALBR. HILDEBRAND, *Lehrbuch der Arithmetik, Geometrie und ebenen Trigonometrie*, I, Berlin 1793. — 100a *Algebra*[I 65] z. B. I 3, S. 245, Z. 2 und 3 v. u. — 101 A. E. BURCKHART VON PIRCKENSTEIN, Teutsch-redender EUCLIDES, Wien 1694 (2. Aufl. 1745) S. 173, Z. 2. — 102 Euklidübersetzung[I 62], S. 124, Z. 1. — 103 Euklidübersetzung[I 735], S. 34, Z. 3 v. u. — 104 Rechenbuch[I 200], Bl. (g 7), v°, Z. 11, 18, (g 8) r°, Z. 21 u. ö.: geproporcionirt. — 105 Daselbst (d 6) v°, Z. 7 v. u. — 106 Z. B. P. STÄCKEL, Deutsche Ausgabe von BORELs *Elementen der Mathematik*[II 1221], II. Bd., 1. Aufl., Leipzig 1909, 2. Aufl., Leipzig 1920. — 107 *Vorschule der Mathematik*[I 453] § 264. — 108 Ed. HOCHE[I 728], S. 120, Z. 5 ff. — 109 G. FRIEDLEIN[I 78], S. 49, Z. 26.

LEONARDO von Pisa (*Geometriae Practica*, 1220) die arabischen mit *antecedens numerus* (= vorangehende Zahl) und *consequens numerus* (= folgende Zahl).[110] Im Deutschen wurde anfangs *antecedens* und *consequens* ganz wörtlich übersetzt, dann trat *vorderes* und *hinteres Glied,* ziemlich spät erst Vorderglied und Hinterglied ein,[111] das im neunzehnten Jahrhundert allgemein wurde. Viel früher wurde äußeres und inneres Glied üblich; es verbreitete sich hauptsächlich durch SEGNER (1747)[I 414], KÄSTNER (1758)[I 396], KARSTEN (1767)[I 313]. Die Form $A:B:C:D\ldots = A':B':C':D'\ldots$ nennt J. H. TR. MÜLLER (1838)[111a] eine geordnete Proportion; in einer späteren Auflage von 1877 wählt der Bearbeiter BAUER die üblich gewordene Bezeichnung fortlaufende Proportion.[111b]

Die stetige Proportion $a:b = b:c$ hieß bei ARISTOTELES *συνεχὴς ἀναλογία*[32], ebenso bei THEON von Smyrna (um 130 n. Chr.)[I 822] und einem Anonymus (um 1040),[112] bei NIKOMACHOS (um 100 n. Chr.) *συνημμένη*[108]. EUKLID (um 325 v. Chr.) nennt drei solche Zahlen *κατὰ τὸ συνεχὲς* und *ἀριθμοὶ ἑξῆς ἀνάλογον*, BOËTIUS (480? bis 524 n. Chr.) *proportionalitas continua.*[113] LEONARDO von Pisa (1228, *Liber abbaci*) *proportio continua,*[114] JORDANUS NEMORARIUS († 1237?) wieder *proportionalitas continua.*[115] W. SCHMID (1539) übersetzt es mit eine ſtäte proportz.[116] Über die Bezeichnung *stetig geteilt* siehe Bd. IV (Ebene Geometrie) bei dem regelmäßigen Zehneck.

Die mittlere Proportionale bezeichnet EUKLID (um 325 v. Chr.) mit *μέσον μέγεθος ἀνάλογον*, bzw. *μέση εὐθεῖα ἀνάλογον*[117] (= mittlere Größe, bzw. Linie, im Verhältnis), JORDANUS NEMORARIUS († 1237?) wörtlich danach mit *medius* (*numerus*) *proportionaliter,*[118] SACROBOSCO (um 1200—1256 Paris) mit *medium proportionale.*[119]

---

[110] *Scritti* II[I 694], S. 51. — [111] H. HOCHE, *Anfangsgründe einer Vernunfft- und Schrift-übenden Zahl- und Buchstabenrechenkunst, deren diese sonst Algebra heisset*, Leipzig 1695, unter *Verzeichnis der Kunstwörter*; FR. MEINERT, Lehrb. d. Math. 1789[I 50], I, S. 119; J. E. A. HILDEBRAND, *Lehrbuch*[100] 1793, Cap. VII, 1, S. 223; J. PH. GRÜSON, *Grundriß*[I 78], I, 1799, S. 152 u. ö. — [111a] *Lehrbuch*[I 456] I, S. 83, 29. — [111b] *Lehrbuch der ebenen Geometrie* III², Halle 1877, S. 354, § 123. — [112] MICH. PSELLUS, *Liber de quatuor mathematicis scientiis, arithmetica, musica, geometria et astronomia* (Venedig 1532), ed. W. HOLTZMANN, Basel u. Wittenberg 1556. Vgl. NESSELMANN[I 316], S. 213 Anm. Verfasser ist nicht PSELLUS; siehe *Anonymi Logica et quadrivium...*, ed. J. L. HEIBERG, Kopenhagen 1929. — [113] ED. G. FRIEDLEIN[I 73], S. 138, Z. 3. — [114] *Scritti* I[I 30], S. 181, Z. 7; 387, Z. 19. — [115] *De numeris datis*[I 585] III, 1. — [116] Das erſt Buch der Geometria[95], S. 28, Z. 6: eine ſtäte unzertrennte auff einander volgende proportz. — [117] *Elem.* VI, 13[I 712]. — [118] *De numeris datis*[I 585], Monatsschr. Math. Phys. 7, 1896, S. 165 ff. — [119] *Algorismus*, ed. CURTZE[I 81] S. 15, Z. 16, 18.

KEPLER verwendet wiederholt *medium arithmeticum.*[120] Im Deutschen wählt WIDMAN von Eger (1489 Rechenbuch) eyn mittel zal,[121] SCHEYBL (1555) das mittelproportional zwaier zalen,[122] oder kurz Mittel,[123] HOLTZMANN (1562) das proportional mittel,[124] v. WOLFF (1710) die mittlere Proportionalzahl.[125] Die Einführung des Wortes geometrisches Mittel, das anscheinend S. KLÜGEL 1808[126] gebildet hat, erfolgt erst in jüngster Zeit.[127] „Mittel" allein kommt zwar früher schon vor, wenn auch selten — so bei F. MEINERT 1789,[128] G. E. ROSENTHAL 1794[129] —, hat dann aber nur den Sinn des arithmetischen Mittels. 1820 ist bei E. G. FISCHER[130] die Zusammenstellung arithmetisches Mittel ganz geläufig, ebenso in TELLKAMPFS *Vorschule* (1829)[131] und GRUNERTS *Lehrbuch* (1834).[132]

## B. Die Gleichungen.

### I. Allgemeiner geschichtlicher Überblick. Begriff der bekannten und unbekannten Größe. Fachausdrücke

Aus der Geschichte der allgemeinen Arithmetik (Bd. II) ist ersichtlich, daß die Algebra in der Lehre von den Gleichungen ihren Ursprung hat, daß sie sich gleichsam als Hilfswissenschaft für die Behandlung der Gleichungen allmählich entwickelte. Wir wenden uns nunmehr zur Geschichte dieser selbst.

Wortgleichungen und Rätselaufgaben stehen an der Wiege der Gleichungslehre. So weit hinauf wir in die graue Vergangenheit zu blicken vermögen, sehen wir, selbst bei jenem ältesten Kulturvolk am Mittelmeerbecken, den Ägyptern, und im Zweistromland, den

120 *Doliometria* II 482. *Opera* I 264 4, S. 621, Z. 5 u. Z. 17. Manchmal spricht er auch von zwei arithmetischen Mitteln (S. 615, Z. 5, S. 617, Z. 2, 3 v. u.) in dem Sinne $a - x = x - y = y - b$, wo also $x = \frac{2a+b}{3}$ und $y = \frac{a+2b}{3}$. — 121 Rechenbuch I 200 (D 6) v°, Z. 8, 3 v. u.; (7) r°, Z. 2 u. ö. — 122 Euklidübersetzung I 735, S. 152, Z. 12. — 123 Daselbst Z. 14. — 124 Euklidübersetzung I 62, S. 171, 320. — 125 *Anfangsgründe* I 24, I, S. 240, Z. 3 v. u. — 126 *Math Wörterbuch* II 103, III, 634. Hier sind alle drei Mittel, das arithmetische, geometrische und harmonische, gleichmäßig erwähnt und nebeneinander behandelt worden. — 127 Verf. hat das Auftreten in Schulbüchern des neunzehnten Jahrhunderts nicht feststellen können: die ziemlich zahlreich eingesehenen Bücher versagten, bis auf FR. MEYER, *Arithmetik und Algebra*, Halle a. S., 2. Aufl. 1885, S. 75. — 128 *Lehrbuch* I 50, I, S. 278. — 129 *Encyklopädie der reinen Mathematik und praktischen Geometrie*, Gotha 1794. — 130 *Anmerkungen zu seinem Lehrbuch* II 574 I, S. 140. — 131 *Vorschule* I 453, S. 44. — 132 *L. d. Math. f. mittl. Kl.*, Brandenburg 1834, I, § 222, Anhang.

Sumerern und Altbabyloniern, schon nicht mehr den Anfang, sondern eine Höhe der Entwicklung in der Gleichungslehre, die den Forscher überrascht.

An den Beginn des zweiten Jahrtausends vor unserer Zeitrechnung setzt man einen ägyptischen Papyrus mathematischen Inhalts (vgl. I³, S. 72 und Anm. 381), der unter dem Namen *Rechenbuch des Ahmes* bekannt geworden ist; der Schreiber, ein Priesterschüler, der sich ein Aufgabenheft zusammenstellte, muß unter der sechzehnten oder siebzehnten Dynastie (der Hyksos) gelebt haben. Für die hohe Ausbildung des altägyptischen Bücherwesens spricht, daß schon am Anfang der sechsten Dynastie besondere königliche Beamte erwähnt werden, denen die Verwaltung des königlichen Bücherhauses oblag. Sicher gab es schon in dieser noch älteren Zeit Mathematik; Ahmes weist selbst auf alte Vorlagen für seine Niederschrift hin, die wahrscheinlich bis zur zwölften Dynastie hinaufreichen.

Werfen wir einen Blick auf Gleichungsaufgaben dieses Altägypters, wie sie uns die moderne Übersetzung vorführt! Es lautet eine solche:[133]

Haufen, sein $\frac{2}{3}$, sein $\frac{1}{2}$, sein $\frac{1}{7}$, sein Ganzes, es beträgt 33:

oder eine andere:[134]

$\frac{2}{3}$ hinzu, $\frac{1}{3}$ hinweg bleibt 10 übrig.

Bei der ersten vermag kein Leser der Gegenwart einen Unterschied gegen die heutige Form $\frac{2}{3}x + \frac{1}{2}x + \frac{1}{7}x + x = 33$ zu erkennen, bis auf den Mangel einer folgerichtigen Zeichensymbolik, die aber auch schon in Anfängen (vgl. Bd. II³, S. 9—10) nachzuweisen ist. Die zweite Aufgabe läßt sich mit Leichtigkeit auf

$$(x + \tfrac{2}{3}x) - \tfrac{1}{3}(x + \tfrac{2}{3}x) = 10$$

deuten. Auch die Durchführung der Rechnung entspricht bei Aufg. 30—38 unserer Methode (andere Methoden s. S. 32). Die Unbekannte wird zu ihren Bruchteilen addiert und das konstante

133 E. Peet[188], *Papyrus Rhind*, Aufg. 31, S. 66. Die für die unbekannte Größe benutzte Hieroglyphe ḥᶜ (= Haufen, Menge, Anzahl) wurde bisher *Hau* gelesen. Vielleicht ist *acha* richtiger. Da die alten Ägypter keine Vokale schreiben, ist die wirkliche Aussprache unbekannt. Die ägyptische Gleichungslehre pflegt man trotzdem jetzt noch Hau-Rechnung zu nennen. Im Papyrus Rhind wird dem ḥᶜ die Hieroglyphe ‚Buchrolle', das Symbol des Abstrakten, stets beigefügt; im Moskaupapyrus[135] ist statt dessen ein Zeichen ‚Körner' oder ‚Sand' daneben gesetzt, wodurch die auch sonst oft noch nachzuweisende konkrete Auffassung der ägyptischen Mathematik klar hervortritt (W. W. Struve[135], S. 111). — 134 Daselbst, Aufg. Nr. 28.

Glied durch den sich ergebenden Koeffizienten dividiert. Daß das altägyptische Verfahren, Brüche zu addieren oder gegebene Zahlen durcheinander zu dividieren, von dem unsrigen abweicht (vgl. I³, S. 73f., 152f.), geht uns hier nichts an. Das Wichtigste, was die algebraische Gleichung als solche charakterisiert, nämlich den Begriff der unbekannten Größe, finden wir bereits fertig vor uns; er ist durch das Wort „Haufen" mit seiner an sich unbekannten Anzahl von Bestandteilen und mit seinem Abstraktdeterminativ auf das zutreffendste ausgedrückt.

Auch der Papyrus Moskau,[135] der aus etwa derselben Zeit stammt, enthält einige Hau-Aufgaben. Wiederum gleichzeitig ist ein Berliner Papyrus[II 18], in dem ebenfalls Gleichungsaufgaben entziffert sind, deren eine sogar zwei Unbekannte verwendet, einen „Haufen 1" und den „anderen Haufen".[136] Wiederum gleichzeitig setzt auch babylonische Überlieferung ein; sie verrät uns ein noch viel stärker ausgebildetes rein algebraisches Denken. Keiltäfelchen aus 1900 v. Chr.[137] bringen Felderteilungsaufgaben, die mit Zahlenanordnungen gelöst sind, die auch wir rechnerisch hinschreiben würden, wenn man uns die entsprechenden Gleichungen mit einer oder zwei Unbekannten vorlegt. Ganz überraschend ist dabei auch das Auftreten zahlreicher quadratischer und biquadratischer Gleichungen aus der Ḫammurabi-Zeit (2000 v. Chr.), deren Lösung richtig vorgerechnet wird; spezielle kubische Gleichungen werden durch Vergleichung mit einer Tabelle für $n^3 + n^2$ ($n = 1, 2, \ldots 30$) ausgewertet.[138] — Unter den Hau-Aufgaben des Papyrus Rhind finden sich einige, bei denen die von den Babyloniern geübte Division, eine Multiplikation mit dem reziproken Wert (vgl. Bd. I³, S. 141) benutzt wird: daher taucht die Vermutung auf, daß die ägyptischen Gelehrten von

135 Wahrscheinlich eine Schülerprüfungsschrift, da die Aufgabenanordnung wenig systematisch ist und wiederholt das Urteil des korrigierenden Lehrers „Richtig gefunden" neben den Ausrechnungen zeigt. Der Papyrus stammt aus der Mitte der 13. Dynastie und ist eine Abschrift einer Vorlage aus der 12. Dynastie. W. W. Struve, *Mathematischer Papyrus des staatlichen Museums der schönen Künste in Moskau*, Quell. u. Stud. A1, Berlin 1930; K. Vogel, *Der Moskauer mathematische Papyrus*, Arch. Gesch. Math. Nat. Techn. 13, 1931, S. 446—463. — 136 K. Vogel, *Die Algebra der Ägypter*[II 269], S. 151. — 137 O. Neugebauer, *Zur Geschichte der babylonischen Mathematik*, Quell. u. Stud. B1, 1929, S. 66—80. — Derselbe, *Beiträge zur Geschichte der babylonischen Arithmetik*, daselbst S. 120—130[II 21]. — 138 O. Neugebauer, *Über die Lösung kubischer Gleichungen in Babylonien*, Nachr. Ges. Wiss. Göttingen. Math.-phys. Kl., 1933, I, 43, S. 316—321. Hierzu K. Vogel, *Kubische Gleichungen bei den Babyloniern?* S.-Ber. math.-nat. Abt., Münch. Akad. 1934, S. 87—94.

babylonischer Mathematik gelernt haben,[139] zumal die babylonischen Kenntnisse von 1900 v. Chr. wohl auf noch ältere sumerische Gelehrsamkeit vor 2000 v. Chr. zurückgehen. Zu erwähnen wären die ‚Serientexte',[139a] die ganze Gruppen quadratischer Gleichungen bringen (wohl aus der Kassitenzeit um 1500 v. Chr.). Aus den nächsten $1^1/_2$ Jahrtausenden fehlen Keilschriftfunde mit Gleichungsberechnungen. Erst die Achämeniden- und Seleukidenzeit (5.—1. Jahrh. v. Chr.) bringt neue Berichte zu Tage,[140] sie enthalten quadratische Gleichungen von der Form $x + y = a$ und $xy = b$. Die Fachwörter für die beiden Unbekannten igû und šipû sind nicht ganz klar. Da aber immer $b = 1$, also $y = \frac{1}{x}$, so sind vielleicht[141] Wörter wie ‚Zähler' und ‚Nenner' darunter zu verstehen, jedenfalls nicht Allgemeinbezeichnungen wie ‚Haufen 1' und ‚Haufen 2'.

Babylonische und ägyptische Kenntnisse sind sicher nach Griechenland abgeflossen, sehr wahrscheinlich schon zur Zeit des Pythagoras (6. Jahrh. v. Chr.). Was dort aber praktische Lehre war, ist hier theoretisch-abstrakt zu einer Wissenschaft verarbeitet, die in der Geometrie verankert wurde: was an algebraischem Wissen übernommen wurde, mußte, um auch das Irrationale zu erfassen, in geometrisches Gewand gekleidet werden, das erst ganz allmählich in rund Tausend Jahren wieder abgestreift wurde.[141a] Erhebliche Teile des zweiten Buches der Elemente EUKLIDs sind geometrisch umgewandelte Algebra. Die altbabylonische Lösung der quadratischen Gleichungen dürften in den Sätzen II, 4, 5, 6 wieder zu erkennen sein. Von THYMARIDAS, der anscheinend ein Pythagoräer aus dem Anfang des vierten Jahrhunderts v. Chr. war, wird uns eine Aufgabe mitgeteilt,[142] die auf mehrere Gleichungen mit ebensoviel Unbekannten führt; hierbei werden Kunstwörter, *ὡρισμένα* für gegebene, *ἀόριστα* für unbekannte Größen benutzt, wie wir sie erst später, als die Algebra sich endgültig von der Geometrie wieder losgelöst hatte, bei DIOPHANT (zweite Hälfte des 3. Jahrh. v. Chr.)

---

139 K. VOGEL, *Referat zur Chace-Ausgabe*[6], Arch., Gesch. Math. Nat. Techn. 12, 1930, S. 418; Derselbe, *Die Algebra der Ägypter*[II 269], S. 147f. — Derselbe, *Der Moskauer math. Pap.*[135], S. 462. — 139a O. NEUGEBAUER, *Vorlesungen über Geschichte der antiken mathematischen Wissenschaften. I. Vorgriechische Mathematik*, Berlin 1934, S. 188f. — 140 H. S. SCHUSTER, *Quadratische Gleichungen aus der Seleukidenzeit*, Quell. u. Stud. B1, 1930, S. 194—200. — 141 Daselbst S. 196, Anm. 11. — 141a JACOB KLEIN, *Die griechische Logistik und die Entstehung der Algebra*, Quell. u. Stud. B3, 1934, S. 18—105, 122—235. — 142 IAMBLICHUS[I 546], S. 62, Z. 18ff.; vgl. NESSELMANN[I 316], S. 232.

antreffen.[143] Auch HERON (100 v. Chr.) hat eine Fachbezeichnung für die Unbekannte, wenn er in einer Proportion das vierte, das zu suchende Glied mit ἄλλο τι[144] (etwas anderes) oder kurz τί[145] (etwas) andeutet.

Die Abkürzungen der Unbekannten bei DIOPHANT — er kennt nur eine solche — wurden in Bd. II³, S. 5f. behandelt. Immerhin sind sie uns nur überliefert durch wiederholt abgeschriebene und weitergegebene Handschriften, von denen die älteste uns erhaltene sogar 1000 Jahr jünger ist als die Urschrift. Aber ein geretteter Papyrusfetzen — *Papyrus Michigan* 620[II3] — aus der Zeit kurz vor oder nach DIOPHANT gibt uns ein Stück lebensfrischer griechischer Algebra und bestätigt uns die Echtheit der Schreibart der Unbekannten in den diophantischen Handschriften.

Die in der Geometrie versteckt schlummernde griechische Algebra wird auch wiederholt noch von babylonischer Mathematik beeinflußt worden sein — so zu HIPPARCHS Zeit. HERON war Alexandriner, ebenso DIOPHANT; der *Papyrus Michigan* ist in Ägypten gefunden: sicherlich macht sich hier mehrfach babylonischer Einfluß geltend; auf einen solchen wird auch der Aufschwung in der diophantischen Algebra zurückzuführen sein. Eine jüngst entdeckte babylonische biquadratische Aufgabe ist eng mit DIOPHANT[I28] verwandt und paßt mit den Zahlenwerten genau in den Anfang einer Serien-Aufgabengruppe.[145a]

Später, und sicher nicht unbeeinflußt von Babylonien und Griechenland aus, hatten wir in Indien eine wirkliche Algebra entstehen sehen (vgl Bd. II³, S. 10—14). Es mag erinnert sein an ĀRYABHAṬAS (geb. 476 n. Chr.) Wort für die Unbekannte *gulikā* (Kügelchen), für bekannte Größen *rūpakā* (mit Zeichen versehene Münzen), an BRAHMAGUPTAS (geb. 598 n. Chr.) *yāvat tāvat* (quantum tantum) für die erste Unbekannte, an seine Farbenbezeichnungen *kālaka* (die schwarze), *nīlaka* (die blaue), *pītaka* (die gelbe) usw. für die weiteren Unbekannten.

Die Anerkennung negativer Größen[145b] erleichtert die Behandlung von Gleichungen außerordentlich, bei den quadratischen Gleichungen bedurften die Inder nur einer Normalform. Ihre Hauptleistungen

143 So DIOPHANT[I124] IV. 20: *Εὑρεῖν τρεῖς ἀριθμοὺς ἐν τῷ ἀοριστῷ* . . . (Drei Zahlen in unbestimmten Ausdrücken finden, so daß . . .); vgl. NESSELMANN[I816], S. 291. — 144 *Opera* 3, ed. SCHÖNE[I808], S. 150, Z. 10; S. 160, Z. 4 u. ö. — 145 S 156, Z. 15; S. 158, Z. 8: *Ὡς τὰ ιγ πρὸς τὰ ιε, οὕτως τὰ β πρὸς τί* (13 : 15 = 2 : $x$) u. ö., so S. 184, Z. 1, 8. — 145a K. VOGEL brieflich. — 145b Negative Größen finden sich schon in babylonischen Serientexten. Vgl. O. NEUGEBAUER, *Mathematische Keilschrifttexte* (= MKT) Qu. Std. A, 3, 1935, S. 455—456.

lagen auf dem Gebiete der unbestimmten Analytik, das DIOPHANT zu betreten eben erst begonnen zu haben scheint (vgl. hinten, Abschnitt B. 8). Ob nicht solche Fortschritte in den verlorengegangenen Schriften DIOPHANTS (um 360 n. Chr.), seiner Schülerin HYPATIA (um 400 n. Chr.) oder anderer uns unbekannter griechischer Mathematiker des 5. und 6. Jahrhunderts vorhanden waren, läßt sich bei den Lücken der Überlieferung nicht mehr nachweisen, vielleicht aber vermuten, da so vieles, was ĀRYABHAṬA und BRAHMAGUPTA bringen, wie ihre ganze Astronomie, für die die mathematischen Kapitel nur Einschiebungen sind, sicherlich griechischen Ursprung verraten. Gewiß wird sich auch einmal in Zukunft nachweisen lassen, wieweit babylonische Mathematik hinüberspielt.

Die arabische Mathematik — ALḪWĀRAZMĪ (um 825 n. Chr.) und seine Nachfolger — löst die quadratischen Gleichungen auf Grund der Sätze EUKLIDS, Elem. II, 4, 5, 6, — zunächst unbeeinflußt durch DIOPHANT, dessen Arithmetik erst ALKARḪĪ (um 1010 n. Chr. kennt, unabhängig auch von den Indern, da allein positive Wurzeln zugelassen werden. Weder DIOPHANT noch die Inder kennen die Bedeutung der euklidischen Sätze, El. II, 5, 6; sie begnügen sich mit der Methode der quadratischen Ergänzung. Den Arabern gebührt der Ruhm, die Gleichungen 3. Grades — fußend auf ARCHIMEDES — geometrisch ihrer Lösung entgegengeführt zu haben. Erst am Ende der arabischen Periode nehmen wir im fünfzehnten Jahrhundert bei den Westarabern eine Neugeburt symbolischer Algebra (vgl. Bd. II³, S. 14) wahr. Dem sechzehnten Jahrhundert blieb es vorbehalten, auf italienischem Boden die rechnerische Lösung der Gleichungen dritten und vierten Grades, in Deutschland eine echte Algebra in der *Coß* (vgl. Bd. II³, S. 8, 49f., 139f.) entstehen zu sehen. Durch VIETAS Einführung von Buchstabengrößen als Gleichungskoeffizienten (1591) wuchs diese nach und nach zur heutigen Algebra aus (vgl. Bd. II³, S. 9, 46, 50ff.), innerhalb der die Gleichungslehre sich ständig und gleichmäßig fortbildete. Wohl keiner der bedeutenderen Mathematiker des sechzehnten bis neunzehnten Jahrhunderts kann genannt werden, der nicht einen oder mehrere Bausteine zu dem stolzen modernen Lehrgebäude der Gleichungstheorie beigetragen hätte.

Von den Begriffen und Fachwörtern, die in der Gleichungslehre üblich sind, haben wir den Begriff der Unbekannten soeben besprochen. Für die Entstehung des allgemein angenommenen Zeichens $x$ für letztere vergleiche man die Erörterungen Bd. II³, S. 55ff. und 140ff. Auch die Geschichte des Wortes Wurzel wurde

Bd. II[3], S. 179f. behandelt. Die Beziehung zwischen Gleichungswurzel und Wurzelgrößen zeigt sich noch im 18. Jahrhundert, wenn CHR. VON WOLFF 1716 von der ‚*Ausziehung der Wurzel einer Gleichung*'[145c] spricht. Die deutschen Fachwörter *bekannt* und *unbekannt* stellen sich sofort bei Beginn einer deutschen mathematischen Literatur ein.[145d]

Die Seite einer Gleichung nennt DIOPHANT μέρος,[146] seltener ἴσωσις,[147] ein Glied der nach Potenzen der Unbekannten zusammengezogenen Gleichung εἶδος.[148] VIETA (1591) wählte, vielleicht in Anlehnung hieran, für das letztere *species*, wonach lange Zeit die Buchstabenrechnung den Namen *arithmetica speciosa* (Gegensatz: *arithmetica numerosa*) führte.[149]

Aus dem griechischen ἴσωσις wurde im Lateinischen *aequatio*. Dies ist bei LEONARDO von Pisa (1228, *Liber abbaci*), der arabischen Vorbildern folgt, bereits ein vollständig eingebürgertes Fachwort für unser Gleichung.[150] Das Gleichheitszeichen wird vertreten durch die Worte *aequatur, aequalis est.*[151] Bei der Verdeutschung stellt sich in späterer Zeit *Vergleichung* (GRAMMATEUS 1518),[152] erst danach *Gleichung* ein (H. HOCHE 1695,[153] VON WOLFF 1710 und 1716).[154] Die deutschen Worte *gleich* und *ungleich* kommen aber schon um 1400 in mathematischem Sinn vor,[154a] *Gleichheit* (aber nicht im Sinne von Gleichung) und *Ungleichheit* zuerst bei KEPLER 1616.[154b] Aus *Zeichen der Gleichheit* — so 1716 bei v. WOLFF[154c] — wird bei VOIGT 1791 Gleichheitszeichen.[154d] Das Wort Glied (vgl. Bd. II[3], S. 70) wird nicht später als *Gleichung* üblich.[155] Vom *absoluten Glied* spricht

[145c] *Math. Lex.*[I 64], Sp. 613. — [145d] *Geometria Culm.*[I 819], S. 35, Z. 20 und S. 68, Z. 10: *bekannt:* ROBERTUS ANGLICUS[I 275] (1477), S. 45, Z. 4: ains dings vnbekannten Grofs. — [146] DIOPHANT, I, def. 11, ed. TANNERY[I 124], z. B. S. 14, Z. 13. — [147] DIOPHANT, IV, 25, ed. TANNERY, S. 242, Z. 20. — [148] DIOPHANT, I, def. 10, ed. TANNERY, S. 14, Z. 2. — [149] 1591, *Isagoge*[II 70], III, S. 5. — [150] *Scritti* I[130], S. 407: *Cum in aliqua questione invenientur census, uel partes unius census equari radicibus uel numero debent reddigi ad equationem* (Wenn bei irgendeiner Aufgabe Quadrate der Unbekannten oder Teile von Quadraten gleich einem Mehrfachen der Unbekannten oder konstanten Zahlen sind, so müssen sie auf eine Gleichung gebracht werden). — [151] *Scritti*[I 30], S. 352, 353 u. sehr oft. — [152] Rechenbuch[I 58a], Liiij, v°, Z. 5: die equation oder vorgleychung; 1525, CHR. RUDOLFF, *Coß*[II 835] (G 6) v°, Z. 19: Vergleichung. — [153] *Algebra*[I 11] § 175, S. 132. — [154] *Anfangsgründe*[I 24], IV, S. 30, § 61; *Mathematisches Lexicon*[I 64], S. 13 u. — [154a] *Geom. Culm.*[I 819], S. 24, Z. 11: teyle yn zwey gliche teyl; auch S. 28, Z. 11 und 16. — [154b] Messekunst[II 483]; vgl. A. GÖTZE, *Anfänge einer mathematischen Fachsprache in* KEPLERS *Deutsch*, Germanische Studien 1, Berlin 1919, S. 82f. — [154c] *Math. Lex.*[I 64], S. 1263. — [154d] *Grundlehren*[I 495], S. 28. — [155] *Algebra*[I 11], 1695, Verzeichnüß der Kunstwörter.

schon OUGHTRED in seiner *Clavis mathematicae* von 1631,[156] ebenso vom *höchsten Glied* (*altissima species*),[157] J. HUDDE (1657) vom *letzten Glied* (*ultimus terminus*).[158]

*Aequatio affecta* ist eine Gleichung, in der die Unbekannte in mehreren Potenzen vorkommt (also nicht $x^2 = A$, $x^3 = B$); sie heißt *speciosa*, wenn die Koeffizienten Buchstaben sind ($x^3 + a^2x - b^3 = 0$), sonst *numerosa* ($3x^3 - 5x + 6 = 0$). Durch VON WOLFF sind die deutschen Fachwörter *algebraische Gleichung*,[158a] *Exponentialgleichung*,[158b] *transcendentische Gleichung*,[158c] in Umlauf gekommen. EULER (1770) spricht schon von einer *identischen Gleichung*.[158d] *Ungleichheit* bringt VON WOLFF in seinem Register des *Math. Lex.* von 1716[I 64]. Ungleichung bildet erst J. H. TR. MÜLLER 1868.[158e]

Die Bezeichnung Koeffizient, wofür bei DIOPHANT πλῆθος gebraucht wird,[159] stammt ebenfalls von VIETA her.[160] Bei Ausrechnungen von der Form $(A + B)^m + D^n(A + B)^{m-n}$ verwendete er das Wort zum erstenmal in dem besonderen Beispiel $(A + B)^2 + D(A + B)$, d. i. $(x + a)^2 + b(x + a)$, für die Größe $D$, indem er sie *longitudo coëfficiens* nannte. Vor VIETA bezeichnete man die Koeffizienten der einzelnen Glieder einer Gleichung mit dem Namen der Potenzen selbst, wie wir es schon bei DIOPHANT fanden[159]. So hieß es z. B. bei der Lösung der quadratischen Gleichung $x^2 + 21 = 10x$ durch $x = 5 \pm \sqrt{5^2 - 21}$: „Man halbiere die Wurzeln (d. i. 10) usw.", wobei Wurzel die Bezeichnung für die erste Potenz der Unbekannten ist (vgl. Anhang II, Nr. 21, Beispiel des MUḤAMMAD IBN MŪSĀ ALḪWĀRAZMĪ). Ähnlich drückten sich die Cossisten des sechzehnten Jahrhunderts aus (vgl. Anhang II, Nr. 47, RIESE). DESCARTES (1637) sagt *la quantité connue du second ordre, du troisième terme*.[161] A. GIRARD (*Invention* 1629)[162] nennt allgemein *Koeffizient* den Multiplikator eines Produktes, *Effizient* den Multiplikandus. Bei OUGHTRED (*Clavis mathe-*

---

156 Ausg. v. 1631[I 680], cap. 19, § 5, S. 50, Z. 24; auch DESCARTES (1619, 1621) nennt das von $x$ freie Glied *numerus absolutus Œuvres* 10[I 842], S. 155, 237 u. ö. — 157 *Clavis* 1631[I 680], S. 50, Z. 25. — 158 DESCARTES, *Geometria* 1659—1661[II 93], S. 408. — 158a v. WOLFF, *Math. Lex.* 1716[I 64], Sp. 18, Z. 6. — 158b Daselbst Sp. 21. — 158c Daselbst Sp. 24. — 158d *Algebra*[I 65], II, 29: *Also $x - 1 = x - 1$, dieses ist eine identische Gleichung und zeigt an, daß $x$ garnicht bestimmt werde, sondern, daß man davor eine jegliche Zahl nach Belieben annehmen könne.* — 158e *Lehrbuch d. Math.*[I 456], I, S. V. — 159 DIOPHANT, *Op.* I, 23, ed. TANNERY[I 124], S. 48, Z. 8. Der Koeffizient von $x^2$ heißt auch: αἱ Δ^υ, der von $x$: αἱ ς; ed. TANNERY I, S. 407, S. VI, Nr. 6. Vgl. Bd. II[3], S. 5—6. — 160 1591, *Ad Logisticen speciosam notae priores*[II 408], ed. SCHOOTEN[II 127], Leiden 1646, S. 23, Z. 1, 2 v. u. und dann oft. — 161 *Géométrie*; *Œuvres*, éd. ADAM et TANNERY 6[II 96], S. 453, Z. 1. — 162 Bl. 𝔄, v⁰ oben[I 23].

*maticae* 1631)[163] ist das Wort wieder auf die Gleichungen beschränkt. Ozanam führt 1691 in seiner Fachwörtersammlung Koeffizient als bekannten Ausdruck auf: *On appelle ... coëfficient du troisième terme, la quantité connuë du troisième terme.*[164]

Der Begriff Grad einer Gleichung ist der Descartesschen *Géométrie* von 1637 entlehnt. Descartes gebraucht für diesen Begriff in algebraischem Sinne freilich das Wort *Dimension*,[165] will aber die durch die Gleichungen dargestellten Kurven nach dem Grade (*degré, gradus*)[166] eingeteilt wissen. Das von ihm gewählte Einteilungsprinzip ist indessen von dem unsrigen abweichend; er faßte die Kurven, deren Gleichungen als höchste Potenzen die $(2n-1)^{\text{te}}$ und $(2n)^{\text{te}}$ besitzen, unter der Bezeichnung der $n^{\text{ten}}$ Gattung (*genre*) zusammen. Unsere heutige Bezeichnungsart findet sich bei J. Prestet (*Élémens de math.* 1675);[167] aber erst Newton[168] verhalf ihr zu allgemeiner Anerkennung, indem er eine Kurve, deren Gleichung keine höheren Potenzen als die $n^{\text{te}}$ aufweist, eine Linie $n^{\text{ter}}$ Ordnung oder eine Kurve $(n-1)^{\text{ter}}$ Ordnung nannte. In Ozanams Wörterbuch von 1691 ist „Grad" noch nicht als bekanntes Fachwort aufgenommen.[169] Das Wort Grad (*gradus*) hatte Vieta bereits für die Höhe einer Potenz in Gleichungen benutzt,[170] Fermat für verschiedene Gruppen der Gleichung zweiten Grades in Hinsicht auf die dargestellten Kurven.[171] Die Bezeichnung lineare Gleichung (*égalité linéaire*) findet sich bei J. Prestet (1675),[172] dürfte aber wohl älter sein. Die Bezeichnung Buchstabengleichung geht auf J. Hudde (1628—1704 Amsterdam) zurück, der in einem Briefe von 1657 den Ausdruck *aequatio literalis* gebraucht.[173] Bei Schooten, 1659, ist der Ausdruck *aequatio numerica*[174] anscheinend nichts Neues mehr. Als deutsches Fachwort ist numerisch erst seit Klügels *Wörterbuch*[II 193], 1808, endgültig anerkannt.

163 Ausg. 1631[I 680], cap. 19, § 5, S. 50, Z. 16, 22 u. ö. — 164 *Dictionnaire mathématique*[I 276], 1691, S. 82, Z. 1 u. 2 v. u. — 165 *Œuvres de* Descartes, éd. Adam et Tannery, 6[II 96], S. 444: *Scachés donc qu'en chasque Equation autant que la quantité inconnue a de dimensions, autant peut-il y auoir de diuerses racines.* — 166 Daselbst S. 389: *Mais ie m'estonne de ce, qu'ils n'ont point, outre cela, distingué diuers degrés entre ces lignes plus composées.* — 167 II, 1, § 25 (1. Ausg. Paris 1675[II 348]); 2. Ausg. *Nouv. élém. des math.*, Paris 1689, II, S. 20. — 168 *Principia*[II 355] (um 1684 verfaßt, 1687 gedruckt), lib. I, prop. 30, lemma 28, S. 106. — 169 *Dictionnaire*[I 276], S. 81 bezeichnet *degrez* die Höhe der Potenzen der Unbekannten; der Grad der Gleichung heißt *dimension.* — 170 *Isagoge*[II 70], III, 8; Vietae *Opera*, ed. Schooten[II 127], S. 23, 308, 309; dann Oughtred, *Clavis*[I 680], XVI, 7. — 171 *Varia opera*[I 778], Tolosae 1679, S. 3, Z. 6 v. u. u. ö. — 172 *Élémens*[II 348], 1695, II, 1, § 25, S. 20. — 173 Descartes, *Geometria*[II 93], 1659, I, S. 408. — 174 Ebendaselbst I, S. 367, Z. 11.

‚*Eine Gleichung umformen*' sagt C. KOPPE 1849 in der zweiten Auflage von Bd. I seiner *Anfangsgründe*,[174a] noch nicht 1836 in der 1. Auflage. Die Bezeichnung ‚kanonische Form' stammt von TH. HARRIOT (1631).[174b]

In der Schreibart der Gleichungen trat seit HARRIOT (*Artis analyticae praxis* 1631)[II 66] und DESCARTES (*Géométrie* 1637) eine formale Änderung ein. HARRIOT brachte grundsätzlich das konstante Gied, sei es positiv, Null oder negativ, allein auf die rechte Seite. Auf die Zweckmäßigkeit, Gleichungen überhaupt auf Null zu bringen, hat DESCARTES zuerst ausdrücklich hingewiesen.[175] Dabei ordnet er seine Gleichungen so, daß sie mit der höchsten Potenz der Unbekannten, deren Koeffizient gleich 1 gesetzt wird, beginnen. Er tut das stillschweigend; die Forderung nach solcher Normalform stellt erst J. HUDDE 1657.[176] HARRIOT hat keineswegs zuerst Gleichungen auf Null gebracht, wie früher behauptet wurde.[177] Schon vor ihm finden sich vereinzelt solche Gleichungen, zuerst bei STIFEL in der *Arithmetica integra* von 1544:[178]

$$216 + \sqrt{\mathfrak{z}}\, 41\,472 - 18\, \mathfrak{x} - \sqrt{\mathfrak{z}}\, 648\, \mathfrak{z} \text{ aequantur } 0$$

$$(\text{d. i. } 216 + \sqrt{41\,472} - 18x - \sqrt{648x^2} = 0),$$

dann in seiner Neubearbeitung der *Coß* von CHR. RUDOLFF (1553),[179] wo er bei der Gleichung $\frac{4}{12}x - 1 = \frac{5}{12}x - 6$ alle Größen nach rechts bringt und schreibt:

bleybt auf einer seyten nichts. Und auf der anderen Seyten bleybt

$$\tfrac{1}{12}\mathfrak{x} - 5,$$

ferner bei CARDANO (1545) in der *Ars magna:*[180] *triplum CB in quadratum ACm & triplum AC in quadratum CB, & sexcuplum AB nihil faciunt*, d. i. $3\,CB\cdot\overline{AC}^2\,ACm + 3\,AC\cdot\overline{CB}^2 + 6\,AB = 0$, bei BOMBELLI (1572)[II 75]: $4x + 8 - \sqrt{128 + 84^2} = 0$.[181]

---

174a *Anfangsgründe*[I 1162], § 175, S. 125. — 174b *Art. an. praxis*[II 66], S 4, Z. 2. — 175 *Géométrie*[II 96]; *Œuvres*, éd. ADAM et TANNERY, 6, S. 415, Z. 6—9. Die linke Seite der Gleichung nannte DESCARTES *Summa, somme*; *Œuvres* 6[II 96], S. 445, Z. 15 und öfter. — 176 DESCARTES, *Geometria*, 1659[II 93], I, S. 488, Z. 10 ff. — 177 Z. B. J. E. MONTUCLA, *Histoire des mathématiques*, Paris 1758, S. 77. — 178 Bl. 283 v⁰, Z. 9 v. u.[I 23]. — 179 Coß[I 338], Bl. 490 v⁰, Z. 1—2; vgl. G. ENESTRÖM, Bibl. math. $9_3$, 1908—1909, S. 161. — 180 *Ars magna*[II 280], fol. 30 v⁰, Z. 3; vgl. H. WIELEITNER, *Über Cardanos Beweis für die Lösung der kubischen Gleichung* usw., Sitzungsber. phys. med. Sozietät Erlangen, Bd. 58/59, 1926/27, S. 173—180. W. teilt hier unter Angabe der Literatur mit, daß auch der Araber IBN BADR aus Sevilla (um 900 n. Chr.) eine Gleichung auf Null gebracht habe. — 181 *Algebra*[II 75] S. 250, Z. 8, 17; auch S. 283, Z. 11 f.; S. 264, Z. 2 f.; S. 271.

Von dem Schweizer BÜRGI (1552—1632; Kassel, Prag) teilt uns sein Freund KEPLER zwei weitere Beispiele mit:

. . . *et tunc illi vel numero vel figurae nihili aeque valent quantitates haec*

$$7^{\mathrm{I}} - 14^{\mathrm{III}} + 7^{\mathrm{V}} - 1^{\mathrm{VII}} \text{ vel } 7 - 14^{\mathrm{II}} + 7^{\mathrm{IV}} - 1^{\mathrm{VI}} \ldots$$ [182]

(d. h. $0 = 7x - 14x^3 + 7x^5 + 1x^7$ oder $7 - 14x^2 + 7x^4 - 1x^6$)

und $5^{\mathrm{I}} - 5^{\mathrm{III}} + 1^{\mathrm{V}}$ *aequalem subtensae nulli*[183] (d. i. $5x - 5x^3 + 1x^5 = 0$). Beispiele finden sich auch noch in J. BUTEOS *Logistica* (1559)[184] und in einer Abhandlung von J. PELETIER (1550).[185] In NEPERS 1550—1617, Merchiston, Schottland) nicht veröffentlichter *Ars logistica* (etwa 1594 verfaßt; erst 1839 gedruckt)[186] wird sogar die *aequatio ad nihil* stark bevorzugt. Diese Schrift ist zugleich die Quelle HARRIOTS, aus der er auch die Verwendung kleiner Buchstaben statt der großen VIETAS gelernt hat.

In allgemeinen Buchstaben scheint W. JONES (1706) zuerst die Normalform der algebraischen Gleichung hingeschrieben zu haben:[187]

$$x^n \,..\, ax^{n-1} \,..\, bx^{n-2} \,..\, cx^{n-3} \,..\, dx^{n-4}, \;\&c. \;..\, A = 0\,.$$

## 2. Die Gleichungen ersten Grades mit einer Unbekannten.

Flächenteilungsaufgaben, deren Ausrechnung nach unserer Bezeichnung auf lineare Gleichungen führen, sind bereits von den Babyloniern (um 1900 v. Chr.) behandelt.[188] Vielleicht gelangten babylonische Kenntnisse zu den Ägyptern[189] (S. 23[a]). Aus dem Papyrus Rhind gehören folgende Aufgaben hierher, in moderner Form geschrieben:[189]

| | | | |
|---|---|---|---|
| Rh 24: | $x + \frac{1}{7}x$ | $= 19;$ | $x = (19:8)\cdot 7$ |
| Rh 25: | $x + \frac{1}{2}x$ | $= 16;$ | $x = (16:3)\cdot 2$ |
| Rh 26: | $x + \frac{1}{4}x$ | $= 15;$ | $x = (15:5)\cdot 4$ |
| Rh 27: | $x + \frac{1}{5}x$ | $= 21;$ | $x = (21:6)\cdot 5$ |
| Rh 28: | $(x + \frac{2}{3}x) - \frac{1}{3}(x + \frac{2}{3}x)$ | $= 10;$ | $10:10 = 1,\; x = 10 - 1$ |
| Rh 29: | $\frac{1}{3}[(x + \frac{2}{3}x) + \frac{1}{3}(x + \frac{2}{3}x)]$ | $= 10;$ | unvollständig,[190] |
| Rh 30: | $(\frac{2}{3} + \frac{1}{10})x$ | $= 10;$ | $x = 10:(\frac{2}{3} + \frac{1}{10})$ |

182 *De Figurarum Harmonicarum Demonstratione*[II 887] *Liber* I, Linz 1619, prop. 45; *Op.* KEPLERI, ed. FRISCH[I 264]; V, S. 104, Z. 3—2 v. u. — 183 Daselbst S. 105. — 184 *Logistica*[175], S. 146, probl. 6, Z. 4 v. u. — 185 *De occulta parte numerorum quam algebram vocant libri duo*, Paris 1560, S. 10, Z. 19; S. 58, Z. 2. — 186 *De arte logistica*[I 403], 1839, S. 156 ff.: 4 ℞ − 6 = 5 ℞ − 20 und − ℞ + 14 = 0 ‚*quae aequatio ad nihil est*'. — 187 *Synopsis palmariorum matheseos*[II 87], S. 189, Nr. III. — 188 O. NEUGEBAUER[137], Quellen u. Studien 1 B. S. 67 ff., besonders S. 79, Nr. 6. — 189 Derselbe, *Arithmetik u. Rechenkunst der Ägypter*[II 978], S. 307; K. VOGEL, *Die Algebra der Ägypter des mittleren Reiches*[II 269], S. 133 ff. — 190 O. NEUGEBAUER[II 978], S. 343 unten. K. VOGEL[II 269], S. 143.

Rh 31: $x + \frac{2}{3}x + \frac{1}{2}x + \frac{1}{7}x = 33$; $x = 33 : (1 + \frac{2}{3} + \frac{1}{2} + \frac{1}{7})$
Rh 32: $x + \frac{1}{3}x + \frac{1}{4}x = 2$; $x = 2 : (1 + \frac{1}{3} + \frac{1}{4})$
Rh 33: $x + \frac{2}{3}x + \frac{1}{2}x + \frac{1}{7}x = 37$; $x = 37 : (1 + \frac{2}{3} + \frac{1}{2} + \frac{1}{7})$
Rh 34: $x + \frac{1}{2}x + \frac{1}{4}x = 10$; $x = 10 : (1 + \frac{1}{2} + \frac{1}{4})$
Rh 35: $3x + \frac{1}{3}x = 1$; $x = 1 : (3 + \frac{1}{3})$
Rh 36: $3x + \frac{1}{3}x + \frac{1}{5}x = 1$; $x = 1 : (3 + \frac{1}{3} + \frac{1}{5})$
Rh 37: $3x + \frac{1}{3}x + \frac{1}{3} \cdot \frac{1}{3}x + \frac{1}{9}x = 1$; $x = 1 : (3 + \frac{1}{2} + \frac{1}{18})$
Rh 38: $3x + \frac{1}{7}x = 1$; $x = 1 : (3 + \frac{1}{7})$.

Der Moskauer Papyrus[135] hat nur 3 Aufgaben:[191]

M 1: $x - \frac{1}{5}x = 20$; stark zerstört
M 19: $(1 + \frac{1}{2})x + 4 = 10$; $10 - 4 = 6$, $x = 6 : (1 + \frac{1}{2})$
M 25: $2x + x = 9$; $2 + 1 = 3$, $x = 9 : 3$,

die Kahun-Papyri[I 921, II 982] nur eine:[192]

K 3: $(\frac{1}{2} - \frac{1}{4})x = 5$; $\frac{1}{2} - \frac{1}{4} = \frac{1}{4}$, $1 : \frac{1}{4} = 4$, $x = 5 \cdot 4$.

Sämtliche Gleichungen sind von der Form $ax = b$, nur M 19 zeigt einen Fortschritt durch die Form $ax + c = b$. Die Lösung von $ax = b$ erfolgt meist durch Division $x = \frac{b}{a}$, zuweilen mit Benutzung der babylonischen Division $x = b \cdot \frac{1}{a}$.

Der Papyrus Rhind benutzt den Terminus '$ḥ$' nur in der Aufgabestellung, nicht in der Ausrechnung; einen freieren Gebrauch erkennt man indes im Berliner Papyrus (S. 24).[193] Man darf auch nicht eine besondere Gleichungslehre der ägyptischen Mathematik herauslesen wollen und etwa den falschen Ansatz, die Benutzung einer Versuchszahl, die dann durch eine Art formaler Proportion zu dem richtigen Wert aufgebessert wird, als eine allgemeine Methode ansehen: der ägyptische Rechner erreicht sein Ziel mit einfachen Schlußrechnungsgedanken. Der abstrakte Zahlenbegriff war indes schon entwickelt: man hatte eine Anschauung der Vierheit, der Siebenheit usw. So wird in Rh 24: $x + \frac{1}{7}x = 19$ die unbekannte Größe als Siebenheit einer kleineren Unbekannten aufgefaßt, von denen dann 8 Stück auf 19 kamen, so daß ein Stück gleich $19 : 8 = 2 + \frac{1}{4} + \frac{1}{8}$, — in der ägyptischen Stammbruchschreibung — war (vgl. Bd. I³, S. 73f., 150f., 168). Um die volle Siebenheit, das $x$, schließlich zu erhalten, mußte mit 7 multipliziert werden: $x = 16 + \frac{1}{2} + \frac{1}{8}$. Genau so verfahren die zu den Aufgaben 24—27 des Papyrus Rhind gehörenden Ausrechnungen.[194]

191 K. Vogel, *Der Moskauer math. Papyrus*[135], S. 448. — 192 K. Vogel, *Algebra der Ägypter*[II 269], S. 149. — O. Neugebauer, *Arithmetik und Rechentechnik der Ägypter*[II 978], S. 307, 310. — 193 K. Vogel, *Algebra der Ägypter*[II 269], S. 152. — 194 Daselbst, S. 134—140.

Daß das Lösungsverfahren kein starres Schema war, zeigt Aufgabe Rh 28, die ganz anders gelöst ist: „$\frac{2}{3}$ *dazu*, $\frac{1}{3}$ *weg*, 10 *bleibt*“, modern: $(x + \frac{2}{3}x) - \frac{1}{3}(x + \frac{2}{3}x) = 10$. Zieht man die linke Seite zusammen, so ergibt sich $\frac{10}{9}x = 10$. Um links $x$, — das sind $\frac{9}{9}x$ — statt $\frac{10}{9}x$ zu erhalten, subtrahiert der ägyptische Rechner auf beiden Seiten den zehnten Teil, links also $\frac{1}{9}x$, rechts ein Ganzes, und erhält dann sofort $x = 9$. Mit dieser Erklärung stimmt die kurze Bemerkung hinter der Aufgabe: „Mache $\frac{1}{10}$ von diesen 10, gibt 1, Rest 9“, genau zusammen.[195]

Eine Fortführung des algebraähnlichen Gleichungslösens in Babylon und Ägypten ist für lange Zeit nicht mit literarischen Quellen zu belegen, aber als sicher anzunehmen. (Vgl. Quadratische Gleichungen bei Euklid, S. 56ff.) Die wissenschaftliche Mathematik der Griechen schob das Rechnen beiseite und ließ nur die Geometrie zur Anerkennung kommen, Gleichungen 1. Grades wurden durch die Proportionen ersetzt. Der Satz Euklid VI, 16:[196] „Wenn vier Strecken proportioniert sind, so ist das Rechteck aus den äußeren Gliedern gleich dem aus den inneren Gliedern“ und seine Umkehrung, gibt die Lösung einer linearen Gleichung. Ist diese Proportion $a:b = c:x$, so ergibt sich $a \cdot x = b \cdot c$ und $x = \frac{b \cdot c}{a}$. Das Gleiche leistet die Rechnung bei der Aufgabe: Aus dem Inhalt eines Rechteckes und einer Seite die andere zu finden.[197] Die algebraische Fassung finden wir aber erst in der zweiten Hälfte des dritten Jahrhunderts n. Chr. bei Diophant wieder belegt.

Aus seinem Werke *Ἀριθμητικῶν βιβλία* VI[I 124] erkennen wir, daß nunmehr wirkliche Methode in das Lösungsverfahren gekommen war. Wir schildern die Rechenweise Diophants, die für alle reinen, d. h. nur eine Potenz der Unbekannten enthaltenden Gleichungen gilt, am besten mit seinen Worten: „Wenn man bei einer Aufgabe auf eine Gleichung kommt, die auf beiden Seiten dieselbe Potenz der Unbekannten, aber mit verschiedenen Koeffizienten enthält, so muß man Gleichartiges von Gleichartigem abziehen, bis ein Glied einem Glied gleich wird. Wenn aber auf einer oder auf beiden Seiten der Gleichung einzelne Glieder negativ sind, so muß man die negativen Glieder auf beiden Seiten addieren (Umformung I),

195 H. Wieleitner[I 382], *Zur ägyptischen Mathematik*, Z. f. math. u. nat. Unterr. 56, 1925, S. 134; *Zur muslimischen und ägyptischen Gleichungsauflösung*. Archivio di Storia della Sc. 6, Roma 1925, S. 48. Auch in der babylonischen Mathematik findet sich dieses später bei den Arabern bezeugte (vgl. S. 37) Verfahren (K. Vogel brieflich). — 196 *Eucl. Opera* 2[I 712], S. 118. — 197 *Heron Opera* 4[I 543], *Geometrica*, S. 429, Z. 15—19.

bis auf beiden Seiten alle Glieder positiv geworden sind; und dann muß man ebenfalls Gleichartiges von Gleichartigem abziehen (Umformung II), bis auf jeder Seite der Gleichung ein Glied übrig bleibt."[198] Ein Beispiel, das wir hier in moderner Schreibart wiedergeben, erfährt also folgende Umformungen:

$$8x - 11 - 2x + 5 = x - 4 + 3x + 10$$

$$\text{Umformung I} \left\{ \begin{aligned} 8x + 5 + 4 &= x + 3x + 10 + 11 + 2x \\ 8x + 9 &= 6x + 21 \end{aligned} \right.$$

$$\text{Umformung II} \left\{ \begin{aligned} 8x - 6x &= 21 - 9 \\ 2x &= 12. \end{aligned} \right.$$

Umformung I kennen wir bereits aus dem Papyrus Moskau: dort heißt es in der Aufgabe 19: $(1 + \frac{1}{2})x + 4 = 10$: „Berechne Du die Größe dieser 10 über diese 4." (Vgl. S. 33.)

Auf die Form $ax^m = b$ führen die meisten Aufgaben des ersten Buches bei Diophant, das dieser Gattung besonders gewidmet zu sein scheint.

Wenn es sich hier auch zumeist um Gleichungen mit mehreren Unbekannten handelt, so werden die eigentlichen Rechnungen doch immer nur an einer Unbekannten ausgeführt. Es fehlt auch Diophant ein besonderes Zeichen für die zweite Unbekannte. Beispiele, in denen von vornherein nur eine Unbekannte gesucht wird, sind

I. 7: $\frac{x - 20}{x - 100} = 3$

I. 9: $\frac{100 - x}{20 - x} = 6$

I. 10: $\frac{x + 20}{100 - x} = 4$

I. 11: $\frac{x + 20}{x - 100} = 3$

I. 8: $\frac{x + 100}{x + 20} = 3$

I. 39: $\left\{ \begin{aligned} (a + b)x &= \frac{(a + x)b + (b + x)a}{2} \\ (a + x)b &= \frac{(a + b)x + (b + x)a}{2} \\ (b + x)a &= \frac{(a + b)x + (a + x)b}{2}, \end{aligned} \right.$

wo $a > b$[198a] (Übers. v. Wertheim[1787]; I. 43).

Auch die unbestimmten linearen Gleichungen mit mehreren Unbekannten (vgl. hinten B. 8) wären hier zu nennen, da Diophant

---

198 Diophant, Def. XI, ed. Tannery[I 124], S. 14, Z. 11—20: *Μετὰ δὲ ταῦτα ἐὰν ἀπὸ προβλήματός τινος γένηται εἴδη τινα ἴσα εἴδεσι τοῖς αὐτοῖς, μὴ ὁμοπληθῆ δέ, ἀπὸ ἑκατέρων τῶν μερῶν δεήσει ἀφαιρεῖν τὰ ὅμοια ἀπὸ τῶν ὁμοίων, ἕως ἂν ἓν εἶδος ἑνὶ εἴδει ἴσον γένηται. ἐὰν δέ πως ἐν ὁποτέρῳ ἐνυπάρχῃ ἢ ἐν ἀμφοτέροις ἐν ἐλλείψεσί τινα εἴδη, δεήσει προσθεῖναι τὰ λείποντα εἴδη ἐν ἀμφοτέροις τοῖς μέρεσιν, ἕως ἂν ἑκατέρων τῶν μερῶν τὰ εἴδη ἐνυπάρχοντα γένηται, καὶ πάλιν ἀφελεῖν τὰ ὅμοια ἀπὸ τῶν ὁμοίων, ἕως ἂν ἑκατέρῳ τῶν μερῶν ἓν εἶδος καταλειφθῇ.* — 198a Genauer $a < 2b < 4a$ (J. E. Hofmann brieflich).

die überschüssigen Unbekannten als bekannt annimmt und höchstens die Bedingung stellt, daß keine Wurzel negativ wird.

Den Griechen gegenüber waren die Inder erheblich im Vorteil, einmal schon durch ihre sehr bequeme Schreibart (vgl. Bd. II³, S. 12—14), die das Zusammenziehen gleichartiger Glieder wesentlich erleichterte, besonders aber durch die Anerkennung rein negativer Größen, die wir bei den Indern zum erstenmal[145b] antrafen (vgl. Bd. II³, S. 97f.). Sie scheuten sich nicht einmal, eine negative Größe auf der einen Gleichungsseite allein stehen zu lassen (vgl. das Beispiel Bd. II³, S. 12). Von den beiden Diophantischen Umformungen I und II kann, da die Inder mit negativen Größen rechnen konnten, die erste, das Hinüberschaffen der negativen Größen, fortfallen; und es wird daher sofort die Vereinigung gleichartiger Glieder vorgenommen. Der hierfür gebräuchliche Fachausdruck „Abziehung des Ähnlichen" erinnert so stark an das Diophantische „Gleichartiges von Gleichartigem abziehen", daß man den griechischen Einfluß durchschimmern sieht.

Dieselben Umformungen I und II schreiben — ebenfalls von griechischer Mathematik beeinflußt, wenn auch anfangs nur auf dem Umweg über Indien — auch die arabischen Lehrbücher (vgl. Bd. II³, S. 65—66) vor, wie die *Algebra*[II 372] des Muḥammad ibn Mūsā Alḫwārazmī (um 820 n. Chr.; Bagdad). Interessant ist bei diesem Buche, daß es die damals verbreiteten Namen der beiden Umformungen, *alǵabr walmuḳābalah*, als Titel führt. Alǵabr, aus dem dann später unser „Algebra" entstand (vgl. Bd. II³, S. 66f.), wurde in den lateinischen Übersetzungen mit *restauratio*,[199] almuḳābalah mit *oppositio* wiederzugeben versucht. In allen Lehrbüchern des Mittelalters und der beginnenden Neuzeit sehen wir diese vorbereitenden Rechnungen der eigentlichen Lösung der aufgestellten Gleichungen, auch wenn sie höheren Grades sind, vorausgeschickt. Wir lehren sie noch heute unseren Schülern, wenn wir von ihnen die Umwandlung auf eine Normalform verlangen.

Alḫwārazmīs Gleichungslehre schlägt aber noch in anderer Weise eine Brücke zum altägyptischen Rechnen.[200] Hat er eine Aufgabe auf die Form $ax = b$ gebracht, so dividiert er, wenn $a$ ganzzahlig ist, einfach durch $a$. Ist $a$ ein Bruch $\frac{p}{q}$, was zumeist der Fall ist, so multipliziert er mit dem reziproken Wert

199 Leonardo von Pisa (*Liber abbaci*, 1228); *Scritti* I[130], S. 420, Z. 6 v. u. — 200 H. Wieleitner, *Zur muslimischen und ägyptischen Gleichungsauflösung*[195], S. 46f.

$\frac{q}{p}$, wie wir es bei der babylonischen Division kennen lernten (vgl. I³, S. 141, III³, S. 33). Bei einem Beispiel mit $4\frac{1}{6}x$ multipliziert A. mit 6 und dividiert zweimal hintereinander durch 5, multipliziert also mit $\frac{6}{25}$. Bei dem Beispiel $\frac{2}{3}x = 3\frac{1}{3}$ verfährt er aber ganz anders: er addiert auf beiden Seiten der Gleichung die Hälfte, also $\frac{2}{3}x + \frac{1}{3}x = \frac{10}{3} + \frac{5}{3}$ und erhält sofort $x = \frac{15}{3} = 5$. Bei $\frac{16}{5}x = \frac{26}{5}$ subtrahiert A. auf beiden Seiten die Hälfte von einem Achtel, erhält also links $\frac{16}{5}x - \frac{1}{5}x$, diesmal $3x$. Bei einer weiteren Gleichung steht links $\frac{59}{50}x$; A. subtrahiert einfach das $\frac{9}{50}$fache auf beiden Seiten und hat wieder glatt $x$. Wir erinnern uns an die Aufgabe Nr. 28 des Papyrus Rhind (S. 34), wo bei $\frac{10}{9}x$ auf beiden Seiten der zehnte Teil abgezogen wird, und erkennen, daß dieser Kunstgriff sich in den verstrichenen $2\frac{1}{2}$ Jahrtausenden geradezu zu einer Methode ausgebildet hat: ALḪWĀRAZMĪ benutzt dies Verfahren sogar in der Mehrzahl seiner Gleichungen.

Über das Lösungsverfahren des einfachen und doppelten Ansatzes (regula falsi) siehe hinten, Abschnitt B. 5. III.

### 3. Die Gleichungen ersten Grades mit mehreren Unbekannten.

Auf babylonischen Keiltäfelchen aus 1900 v. Chr., deren Inhalt sicher auf die sumerische Zeit (vor 2000 v. Chr.) zurückgeht, sind Flächenteilungsaufgaben vorgerechnet, die — modern nachgerechnet — auf ziemlich komplizierte lineare Gleichungssysteme hinauslaufen.[201] Wenn im ägyptischen Papyrus Rhind[I 381] bei Aufg. 24 statt des $x$ eine Siebenheit (vgl. S. 33) eingeführt wird, so handelt es sich genau genommen um eine zweite Unbekannte $x = 7y$. In dem aus etwa gleicher Zeit stammenden Berliner Papyrus 6619[II 068] findet sich in der Tat eine Aufgabe, die von einem ersten 'ḥ' und von einem anderen spricht. Allerdings ist die Unbekannte eine Quadratfläche: $x^2 + (\frac{3}{4}x)^2 = 100$, so daß die Gleichung scheinbar quadratisch ist.[202]

Die älteste Spur einer Gleichung mit mehreren Unbekannten bei griechischen Mathematikern — wenn wir von dem sogenannten, viel umstrittenen „Rinderproblem des ARCHIMEDES", das auf drei Gleichungen mit 4 Unbekannten führt, also zur unbestimmten Ana-

201 O. NEUGEBAUER, *Zur Geschichte der babylonischen Mathematik*[137], Quell. u. Stud. B. 1, S. 67 ff., 79 u. — Derselbe, *Vorlesungen*[139a] S. 175—183 u. — Derselbe, *Mathematische Keilschrifttexte*[145b], Quell. u. Stud. A 3, 1925, S. 211 ff., Nr. 8, 12; S. 252 f., § 1, S. 261—263. — 202 O. NEUGEBAUER, *Arithmetik und Rechentechnik der Ägypter*[II 978], S. 306—308, 310—311, B. 1, Kol. II. — K. VOGEL, *Algebra der Ägypter*[II 269], S. 151—152.

lytik gehört,[203] absehen — bietet uns eine Aufgabe, die Iamblichos[142] als *Epanthem des Thymaridas* mitteilt (vgl. S. 24). Die Deutung der etwas verderbten Stelle geht, modern ausgedrückt, dahin, daß $n$ Unbekannte $x_1, x_2, \ldots x_n$ aus dem Gleichungssystem

$$\begin{aligned} x_1 + x_2 + x_3 \ldots + x_n &= s, \\ x_1 + x_2 \qquad &= a_1, \\ x_1 + x_3 \qquad &= a_2, \\ x_1 + x_4 \qquad &= a_3, \\ \ldots\ldots \qquad &\ldots\ldots, \\ x_1 + x_n \qquad &= a_{n-1} \end{aligned}$$

sich durch die Formel $x_1 = \dfrac{\sum a_i - s}{n-2}$

berechnen lassen. Selbstverständlich ist die Lösung nur mit Worten und nur für besondere Fälle $n = 3, 4, 5, 6 \ldots$ auseinandergesetzt.[204] Sie dürfte nach der heutigen Additionsmethode erhalten worden sein.

Diophant (zweite Hälfte des dritten Jahrhunderts n. Chr.) kennt nur ein Zeichen ς′ für seine Unbekannte, den ἀριϑμός (vgl. Bd. II[3], S. 5); weitere Zeichen fehlen. Er weiß sich im Falle mehrerer Unbekannten — und solcher Aufgaben gibt es bei ihm eine große Auswahl — in bewunderungswürdiger Gewandtheit dadurch zu helfen, daß er seine Unbekannte geschickt wählt.[205] Sind z. B. zwei Zahlen zu suchen (Buch I, Aufg. 30), deren Summe und Produkt vorgeschriebene Werte haben sollen, so führt Diophant als Unbekannte die halbe Differenz dieser beiden Zahlen ein. Wenn also in unseren Zeichen $x + y = a$ und $xy = b$ ist, so bestimmt er seine Unbekannte $z$ durch $z = \frac{1}{2}(x - y)$; nach Berechnung des Wertes von $z$ hat er diesen nur zur halben Summe zu addieren, um $x$ zu erhalten: $z + \frac{a}{2} = \frac{x-y}{2} + \frac{x+y}{2} = x$, oder ihn von der halben Summe zu subtrahieren, um $y$ zu finden: $\frac{a}{2} - z = \frac{x+y}{2} - \frac{x-y}{2} = y$. Aus dem Produkt $xy = b$ oder

$$\left(\frac{a}{2} + z\right)\left(\frac{a}{2} - z\right) = \left(\frac{a}{2}\right)^2 - z^2 = b$$

ergibt sich ihm aber eine einfache Bestimmungsgleichung für $z^2$, die $z$ leicht liefert. Ist ferner die Aufgabe (I, 19) gestellt:

203 Archimedes, *Opera* 2[111], S. 528—534. — 204 Nesselmann[I 316], S. 232 ff.: „Wenn gegebene und unbekannte Größen sich in eine gegebene teilen und eine von ihnen mit jeder anderen zu einer Summe verbunden wird, so wird die Summe aller dieser Paare nach Subtraktion der ursprünglichen Summe bei 3 Zahlen der zu den übrigen addierten ganz zuerkannt, bei 4 deren Hälfte, bei 5 deren Drittel, bei 6 deren Viertel und so fort.“ — 205 Nesselmann[I 316], S. 306—307, 316, 359 ff.

$$x_1 + x_2 + x_3 = x_4 + 20$$
$$x_2 + x_3 + x_4 = x_1 + 30$$
$$x_3 + x_4 + x_1 = x_2 + 40$$
$$x_4 + x_1 + x_2 = x_3 + 50,$$

so setzt er:

$$x_1 + x_2 + x_3 + x_4 = 2y$$

und bildet:

$$x_1 + x_2 + x_3 + x_4 = 2x_4 + 20$$
$$x_1 + x_2 + x_3 + x_4 = 2x_2 + 40$$
$$x_1 + x_2 + x_3 + x_4 = 2x_1 + 30$$
$$x_1 + x_2 + x_3 + x_4 = 2x_3 + 50,$$

also:

$$4x_1 + 4x_2 + 4x_3 + 4x_4 = 2x_1 + 2x_2 + 2x_3 + 2x_4 + 140.$$ Daraus

$$y = 35$$

und weiter:

$$x_4 = y - 10 = 25 \quad\Big|\quad x_2 = y - 20 = 15$$
$$x_1 = y - 15 = 20 \quad\Big|\quad x_3 = y - 25 = 10.$$

Dieses Verfahren, die Unbekannte so auszusuchen, daß sich die geforderten Zahlen zunächst als Funktionen von ihr aufstellen lassen, hat DIOPHANT in ausgedehntem Maße verwertet; ja zuweilen schiebt er inmitten der Behandlung einer Aufgabe zu diesem Zwecke Zwischenrechnungen ein. In ihnen wird vorübergehend eine neue Unbekannte eingeführt, die er aber wiederum wie früher nennt. Indes fehlt der Diophantischen Gleichungslehre eine einheitliche Methode. Man kann eine größere Anzahl seiner Aufgaben durchrechnen, ohne dadurch angeben zu können, wie nun die nächstfolgende zu behandeln ist.[206]

Andere Beispiele aus DIOPHANT sind:

| | |
|---|---|
| I. 1: | $x + y = a, \quad x - y = b,$ |
| I. 2, 4: | $x \pm y = a, \quad x = my,$ |
| I. 3: | $x + y = a, \quad x - 3y = b,$ |
| I. 5, 6: | $x + y = a, \quad \frac{x}{b} \pm \frac{y}{c} = d,$ |
| I. 12: | $x + y = 100, \quad x = 2u, \quad z + u = 100, \quad z = 3y,$ |
| I. 13: | $x + y = 100, \quad z + u = 100, \quad v + w = 100,$ $x = 3u, \quad z = 2w, \quad v = 4y,$ |
| I. 15: | $\frac{x + 30}{y - 30} = 2, \quad \frac{y + 50}{x - 50} = 3,$ |
| I. 16: | $x + y = 20, \quad y + z = 30, \quad z + x = 40,$ |
| I. 17: | $x+y+z=20, \quad y+z+w=22, \quad z+w+x=24, \quad w+x+y=27,$ |

206 HANKEL[I 188], S. 165. Vgl. aber T. L. HEATH, DIOPHANTOS *of Alexandria. A study in the history of greek algebra*[I 124]. Sec. edition, Cambridge 1910, S. 54 bis 97. — FL. CAJORI, *A History of mathematics*, 2⁰ ed., New York 1919, S. 62.

I. 18: $x + y = z + 20\,,\quad y + z = x + 30\,,\quad z + x = y + 40\,,$

I. 20 (22): $x + y + z = 100\,,\quad x + y = 3z\,,\quad y + z = 4x\,,$

I. 21 (23): $x = y + \frac{1}{3}z\,,\quad y = z + \frac{1}{3}x\,,\quad z = 10 + \frac{1}{3}y\,,$

I. 26 (29): $200x = y^2\,,\quad 5x = y\,,$

II. 17/18 (II. 19): $x - (\frac{1}{5}x + 6) + \frac{1}{7}z + 8 = y - (\frac{1}{6}y + 7) + \frac{1}{5}x + 6$
$= z - (\frac{1}{7}z + 8) + \frac{1}{6}y + 7\,,$

$x + y + z = 80\,,$

III. 7, Schl. (9): $x + y = 961\,,\quad y + z = 2401\,,\quad z + x = 1681\,,$

IV. 15 (16): $(x + y)z = 35\,,\quad (y + z)x = 27\,,\quad (z + x)y = 32\,,$

IV. 33 (36): $x + \frac{1}{m}y = 3\left(y - \frac{1}{m}y\right),\quad y + \frac{1}{m}x = 5\left(x - \frac{1}{m}x\right).$

Linear lösbar sind ferner noch die Aufgaben:

IV. 34 (38): $xy + (x + y) = 8\,,\quad yz + (y + z) = 15\,,\quad zx + (z + x) = 24\,,$

IV. 35 (40): $xy - (x + y) = 8\,,\quad yz - (y + z) = 15\,,\quad zx - (z + x) = 24\,,$

IV. 36 (42): $xy = 3(x + y)\,,\quad yz = 4(y + z)\,,\quad zx = 5(z + x)\,,$

IV. 37 (43): $xy = 3(x + y + z)\,,\quad yz = 4(x + y + z)\,,\quad zx = 5(x + y + z)\,,$

V. Lemma zu 7 (V, 10): $xy = 4\,,\quad yz = 16\,,\quad zx = 9\,,$

II. 6: $x - y = 2\,,\quad x^2 - y^2 = (x - y) + 20\,,$

II. 7: $x - y = 2\,,\quad x^2 - y^2 = 3(x - y) + 10\,.$

**NB. Die eingeklammerten Zahlen betreffen die Übersetzung Wertheims[I 787].**

Aus der Zeit um Diophant stammt ein in Unterägypten gefundener Papyrus Michigan Nr. 620[II 3] (vgl. S. 26), ein Bruchstück mit drei vorgerechneten Aufgaben, von denen einzelne Teile leider zerstört sind. Jede Aufgabe ist vierfach gegliedert; zuerst kommt die Problemstellung, dann die Lösung, drittens die Probe und schließlich noch eine rein algebraische Ausrechnung. Aufgabe 1 ist bis auf den ersten Teil der Lösung vollständig erhalten:

| | modern: |
|---|---|
| *Vier Zahlen: ihre Summe ist 9900. Laß die zweite die erste überschreiten um $\frac{1}{7}$ der ersten. Laß die dritte die Summe der ersten beiden um 300 überschreiten und laß die vierte die Summe der drei ersten um 300 überschreiten. Zu finden die Zahlen.* | 1) $x + y + z + u = 9900$<br>2) $y = x + \frac{x}{7}$<br>3) $z = x + y + 300$<br>4) $u = x + y + z + 300$ |

Im zweiten Teil werden die Zahlen ausgewertet mit $x = 1050$, $y = 1200$, $z = 2550$, $u = 5100$. Die Probe ist durch Addition nach Gleichung 1) leicht. Und nun kommt die interessante algebraische Ausrechnung. Das Unbekanntensymbol ist im folgenden mit ϛ wiedergegeben, das Bekanntensymbol mit Dr. (Drachme); statt ‚macht' steht im Original ein schräger Strich / (= γίνεται). Der Rechner zieht vier senkrechte Striche, deren jeder für eine Unbekannte vorbehalten ist. Über den ersten Zwischenraum setzt er $\frac{1}{7}$; damit zeigt er an, daß sein ς ein Siebentel der ersten Unbekannten sein soll. Demnach wird oben links vom ersten Strich ς 7 gesetzt und entsprechend der Gleichung 2) oben links vom zweiten Strich ς 8. Über dem dritten, dem $z$-Strich, sind 300 Drachmen (Gl. 3), ebenso über dem vierten (Gl. 4) angemerkt, nach rechts ausgerückt in gleicher Höhe 9900. In der Höhe von ς 7 und ς 8 steht entsprechend Gl. 2) links ς 15, rechts Dr. 300, ebenso nach Gl. 3) — am vierten Strich — links ς 30, rechts Dr. 600. Die sämtlichen Unbekannten werden zusammengezählt, dabei wohl im Kopfe die 300 + 600 Dr. von den 9900 Dr. in Abzug gebracht; daher steht rechts ausgerückt ς 60 (Dr. 9000). Nun wird $x = 150$ ausgerechnet und an das untere Ende des ersten Striches gesetzt, darüber das Siebenfache 1050, ebenso an den zweiten Strich 1200, an den dritten 2550, an den vierten 5100. Das ‚macht 9900' wäre die Schlußprobe.[206a]

| | $\frac{1}{7}$ | [Dr.] 300 | Dr. 300 | Dr. 9900 |
|---|---|---|---|---|
| ς 7 | ς 8 | ς 15 | Dr. 300 [ς] 30 | Dr. 600 macht ς 60 [Dr. 900] |
| 1050 | 1200 | 25[50] | [5100] | [macht 9900] |
| 150 | macht | | | |

Alles in Zeichen, ohne ein Zwischenwort, also rein algebraisch!

Ebenso interessant ist die Behandlung der zweiten Aufgabe:

$$x = \tfrac{1}{6}y + 12 \qquad x = 42$$
$$y = 4x + 12 \qquad y = 180,$$

von der ebenfalls der algebraische Teil erhalten ist.

Von der dritten Aufgabe $x + y + z = 530$; $x + y = 24z$, $y = 5x$ sind nur geringe Reste vorhanden.[207]

Die Gliederung und Aufstellung erinnert lebhaft an die altägyptischen Hau-Rechnungen, das Zusammenziehen der $x$ erfolgt wie dort. Die Kopfrechnung (rechts oben) $60x + 900 = 9900$ zu $60x = 9000$ läßt an die ‚Ausgleichung' in Aufgabe Nr. 19 des Papyrus Moskau (S. 33) denken, die Einführung des Siebentels der ersten Unbekannten an Papyrus Rhind Nr. 24 (S. 33). Es scheint, als ob die algebraische Ausrechnung einer Art alter Übung entspricht, solche Aufgaben schnell rechnerisch zu lösen. Die vorangegangene ‚Lösung' ist die theoretische, die algebraische Form die praktische Behandlung. Diophant gibt in seinem Werk nur die erstere und verzichtet auf das algebraische Bild.

---

206a Das Eingeklammerte fehlt. — 207 Um die endgültige Entzifferung des Papyrus Michigan hat K. Vogel[II 3] großes Verdienst.

Viel leichter war das Rechnen mit mehreren Unbekannten für die Inder, da sie für diese in ihren Farbenbenennungen eine große Anzahl von Bezeichnungen zur Verfügung (Bd. II³, S. 11f.) hatten. Über eigentliche Methoden, bestimmte Gleichungen ersten Grades mit mehreren Unbekannten zu behandeln, gibt uns die Überlieferung wenig Auskunft, da Aufgaben dieser Art nur zerstreut und ohne genauere Herleitung der Lösung angetroffen werden. Schon der älteste uns bekannte nachchristliche indische Mathematiker ĀRYABHAṬA (geb. 476 n. Chr.) bietet einige solcher Wortgleichungen, unter denen uns eine wegen ihrer Ähnlichkeit mit dem Epanthem des THYMARIDAS (vgl. S. 38) auffällt.[208]

Babylonische, griechische und indische Kenntnisse vereinigen sich bei den Arabern; oft fließt die eine Quelle stärker, oft die andere. ALḪWĀRAZMĪ (um 825 n. Chr., Bagdad) — vgl. S. 36 — kennt in seiner Algebra[II 372] auch das Rechnen mit zwei Unbekannten. Bei einer Aufgabe[209] heißt es in der Übersetzung von ROBERT von Chester (um 1134 n. Chr.): *Duas substantias duabus drachmis differentes divide ...* (die beiden Unbekannten, die sich um 2 Einheiten unterscheiden, dividiere ...); es handelt sich um die modern geschriebene Aufgabe:

$$(1) \qquad x - y = 2; \qquad \frac{x}{y} = \frac{1}{2}.$$

Die Aufgaben werden, wie immer bei den Arabern, in breitester Wortstellung behandelt. Andere Beispiele ALḪWĀRAZMĪs sind:

$$(2) \qquad x + y = 10; \qquad 4xy = x^2,$$ [210]

$$(3) \qquad x + y = 10; \qquad \frac{y}{x} = 4.$$ [211]

Die Übereinstimmung beider Aufgaben wird anscheinend nicht erkannt. Die anderen Aufgaben sind quadratisch. In der lateinischen Bearbeitung einer anderen arabischen Schrift heißt die erste Unbekannte *unus duorum censuum*, die zweite *alter census.*[212]

Großes Interesse widmet den Aufgaben mit mehreren Unbekannten ABŪ KĀMIL ŠOĜĀʿ BEN ASLAM (um 900 n. Chr., Ägypten). In seinem „*Buch der Seltenheiten*"[213] behandelt er nach indischen Vorbildern,

208 ĀRYABHAṬA, ed. RODET[I 109], Strophe 29, S. 402—403, 426—427. Vgl. CANTOR I³, S. 623—624. S. GĀṄGULI, *Notes on Āryabhaṭa*[II 1003], Journ. Bihar and Orissa, Research Soc. (Patna) 1926, S. 78—91, Nr. V: *The Greek rule Epantheme*, behauptet die Unabhängigkeit ĀRYABHAṬAs. Auch im *Bakhṣālī*-Manuskript[I 115] kommen ähnliche Aufgaben vor, B. DATTA, *The Bakhṣālī Mathematics*[I 117], S. 45. — 209 L. CH. KARPINSKI, *Robert of Chester's Latin Translation*[II 372], S. 111, Z. 32f. — 210 Daselbst S. 102, Z. 21—24. — 211 S. 104, Z. 26—27. — 212 LIBRI, *Hist. d. sc. math.* I, 295[II 824]. — 213 *Buch der Seltenheiten der Rechenkunst*, Übersetzung von H. SUTER, Bibl. math. $11_3$, 1910—1911, S. 100ff.

aber sehr selbständig, nur unbestimmte Gleichungen. Die Anzahl seiner Unbekannten steigt bis auf fünf; für sie wählt er nicht Farbnamen, sondern Münzarten. Seine „Algebra"[214] schließt sich an ALḪWĀRAZMĪ an, bereichert aber das Aufgabenmaterial so außerordentlich, daß es die ergiebigste Fundgrube für alle späteren Algebraiker wurde, besonders für LEONARDO von Pisa. Bei linearen Gleichungen mit mehreren Unbekannten geht er indes über ALḪWĀRAZMĪ wenig hinaus. Die S. 42 unter (2) und (3) angegebenen Gleichungen hält er auch als zwei verschiedene Beispiele getrennt.[215] Hinzu fügt er:

$$x + y = 10; \qquad x^2 = \tfrac{2}{3}\,x\,y, \tag{4}$$

$$x + y = 10; \qquad 6\tfrac{1}{4}\,x^2 = 100. \tag{5}$$

LEONARDO entlehnt Nr. 2[216] und Nr. 4.[217] Statt (5) rechnet er:

$$x + y = 10; \qquad 2\tfrac{7}{9}\,x^2 = 100,$$ [217]

statt (3):

$$x + y = 10; \qquad \frac{x}{y} = 2\tfrac{1}{3}.$$ [218]

ALKARḪĪ (um 1010 n. Chr.) scheint ein bewußter Gegner der indischen Arithmetik zu sein und grundsätzlich nur griechische Quellen heranzuziehen.[219] Wenn er also in seinem Lehrbuch der Algebra *Alfaḫrī*[220] Gleichungen mit zwei Unbekannten in Angriff nahm, von denen er die erste „Sache", die zweite „Maß" oder auch „Teil" nannte, so tat er dies entweder in Anlehnung an Nachfolger DIOPHANTS, die uns unbekannt sind (vgl. S. 27), oder er nahm hiermit eine selbständige Fortführung der Gleichungslehre vor.

Von bestimmten Gleichungen mit mehreren Unbekannten, die ALḲARḪĪ neu bringt, seien aus *Alfaḫrī*[220] angeführt:

S. 76, Nr. 20: $x + y + z + t = 10, \quad x = \frac{y}{2}, \quad y = \frac{z}{3}, \quad z = \frac{t}{4},$

S. 76, Nr. 24: $x + y = 10, \quad \frac{x}{y} = 1\tfrac{1}{5},$

214 Eine lateinische Übersetzung gibt auszugsweise L. C. KARPINSKI, Bibl. math. $12_3$, S. 40—55, *The algebra of Abu Kamil Shojaʿ ben Aslam*, nach einer Pariser Handschrift. Eine hebräische Übersetzung, die sich in München (225,2°) befindet, stammt von dem jüdischen Gelehrten MORDECHAI FINZI aus Mantua (um 1460), hat aber anscheinend als Unterlage eine spanisch geschriebene Handschrift. In einer Dissertation von JOSEF WEINBERG (München 1935, *Die Algebra des Abū Kāmil Šoǵāʿ ben Aṣlam*) erscheint eine deutsche Übersetzung nach dem hebräischen Text, die der Verfasser schon vor dem Druck hat einsehen dürfen; die Zitierung erfolgt nach den Seiten der hebräischen Handschrift. — 215 S. $111^a$ und $111^b$[214]. — 216 S. 410 oben[130]. — 217 S. 410 Mitte[130]. — 218 S. 410 unten[130]. — 219 CANTOR, $1^3$, S. 765. — 220 Ed. WOEPCKE[I 1325], S. 139—143 (nur in drei Aufgaben).

S. 78, Nr. 32: $x + y = 2y, \quad y + 1 = 3x,$

S. 78, Nr. 33: $x + \frac{y}{3} = 3y, \quad y + \frac{x}{4} = 2x,$

S. 90, Nr. 5: $x + 1 = 2(y - 1), \quad y + 2 = 3(z - 1), \quad z + 3 = 4(v - 3), \quad v + 4 = 5(x - 4),$

S. 91, Nr. 7: $x + y = 10, \quad x + t = 10, \quad y = 2z, \quad z = 4x,$

S. 103, Nr. 46: $x + y + z + t = 20, \quad x + \frac{x}{2} = y + \frac{y}{3} = z + \frac{z}{4} = t + \frac{t}{5}.$

Aus der mangelhaften Berücksichtigung, die arabische Lehrbücher unseren Gleichungen angedeihen lassen, ist es erklärlich, daß im Abendland bis zum Neuerwachen eigener mathematischer Tätigkeit, also bis zum Ende des fünfzehnten Jahrhunderts, nur wenige Stellen anzugeben sind, in denen von bestimmten Gleichungen ersten Grades mit mehreren Unbekannten die Rede ist. Und die Gleichungsaufgaben dieser Art, auf die man trifft, entbehren allgemeiner methodischer Behandlung, wie die in einem Briefe LEONARDOS[221] oder in der Abhandlung *De numeris datis*[I 535] seines Zeitgenossen JORDANUS NEMORARIUS († 1237?). Als Beispiele des JORDANUS führen wir an:[223]

| | |
|---|---|
| $x + \frac{y + z + u}{2} = 37$ | $x + 6 = \frac{1}{9}(y + z + u)$ |
| $y + \frac{x + z + u}{3} = 37$ | $y + 6 = \frac{1}{3}(x + z + u)$ |
| $z + \frac{x + y + u}{4} = 37$ | $z + 6 = \frac{3}{5}(x + y + u)$ |
| $u + \frac{x + y + z}{5} = 37$ | $u + 6 = x + y + z.$ |

Auch LEVI BEN GERSON (1288—1344, Avignon) behandelt nur gelegentlich Aufgaben unserer Art, wie:[224]

$$\frac{x+y}{z} = p, \quad \frac{x+z}{y} = p', \quad y = q \quad \text{oder} \quad \frac{x+y}{z-x} = 4\tfrac{1}{2}, \quad \frac{y+z}{y-z} = 5, \quad x = 10\tfrac{3}{4}.$$

Eine im Briefwechsel REGIOMONTANS vorgerechnete Aufgabe: $x + y = 30$, $y + z = 42$, $z + x = 54$ benutzt ein Zeichen für die Hauptunbekannte $x$.[224a] Aus CHUQUETS *Triparty* (1484) erwähnen wir die unbestimmten Aufgaben:[225]

| | | |
|---|---|---|
| $x + y + z = 12$ | $x + y + z = 12$ | $x + y + z = 12$ |
| $2x + 7y + \frac{1}{2}z = 12$ | $8x + 5y + 3z = 60$ | $4x + 3y + 2z = 36.$ |

221 *Scritti*, II[I 694], S. 247: *De avibus emendis secundum proportionem datam*; vgl. dazu CANTOR 2², S. 51. — 223 Vgl. G. WERTHEIM, *Über die Lösung einiger Aufgaben im ‚Tractatus de numeris datis' des Jordanus Nemorarius*, Bibl. math. $1_3$, 1900, S. 417—220. — 224 *Werke des Rechners*, ed. CARLEBACH[II 440], S. 206—210. — 224a *Briefwechsel*, ed. CURTZE[I 333a], S. 238, Nr. 8, 291 unten. — 225 *Triparty*[I 19], S. 652, Z. 16f., 20f., 33f.; vgl. G. ENESTRÖM, Bibl. math. $6_3$, 1905, S. 399.

Noch in der *Summa* (1494) des Italieners LUCA PACIOLI wird der linearen Aufgaben mit mehreren Unbekannten nur vorübergehend gedacht: „Die älteren Lehrbücher sagen gewöhnlich erste und zweite Cosa für die Unbekannten. Die neueren sagen lieber *cosa* für die eine Unbekannte, *quantita* für die andere.“[226] (Vgl. Bd. II$^3$, S. 51.)

Weiteren Raum erhalten die Gleichungen mit mehreren Unbekannten erst bei CARDANO (1539, 1545); auch quadratische Gleichungen werden behandelt. Eingehend beschäftigt sich CARDANO mit linearen Gleichungen von der Form

$$a_1 x + b_1 y = c_1, \qquad a_2 x + b_2 y = c_2.$$

Beispiel: Wenn 7 Ellen grüne Seide und 3 Ellen schwarze Seide 72 Denare, 2 Ellen grüne Seide und 4 Ellen schwarze Seide 52 Denare kosten, den Einzelpreis zu berechnen.[227] ($a_1 = 7$, $b_1 = 3$, $c_1 = 72$; $a_2 = 2$, $b_2 = 4$, $c_2 = 52$.) CARDANO leitet sich eine mechanische Lösungsregel ab: die Koeffizienten werden in der Anordnung hingeschrieben:

$$\begin{matrix} 7 & 3 & 72 \\ 2 & 4 & 52 \end{matrix}, \text{ also } \begin{matrix} a_1 & b_1 & c_1 \\ a_2 & b_2 & c_2 \end{matrix}, \text{ und nun gerechnet } x = \frac{\frac{c_1 b_2}{b_1} - c_2}{\frac{a_1 b_2}{b_1} - a_2}.$$

Das wäre, wenn man will, die älteste Determinantenbildung. Die Regel erscheint CARDANO so wichtig, daß er ihr sogar einen besonderen Namen gibt: *regula de modo.*[228]

Verteilungsaufgaben bei drei Gesellschaftern mit den Anteilen $u$, $v$, $w$, wie:

$$\text{I.} \quad u + \frac{v + w}{2} = a,$$

$$\text{II.} \quad v + \frac{u + w}{3} = b,$$

$$\text{III.} \quad w + \frac{u + v}{4} = c,$$

wo $a$, $b$, $c$ gegebene Zahlen sind, vererben sich aus den arabischen Unterlagen durch LEONARDO von Pisa über PACIOLI bis zu CARDANO.[229]

226 *Summa*$^{\text{I}\,18}$, dist. VIII, tract. 6, Bl. 148 v°; vgl. CANTOR, 2$^2$, S. 322. — 227 *Ars magna*$^{\text{II}\,280}$, 1545, fol. 52 r° und *Opera* 4$^{\text{I}\,558}$, S. 273, col. 1; ähnlich *Practica arithmetice*$^{\text{II}\,279}$, 1539. *Opera* 4, S. 79, col. 2. — 228 *Op.* 4, S. 79, col. 2, Mitte; S. 88, col. 1, Z. 6—9 v. u.: „*Et regula per quam extrahuntur omnes haec regulae ex superioribus capitulis vocatur regula de modo, nobilis supra omnes regulas*“ (die Regel, nach der alle diese Beispiele der vorangehenden Kapitel gelöst werden, heißt *regula de modo*, ausgezeichnet vor allen anderen Regeln). Vgl. J. W. L. GLAIHSER$^{\text{II}\,115}$, § 177—178, S. 150. — 229 CARDANO, *Practica Arithm.*$^{\text{II}\,279}$; *Opera* 4, p. 73f. PACIOLI, *Summa*$^{\text{I}\,18}$,

PACIOLI setzt für $u$ sein *co.*, für $v$: 1 quant. (vgl. Bd. II³, S. 51). Bleiben wir bei $u$, $v$, $w$, so ist der Gang bei PACIOLI der folgende: P. sieht aus I., daß $u + v + w = 2a - u$, und setzt $u + w = 2a - u - v$ in II. ein, woraus

$$\text{IV.} \quad v = \tfrac{3}{2}b - a + \tfrac{1}{2}u.$$

Durch Einsetzen von $u + v = 2a - u - w$ in III. wird ebenso

$$\text{V.} \quad w = \tfrac{4}{3}c - \tfrac{2}{3}a + \tfrac{1}{3}u.$$

Nun setzt P. IV und V in I ein und erhält dadurch eine Gleichung nur mit $u$.

CARDANO entnimmt aus I. $u = a - \frac{1}{2}v - \frac{1}{2}w$ und setzt diesen Wert von $u$ in II. und III. ein. Es ergibt sich:

$$\text{II}^{\text{a}}. \quad \frac{5}{6}v + \frac{1}{6}w = b - \frac{a}{3},$$

$$\text{III}^{\text{a}}. \quad \frac{1}{8}v + \frac{7}{8}w = c - \frac{a}{4},$$

woraus durch Subtraktion folgt:

$$\tfrac{17}{24}v - \tfrac{17}{24}w = b - c - \tfrac{1}{12}a,$$

$$v - w = \tfrac{1}{17}(24b - 24c - 2a), \text{ etwa } = d.$$

Daher $\qquad w = v - d$

und $\qquad \frac{1}{2}(v + w) = v - \frac{1}{2}d.$

Dies, in I. substituiert, liefert

$$u + v - \tfrac{1}{2}d = a,$$

$$u = a - v + \tfrac{1}{2}d,$$

$$u = a - (w + d) + \tfrac{1}{2}d,$$

$$u + w = a - \tfrac{1}{2}d$$

und, dies nun wieder in II. eingesetzt, ergibt

$$v + \tfrac{1}{3}a - \tfrac{1}{6}d = b,$$

$$v = b - \tfrac{1}{3}a + \tfrac{1}{6}d.$$

Dadurch ist $v$ gefunden, also auch $u$ und $w$.

Von Italien drangen diese Kenntnisse nach Deutschland, wo sie von den Cossisten (vgl. Bd. II³, S. 139 ff.) ausgebaut wurden. CHRISTOPH RUDOLFF von Jauer (1525, Lehrbuch der Coß) ist der erste unter ihnen, der Gleichungen mit zwei Unbekannten vorträgt.[230] Während RUDOLFF noch mit den Bezeichnungen PACIOLIS arbeitete — das Wort quantitet wird abgekürzt, zuletzt nur noch mit q[231] —, nahm

fol. 191 v° u. 192 r°, $a = 90$, $b = 84$, $c = 81$; $a = b = c = 50$. LEONARDO PISANO, *Liber abbaci*[130], S. 228—238. — 230 *Coß*, 1525[II 835], Buch II unter: Exempl der Ersten regl *Regula quantitatis*. — 231 Vgl. G. ENESTRÖM, Bibl. math. $8_3$, 1907 bis 1908, S. 207.

der Stoff in der Meisterhand Michael Stifels (1544) eine durchaus neue Form an. Beschränkten sich seine Vorgänger auf zwei Unbekannte, über die sie bei der mangelhaften Terminologie fast nie hinauskommen konnten, so schwang sich Stifel sofort zur Allgemeinheit auf, indem er die cossische Symbolik in entsprechender Weise erweiterte. Er nannte die zu der ersten Unbekannten hinzutretenden neuen *secundae radices* und wählte für sie in glücklicher Weise die Abkürzungen $1A$, $1B$, $1C$, ...,[232] deren zweite Potenz dann mit $1A$ʒ, $1B$ʒ, ..., deren dritte mit $1A$ ꝰ, $1B$ ꝰ, ..., entsprechend den Potenzsymbolen der Coß (Bd. II³, S. 149), bezeichnet wird. Ferner lehrt er das algebraische Rechnen mit den neuen Zeichen. 1 ꝶ $A$ʒ bedeutet $xy^2$. 1 ʒʒ $A$ʒ ist gleich $x^4y^2$. Das Beispiel $x^3 \cdot xy^2 = x^4y^2$ lautet bei ihm folgendermaßen:

*Volo multiplicare* 1 ꝰ *in* 1 ꝶ $A$ʒ, *facit quantum* 1 ʒ $A$ *in se quadrate, hoc est,* 1 ʒʒ $A$ʒ.

Die ferneren Beispiele:

*Volo dividere* 8 ꝰ $A$ʒ *per* 4 ꝰ, *facit* 2 $A$ʒ

*Volo extrahere radicem zensizensicam de* 16 $D$ʒʒ *facit* $2D$

decken sich mit unseren kurzen Formeln $8x^3y^2 : 4x^3 = 2y^2$, bzw. $\sqrt[4]{16\,v^4} = 2\,v$.[233]

Beispiele an linearen Gleichungen mit mehreren Unbekannten finden sich indes in der *Arithmetica integra* nur vereinzelt vorgerechnet. Zumeist versteht Stifel sehr gut, durch geschickte Wahl einer Unbekannten die Einführung weiterer zu sparen. Anzuführen sind in moderner Bezeichnung:

fol. 252 v⁰ $\qquad x + y = 15\,, \qquad \frac{x}{y} = 19\,,$

fol. 254 r⁰
$$\left\{\begin{aligned} x + y + z + u + v + w &= 142\,,\\ 142 + x = 126 + y = 136 + z &= 128 + u = 130 + v\\ &= 120 + w = 148 + r\,,\end{aligned}\right.$$

fol. 318 r⁰ unten *Exemplum pulchrum*
$$\left\{\begin{aligned} 73 + x + y &= 2\,[(x + z) + (y + z)],\\ 73 + x + z &= 3\,[(y + z) + (x + y)],\\ 73 + y + z &= 4\,[(x + y) + (x + z)].\end{aligned}\right\} \quad \begin{aligned} x &= \tfrac{1}{2}\\ y &= 6\tfrac{1}{2}\\ z &= 16\tfrac{1}{2}\end{aligned}$$

hier führt er übrigens als Unbekannte $x + y$, $y + z$ und $x + z$ ein.

fol. 319 r⁰
$$\left\{\begin{aligned} x + y &= 7\,,\\ x + z &= 17\,,\\ y + z &= 23\,,\end{aligned}\right\}$$
als Schluß der vorhergehenden Aufgabe.

232 Stifel, *Arithmetica integra*[123], 1544, Buch III, Bl. 251 v⁰, Z. 22: *Secundae igitur radices sic repraesentantur*, $1A$ (*id est*, $1A$ ꝶ), $1B$ (*id est*, $1B$ ꝶ), $1C$ (*id est*, $1C$ ꝶ), $1D$ etc.; 1533, Neubearb. der Rudolffschen *Coß*[1338], Bl. 307 r⁰. — 233 Stifel, *Arithm. int.*[123], 1544, Bl. 252 r⁰ff.

Die formale Seite des Rechnens mit mehreren Unbekannten baute der Holländer STEVIN (1548—1620, Leiden; Kaufmann, später im Staatsdienst als Ingenieur) nach ähnlichen Ideen, aber mit anderen Hilfsmitteln aus. Wir erinnern zunächst an seine Zeichen ① ② ③ usw. für die Potenzen $x^1$, $x^2$, $x^3$ usw. (vgl. II[3], S. 152). Diesen Ringen setzte STEVIN, um die zweite Unbekannte mit ihren Potenzen anzudeuten, ein *sec* (*seconde quantité postposée*), bei der dritten *ter* usw. vor.[234] Unter Benutzung eines *M* und *D* als Multiplikations-, bzw. Divisionszeichens schreibt STEVIN:

$$2 \text{①} D\,sec \text{②} \text{ statt } \frac{2x}{y^2}, \quad 6 \text{③} D\,sec \text{②} D\,ter \text{③} \text{ statt } \frac{6x^3}{y^2 z^3},$$

$$3 \text{②} D\,ter \text{③} \text{ statt } \frac{3x^2}{z^3}, \quad 3 \text{②} M\,sec \text{①} M\,ter \text{②} \text{ statt } 3x^2 y z^2.$$

Eine ziemlich zusammengesetzte lineare Gleichung mit 3 Unbekannten hat STEVIN von seinem Schüler, dem Fürsten MORITZ VON ORANIEN, lösen lassen.[235] Ihrer Wortform entkleidet, lautet sie:

$$x + y + z = 80,$$
$$(y + \tfrac{1}{5}x + 6) - (\tfrac{1}{6}y + 7) = (z + \tfrac{1}{6}y + 7) - (\tfrac{1}{7}z + 8) = (x + \tfrac{1}{7}z + 8) - (\tfrac{1}{5}x + 6);$$

auch die Lösungen sind keine einfachen Zahlen[236]

$$x = \frac{9440}{363}, \qquad y = \frac{9786}{363}, \qquad z = \frac{9814}{363}.$$

Viel einfacher ist ein anderes Beispiel mit 4 Unbekannten:

$$\left.\begin{aligned} x + y + z &= 10 \\ y + z + u &= 14 \\ z + u + x &= 13 \\ u + x + y &= 11 \end{aligned}\right\} \quad x = 2, \quad y = 3, \quad z = 5, \quad u = 6.$$

Aber so hoch auch, besonders bei STIFEL (vgl. Anhang II, Nr. 51, 2), die Gewandtheit anzuerkennen ist, mit der selbst schwierigere, nicht lineare Gleichungen mit Hilfe des neuen Handwerkzeuges bezwungen werden, so wird doch auf die Lösung einfacher Gleichungen ersten Grades von den Cossisten nicht ein solches Gewicht gelegt, daß sie diese methodisch behandeln und zu einer allgemeinen Lösungsmethode führen. Eine solche stellte sich erst bei jüngeren Zeitgenossen ein, die, den gegebenen Anregungen folgend, sich an der Ausfüllung der vorhandenen Lücken eifrig beteiligten. So fielen die Neuerungen STIFELS bei JOHANNES BUTEO, einem gelehrten französi-

234 STEVIN, 1585, *L'Arithmétique*[II 139], Livre II, probl. 52—55; *Œuvres math.*, ed. GIRARD[I 23], S. 60—61. — 235 S. STEVIN, *Hypomnemata mathematica*, Bd. V: *De Miscellaneis*, Lugduni Bat. 1608, abgedruckt in *Arithmétique*[II 139], S. 267; *Œuvres*[I 23], Bd. I, S. 117. Vgl. H. WIELEITNER, *Mathematische Quellenbücher* Bd. I[I 21], S. 56—60. — 236 *Arith.* Livre II, qu. 24, *Œuvres*[I 23], S. 99—100.

schen Mönche (1492—1572, geb. i. d. Dauphiné), auf fruchtbaren Boden. In seiner *Logistica* von 1559 finden wir Gleichungssysteme ersten Grades mit mehreren Unbekannten, wie:

$$\begin{array}{lcl} 1A,\ \tfrac{1}{3}B,\ \tfrac{1}{3}C\,[14 & & x+\tfrac{1}{3}y+\tfrac{1}{3}z=14, \\ 1B,\ \tfrac{1}{4}A,\ \tfrac{1}{4}C\,[\ 8 & \text{d. i.} & y+\tfrac{1}{4}x+\tfrac{1}{4}z=\ 8, \\ 1C,\ \tfrac{1}{5}A,\ \tfrac{1}{5}B\,[\ 8 & & z+\tfrac{1}{5}x+\tfrac{1}{5}y=\ 8 \end{array}$$

in durchaus moderner Art und Weise vorgerechnet.[237] Werden die fehlenden Zeichen + und = ergänzt, so könnte die vorgenommene Rechnung (vgl. Anhang II, Nr. 55) ebensogut einem heutigen Lehrbuch entnommen sein. Angewendet ist von BUTEO das jetzt als Koeffizienten- oder Additionsmethode gelehrte Verfahren. Die Gleichungen werden geordnet, d. h. die Unbekannten in einer bestimmten Reihenfolge in jeder Zeile hingeschrieben, dann je zwei Gleichungen so durch Multiplikation mit einer möglichst klein zu wählenden Zahl erweitert, daß zwei untereinander stehende Glieder gleich werden. Durch Subtraktion fällt dieses Glied weg, und man erhält eine Gleichung mit nur zwei Unbekannten. Dies wiederholt BUTEO mit zwei anderen Hauptgleichungen, natürlich so, daß dieselbe Unbekannte in Fortfall kommt. Wird dieses Verfahren auf die zwei erhaltenen Gleichungen mit zwei Unbekannten noch einmal angewendet, so erscheinen die Werte dieser Unbekannten selbst.

Eine Vervollkommnung erfuhr diese Methode anderthalb Jahrhundert später durch LEIBNIZ (1693), der durch Einführung von Buchstaben mit doppeltem Index einerseits eine übersichtliche Vereinfachung erzielte, anderseits die Determinantenauflösung vorbereitete (vgl Bd. II³, S. 44f.).

Die Kombinations-[238] und Substitutionsmethode,[239] die neben der Koeffizientenmethode im heutigen Schulunterricht gelehrt wird, finden sich, als allgemeine Verfahren benutzt, erst in NEWTONS *Arithmetica universalis*, einem Werke, das aus NEWTONschen Vorlesungen 1673—1683 von W. WHISTON 1707 im Druck veröffentlicht wurde.

Dieselben beiden Verfahren benutzt M. ROLLE faßt ausschließlich in seinem *Traité d'Algèbre* von 1690;[240] die Additionsmethode wird von ihm kaum erwähnt.

NEWTONS Kunstwort *Exterminatio* für Wegschaffung einer Unbekannten wurde später nach dem Vorgang EULERS (1707—1783,

237 BUTEO, *Logistica* I 175, S. 190—191. — 238 *Arithmetica universalis*, 1707 II 541, S. 70. — 239 Daselbst S. 71. — 240 *Traité* II 609, S. 42—51 Substitutionsmethode, S. 52 (*Seconde Méthode*) Kombinationsmethode.

Basel, Berlin, Petersburg) durch das gleichbedeutende *Eliminieren* ersetzt.[241]

Alle vier Fachwörter: Eliminationsmethode, bzw. Substitutionsmethode, Kombinationsmethode, Additionsmethode und Subtraktionsmethode hat mit der heute im Unterricht üblichen Darstellung M. Ohm (1825).[242] Die Bezeichnung „Koeffizientenmethode“ bringt W. Gallenkamp (1850).[242a]

## 4. Die Gleichungen zweiten Grades.

### a) Die einfachen Gleichungen zweiten Grades.

Unvermittelt scheint beim ersten Blick die Algebra, wie sie uns Diophants Werk bietet, in der griechischen Mathematik aufzutreten. Keine algebraische Schrift der Griechen ist für die vorangegangene Zeit nachweisbar, die ein deutliches Zwischenglied in der allmählichen Entwicklung darstellen könnte. Bei früheren Gelegenheiten (II³, Anm. 6, S. 119—121, 169f.; III³, S. 25) haben wir darauf hingewiesen, wie nichtsdestoweniger das geübte Auge des Forschers die versteckten Fäden einer solchen langsamen Bildung zu verfolgen weiß. Besonders die Lehre der vier einfachen algebraischen Rechnungsarten (II³, S. 118ff.) und die Methoden des Quadrat- und Kubikwurzelausziehens (II³, S. 169f.) waren geeignet, erkennen zu lassen, wie unter dem Gewande rein geometrischer Aufgaben und Sätze sich nach und nach abstrakte algebraische Operationen einstellten und kurze rechnerische Verfahren entstanden. Diese praktische Seite der reinen Mathematik wurde von dem griechischen gelehrten Theoretiker nicht für vollbürtig gehalten (vgl. I³, S. 187; II³, S. 65, 169). Die Anerkennung einer wissenschaftlichen Algebra, die wir in den indischen Schriften vollzogen sehen, war dem altgriechischen Geiste, der die Stetigkeit der Linie von der Unstetigkeit der Zahl streng trennen zu müssen glaubte, durchaus zuwider (II³, S. 82ff., 193). Ja, all das reiche Material, das den griechischen Mathematikern in rein algebraischer Form von Babylon her zufloß (vgl. S. 25) wurde durch Geometrisierung so stark umgewandelt, daß lange Zeit verstrich, bis dieser äußere Glanz nach und nach erlosch und der

241 R. Balzer, *Die Elemente der Mathematik*, I, *Algebra*, § 5, 1. Aufl., Leipzig 1860; 3. Aufl. 1862; 4. Aufl., Leipzig 1872, S. 235. — 242 *Reine Elementarmathematik* II 728, I, 1, S. 330—333. — 242a *Die Elemente der Mathematik*, Wesel 1850, § 127, 8, S. 102.

algebraische Kern wieder sichtbar wurde. So ist es zu erklären, daß in den rein theoretischen Werken, an deren Spitze EUKLIDS Elemente stehen, jede algebraische, ja jede rechnerische Anwendung grundsätzlich vermieden wird. Dieses Feld überließ man den Technikern, Feldmessern, Rechenmeistern, und deren wissenschaftliche Bildung mag nicht gerade sehr hoch gestanden haben. Sie verfaßten also wohl entweder überhaupt keine Fachschriften oder wenigstens keine von solcher Bedeutung, daß sie einer jahrtausendlangen Überlieferung für wert galten. Eine rühmliche Ausnahme bilden — zum Glück für die Geschichte griechischer Mathematik — HERONS Schriften, durch die fast allein uns von griechischer Meß- und Rechenkunst Kunde überkommen ist, wenn auch immerhin in noch sehr beschränktem Maße. Einige wenige Beiträge liefern noch ARCHIMEDES, PTOLEMAEUS, THEON von Alexandria.

Ein Kapitel, das die geschilderte Entwicklung griechischer Algebra in ein besonders helles Licht rückt, ist die Lehre von den quadratischen Gleichungen. Bei HERON (um 100 v. Chr.) und DIOPHANT (zweite Hälfte des 3. Jahrh. n. Chr.) kommen Aufgaben vor, die auf quadratische Gleichungen führen (S. 67 u. 68f.); sie werden einwandfrei gelöst, ohne daß aber irgendwie das dabei eingeschlagene Verfahren auch nur mit einem Worte auseinandergesetzt wird. Erst im 5. Jahrh. n. Chr. finden wir die bekannte Rechenvorschrift der Lösung in ganz knappen Andeutungen bei dem indischen Mathematiker ĀRYABHAṬA (geb. 476 n. Chr.), etwas ausführlicher bei BRAHMAGUPTA (geb. 598 n. Chr.) — vgl. S. 70f. Aber eine eingehende Darstellung gibt erst der persische Mathematiker und Astronom ALḪWĀRAZMĪ (um 820 n. Chr., Bagdad) — vgl. S. 72f. In seiner *Algebra*[II 372] erkennt man überrascht, daß direkte euklidische Tradition vorliegt — ohne Umweg über Indien. In den anscheinend geometrischen Sätzen EUKLIDS II, 4, 5, 6 wird die ganze algebraische Theorie der quadratischen Gleichungen in geometrischer Form gelehrt und an verschiedenen Beispielen im VI. Buch und den Data verwendet! Und noch viel mehr! Neueste Entzifferungen von Keilschrifttexten aus 150—100 v. Chr., ja 2000—1900 v. Chr. machen es absolut sicher, daß schon die babylonisch-sumerische Mathematik die Lösung quadratischer Gleichungen kannte, und zwar in rein algebraischer Form. Gut begründet ist die Vermutung, daß sie dabei Sätze und Formeln wie EUKLID II, 5 gekannt hat (S. 55f.).

Verfolgen wir den historischen Weg, soweit er aufgedeckt ist! Aus dem Beginn des zweiten Jahrtausends v. Chr. haben wir Nachricht von quadratischen Aufgaben sowohl aus Ägypten, wie aus

Babylon. Die im Berliner Papyrus[243] und dem Londoner Kahunpapyrus[244] aufgefundenen Beispiele ägyptischer Herkunft betreffen allerdings nur reine quadratische Gleichungen; da es sich bei ihnen um zwei Unbekannte handelt, werden sie erst später zu besprechen sein (S. 104f.).

Die entzifferten babylonischen Texte[245] stammen aus zwei Perioden: I. aus etwa 2000 v. Chr., wobei aber auf noch ältere sumerische Quellen zu schließen ist. II. aus der Seleukidenzeit, zwischen 200 und 150 v. Chr. Die wichtigsten Beispiele seien in moderner Umschrift angeführt; von einer Gleichungsform in unserem Sinne ist keine Rede.

I. 1) $x^2 - 16x - 80 = 0$
2) $3x^2 - 44x - 320 = 0$ } *SKT*, Nr. 8.[246]

Diese beiden Gleichungen lassen sich aus Aufgaben über die Zerteilung eines rechtwinkligen Dreiecks durch eine Gerade, parallel zur einen Kathete im Abstand $x$, und den vorgeschriebenen Be-

243 O. Neugebauer, *Arithm. u. Rechenkunst d. Ägypter* II 978, S. 306, 308, 310—312. — K. Vogel, *Die Algebra der Ägypter* II 269, S. 151—153. — 244 K. Vogel II 269, S. 150f. — Ähnlich ist Aufgabe 6 des Papyrus Moskau, K. Vogel, *Der Moskauer mathematische Papyrus* 135, S. 454 unten. — 245 *SKT* = Straßburger Keilschrifttexte, veröffentlicht durch C. Frank, Schriften der Straßburger wissenschaftlichen Gesellschaft in Heidelberg, Neue Folge, Heft 9, Berlin-Leipzig 1928. — *CT* = *Cuneiform Texts from Babylonian Tablets ... in the British Museum*, London 1900. — *TU* = *Tablets d'Uruk*, F. Thureau-Dangin: *Musée du Louvre, Département des antiquités orientales. Textes cunéiformes*, T. VI, Paris 1922. — *Le prisme mathématique AO* 8862, F. Thureau-Dangin, Rev. d'Assyr. 29, 1932, S. 1—10. Postscr. S. 89—90. — Zeitangabe: *AO* 8862 vor 2000, *CT* um 2000, *SKT* um 1900, *TU* um 200—150 v. Chr. — Zu den von H. S. Schuster, *Quadratische Gleichungen der Seleukidenzeit aus Uruk* 140, S. 194, Anm. 5 zusammengestellten Beispielen kommen noch vier von *AO* 8862. — Vgl. auch O. Neugebauer, *Vorlesungen. I. Vorgriechische Mathematik*, Berlin 1934 139a, I, S. 183—193; derselbe, *Math. Keilschrifttexte* 145b, S. 212, Nr. 9, 13; S. 217, § 5, Nr. 24—30 bringen noch andere Beispiele. Eine Fülle quadratischer Gleichungen findet sich auch in den Texten der Yale Babylonien Collection. Vgl. S. 400ff., 451ff. — K. Vogel, *Bemerkungen zu den quadratischen Gleichungen der babylonischen Mathematik*, Osiris, Vol. 1, Jan. 1936, The David Eugen Smith Presentation Volume. Printed in Belgium, S. 705, sucht eine einheitliche Lösung durch Zurückführung auf $x + y = a$ und $x \cdot y = b$, zieht aber auch die Methode der quadratischen Ergänzung heran. Der Koeffizient des ersten Gliedes kommt dabei gar nicht in Frage; Doppellösungen werden jedenfalls vermieden. Der größere Wert von den theoretisch möglichen Doppellösungen erscheint immer für die unbekannte *Länge x*. Vgl. auch Anm. 253. — 246 O. Neugebauer, *Zur Geschichte der babylonischen Mathematik* 137, S. 78—80; derselbe, *Math. Keilschrifttexte* 145b, S. 255, § 3.

dingungen ableiten; eine Lösung ist nicht angegeben. Der Faktor 3 in Nr. 2 ist (vgl. Nr. 5) leicht zu entfernen. Die Gleichung

$$3)\quad x^2 - \frac{2F}{d}x + \frac{2Fh}{d} = 0\,,^{246a} \qquad CT\ \text{IX, 12, 7—21,}$$

wo $F, h, d$ gegebene Größen sind, wird aber genau nach der Formel

$$x = \frac{F}{d} - \sqrt{\left(\frac{F}{d}\right)^2 - \frac{2Fh}{d}}$$

vorgerechnet. Nur der kleinere Wert von den zwei möglichen positiven Wurzeln wird berücksichtigt.

$$4)\quad \frac{x}{7} + \frac{y}{7} + \frac{xy}{7} = 2\,, \quad x + y = 5\tfrac{5}{6}\,,^{247} \qquad SKT\ \text{6, Rs. 6—8}$$

gibt die quadratische Gleichung $x^2 - \frac{35}{6}x + \frac{49}{6} = 0$ mit den Lösungen $x = 3\frac{1}{2}$ und $y = 2\frac{1}{3}$.

$$5)\quad x^2 + y^2 = 1000\,, \quad y = \tfrac{2}{3}x - 10\,,^{248} \qquad SKT\ \text{7, Vs. 1—12}$$

stellt Beziehungen zwischen den Seiten zweier Quadrate $x^2$ und $y^2$ dar. Durch Entfernung von $y$ und die Substitution $\bar{x} = \frac{x}{60}$ erhalten wir

$$\bar{x}^2 - \tfrac{2}{13}\bar{x} - \tfrac{9}{52} = 0\,; \quad \bar{x} = \tfrac{1}{2}\,; \quad x = 30\,, \quad y = 10\,.$$

Nur der Wert mit der positiven Wurzel wird genommen; der andere würde ja auch negativ sein.[248a]

Den gleichen Verlauf der Rechnung zeigen Aufgaben wie

$$6)\quad x^2 + y^2 = A, \quad x = u + d_1\,, \quad y = \frac{a}{b}u + d_2\,,^{249} \qquad SKT\ \text{7, Vs. 13—Rs. 7}$$

ähnlich *SKT* 7, Rs. 8—23.

Zur ältesten Überlieferung (vor 2000 v. Chr.) gehören die vier Beispiele[250]

---

246a Derselbe[137], S. 80; derselbe, *Math. Keilschrifttexte*[145b] I, S. 183b. — Die negative Wurzel wird durch VOGELS Normalverfahren (*Bemerkungen*[245], S. 710 bis 711) vermieden. — 247 Derselbe, *Beiträge zur Geschichte der babylonischen Arithmetik*[II 21], S. 124. Derselbe, *Math. Keilschrifttexte*[145b], 1935, I, S. 243, § 2. — 248 Derselbe[II 21], S. 125; derselbe, *Math. Keilschrifttexte*[145b], I, S. 247. — 248a K. VOGEL benutzt in seinen ‚*Bemerkungen*'[245], S. 714—715 die quadratische Ergänzung, erhält aber bei der Durchrechnung genau dieselben Zahlenfolgen, wie sie der Keilschrifttext zeigt; er vermeidet dadurch die negative Wurzel. Eine Reduzierung des Koeffizienten von $x^2$ auf 1 wäre demnach nicht immer von den Babyloniern verlangt. Vgl. oben Anm. 245, Schluß. — 249 O. NEUGEBAUER[II 21], S. 127; derselbe, *Math. Keilschrifttexte*[145b], I, S. 247. — 250 O. NEUGEBAUER, *Studien zur Geschichte der antiken Algebra* I, Qu. St. Gesch. Math. B 2 (1932), S. 12—28; VOGEL[253]. Ferner NEUGEBAUER, *Math. Keilschrifttexte*[145b], I, S. 118f., § 2.

$$\left.\begin{array}{lll} 7) & x - y + xy = 183\,, & x + y = 27 \\ 8) & \tfrac{1}{2}x + \tfrac{1}{3}y + xy = 15\,, & x + y = 7 \\ 9) & (x - y)(x + y) + xy = 4400\,, & x + y = 100 \\ 10) & x + y = xy\,, & x + y + xy = 9 \end{array}\right\} \quad AO\ 8862^{245},\ \text{I bis III}$$

Bei diesen 4 Aufgaben ist das von den Griechen so scharf beobachtete Dimensionsprinzip nicht innegehalten; es werden Strecken wie $x - y$ und Flächenstücke wie $xy$ in einer Summe vereinigt. Man erkennt, wie weit bereits in dieser uralten Mathematik die Algebraisierung vorgeschritten war.[250a]

Nr. 7 führt zur quadratischen Gleichung

$$x^2 - 29x + 210 = 0\,.$$

Von den zwei möglichen positiven Wurzeln $x_1 = 14$, $x_2 = 15$ wird nur die größere anerkannt. Nr. 8 liefert

$$y^2 - \tfrac{41}{6}y + \tfrac{23}{2} = 0$$

mit den Werten $y_1 = 3$ und $y_2 = 3\tfrac{5}{6}$. Diesmal wird nur der kleinere gewählt (mit $x_1 = 4$). Nr. 9 wird durch Elimination von $x$ auf die Gleichung geführt

$$y^2 + 100y - 5600 = 0\,.$$

$y_1 = 40$ ist der einzige positive Wert und gibt $x_1 = 60$. Nr. 10 ist nicht gelöst. Die Rechnung in 7)—9) erfolgt so, als ob unsere Lösungsformel vorläge. Zwei positive Werte könnten nur im Normalfall $x^2 + p = qx$ auftreten, wenn $p$ und $q$ ganze Zahlen sind, also in den Beispielen 3), 4), 7), 8), 10). Der babylonische Rechner gibt aber immer nur einen. Hieran läßt 4) wegen seiner Symmetrie in $x$ und $y$ die Auswahl nicht erkennen; Nr. 3 und 8 geben den kleineren Wurzelwert, Nr. 7 den größeren und allein ganzzahligen. Ein Prinzip und damit die Erkenntnis der Doppeldeutigkeit scheint noch nicht vorhanden zu sein. Die beiden gestellten Aufgaben waren gewiß künstlich mit von vornherein bestimmten Lösungen gebildet: man nahm dann jedesmal die beabsichtigten Werte.[251]

II. Die vier Aufgaben aus der Seleukidenzeit (250—200 v. Chr.) auf den Täfelchen von Uruk (= *TU*) sind sämtlich von der Form

$$x + y = p\,, \qquad x \cdot y = q^{252} \qquad TU\ 33,\ \text{Rs.}\ 10\text{—}27$$

---

[250a] Vgl. auch O. NEUGEBAUER, *Zur geom. Algebra* (*Stud. antik. Algebra III*)[9], S. 246, Z. 13ff., wo auch auf Produkte von Flächen, Addition von ‚Tagen' und ‚Leuten' hingewiesen wird. — [251] Gegen die Doppeldeutigkeit: F. THUREAU-DANGIN[245], S. 1—10 und K. VOGEL, *Bemerkungen*[245], S. 706. Dafür NEUGEBAUER[250], S. 22. Eine große Reihe quadratischer Aufgaben aus altbabylonischer Zeit geben noch die Berliner Keilschrifttexte, vgl. O. NEUGEBAUER, *Math. Keilschrifttexte*[145b], I, S. 296—351, sowie Londoner Texte (Rv. Mus. Nr. 13901); vgl. F. THUREAU-DANGIN, Rev. d'Assyr. 33, 1936, S. 27—48. — [252] H. S. SCHUSTER[140], S. 194—200. — O. NEUGEBAUER, *Math. Keilschrifttexte*[145b], II, S. 106f., § 7.

und sicherlich künstlich gebildet: $q$ ist immer 1. Wählte man nun für $x$ einen ganz beliebigen Wert, so war $y = \frac{1}{x}$ und konnte aus den großen Reziprokentafeln (Bd. I[3], S. 140—141), die die Babylonier besaßen, sofort entnommen werden.

Der angenommene Wert $x$, zu seinem reziproken addiert, gab den Wert von $p$. $p$ hat in den vier Aufgaben die folgenden Werte:

1) 2;0,0,33,20, 2) 2;3, 3) 2;5,26,40, 4) 2;0,15,

in Sexagesimalbrüchen geschrieben, also:

$$1)\quad p = 2 + \frac{33}{60^3} + \frac{20}{60^4} \quad \text{usw.}$$

Über die Doppeldeutigkeit läßt sich bei der Symmetrie der Unbekannten nicht viel aussagen. Doch ist festzustellen, daß immer zuerst die größere Wurzel $x_2 > \frac{p}{2}$ berechnet wird. Unsere Lösungsformel

$$\left.\begin{matrix} x \\ y \end{matrix}\right\} = +\frac{p}{2} \pm \sqrt{\left(\frac{p}{2}\right)^2 - q}$$

wird vom babylonischen Rechner anscheinend genau befolgt. Dieselbe Rechnungsfolge kann man aber auch erhalten, wenn man sich aus $x + y$ und $x \cdot y$ die Differenz $x - y$ bildet. Das leistet der Satz II, 5 in Euklids Elementen[253]

$$\left(\frac{x-y}{2}\right)^2 = \left(\frac{x+y}{2}\right)^2 - xy,$$

aus dem folgt:

$$\left(\frac{x-y}{2}\right)^2 = \left(\frac{p}{2}\right)^2 - 1,$$

wenn $q = 1$. Schließlich wird

$$x = \frac{x+y}{2} + \frac{x-y}{2},$$

$$y = \frac{x+y}{2} - \frac{x-y}{2}.$$

Die hierzu vorzunehmenden Rechenschritte

$$1)\ \left(\frac{p}{2}\right),\quad 2)\ \left(\frac{p}{2}\right)^2,\quad 3)\ \left(\frac{p}{2}\right)^2 - 1,\quad 4)\ \sqrt{\left(\frac{p}{2}\right)^2 - 1},$$

$$5)\ \frac{p}{2} + \sqrt{\left(\frac{p}{2}\right)^2 - 1},\quad 6)\ \frac{p}{2} - \sqrt{\left(\frac{p}{2}\right)^2 - 1}$$

253 Kurt Vogel, *Bemerkungen*[245], S. 706ff., 717. Derselbe, *Zur Berechnung der quadratischen Gleichung bei den Babyloniern*, Unterr.Bl. Math. Nat. 39 (1933), S. 76—81.

sind haarscharf dieselben wie bei der modernen Formel. Aus dieser Überlegung würde folgen, daß die babylonische Mathematik schon algebraische Sätze wie EUKLID, Elem. II, 5 gekannt hatte, ja, daß eine solche Formel uralter babylonischer Besitz ist, da Aufgaben wie $x+y=p$, $xy=q$ doch am Anfang der Verwendung quadratischer Gleichungen stehen und solchen Aufgaben, wie sie Nr. 7—10 aus ältester Zeit zeigen, vorangehen müssen. Auch bei diesen kann man aber zeigen, daß sie auf die Grundgleichungen $x+y=p$, $xy=q$ zurückgeführt werden können,[254] ja daß auch die Verwendung der quadratischen Ergänzung (EUKLID, El. II, 4) anzunehmen ist.[255] Festzustellen ist ferner, daß zumeist die zu lösende quadratische Gleichung 1 als Koeffizient der höchsten Glieder hat oder sich — wie bei Aufg. 5 — durch Substitution auf eine solche bringen läßt, was besonders bei Sexagesimalbrüchen mit ihren divisionsreichen Untereinheiten leicht zu bewirken ist.

In der klassischen Arithmetik — ja bis zur Mitte des 16. Jahrhunderts — (vgl. Bd. II³, S. 96ff.) wurden negative Zahlen (vgl. S. 26 u. Anm. 145ᵇ) nicht anerkannt. Sind $p$ und $q$ positive Zahlen, so gibt es nur die drei Normalformen der quadratischen Gleichungen:

$$1)\quad x^2+px=q, \qquad x=\sqrt{\left(\frac{p}{2}\right)^2+q}-\frac{p}{2},$$

$$2)\quad x^2+q=px, \qquad x=\frac{p}{2}\pm\sqrt{\left(\frac{p}{2}\right)^2-q},$$

$$3)\quad x^2=px+q, \qquad x=\sqrt{\left(\frac{p}{2}\right)^2+q}+\frac{p}{2}.$$

Die Form

$$4)\quad x^2+px+q=0, \qquad x=-\frac{p}{2}\pm\sqrt{\left(\frac{p}{2}\right)^2-q}$$

ist unmöglich; beide Wurzelwerte sind negativ. In der Lösungsformel zu 1) und 3) darf die Quadratwurzel nicht negativ sein, da sonst der entsprechende Wurzelwert negativ wird. Form 2) hat 2 positive Wurzeln.

Alle drei Normalformen werden durch die 3 Sätze EUKLIDs in den Elementen II, 4, 5, 6 gelöst. Die Zusammenstellung dieser 3 Sätze zu einer Gruppe ist sicher beabsichtigt. Das ganze Buch II ist algebraisch (vgl. Bd. II³, S. 119f.), die geometrische Umhüllung sehr durchsichtig: II, 4, 5, 6 sind gleichsam nur Formeln, an die sich der Rechner bei Lösung quadratischer Gleichungen zu halten hat.

254 Daselbst S. 79f. — 255 Daselbst S. 81. — K. VOGEL, *Bemerkungen*[245], S. 714.

**II, 4**[256] lautet: Wird eine Strecke beliebig geteilt, so ist ihr Quadrat gleich der Summe der Quadrate der beiden Teilstrecken, vermehrt um ihr doppeltes Rechteck. An der Fig. 1 ist:

$$\overline{AB}^2 = \overline{AC}^2 + \overline{CB}^2 + 2AC \cdot CB.$$

Der Beweis ist aus der Figur klar. Nennt man die Teilstrecken $CB$ und $AC$ $x$, bzw. $\frac{1}{2}p$, also die ganze Strecke $AB = x + \frac{p}{2}$, so ist

$$\left(x + \frac{p}{2}\right)^2 = x^2 + px + \left(\frac{p}{2}\right)^2.$$

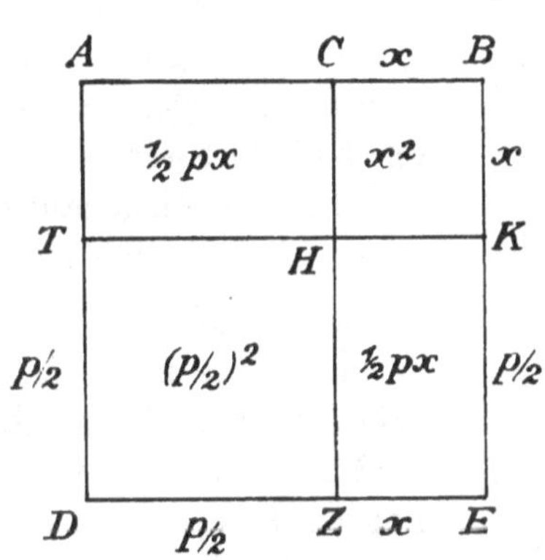


Fig. 1.

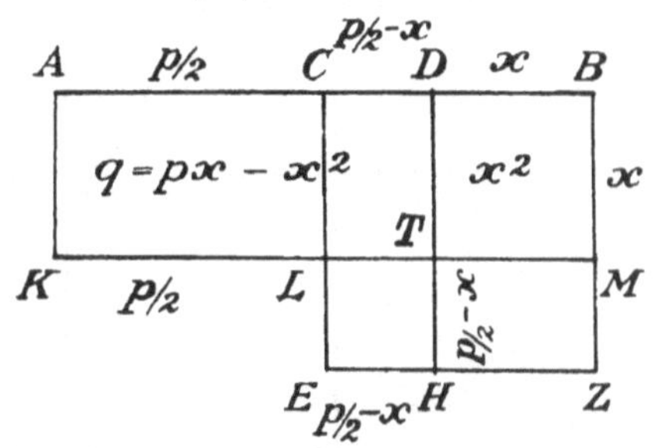


Fig. 2.

Für die Normalform 1) $x^2 + px = q$ ist dann

$$\left(x + \frac{p}{2}\right)^2 = q + \left(\frac{p}{2}\right)^2,$$

$$x + \frac{p}{2} = \sqrt{\left(\frac{p}{2}\right)^2 + q};$$

also

$$x = \sqrt{\left(\frac{p}{2}\right)^2 + q} - \frac{p}{2}$$

die gesuchte Lösung.

**II, 5**[257] lautet: Wird eine Strecke ($AB$) in gleiche (durch $C$) und ungleiche (durch $D$) Stücke geteilt, so ist das Rechteck aus den ungleichen Teilen, vermehrt um das Quadrat der Strecke zwischen den Teilpunkten ($CD$), gleich dem Quadrat der halben Strecke, d. h. (Fig. 2):

$$AD \cdot DB + \overline{CD}^2 = \overline{CB}^2.$$

In der Fig. 2 sind folgende Rechtecke gleich:

$$ACLK = CBML,$$
$$CDTL = TMZH.$$

256 *Euclidis Opera omnia*, ed. J. L. Heiberg u. H. Menge 1, *Elem.* I—IV, Leipzig 1883, S. 122—128. — 257 Daselbst S. 128—133.

Durch Addition wird:

$$\text{Rechteck } ADTK = \text{Gnomon } LBH.$$

Rechteck $ADTK$ ist nun $AD \cdot DB$; fügt man auf beiden Seiten das Quadrat $LTHE$, d. i. $\overline{CD}^2$ hinzu, so ist die Behauptung bewiesen.

**II, 6**[258] lautet: Wird eine Strecke ($AB$) in gleiche Teile (durch $C$) geteilt und um eine gewisse Strecke ($BD$) verlängert, so ist das Rechteck aus der angetragenen Strecke ($BD$) und der Gesamtstrecke ($AD$), vermehrt um das Quadrat der halben Strecke ($CB$), gleich dem Quadrat über der Summe der halben Strecke und dem angetragenen Stück ($CB + BD$), d. h. in Fig 3:

$$AD \cdot DB + \overline{CB}^2 = \overline{CD}^2.$$

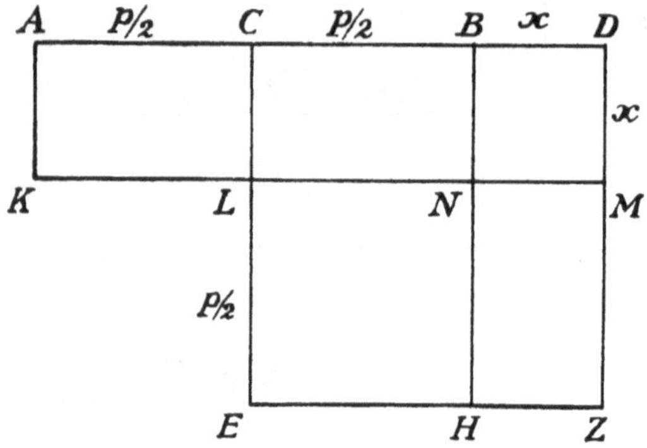


Fig. 3.

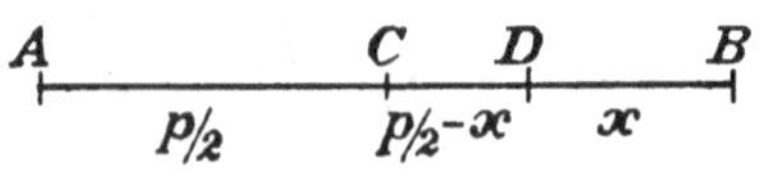


Fig. 4.

Beachtet man, daß $AD \cdot DB$ das Rechteck $ADMK$, also der Gnomon $LDH$ ist, so braucht man zu dem letzteren nur das Quadrat $LNHE = \overline{CB}^2$ hinzuzulegen, um das große Quadrat $\overline{CD}^2$ zu erhalten.

Offenbar sind in beiden Sätzen (Fig. 2 und 3) die Punkte $A, B$ mit der Mitte $C$ fest; in II, 5 ist $BD$ nach innen angetragen, in II, 6 nach außen. In Fig. 2 kann der Punkt $D$ rechts oder links von $C$ fallen, in II, 6 (Fig. 3) rechts außerhalb oder links außerhalb angetragen werden. Beschränken wir Fig. 2 und 3 auf die Punktfolge $ABCD$, so gehört zu II, 5 Fig. 4 und 5, zu II, 6 Fig. 6 und 7. Setzen wir jedesmal $AB = p$, also $AC = CB = \frac{1}{2}p$ und $DB = x$, so ergeben sich die vier Möglichkeiten:

Fig. 4 = Eukl. II, 5 a): $x < \frac{1}{2}p$. $\qquad \underline{x^2 + q = px,}$

$$\begin{aligned}
AD \cdot DB + \overline{CD}^2 &= \overline{CB}^2, \\
\underbrace{(p - x) \cdot x}_{q} + \left(\frac{p}{2} - x\right)^2 &= (\tfrac{1}{2}p)^2, \\
q + (\tfrac{1}{2}p - x)^2 &= (\tfrac{1}{2}p)^2, \\
\tfrac{1}{2}p - x &= \sqrt{(\tfrac{1}{2}p)^2 - q}, \\
x_1 &= \tfrac{1}{2}p - \sqrt{(\tfrac{1}{2}p)^2 - q}.
\end{aligned}$$

258 Daselbst S. 132—135.

Fig. 5 = Eukl. II, 5 b): $x > \frac{1}{2}p$. $\underline{x^2 + q = px,}$

$$\begin{aligned} AD \cdot DB + \overline{CD}^2 &= \overline{CB}^2, \\ \underbrace{(p - x) \cdot x}_{q} + (x - \tfrac{1}{2}p)^2 &= (\tfrac{1}{2}p)^2, \\ q + (x - \tfrac{1}{2}p)^2 &= (\tfrac{1}{2}p)^2, \\ x - \tfrac{1}{2}p &= \sqrt{(\tfrac{1}{2}p)^2 - q}, \\ x_2 &= \tfrac{1}{2}p + \sqrt{(\tfrac{1}{2}p)^2 - q}. \end{aligned}$$

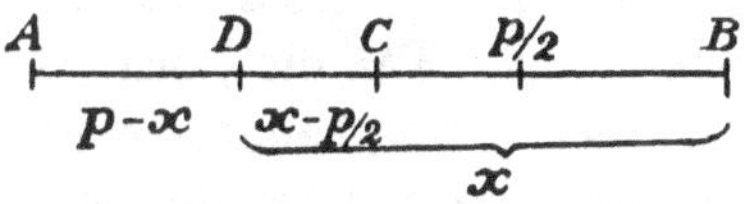


Fig. 5.

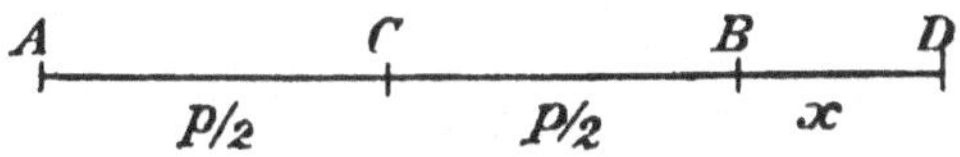


Fig. 6.

Fig. 6 = Eukl. II, 6 a): $\underline{x^2 + px = q,}$

$$\begin{aligned} AD \cdot DB + \overline{CB}^2 &= \overline{CD}^2, \\ \underbrace{(x + p) \cdot x}_{q} + (\tfrac{1}{2}p)^2 &= (x + \tfrac{1}{2}p)^2, \\ q + (\tfrac{1}{2}p)^2 &= (x + \tfrac{1}{2}p)^2, \\ x + \tfrac{1}{2}p &= \sqrt{(\tfrac{1}{2}p)^2 + q}, \\ x &= \sqrt{(\tfrac{1}{2}p)^2 + q} - \tfrac{1}{2}p. \end{aligned}$$

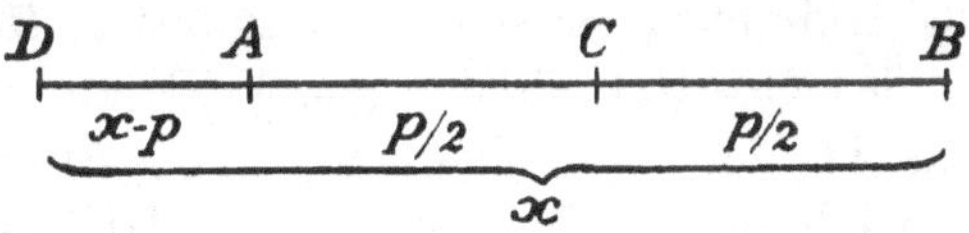


Fig. 7.

Fig. 7 = Eukl. II, 6 b): $\underline{x^2 = px + q,}$

$$\begin{aligned} AD \cdot DB + \overline{CB}^2 &= \overline{CD}^2, \\ \underbrace{(x - p) \cdot x}_{q} + (\tfrac{1}{2}p)^2 &= (x - \tfrac{1}{2}p)^2, \\ q + (\tfrac{1}{2}p)^2 &= (x - \tfrac{1}{2}p)^2, \\ x - \tfrac{1}{2}p &= \sqrt{(\tfrac{1}{2}p)^2 + q}, \\ x &= \sqrt{(\tfrac{1}{2}p)^2 + q} + \tfrac{1}{2}p. \end{aligned}$$

Schon in den beiden Sätzen II, 5 und 6 ist die Lösung der quadratischen Gleichung vollständig gegeben. Der Fall $x^2 + px = q$ kann auch mit II, 4 geleistet werden, die anderen beiden Fälle nur, wenn Euklid die Formel $(a - b)^2$ gebracht hätte: daß er sie kennt und benutzt, ist aus einer andern Stelle, in den Data 86, zu entnehmen (vgl. S. 64 u.). Die Methode der quadratischen Ergänzung, die man bisher Bombelli (1572) und Stevin (1585) zuschrieb (vgl.

S. 91, 93), ist also schon EUKLID bekannt, wahrscheinlich schon den Babyloniern (vgl. S. 245 Schluß und Anm. 248[a]).

Der Sonderfall, daß $D$ auf $C$ fällt, also $x = \frac{p}{2}$ ist, wird erst bei den Arabern erörtert. Fällt $D$ auf $B$, so ist $x = 0$: dieser Wert wird weder von den Griechen noch von den Arabern zugelassen. In allen Fällen hat EUKLID die quadratische Gleichung so reduziert, daß der Koeffizient vor $x^2$ die Einheit ist. Für die Normalform $x^2 + q = px$ kannte aber EUKLID nur die kleinere der beiden möglichen positiven Wurzeln, nämlich $x_1 < \frac{1}{2}p$. Das geht aus seiner Fig. 2 hervor, aber auch aus einer Anwendung in El. VI, 28:[259] An eine gegebene Strecke ($= p$) ein Parallelogramm (Quadrat), das einer gegebenen geradlinigen Figur ($g$) gleich ist, so anzulegen, daß ein ähnliches Parallelogramm (Quadrat) fehlt (Fig. 8).

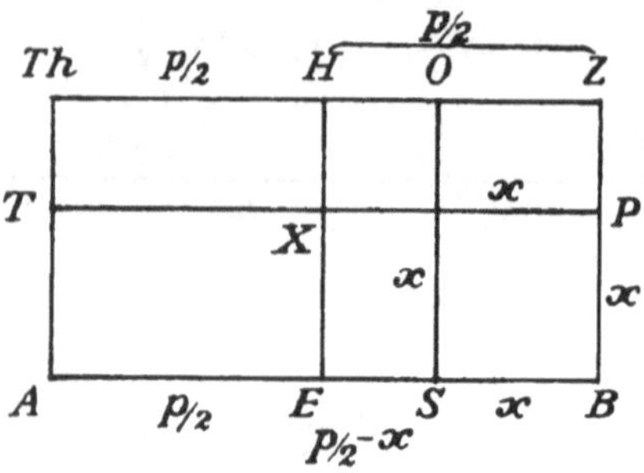


Fig. 8.

Ist $AE = EB = \frac{1}{2}p$ und die Fläche $q$ gegeben, so konstruiert sich EUKLID die Differenz $(\frac{1}{2}p)^2 - q$ als Quadrat $X'H'O'$ (Fig. 9) und trägt dieses in das Quadrat $EBZH$ $\left(= (\frac{1}{2}p)^2\right)$ an der Ecke $H$ als $XHO$ ein. Dann ist der Rest, Gnomon $XBO$, gleich $q$; ebensogroß ist das Rechteck $TS$, wie durch Addition der gleichen Rechtecke $TE = EP$ und $XS = OP$ erhellt. Von dem ganzen Rechteck $ATPB$ ist also Rechteck $TS = q$ so an $AB = p$ angetragen, daß ein Quadrat $SP$ fehlt. Für die Ausführung der Konstruktion ist nötig, daß $(\frac{1}{2}p)^2 > q$ ist, wie EUKLID besonders hervorhebt.[260] Aus dem Rechteck $ABPT$ ($= px$) erkennt man die quadratische Gleichung: $x^2 + q = px$ mit $x_1 < \frac{p}{2}$. Daß eine zweite Konstruktion möglich ist mit $x_2 > \frac{p}{2}$, holen erst die Araber nach.

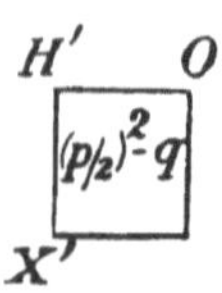


Fig. 9.

Der Satz VI, 29[261] löst die entsprechende Aufgabe, daß beim Antragen der Fläche $q$ als Rechteck ein Quadrat überschießt (Fig. 10 und 11). $AE$ und $EB$ seien wiederum $\frac{1}{2}p$, $EBLZ = (\frac{1}{2}p)^2$. Diesmal wird $(\frac{1}{2}p)^2 + q$ in ein Quadrat $N'Z'M'$ verwandelt und auf $EBLZ$ in die Ecke $Z$ hineingeschoben, so daß der Gnomon $EXL$

259 EUKLID, *Op.* $2^{1}71^{2}$, S. 162—167. — 260 Daselbst S. 162, Z. 5ff. — 261 Daselbst S. 166—171.

gleich $q$ ist. Da die Rechtecke $LO$ und $AN$ gleich sind, so ist auch das ganze Rechteck $AX$ gleich $q$, schießt also mit dem Quadrat $PXOB$ über die Strecke $p$ hinaus. Es ist dies die Gleichung $x^2 + px = q$.

Offenbar wurden diese beiden verzwickten Konstruktionen erst gefunden, nachdem man in II, 5 bez. II, 4 die algebraische Grundlage hatte.[262]

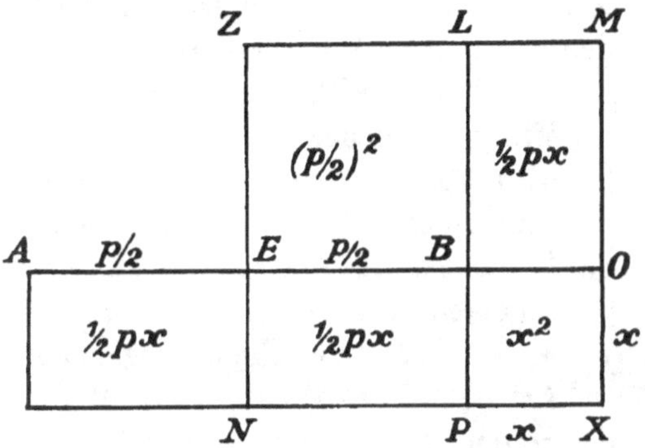


Fig. 10.

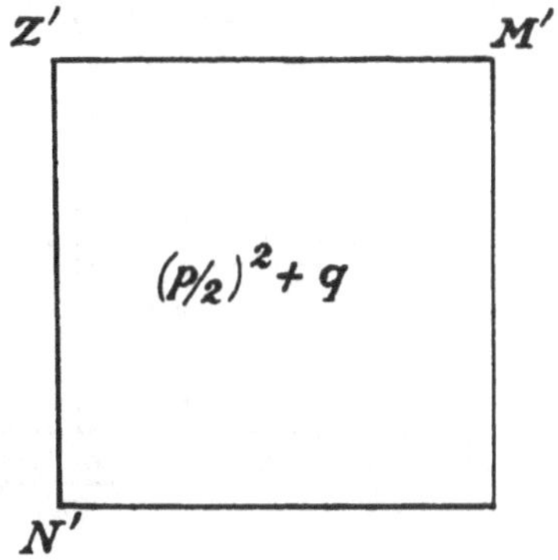


Fig. 11.

Die stetige Teilung einer gegebenen Strecke $a$ in II, 11 gemäß der Proportion $a : x = x : (a - x)$ ist ebenfalls eine quadratische Aufgabe. Sie führt zu $x^2 + ax = a^2$, also auf $x^2 + px = q$, wo $p = a$ und $q = a^2$. Zur Lösung hat Euklid hier II, 4 oder II, 6 zur Verfügung: er wählt den letzteren Satz; also muß wohl II, 6 damals der gebräuchlichere Weg gewesen sein. Auch bei II, 14:[263] Ein Rechteck in ein Quadrat zu verwandeln, und bei III, 35, 36[264] Über die Schnittverhältnisse von Sehnen, wird II, 5 und 6 benutzt.

Schließlich ist das ganze 10. Buch der Elemente Euklids ein Beweis dafür, daß der Entdecker all der zahlreichen Sätze, die darin zusammengestellt sind, die Lösung zahlenmäßig vorgelegter quadratischer Gleichungen vollständig beherrschte.[265] Kommen doch nur (vgl. Bd. II[3], S. 190 ff.) solche Irrationalitäten vor, die aus quadratischen Gleichungen sich ergeben können. Da zu dem 10. Buche bereits Theätet (Athen, um 390 v. Chr.) die Grundlage gelegt und sogar eine Einteilung der gefundenen Irrationalen gegeben hat, so

262 Euklid, *Op.* I[256], S. 152—153. — 263 Daselbst S. 160—163. — 264 Daselbst S. 256—265. — 265 H. G. Zeuthen, *Keglesnitslæren i Oldtiden*, Kjøbenhavn 1885. Deutsch: *Die Lehre von den Kegelschnitten im Altertum*, übersetzt von R. Fischer-Benzon, Kopenhagen 1886, S. 24—25. — Vgl. auch H. G. Zeuthen, *Sur l'origine de l'algèbre*[II 729].

muß dieser Schüler des SOKRATES und Freund PLATONs bereits mit der Lehre der quadratischen Gleichungen ganz vertraut gewesen sein.

*Elem.* II, 4, 5, 6 erscheinen äußerlich als Flächensätze, die aber wie algebraische Formeln benutzt werden können; VI, 28, 29 sind rein geometrische Konstruktionen. Ganz anders werden die Aufgaben in einem zweiten großen Werk EUKLIDs, den *Data*, behandelt. Es wird nur die Möglichkeit gezeigt, die betreffende Aufgabe durch Angabe der einzelnen Schritte konstruktiv oder rechnerisch zu lösen, so wie wir uns Stichwörter für den Gang der Lösung notieren würden.

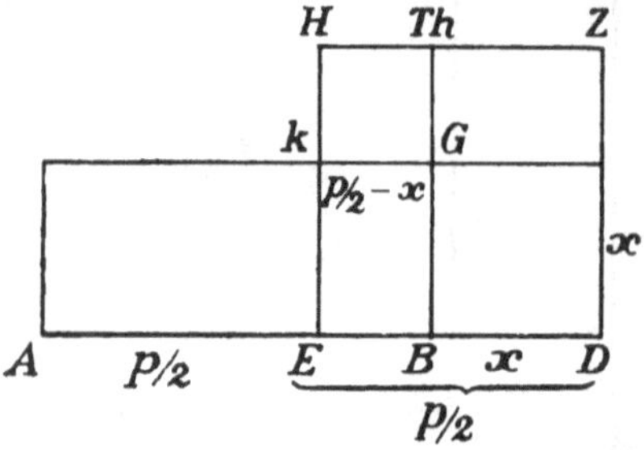


Fig. 12.

*Data* 58[266] entspricht Elem. VI, 28 (statt des Parallelogrammes wird hier wieder ein Quadrat genommen): Wenn ein gegebenes Flächenstück (Quadrat $q$) an eine gegebene Strecke ($p$) so angelegt wird, daß eine Figur gegebener Art (Quadrat) fehlt, so sind die Seiten der fehlenden Fläche gegeben (Fig. 12).

Es handelt sich um die Gleichung $x^2 + q = px$, etwa mit dem Zahlenbeispiel $x^2 + 21 = 10x$. Links steht, im folgenden etwas gekürzt, EUKLIDs Text; in der Mitte der algebraische, rechts der rechnerische Schritt, der gerade vorgenommen wird. In der Fig. 12 ist $AD = p = 10$.

| | | |
|---|---|---|
| $AD$ durch $E$ halbiert, also $ED$ bekannt: | $\frac{1}{2}p$ | $5.$ |
| Quadrat $EDZH$ konstruiert, also bekannt: | $(\frac{1}{2}p)^2$ | $25.$ |
| Rechteck $AG$ + Quadrat $GH$ gleich $\overline{ED}^2$, also bekannt: | $q + \left(\frac{p}{2} - x\right)^2 = (\frac{1}{2}p)^2$ | $21 + \left(\frac{p}{2} - x\right)^2 = 25.$ |
| Also Quadrat $GH$ bekannt: | $\left(\frac{p}{2} - x\right)^2 = \left(\frac{p}{2}\right)^2 - q$ | $\left(\frac{p}{2} - x\right)^2 = 4.$ |
| Also Seite $EB$ bekannt: | $\left(\frac{p}{2} - x\right) = \sqrt{\left(\frac{p}{2}\right)^2 - q}$ | $\frac{p}{2} - x = 2.$ |
| Also $BD$ bekannt: | $x = \frac{p}{2} - \sqrt{\left(\frac{p}{2}\right)^2 - q}$ | $x - 5 = 2.$ |
| | | $x = 3.$ |

Genau die Schrittfolge des babylonischen und des modernen Rechners!

*Data* 59[267] entspricht ebenso *Elem.* VI, 29 mit der quadratischen Gleichung $x^2 + px = q$.

266 *Op.* $6^{II\,492a}$ S. 104—107. — 267 Daselbst S. 106—109.

Sehr interessant und für die Geschichte der Algebra wichtig sind drei weitere Aufgaben Euklids, die auf quadratische Gleichungen führen, modern geschrieben:

*Data* 84[268] $x \cdot y = q;\ x - y = p$ .
*Data* 85[269] $x \cdot y = q;\ x + y = p$ .
*Data* 86[270] $x \cdot y = q;\ x^2 - y^2 = d^2$ .

*Data* 84 wird auf *Data* 59 zurückgeführt. Nur ist $y = x - p$, also $q = x(x - p) = x^2 - px$, also handelt es sich hier um die Lösung der Gleichung $x^2 = px + q$. Das ist gerade die Form, die S. 60f. neben *Elem.* VI 28 und 29 noch fehlte!

*Data* 85 geht auf *Data* 58 und *Elem.* VI 28 zurück. Wiederum gibt Euklid nur eine Lösung $x_1 < \frac{1}{2}p$ statt der zwei möglichen positiven Wurzeln.

*Data* 86 gibt das älteste biquadratische Beispiel in der griechischen Mathematik, allerdings quadratisch in $x^2$. Die sehr gewandte Behandlung zeigt, wie weit bei Euklid die Algebraisierung vorgeschritten ist. In der folgenden Darstellung, die dem Appendix[270] entspricht, stehen links die einzelnen *Data*-Schlüsse Euklids; kurze Zwischenschaltungen im Originaltext sind fortgelassen. In der Mitte folgt die moderne Umschrift, rechts ein Zahlenbeispiel, das natürlich auch bei Euklid fehlt, wie es sich aber wohl mancher bei ernstem Studium der *Data* daneben schrieb (Fig. 13).

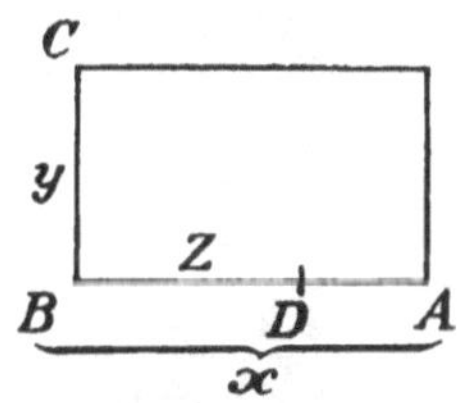

Fig. 13.

**Satz:** Wenn zwei Strecken eine gegebene Fläche (Parallelogramm) unter gegebenem Winkel umfassen, das Quadrat der einen aber, mit dem Quadrat der anderen verglichen, um ein Gegebenes (im Verhältnis) größer ist, dann ist jede von beiden gegeben.

Euklid beschränkt sich auf ein Rechteck. Die größere Seite sei $AB = x$, die kleinere $BC = y$. Die Differenz der Quadrate $x^2 - y^2 = d^2$ drückt er aus als Vielfaches $z$ von $AB = x$, also $d^2 = x \cdot z$. Mit diesem $z$ führt Euklid eine Zwischenunbekannte ein. Er trägt $z$ als $BD$ auf $BA$ ab.

In moderner Umschrift, mit angenommenen Zahlenwerten, heißt *Data* 86:

$$x^2 - y^2 = d^2 = 16;$$
$$x y = q^2 = 15;$$
$$x z = d^2 = 16;\ z = \frac{d^2}{x} = \frac{16}{x}.$$

268 Daselbst S. 164—167. — 269 Daselbst S. 166—169. — 270 Daselbst S. 168 bis 173, Appendix S. 221—225.

| | | | |
|---|---|---|---|
| $\overline{AB}^2 - \overline{BC}^2 = AB\cdot BD$ | | $x^2 - y^2 = xz$ | $= 16$, |
| $[AB\cdot(AB - BD) = \overline{BC}^2]$ fehlt bei E. $AB\cdot AD = \overline{BC}^2$ | | $x(x - z) = y^2$, | |
| $\dfrac{AB\cdot BD}{AB\cdot BC}$ | bekannt | $\dfrac{xz}{xy} = \dfrac{d^2}{q^2}$ | $= \frac{16}{15}$, |
| $\dfrac{BD}{BC}$ | " | $\dfrac{z}{y} = \dfrac{d^2}{q^2}$ | $= \frac{16}{15}$, |
| $\dfrac{\overline{BD}^2}{\overline{BC}^2}$ | " | $\dfrac{z^2}{y^2} = \dfrac{d^4}{q^4}$ | $= \frac{256}{225}$. |
| Es war $\overline{BC}^2 = AB\cdot AD$ | bekannt | $y^2 = x(x - z)$, | |
| daher $\dfrac{AB\cdot AD}{\overline{BD}^2}$ | " | $\dfrac{x(x-z)}{z^2} = \dfrac{q^4}{d^4}$ | $= \frac{225}{256}$, |
| $\dfrac{4AB\cdot AD + \overline{BD}^2}{\overline{BD}^2}$ | " | $\dfrac{4x(x-z) + z^2}{z^2} = \dfrac{4q^4 + d^4}{d^4}$ | $= 4\cdot\frac{225}{256} + 1$, |
| $\dfrac{(AB + AD)^2}{\overline{BD}^2}$ | " | $\dfrac{(2x - z)^2}{z^2} = \dfrac{4q^4 + d^4}{d^4}$ | $= \frac{289}{64}$, |
| $\dfrac{AB + AD}{BD}$ | " | $\dfrac{2x - z}{z} = \sqrt{\dfrac{4q^4 + d^4}{d^4}}$ | $= \frac{17}{8}$, |
| $\dfrac{AB + AD + DB}{BD}$ | " | $\dfrac{x + (x - z) + z}{z} = \sqrt{\dfrac{4q^4 + d^4}{d^4}} + 1$ | $= \frac{25}{8}$, |
| $\dfrac{2AB}{BD}$ | " | $\dfrac{2x}{z} = \sqrt{\dfrac{4q^4 + d^4}{d^4}} + 1$ | $= \frac{25}{8}$, |
| $\dfrac{AB}{BD}$ | " | $\dfrac{x}{z} = \dfrac{1}{2}\left(\sqrt{\dfrac{4q^4 + d^4}{d^4}} + 1\right)$ | $= \frac{25}{16}$. |
| Es war: $AB\cdot BD$ | " | $xz = d^2$ | $= 16$, |
| $\overline{AB}^2$ | " | $x^2 = \dfrac{1}{2}d^2\left(\sqrt{\dfrac{4q^4 + d^4}{d^4}} + 1\right)$ | $= 25$, |
| $AB$ | " | $x = \sqrt{\dfrac{1}{2}d^2\left(\sqrt{\dfrac{4q^4 + d^4}{d^4}} + 1\right)}$ | $= 5$, |
| $BC$ | " | $y = \dfrac{q^2}{x}$ | $= 3$. |

Die Lösung der eigentlichen quadratischen Gleichung erfolgt durch die quadratische Ergänzung; zu $4x(x - z)$ wird $z^2$ hinzugefügt: das entspräche der Formel $(a - b)^2 = a^2 + b^2 - 2ab$, die in Euklids Elementen nicht vorkommt.

Euklid bringt mit seinen Sätzen in den Elementen II, 4, 5, 6 offenbar alten Bestand der Mathematik. Proklos (410—485) versichert in seinem Kommentar zu Buch I der Elemente, daß gerade diese Flächensätze, Anlegungen mit überschießenden oder fehlenden

Flächenstücken, auf die pythagoreische Schule zurückgehen.[271] Aber sehr wahrscheinlich geht diese Überlieferung noch weiter in die Vergangenheit zurück. Vielfach wird von den Alten über eine Reise des Pythagoras nach Babylon berichtet.[272] Und, wenn diese Berichte nicht genau stimmen, so zeigen sie doch, daß selbst die Alten von babylonischem Einfluß auf die Lehre des Pythagoras überzeugt waren. Wie diese Quelle für die quadratischen Gleichungen anzunehmen ist, so werden wir später (Bd. IV) auch beim Quadratensatz des PYTHAGORAS am rechtwinkligen Dreieck erkennen, daß hier sicher altes babylonisches Erbgut vorliegt. Arabische Schriftsteller erzählen,[273] daß der Astronom HIPPARCH (beobachtet zwischen 161 und 126 v. Chr., Rhodus, Alexandria) eine Abhandlung über quadratische Gleichungen geschrieben habe. Wir wissen zwar nichts Genaueres über diese; aber bei Astronomen, die hohe wissenschaftliche Bildung mit großer rechnerischer Gewandtheit und Erfahrung zu verbinden haben, ist sowohl Gelegenheit als auch Fähigkeit für die Abfassung solcher Schriften vorhanden. Und schon deshalb ist die arabische Notiz nicht von der Hand zu weisen, weil HIPPARCH bei der Berechnung seiner Sehnentafel, die unsere Sinustabelle vorbereitete, notwendig außerordentlich viel mit quadratischen Gleichungen zu tun hatte. Schließlich wissen wir bestimmt, daß HIPPARCH die babylonische Astronomie kannte, und ihre Resultate verwertete: wohl sicher, daß er auch die babylonische Methode, quadratische Gleichungen zu lösen, dabei lernte.

HERON (um 100 v. Chr.), ein tüchtiger Mathematiker, war als Ingenieur mehr Praktiker als EUKLID. Bei ihm tritt daher das algebraische Element stärker hervor, wo EUKLID es mühsam, doch absichtlich geometrisch verhüllt. Hierfür ist das Buch II der Elemente wiederum ein gutes Beispiel. HERON hat zu EUKLIDs Elementen einen Kommentar verfaßt; der Perser AN-NAIRĪZĪ († 922/3) gibt uns

---

271 PROKLOS[II 369], S. 419, Z. 15—18. Als Gewährsmann wird EUDEMOS, der Verfasser der ältesten Geschichte der Mathematik, angeführt. — 272 CANTOR I³, S. 151f. — 273 F. WOEPCKE, *L'algèbre d'Omar Alkhayyāmī*[II 1009], S. XI aus einer Stelle im Fihrist: „*Man hat von ihm* (*Hipparch*) . . . *die Schrift über Algebra, bekannt auch unter dem Namen der ‚Definitionen'. Dieses Werk ist übersetzt und durchgesehen durch Abū'lwafā Mohammed b. Mohammed, dem Rechner, der auch Verfasser eines Kommentars desselben Werkes ist, begleitet von Beweisen, gegründet auf geometrische Ableitungen.* H. SUTER will an dieser Stelle allerdings den Namen HIPPARCH anders deuten, vgl. Abh. Gesch. Math. 6[I 139], 1892, S. 54—55; Bibl. math. $4_3$[II 523], 1908, S. 299, Z. 1. — Aber auch PLUTARCH nennt HIPPARCH einen Arithmetiker. *Opera omnia*, Paris 1624, fol. I, III, p. 104f., vgl. auch p. 732 (nach WOEPCKE).

in seinen eigenen Erläuterungen über die Elemente[II 400] Auszüge aus HERONS Schrift. Von HERON stammen Fachwörter wie ‚Ausklammern', ‚Ausmultiplizieren' (Bd. II[3], S. 120), die doch nur rein algebraisch sein können. In II, 4, 5, 6 ersetzt er die geometrischen Beweise EUKLIDS durch flüssige algebraische. Um ein Bild von diesen algebraischen Herleitungen zu geben, gehen wir auf II, 5[274] genauer ein. In Fig. 14 lautet die Behauptung, wenn $ag = bg$ ist:

$$ad \cdot bd + \overline{dg}^2 = \overline{bg}^2.$$

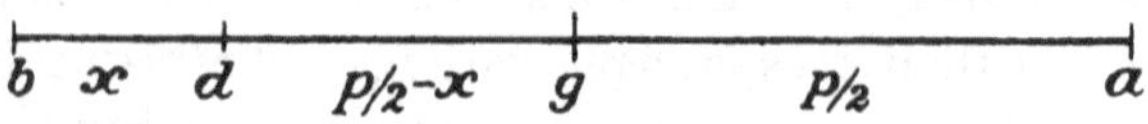


Fig. 14.

HERON geht von der linken Seite aus und leitet aus ihr durch Umformungen die rechte Seite ab; in einem zweiten Beweisgang geht er umgekehrt vor. Links werden im folgenden die Rechnungen HERONS gegeben, deren Text in der arabischen Übersetzung sehr schwülstig ist, rechts steht die moderne Umschrift. Die umzuformende Größe ist in jeder Zeile unterstrichen:

| | | |
|---|---|---|
| 1) | $\underline{ad} \cdot bd + \overline{dg}^2$ | $\underline{(p - x)} \cdot x + (\tfrac{1}{2}p - x)^2 =$ |
| 2) | $= (a\underline{g} + gd) \cdot bd + \overline{dg}^2$ | $[\underline{\tfrac{1}{2}p + (\tfrac{1}{2}p - x)] \cdot x} + (\tfrac{1}{2}p - x)^2 =$ |
| 3) | $= \underline{(bg + gd) \cdot bd} + \overline{dg}^2$ | |
| 4) | $= bg \cdot bd + \underline{gd \cdot bd + \overline{dg}^2}$ | $\tfrac{1}{2}p \cdot x + \underline{(\tfrac{1}{2}p - x) \cdot x + (\tfrac{1}{2}p - x)^2} =$ |
| 5) | $= bg \cdot bd + gd\underline{(bd + dg)}$ | $\tfrac{1}{2}px + (\tfrac{1}{2}p - x)\underline{[x + (\tfrac{1}{2}p - x)]} =$ |
| 6) | $= \underline{bg \cdot bd + gd \cdot bg}$ | $\underline{\tfrac{1}{2}px + (\tfrac{1}{2}p - x) \cdot \tfrac{1}{2}p} =$ |
| 7) | $= bg\underline{(bd + gd)}$ | $\tfrac{1}{2}p\underline{[x + (\tfrac{1}{2}p - x)]} =$ |
| 8) | $= bg \cdot bg$ | $\tfrac{1}{2}p \cdot \tfrac{1}{2}p$ |

w. z. b. w.

Kurz und gut ist HERONS Beweis zu II, 6. In Fig. 15 muß bewiesen werden: $ad \cdot bd + \overline{bg}^2 = \overline{gd}^2$. Die Strecke $da$ wird in $a$ um

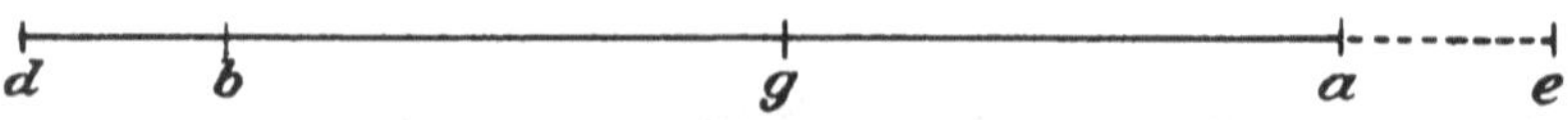


Fig. 15.

$ae = db$ verlängert; dann ist $g$ die Mitte von $de$ und es gilt daher II, 5: $be \cdot db + \overline{bg}^2 = \overline{gd}^2$. Hierin ist nur $be$ durch das ihm gleiche $ad$ zu ersetzen, um die Behauptung zu erhalten.[275] In der echt heronischen *Metrika*[276] kommt leider nur eine quadratische Gleichung

274 ANARITIUS[II 400], S. 95. — 275 Daselbst S. 97. Dieser Beweis ist erst im 16. Jahrhundert durch MAURICE BRESSIEU (1576?—1608, Paris) wieder entdeckt worden. Vgl. CHR. FR. PFLEIDERER, *Scholien zu Euclid's Elementen*[401] 2., herausg. von PLIENIGER, Stuttgart 1826, S. 19. — 276 *Opera*, 3[I 808], S. 148—151.

vor. Es handelt sich um die Aufgabe: Auf den drei Seiten eines Dreiecks (Beispiel: $AB = 13$, $BC = 14$, $CA = 15$) je einen Punkt zu finden, so daß die Verbindungsgeraden an den Ecken $A$, $B$, $C$ Dreiecke gegebener gleicher Fläche abschneiden. Teilt der Punkt auf der Seite $BC$ die Stücke $x$ und $y$ ab, so läßt sich ableiten

$$x + y = 14 \quad \text{und} \quad xy = \tfrac{6720}{144}.$$

Diese Aufgabe löst EUKLID in *Data* 85 allgemein, sie geht zurück auf *Data* 58 und *Elem.* VI, 28 und II, 5, ist also HERON wohlbekannt. Er begnügt sich daher mit Angabe der Lösung $x = 8\frac{1}{2}$. Aus $x^2 - 14x + \frac{6720}{144} = 0$ finden wir aber $x = 7 \pm \sqrt{2\frac{1}{3}}$. HERONs Wert ist nur eine Annäherung; aber — das ist wichtig zu beachten — er nimmt von den beiden möglichen positiven Wurzeln die größere, $x_2 > \frac{1}{2}p$; EUKLID kannte (vgl. S. 60) nur die kleinere Wurzel. Übereinstimmung besteht bei beiden darin, daß $x^2$ den Koeffizienten 1 hat. In der Zeit zwischen EUKLID und HERON ist also den griechischen Mathematikern die Kenntnis der größeren Wurzel gekommen. Man muß sofort vermuten, daß wiederum babylonische Quelle in Betracht kommt und daß HIPPARCH der Vermittler war. Die babylonischen Aufgaben, S. 54f. (Nr. II), passen zudem auch zeitlich gut zu HIPPARCHs wissenschaftlicher Tätigkeit. Man wird es ferner nicht für unwahrscheinlich halten, daß HIPPARCH in seiner Algebra die Lücke in EUKLIDs Elementen ausgefüllt und die Existenz der zweiten Wurzel bei $x^2 + q = px$ geometrisch gezeigt hat.

In den *Geometrica*[277] findet sich eine zweite quadratische Gleichung: „Wenn drei Zahlen, die des Durchmessers, des Umkreises und des Flächeninhaltes des Kreises in einer Zahl (212) gegeben sind, sie auseinander zu legen und jede Zahl zu finden“. Ist der Durchmesser des Kreises $x$, dann ist der Umfang $\frac{22}{7}x$ ($\pi = \frac{22}{7}$) und der Inhalt $\frac{11}{14}x^2$; also besteht die quadratische Gleichung $x + \frac{22}{7}x + \frac{11}{14}x^2 = 212$. Hier sind Linien und Flächen addiert. Das widerspricht völlig dem Dimensionsprinzip der klassischen Mathematik, deren Höhe HERON zeitlich sehr nahe steht.[278] Eine solche Aufgabe konnte HERON nicht stellen, selbst wenn er — etwa über HIPPARCH — von ähnlichen Beispielen der Babylonier (S. 54 o.) gehört hätte. Es ist nun auch eingehend begründet worden,[279] daß

277 *Heronis Opera* $4^{I\,543}$, S. 380–381 u. S. 444—445. — 278 Über die Lebenszeit HERONs, vgl. E. HOPPE, *Heron von Alexandrien*, Hermes 67, 1927, S. 79—105. Dort auch weitere Literatur. — 279 E. HOPPE, *Ist Heron der Verfasser der unter seinem Namen herausgegebenen Definitionen und der Geometrika?* Philologus 75, 1918, S. 202—226.

die *Geometrica* pseudoheronisch sind, wie so manche andere unter dem Namen HERON umlaufende Schriften. Man datiert sie auf das 7. Jahrhundert n. Chr., als Beispielsammlung für Schulen, in denen Feldmesser ausgebildet wurden. Die obige Aufgabe ist daher erst später (nach DIOPHANT) zu besprechen.

Zwischen HERON und DIOPHANT (zweite Hälfte des 3. Jahrh. n. Chr.) fehlt wiederum jede Überlieferung. DIOPHANT[I 124] gibt viele Aufgaben, die auf quadratische Gleichungen führen: sie werden einwandfrei gelöst, aber das dabei eingeschlagene Verfahren mit keinem Worte als richtig bewiesen. Eine Bemerkung in der Einleitung seines Werkes, die sich dem auf S. 34 u. gegebenen Zitat unmittelbar anschließt: „Späterhin werde ich zeigen, wie der Fall aufzulösen ist, wenn zwei Glieder gleich einem Glied übrigbleiben,[280] kann nur auf die drei Normalformen bezogen werden, die wir schon bei EUKLID kennenlernten. Sie gibt der Vermutung festen Boden, daß in der uns erhaltenen Schrift leider eine Lücke vorhanden ist und gerade dort, wo die Lösung der quadratischen Gleichungen gezeigt wurde.

An den von DIOPHANT gerechneten Aufgaben erkennen wir zunächst, daß der Koeffizient des quadratischen Gliedes nicht auf 1 gebracht wird. Die drei Normalfälle mit ihren Lösungen sind also die folgenden:

$$\begin{array}{lll} 1. & ax^2 + bx = c, & ax = \sqrt{(\tfrac{1}{2}b)^2 + ac} - \tfrac{1}{2}b, \\ 2. & ax^2 + c = bx, & ax = \tfrac{1}{2}b \pm \sqrt{(\tfrac{1}{2}b)^2 - ac}, \\ 3. & ax^2 = bx + c, & ax = \sqrt{(\tfrac{1}{2}b)^2 + ac} + \tfrac{1}{2}b. \end{array}$$

An dem Produkt $ac$ unter der Wurzel erkennt man am besten, daß die Normalform nicht auf $1x^2$ gebracht war.

## Zusammenstellung der Beispiele DIOPHANTS.[281]

1) $ax^2 + bx = c$:

VI, 6. DIOPHANT lehnt die aus einem Versuchsansatz sich ergebende Gleichung $6x^2 + 3x = 7$ ab, da $(\frac{3}{2})^2 + 6 \cdot 7$, also $(\frac{1}{2}b)^2 + ac$, keine Quadratzahl, also die Wurzel nicht rational sei, und wählt die geeignetere Gleichung $84x^2 + 7x = 7$ mit $x = \frac{1}{4}$.

VI, 8. Ähnlich wird die Gleichung $6x^2 + 7x = 6$ stillschweigend beanstandet, da $(\frac{7}{2})^2 + 6 \cdot 6$ keine Quadratzahl sei, und $630x^2 + 73x = 6$ mit $x = \frac{1}{18}$ gewählt.

2) $ax^2 + c = bx$:

IV, 22 [23] bringt die rein quadratische Gleichung $x^2 + 4 = 4x$ mit $x = 2$.

V, 10 [13] ist die Ungleichheit zu erfüllen:

280 DIOPHANT, éd. TANNERY[I 124], S. 14, Z. 23—24: „῞Υστερον δέ σοι δείξομεν καὶ πῶς εἴδων ἴσων ἑνὶ καταλειφθέντων τὸ τοιοῦτον λύεται". — 281 Die Zahl in der eckigen Klammer ist die Nummer der WERTHEIMschen Übersetzung[I 787].

$$\frac{19}{12} > \frac{6x}{x^2+1} > \frac{17}{12} \quad \text{oder} \quad 19x^2 + 19 > 72x > 17x^2 + 17\,.$$

Die Grenzgleichungen $19x^2 + 19 = 72x$ und $17x^2 + 17 = 72x$ geben die Lösungen $x_1 = \frac{66{,}58}{19}$, $x_2 = \frac{5{,}42}{19}$ bzw. $x_1 = \frac{67{,}78}{17}$, $x_2 = \frac{4{,}27}{17}$. Ohne jeden Grund nimmt DIOPHANT nur die größeren Wurzelwerte $x_1$ und stellt die Ungleichung auf $\frac{68}{17} > x > \frac{66}{19}$.

V, 30 [33] ist $x$ nach der Ungleichung zu bestimmen $24x > x^2 + 60 > 22x$. Die Grenzfälle sind:

$$24x = x^2 + 60 \quad \text{mit} \quad x_1 = 21{,}17\,, \quad x_2 = 2{,}83\,,$$
$$22x = x^2 + 60 \quad \text{mit} \quad x_1 = 18{,}81\,, \quad x_2 = 3{,}19\,.$$

Wieder werden nur die größeren Wurzeln $x_1$ von DIOPHANT benutzt, so daß der Eindruck entsteht, er kennt in dem Fall mit zwei positiven Wurzeln überhaupt nicht die kleineren Wurzeln.[281a]

3) $a x^2 = b x + c$:

IV, 31 [33]. Statt $5x^2 = 3x + 18$ wird $325x^2 = 3x + 18$ (mit $x = \frac{6}{25}$) gewählt da sonst die Wurzel nicht rational ist.

| | | |
|---|---|---|
| VI, 7. | $84x^2 = 7x + 7$, | $x = \frac{1}{3}$, |
| VI, 9. | $630x^2 = 73x + 6$, | $x = \frac{6}{35}$, |
| IV, 39 [45] | $2x^2 > 6x + 18$, | $x > 4{,}85$, |
| V, 30 [33] | $x^2 > 5x + 60$, | $x > 10{,}64$, |
| | $x^2 < 8x + 60$, | $x < 12{,}72$. |

Von insgesamt 15 Beispielen sind nur 6, in denen der Koeffizient von $x^2$ gleich 1 ist. Neu ist bei DIOPHANT auch, daß das Dimensionsprinzip in vielen Aufgaben durchbrochen wird, in griechischer Mathematik zum ersten Mal. Das sechste Buch bringt eine große Reihe von Aufgaben, die einem rechtwinkligen Dreieck entnommen sind. Ist dessen Inhalt $i$, die Hypotenuse $c$, die Kathete $a$, bzw. $b$, so lauten z. B. die Aufgaben:

VI, 6—11: $i \pm a = 7\,, \quad i \pm (a + b) = 6\,, \quad i \pm (a + c) = 4\,.$

Nach diophantischem Vorbild richten sich auch Aufgaben, die ganz anderswoher stammen, nämlich aus einer undatierten konstantinopolitanischen Handschrift, die etwa im 12. Jahrhundert geschrieben ist,[282] aber sicher älter ist. Hier findet sich die dimensionswidrige Aufgabe:[283] Die Seite eines Quadrates zu finden, wenn die

---

281a Die Bevorzugung der größeren Wurzel erklärt sich wohl aus der Benutzung der Ergänzungsmethode: Aus $ax^2 + c = bx$ folgt $a^2x^2 - b(ax) + \left(\frac{b}{2}\right)^2 = \left(\frac{b}{2}\right)^2 - a\,c$ und $ax - \frac{b}{2} = \sqrt{\left(\frac{b}{2}\right)^2 - a\,c}$. Den negativen Wurzelwert kannte man nicht, also blieb nur der größere Wert für $a\,x$ übrig. — 282 J. L. HEIBERG und H. G. ZEUTHEN, *Einige griechische Aufgaben der unbestimmten Analytik*, Bibl. math. $8_3$, 1907/1908, S. 118—134. — 283 Daselbst S. 121, Nr. 4 (auch in HERON, *Opera* $4^{1513}$, S. 418, Z. 3ff.). Dimensionswidrig sind ferner Nr. 10—13, S. 124 bis

Summe seines Inhalts und Umfanges gegeben ist (Beispiel: gleich 896). Es ergibt sich die unrein quadratische Gleichung: $x^2 + 4x = 896$. Die Rechnung verläuft, da der Koeffizient von $x^2$ gleich 1 ist, genau nach der Formel $x = \sqrt{\left(\frac{p}{2}\right)^2 + q} - \frac{p}{2} = \sqrt{4 + 896} - 2 = 30 - 2 = 28$. Dieselbe Aufgabe findet sich auch in der pseudoheronischen Aufgabensammlung *Geometrica*[277], die wir schon S. 67f. erwähnten. Die dort mitgeteilte Aufgabe $\frac{11}{14}x^2 + \frac{29}{7}x = 212$ wird in den *Geometrica* vollständig vorgerechnet, so daß wir lernen, wie DIOPHANT zu seinen Lösungen gekommen ist. Zunächst wird die ganze Gleichung mit $14 \cdot 11$ erweitert: $11^2 x^2 + 2 \cdot 11 \cdot 29x = 212 \cdot 154$, dann die quadratische Ergänzung $29^2$ auf beiden Seiten addiert:

$$11^2 x^2 + 2 \cdot 11 \cdot 29 x + 29^2 = 212 \cdot 154 + 29^2,$$

und die Quadratwurzel gezogen:

$$11x + 29 = \sqrt{32648 + 841} = 183,$$

woraus

$$11x = 183 - 29 = 154,$$

$$x = 14,$$

also genau nach der oben bei Normalform 1) angegebenen Formel unter Verwendung der quadratischen Ergänzung.

Die Anerkennung nur der größeren Wurzel $x_2 > \frac{p}{2}$ im Falle $x^2 + q = px$, und das plötzliche Auftreten dimensionswidriger Gleichungen machen es wahrscheinlich, daß bei DIOPHANTS Arbeiten wiederum babylonischer Einfluß vorliegt, zum dritten Male also babylonische Mathematik in Alexandria sich bemerkbar machte. Der Kampf um die Aufrechterhaltung des Dimensionsprinzips war schließlich in der epigonenhaften griechischen Mathematik erlahmt.

Nun könnte man indischen Einfluß vermuten. Aber die Literatur, aus der wir die indische Mathematik kennen lernen, setzt — soweit sie erhalten ist — erst nach DIOPHANT ein.

BRAHMAGUPTAS (geb. 598 n. Chr.) Regel,[284] die auch ĀRYABHAṬA (geb. 476 n. Chr.) voraussetzt,[285] kann, ihrer Worte entledigt, durch die Formel ausgesprochen werden:

$$a x^2 + b x = c, \qquad x = \frac{\sqrt{ac + \left(\frac{b}{2}\right)^2} - \frac{b}{2}}{a}.$$

127[282] $i + a + b + c = 280$ (bzw. 270, 100, 90), die über DIOPHANTS Aufgaben VI, 6—11 (vgl. oben S. 69) hinausgehen, also nicht vor DIOPHANT angesetzt werden können. — [284] BRAHMAGUPTA, *Kuṭaka*, ch. XVIII, sect. 48, ed. COLEBROOKE[I 111], S. 346. — [285] ĀRYABHAṬA, Strophe XX, ed. RODET[I 109], S. 401, 402. — Vgl. auch B. DATTA and A. N. SINGH, *Hist. of Hindu math.* I, Lahore 1935, S. 234f.

Die Übereinstimmung mit DIOPHANTS Form Nr. 1 braucht nicht griechischen Ursprung anzudeuten, sie weist vielmehr nur auf dieselbe Quelle, Babylonien—Persien, hin. Von Indien kann umgekehrt auch DIOPHANT seine Formel nicht haben: in der indischen Lehre von den quadratischen Gleichungen haben sich die 3 Normalformen gar nicht entwickelt, da die Inder mit negativen Zahlen (Bd. II³, S. 97) zu rechnen verstanden, während DIOPHANT mit negativen Zahlen, etwa bei $(a \pm b)(c \pm d)$, nur dann operiert, wenn $(a - b)$, bzw. $(c - d)$ einen positiven Wert hat. Bei DIOPHANT, wie bei den Indern, ist auch ein neuer Zweig der Gleichungslehre entstanden, die unbestimmte Analytik. Auch hier ist die indische Mathematik weiter fortgeschritten als die griechische, da sie die Forderung nach nur ganzzahligen Lösungen aufstellt, DIOPHANT aber sich mit rationalen Zahlen begnügt. Weitere Forschungen in der babylonischen Mathematik werden sicher einmal ergeben, daß sich hier die gemeinsame Quelle findet.

MAHĀVĪRA (um 830 n. Chr.) löst eine Aufgabe, die auf $x + \frac{x}{3} + 3\frac{x^2}{36} = m$, also auf $x^2 + 16x - 12m = 0$ führt, ganz wie wir mit $x = \sqrt{12m + 64} - 8$.[286]

Eine kleine Verbesserung hat ein nach BRAHMAGUPTA lebender indischer Mathematiker SRÎDHARA (geb. 991 n. Chr.) angebracht, indem er, um den Bruch aus der Wurzel zu entfernen, die vorliegende Gleichung von vornherein mit $4a$ statt mit $a$ durchmultipliziert und demnach die Lösung in der Form

$$x = \frac{\sqrt{4ac + b^2} - b}{2a}$$

gibt.[287]

Die S. 67 angeführte griechische Aufgabe, in der die Summe des Inhalts $i$ eines Kreises, des Umfangs $u$ und des Durchmessers $d$ — im Widerspruch zu der Dimension dieser Größen — gegeben ist, hat auch MAHĀVĪRA (um 830 n. Chr.); er löst sie mit $\pi = 3$[286].

Bei den Indern stellte sich später auch die Kenntnis des paarweisen Auftretens der Wurzeln ein, und zwar teilt BHĀSKARA (geb. 1114 n. Chr.) diese Neuerung mit;[288] er beruft sich

286 *Gaṇita*[I 114], S. 192. — 287 L. RODET[I 374], Journ. Asiat. 11, 1878, S. 71. Nach S. GÄṄGULI ist diese Neuerung bereits bei ĀRYABHAṬA zu finden. Die Abhängigkeit der Inder von den Griechen in der Lösung quadratischer Gleichungen wird mit Nachdruck bestritten, *Notes on Āryabhaṭa*, Journ. Bihar and Orisa, Research Soc., Patna 1926, Nr. IV, *Āryabhaṭas Solution of quadratic equations*, S. 9—11. — 288 BHĀSKARA, *Vījagaṇita*, ch. IV, 142, ed. COLEBROOKE[I 111], S. 218.

dabei auf einen PADMANĀBHA (vor 1100 n. Chr.), den wir nicht genauer kennen. Da wir es bei den Indern nur mit eingekleideten Gleichungen zu tun haben, so ist die Angabe negativer Auflösungen durch den Sinn regelmäßig ausgeschlossen, und es werden sich danach immer nur dann Doppellösungen vorfinden, wenn beide Wurzeln positiv sind, also im Falle Nr. 2 DIOPHANTS.

Grundlegend für die ganze Araberzeit und danach für das Abendland war die *Algebra* des MUḤAMMAD IBN MŪSĀ ALḪWĀRAZMĪ (um 825 n. Chr., persischer Astronom in Bagdad)[II 372]: sie gehört einer größeren Schrift an, die auch Kapitel über Geometrie und bürgerliche Rechenkunde für Erbschaften, Verteilungen und andere Handelsgeschäfte enthält. In den meisten Handschriften findet sich nur der algebraische Abschnitt.[289] Die ganze Schrift ist nicht streng wissenschaftlich, sondern auch breiteren Kreisen verständlich abgefaßt.

Neben den gewöhnlichen Zahlen, deren Aufbau zuerst im dekadischen System dargestellt wird, unterscheidet A. eine andere Gruppe von Zahlen, die in der Algebra auftreten: 1) Wurzeln (*radices*, $x$), 2) Quadrate (*census*, $x^2$) und 3) einfache Größen (*dragma*, *numerus*, Konstante, $p$, $q$). Aus ihnen können Gleichungen mit zwei Gliedern gebildet werden:

a) *census equatur radicibus:* $x^2 = px$,
b) *census equatur numero:* $x^2 = q$,
c) *Radices equantur numeris:* $px = q$.

Von den 3 Formen sind a) und c) Gleichungen ersten Grades, die S. 34f. besprochen sind; b) reinquadratisch. Gleichungsformen mit allen drei Arten lassen sich wiederum in dreifacher Anzahl bilden:

I) *Census et radices equantur numeris:* $x^2 + px = q$,
II) *Census et numeri equantur radicibus:* $x^2 + q = px$,
III) *Radices et numeri equantur censui:* $px + q = x^2$.

Die Reduktion auf $1x^2$ (*censum ad integritatem convertere*,[290] *ad unum reducere*, *reintegrare*)[291] wird genau vorgeschrieben und eingeübt. Auch hierin ist Übereinstimmung mit EUKLID vorhanden, aber scharfer Gegensatz zu DIOPHANT.

Die drei Zahlenbeispiele ALḪWĀRAZMĪs

I) $x^2 + 10x = 39$, II) $x^2 + 21 = 10x$, III) $x^2 = 3x + 4$

halten sich als Musteraufgaben weit über die Araberzeit hinaus. An ihnen wird die Lösungsvorschrift gezeigt, geübt und bewiesen.

289 Ed. ROSEN[II 372] enthält das ganze Werk, die Druckausgaben von LIBRI, KARPINSKI, BONCOMPAGNI nur die Algebra. — 290 Ed. BONCOMPAGNI[II 372], S. 29. — 291 LIBRI[II 372], S. 256. — 292 Ed. ROSEN, S. 13ff., ed. LIBRI, S. 260f., ed. KARPINSKI[II 372], S. 80ff.

Fall I: $x^2 + 10x = 39$,[292] $x_1 = 3$, ($x_2 = -13$) wird genau nach Euklid II, 4 behandelt (Fig. 16 zu vergleichen mit Fig. 1). Ist $AB = x^2$ das gesuchte Quadrat und trägt man an zwei Nachbarseiten je die Hälfte von $px (= 5x)$ an, so entsteht ein Gnomon, dessen Fläche $x^2 + px$, also $q (= 39)$ ist. Vervollständigt man die Figur durch das Eckquadrat $\left(\frac{p}{2}\right)^2 = 25$ zu dem ganzen Quadrat $SH = \left(x + \frac{p}{2}\right)^2$, so ist dieses gleich $25 + 39 = 64$ und seine Seite gleich 8. Dies ist aber $x + \frac{p}{2}$, d. h. $x + 5$; daraus folgt $x + 5 = 8$, $x = 3$.

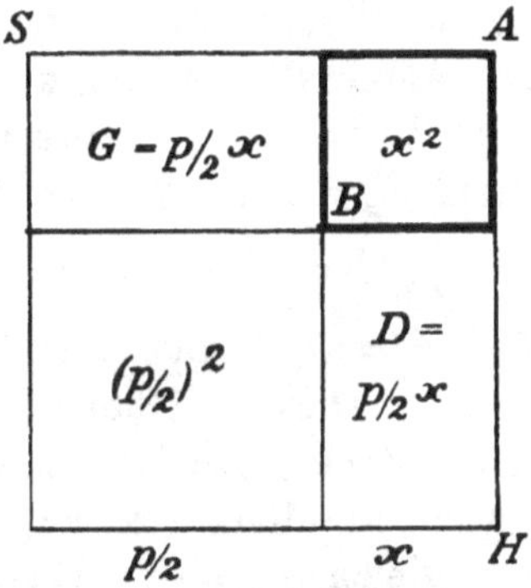


Fig. 16.

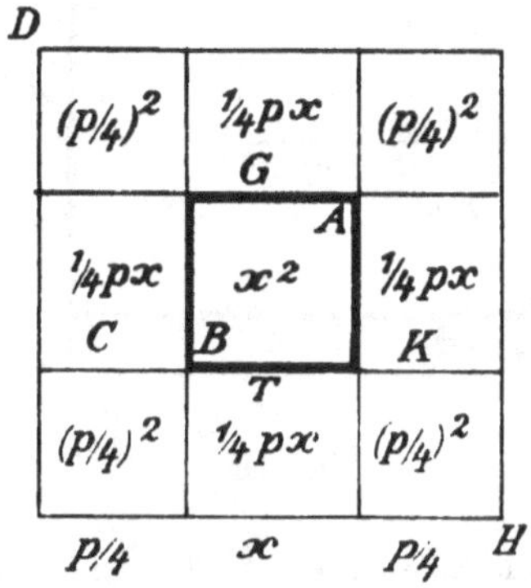


Fig. 17.

Besonderen Gefallen findet Alḫwārazmī an der etwas abgeänderten Fig. 17: er stellt sie sogar an die Spitze. An das Quadrat $AB = x^2$ wird an allen vier Seiten ein Viertel des Rechtecks $px (= \frac{1}{4} 10x = 2\frac{1}{2}x)$ angetragen. Die an der sternförmigen Figur fehlenden 4 kleinen Eckquadrate haben je den Inhalt $\left(\frac{p}{4}\right)^2 = \left(\frac{5}{2}\right)^2$. Demnach ist die Fläche der Gesamtfigur $x^2 + 4 \cdot \frac{5}{2}x + 4 \cdot (\frac{5}{2})^2$ oder $x^2 + 10x + 25$ oder, da $x^2 + 10x = 39$ ist, gleich $39 + 25 = 64$. Die Seite des großen Quadrats ist danach 8, also $x = 3$.

Fall II: $x^2 + 21 = 10x$,[293] $x_1 = 3$, $x_2 = 7$.

Die hierzu gezeichnete Figur stimmt fast völlig mit Euklid, *Elem.* II, 5 überein (Fig. 2). Alḫwārazmī beruft sich aber ebensowenig wie bei Fall I auf diesen Satz von Euklid, sondern bringt gleich dessen ganzen Beweis. Dabei versäumt er zu berücksichtigen, daß Figur und Beweis Euklids nur auf den Fall $x_1 < \frac{1}{2}p$ eingestellt ist. Alḫwārazmīs Zusatz: man könnte auch die Strecke $\sqrt{\left(\frac{p}{2}\right)^2 - q}$ addieren, das gäbe dann ein größeres Quadrat mit der

293 Ed. Rosen, S. 16—18, ed. Karpinski, S. 82—84, ed. Libri, S. 261—263.

Wurzel 7[294], hängt daher in der Luft: Beweis und Figur Euklids wird nicht abgeändert oder ergänzt. Nur noch eine Probe durch Einsetzen von $x_2 = 7$ leistet sich Alḫwārazmī.

Fall III: $x^2 = 3x + 4 = px + q$,[295] $x_1 = 4$, $(x_2 = -1)$.

Diesen Fall hat Euklid (vgl. S. 60 f.) nicht ausführlich behandelt; daß er ihn lösen konnte, sahen wir aus *Data* 84 (vgl. S. 63). Jedenfalls mußte Alḫwārazmī hier eine neue Beweisfigur geben (Fig. 18). Sie hat durchaus euklidischen Charakter und stammt vielleicht aus einer uns unbekannten Schrift Euklids oder aus der Algebra Hipparchs (vgl. S. 65). Ist $abcd$ das gesuchte Quadrat $x^2$ und $dgmo$ das Quadrat über $dg = x - \frac{p}{2}$, dann besteht das letztere aus $\overline{eg}^2 = (\frac{1}{2}p)^2$ und dem Gnomon $eok$. Dieser Gnomon ist aber, da Rechteck $nk$ = Rechteck $nc$, ebenso groß wie Rechteck $ec$, also gleich $x^2 - px$, d. h. der Aufgabe nach gleich $q$ (= 4). Dadurch wird Quadrat $dgmo = \left(x - \frac{p}{2}\right)^2 = q + \left(\frac{p}{2}\right)^2$,

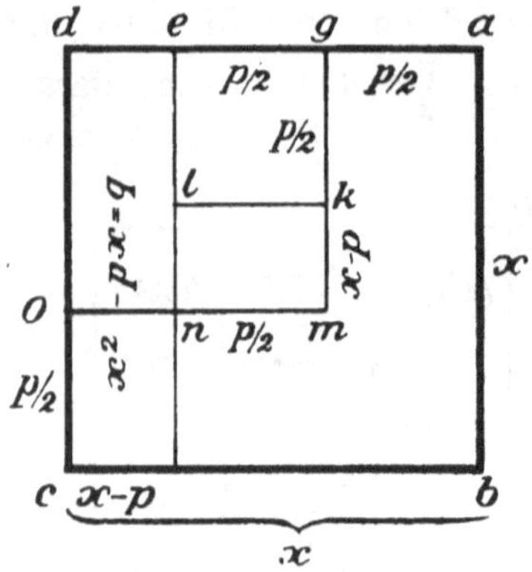

Fig. 18.

$$x - \frac{p}{2} = \sqrt{\left(\frac{p}{2}\right)^2 + q},$$

$$x = \sqrt{\left(\frac{p}{2}\right)^2 + q} + \frac{p}{2}.$$

Nach Erledigung der drei Hauptfälle schaltet Alḫwārazmī zwei Gruppen von Vorübungen ein, einmal um das Rechnen mit seinen algebraischen Zahlen zu zeigen:

| | | |
|---|---|---|
| $(x \pm a)(x \pm b)$, | $(10 + 2)(10 \pm 1)$, | $(10 \pm x) \cdot 10$, |
| $(10 \pm x)^2$, | $(1 - \frac{1}{6})^2$, | $(10 + x)(10 - x)$, |
| $(10 + \frac{1}{2}x)(\frac{1}{2} - 5x)$, | $(10 + x)(x - 10)$, | |

dann, um einfachstes Rechnen mit irrationalen Zahlen vorzubereiten, Aufgaben wie $a\sqrt{b} = \sqrt{a^2 b}$, $\sqrt{a}\sqrt{b} = \sqrt{ab}$, natürlich nicht mit Buchstabengrößen.

Von der nunmehr folgenden Aufgabensammlung seien (mit einer Unbekannten) angeführt:

294 Ed. Rosen, S. 18, Z. 6; Karpinski, S. 84, Z. 25 f. — 295 Ed. Rosen, S. 19—21; Karpinski, S. 86—88; Libri, S. 263—266.

| | |
|---|---|
| $(\frac{1}{3}x+1)(\frac{1}{4}x+1)=20\,,\quad x=12$ | $\frac{x}{3}\cdot\frac{x}{4}=x+24\,,\quad x=24$ |
| $(\frac{1}{3}x+1)(\frac{1}{4}x+2)=x+13\,,\quad x=12$ | $[x-(\frac{1}{3}x+3)]^2=x\,,\quad x=9,\ 2\frac{1}{4}$ |
| $\frac{1\frac{1}{2}}{1+x}=2x\,,\quad x=\frac{1}{2}$ | $\frac{1}{x}-\frac{1}{x+1}=\frac{1}{6}\,,\quad x=2$ |

Viel gründlicher und wissenschaftlicher, in der Erfindung von Aufgaben ungleich fruchtbarer ist Abū Kāmil Šoǵā' ibn Aslam (zwischen 850 und 931, Ägypten) in seiner *Algebra*[214]. Šoǵā' weiß, daß Alḫwārazmīs Lehre auf euklidischer Grundlage beruht[296] und kennt genau den Zusammenhang der Auflösung quadratischer Gleichungen durch die Sätze Euklids Elem. II, 5, 6: Euklid wird mehrfach zitiert.

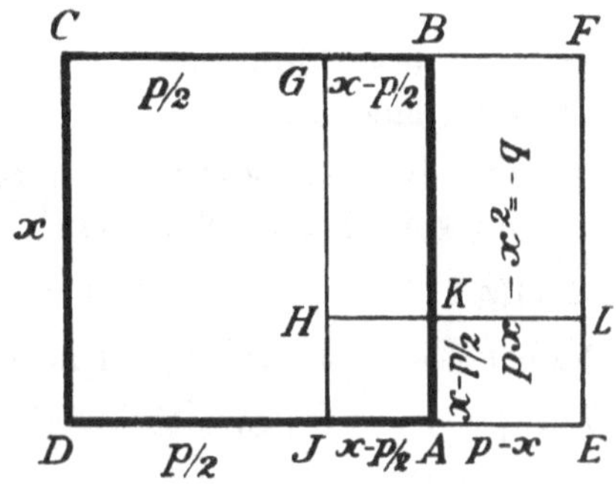

Fig. 19.

Euklid II, 4 (quadratische Ergänzung) wird nicht von ihm benutzt. Wie bei Euklid (vgl. S. 59) auseinandergesetzt wurde, zieht Š. im Normalfall I und III Elem. II, 6 für die beiden Wurzeln $x_1 < \frac{1}{2}p$ und $x_2 > \frac{1}{2}p$ des Falles II, Elem. II, 5 heran. In jedem Einzelfall löst Š. die vorgelegte quadratische Gleichung zuerst nach der Rechenvorschrift auf; dann wird, um die Rechenregel zu beweisen, Euklid Elem. II, 5 oder 6 angesetzt. Zuletzt folgen sogar noch die euklidischen Flächenbeweise. Neu ist bei Šoǵā' eine Rechenvorschrift, den Wert von $x^2$ direkt zu berechnen, ohne den Umweg über $x$; bei verschiedenen arabischen Mathematikern war $x^2$ die Hauptunbekannte, nicht $x$. Neu ist ferner der seit Euklid fehlende Beweis für die Wurzelberechnung $x_2 > \frac{1}{2}p$ im Falle $x^2 + q = px$. Die Figur für $x_1 < \frac{1}{2}p$ deckt sich mit Euklid II, 6 (Fig. 2): sie wird ‚*Figur der Verminderung*' genannt; Fig. 19 heißt ‚*Figur der Vermehrung*'.[297]

Euklid II, 5, 6 wird in allen Normalfällen rein mechanisch angesetzt, bevor die Figur vollendet ist, sobald nur die vier Punkte da sind. Z. B. heißt es in der ‚*Figur der Vermehrung*', wo $x^2 + q = px$, $(p = 10,\ q = 21)$; mit $CF = p$, $CG = GF = \frac{1}{2}p$, $CB = x$, $BF = p - x$, sofort

---

296 Vgl. *Hebr.* folio[214] 96[a]: „*In der Folge werde ich Dir die Beweise erklären mit Hilfe geometrischer Figuren, die die Weisen der Geometrie erdacht haben und die im Buch des Euklides verständlich gemacht werden*". — 297 *Hebr.* folio 98[a]—98[b 214].

$$
\begin{aligned}
BF \cdot BC + \overline{BG}^2 \quad &= \overline{GC}^2, \\
\underbrace{(p-x)\cdot x} + \left(x - \frac{p}{2}\right)^2 &= \left(\frac{p}{2}\right)^2, \\
q \quad + \left(x - \frac{p}{2}\right)^2 &= \left(\frac{p}{2}\right)^2, \\
21 \quad + (x-5)^2 &= 5^2, \\
(x-5)^2 &= 4, \\
x_2 &= 7.
\end{aligned}
$$

Nun wird erst hinterher die Figur vervollständigt und die Formel II, 5 als Flächensatz bewiesen.

Wie bei Alḫwārazmī werden der Aufgabensammlung Vorübungen vorausgeschickt, wie:

$x \pm a)(x \pm b)$, $(10 \pm x)(10 \pm x)$, $(10 + \frac{2}{3}x)(3 - 6x)$,
$\frac{2}{3}\sqrt{9} = \sqrt{\frac{4}{9}\cdot 9} = \sqrt{4} = 2$, $2\sqrt{10}\cdot\frac{1}{2}\sqrt{5}$, $\sqrt{10}:\sqrt{2}$, $2\sqrt{10} \pm 3\sqrt{6}$,
$\sqrt{18} + \sqrt{8}$, $\sqrt{10} \pm \sqrt{2}$.

Die euklidische Formel $\sqrt{a} \pm \sqrt{b} = \sqrt{a + b \pm 2\sqrt{ab}}$ wird bei den letzten Aufgaben benutzt. In der Erläuterung des Satzes $\sqrt{a}\cdot\sqrt{b} = \sqrt{ab}$ tritt sogar eine allgemeine Buchstabenrechnung auf: Š. setzt $\sqrt{b} = c$ und $\sqrt{a} = d$, dann $ab = e$ und $cd = f$; hieraus wird, wenn $\sqrt{e} = g$, schließlich $f = g$.[298] — Das Aufgabenmaterial wird erst später, bei Leonardo von Pisa, zu besprechen sein, der Šoǵāʿs Schriften ausgiebig benutzt.

Š. ist auch der erste Araber, der die Potenzen der Unbekannten, über $x^2$ hinaus, bis $x^6$ ausdehnt. $x^5$ nennt er Quadrat-Quadrat-Wurzel ($= x^2 \cdot x^2 \cdot x$), $x^6$ Kubus-Kubus ($= x^3 \cdot x^3$). Alḫwārazmī war nicht über $x^2$ hinausgegangen. (Die Notiz II³, S. 134 ist unrichtig.) Die Exponenten wurde also additiv zusammengesetzt, wie auch bei Diophant $x^5$ Quadratkubus hieß (vgl. II³, S. 6). Ganz im Gegensatz dazu verstanden die Inder unter Quadratkubus die sechste Potenz $x^6$. Šoǵāʿ und Diophant sind also offenbar unabhängig von der indischen Mathematik. Diophants Schrift war damals den Arabern noch nicht bekannt. Diese Potenzbezeichnungen müssen also auf einem anderen Wege zu den Arabern gelangt sein; daß ein solcher Weg existiert, haben wir soeben aus der Lehre von den quadratischen Gleichungen gesehen, die bei Alḫwārazmī wie bei Šoǵāʿ bis auf Euklid zurückgeht, ganz abweichend von der Behandlungsart durch Diophant.

298 *Hebr.* fol. 108ᵃ ²¹⁴.

Erst gegen Ende des 10. Jahrhunderts wurde DIOPHANT durch ABŪ'L-WAFĀ (940—998) ins Arabische übersetzt. ALKARḪĪ (um 1010, Bagdad) konnte also bereits in seinen beiden Schriften *Al kāfī fī'l-ḥisāb* (*Genügendes über die Arithmetik*)I 131 und *Alfaḫrī* (*Algebra*)I 1325 auf DIOPHANT zurückgreifen. Die Potenzbezeichnungen bildete er beliebig weit ($x^6 = ka'b\ ka'b$, $x^7 = m\bar{a}b\ m\bar{a}b\ ka'b \ldots$, wo $x^2 = m\bar{a}b$, $x^3 = ka'b$).[299] Die Vorübungen ALḪWĀRAZMĪs und ŠOĠĀ's werden weiter ausgedehnt; neu ist die Idee, eine Zusammenstellung von Formeln und Sätzen vorauszuschicken, die bei der Lösung der quadratischen Gleichungen und für die Aufgabensammlung gebraucht werden (*Al kāfī*)[300]. Hier finden sich nun:

Kap. 67, Nr. 2: $(a + b)^2 = a^2 + 2ab + b^2$,

3: $a^2 \pm na + (\frac{1}{2}n)^2 = (a \pm \frac{1}{2}n)^2$,

4: $ab + \left(\frac{a+b}{2} - b\right)^2 = ab + \left(\frac{a+b}{2} - a\right)^2 = \left(\frac{a+b}{2}\right)^2$,

5: $a + m)m + (\frac{1}{2}a)^2 = (\frac{1}{2}a + m)^2$.

Nr. 2 ist EUKLID II, 4, Nr. 3 ist eine Erweiterung für die quadratische Ergänzung bei $(a - b)^2$, die sich bei EUKLID (vgl. S. 64 u.) nur einmal findet, aber bei DIOPHANT in starkem Gebrauch gewesen sein muß, da ALKARḪĪ ihre Verwendung ausdrücklich immer als „diophantische Art" bezeichnet.[301] Nr. 4 und 5 sind die Sätze EUKLID, *El.* II, 5 und 6; in Nr. 4 schön zurecht gestutzt für beide Lösungen $x_1 < \frac{1}{2}p$ und $x_2 > \frac{1}{2}p$ des Normalfalls $x^2 + q = px$.

Die Hauptbehandlung der quadratischen Gleichung ist im *Faḫrī* noch weiter mechanisiert als bei ŠOĠĀ'. So zeichnet sich ALKARḪĪ z. B. bei der Gleichung $x^2 + 10x = 39$ nur die 4 Punkte $CBDA$ in einer Geraden hin, so daß $CB = x$, $BD = \frac{1}{2}p = 5$, $DA = \frac{1}{2}p = 5$ ist,[302] und entnimmt nun (nach II, 6) sofort:

$$AC \cdot CB + \overline{DB}^2 = \overline{DC}^2,$$

$$39 \quad + \quad 5^2 = (5 + x)^2,$$

$$5 + x = 8,$$

$$x = 3.$$

Ähnlich bei den anderen Normalformen. Jede einzelne wird aber auch nach ‚diophantischer' Art gelöst; so wird z. B. bei $x^2 + 21 = 10x$ auf beiden Seiten 4 addiert und $10x$ subtrahiert:

299 WOEPCKE I 1325, S. 48. — 300 Ab Kap. 65, S. 9 I 131. — 301 Z. B. *Faḫrī* I 1325, S. 66. — 302 *Faḫrī* I 1325, S. 65.

$$x^2 - 10x + 25 = 4,$$
$$(x-5)^2 = 4,$$
$$x - 5 = 2,$$
$$x = 7.$$

ALKARḪĪ ist danach der erste, der erkennt, daß zwei gleich gute Lösungsmethoden für die quadratischen Gleichungen vorhanden sind: 1) die euklidische mit *El.* II, 5 und 6 und 2) die diophantische mit der quadratischen Ergänzung gemäß der verallgemeinerten Formel *El.* II, 4.

Da die Mehrzahl der Beispiele DIOPHANTs die nicht reduzierte Form haben, so bei I) $ax^2 + bx = c$, fügt ALKARḪĪ die allgemeine Behandlung auch dieser Formen hinzu, und zwar mit Flächenbeweisen in euklidischer Art. Auch die von ŠOǦĀʿ neu eingeführten Formeln für die direkte Berechnung von $x^2$ vergißt er nicht.

Die Doppeldeutigkeit des Falles $x^2 + q = px$ kennt ALKARḪĪ natürlich. Im ganzen hat seine Aufgabensammlung im *Faḫrī* 20 Beispiele, die, eventuell erst nach Elimination einer der zwei Unbekannten, auf diese Form führen. Bei dreien werden beide Wurzelwerte angegeben; da die Aufgaben aber symmetrisch in $x$ und $y$ sind, gilt die eine Wurzel für $x$, die andere für $y$. Bei 9 weiteren Beispielen wird nur eine Wurzel gegeben, da die andere einen negativen Wert der zweiten Unbekannten ergäbe. Bei drei anderen, die von vornherein Quadratwurzeln aufweisen, erforderte der zweite Wurzelwert entgegengesetztes Vorzeichen der Quadratwurzel. Schließlich sind noch 5 Aufgaben vorhanden, bei denen ohne ersichtlichen Grund eine Lösung bevorzugt wird; es sind dies:

II, 11: $\frac{10}{30-2x} = \frac{x}{5}$, $x = 7\frac{1}{2} \overset{(+)}{-} \sqrt{31\frac{1}{4}}$,

II, 44: $x + y = 10$, $xy = 4x + 5$, $x = 3 \left(\overset{+}{-}\right) 2$,

III, 12: $x + y = 10$, $\frac{y}{x} + x = 5\frac{1}{2}$, $x = \frac{13}{4} \left(\overset{+}{-}\right) \frac{3}{4}$,

13: $x + y = 10$, $\left(\frac{y}{x} + y\right) x = 30$, $x = \frac{9}{2} \overset{(+)}{-} \frac{1}{2}$,

IV, 20: $(x + 7)\sqrt{3x} = 10x$, $x = \frac{1}{3}\bar{x}^2$, $\bar{x} = 5 \overset{(+)}{-} 2$.

Im ganzen hat A. 28 quadratische Gleichungen mit einer Unbekannten; 3 von ihnen stammen aus der Sammlung ALḪWĀRAZMĪs, 7 aus der ŠOǦĀʿs, 18 sind selbständig oder in den Konstanten abgeändert.

ALKARḪĪ gibt auch quadratische Gleichungen höheren Grades: $x^4 + 5x^2 = 126$, $x^4 + 24 = 10x^2$, $x^4 = 2x^2 + 8$, $x^6 = 3x^3 + 40$, $x^7 = bx^5 + cx^3$.[303]

Die Verdienste von 'OMAR IBN IBRĀHĪM ALḪAJJĀMĪ (Bagdad, † 1123; Kalenderreform 1079) in seiner „Algebra"[II 1009] betreffen vor allem die kubischen Gleichungen. Bei den quadratischen Gleichungen ist er sehr kurz; er stützt sich auf EUKLID II, 4, 5, 6 — ohne Flächenbeweise —, zitiert aber auch VI, 28, 29 und *Data* 58, 59. Um das Dimensionsprinzip aufrecht zu erhalten, führt er, wie 500 Jahre später BOMBELLI und DESCARTES, die Einheitsstrecke ein; $x^2 = a$ bedeutet bei ihm das Rechteck $a \cdot 1$, $x^3 = a$ den Quader $a \cdot 1 \cdot 1$.[304] Eine Aufgabensammlung bringt er nicht.

ABRAHAM BAR CHIJJA HA NASI, genannt SAVASORDA (um 1100, Barcelona) hat ein Werk über Flächen- und Körpermessung geschrieben: es ist uns als *Liber Embadorum* in der lateinischen Übersetzung des PLATO von Tivoli (1116)[I 485] erhalten und bringt dem Abendlande zum erstenmal Kenntnis von der arabischen Lehre der quadratischen Gleichungen: die lateinischen Übersetzungen der Algebra ALḪWĀRAZMĪs durch ROBERT von Chester (ed. KARPINSKI) und GERHARD von Cremona (ed. LIBRI)[II 372] stammen erst aus der Mitte des 12. Jahrhunderts. SAVASORDA ist Praktiker, auf strenge Beweise legt er gar keinen Wert.[305] Die Einleitung bringt eine Sammlung von Formeln und Sätzen, ähnlich wie bei ALKARḪĪ, nur noch umfangreicher; auch Erklärungen, Postulate, Axiome, wichtige Lehrsätze über Flächengleichheit und Ähnlichkeit sind angegliedert, darunter auch II, 4, 5, 6. Die seit ALḪWĀRAZMĪ üblichen drei Hauptbeispiele werden aber durch andere ersetzt. Die Lösung erfolgt nach II, 5, 6 so mechanisch wie möglich. Der Aufgabenvorrat ist gering.

Arabische Quellen stehen LEONARDO von Pisa zu seinen beiden großen Werken, dem *Liber abbaci*[I 30] (1202, zweite Bearbeitung 1228) und der *Practica geometriae*[I 694] zur Verfügung, vor allem die Schriften von ŠOĠHĀ' und SAVASORDA: sie sind stark benutzt, aber fast überall erkennt man eigene Arbeit LEONARDOs, Ausbau und Fortschritt.[306] In 14 Kapiteln des *Liber abbaci* wird mit Vorübungen[307] begonnen, zunächst im Anschluß an EUKLIDs Buch II der Elemente in Zahlenbeispielen, die auch die Sätze II, 4, 5, 6 bringen. Dann aber kommt

303 WOEPCKE, *Faḫrī*[I 1325], S. 71—72. — 304 WOEPCKE[II 1009], S. 14, Z. 12—17. — 305 *Liber Emb.*[I 485], S. 18, Z. 9 v. u.: *„Nun werden wir einige Sätze, welche für dieses Werk sehr nötig sind, anführen, deren Beweise wir, da sie von Euklidis handgreiflich gegeben sind, verschweigen werden"*. — 306 Vgl. das Urteil von M. CURTZE, Abh. Gesch. Math. 12[I 485], S. 5, Z. 4ff. — 307 *Lib. abb.*[I 30], S. 352—353.

eine überaus reichliche Sammlung von Aufgaben, die das Rechnen mit irrationalen Zahlen einüben.[308] Hier zeigt sich LEONARDOS Begabung in vollem Licht. Danach erst beginnt die Gleichungslehre, zuerst die drei einfachen Formen $x^2 = px$, $x^2 = q$, $x = q$, darauf die drei zusammengesetzten, aber in der geänderten Reihenfolge $x^2 + px = q$, $x^2 = px + q$, $x^2 + q = px$. Bisher waren die beiden letzten vertauscht.[309] Auch die Normalbeispiele bis auf das erste sind gefallen, $x^2 + 10x = 39$, $x^2 = 10x + 39$, $x^2 + 40 = 14x$. Die Doppeldeutigkeit wird natürlich anerkannt, die kleinere Wurzel $x_1 < \frac{1}{2}p$ aber etwas bevorzugt.[310] ŠOĠĀ's Beweise für die Rechenregel erscheinen ihm für seinen Zweck zu hoch; die einfachere, mechanisierte Form SAVASORDAS sagt ihm als Algebraiker auch mehr zu. Der Ansatz der euklidischen Sätze — bei einem Beispiel z. B. für II, 6 — klingt wie eine hergesagte Formel: *Multiplicatio .ad. in .dg. cum quadrato lineae .ai. aequalis quadrato lineae .di.*", d. i. $ad \cdot dg + \overline{ai}^2 = \overline{di}^2$.[311] So wie LEONARDO die Zahlenbeispiele aus seiner Vorlage abändert, setzt er auch an die entnommenen Figuren andere Buchstaben.

Es folgt ein umfangreiches Aufgabenmaterial, bei LEONARDO noch reichhaltiger[312] als bei ŠOĠĀ'. Von ALKARḪĪ entlehnt LEONARDO keine Aufgabe. Alle, die bei beiden übereinstimmen, kommen auch bei ŠOĠĀ' vor, so daß sie LEONARDO von ŠOĠĀ' direkt entnommen hat.[313] Hätte LEONARDO die Schriften des ALKARḪĪ gekannt, dann würde er sicher nicht an manchem netten Beispiel, das ALKARḪĪ ganz neu erdacht hatte, vorübergegangen sein.

LEONARDO übernimmt folgende Aufgaben ŠOĠĀ's mit genau denselben Zahlen:

1. L. 415/6 = Š. 120a:[314] $\frac{60}{x} - 26 = \frac{20}{x+3}$, $x = 2$,
2. L. 415/6 = Š. 122a: $\frac{36}{10-x} - 3 = \frac{36}{x}$, $x = 6$,
3. L. 421 o. = Š. 123b: $3x + 4\sqrt{x^2 - 3x} = 20$, $x = 4$,
4. L. 421/2 = Š. 124b: $3x + 4\sqrt{x^2 - 3x} = x^2 + 4$, $x = 4$,
5. L. 430 M. = Š. 131b: $(x + 10)\sqrt{5} = x^2$, $x = \sqrt{1\frac{1}{4}} + \sqrt{1\frac{1}{4} + \sqrt{500}}$,

308 Daselbst S. 353—387. — 309 S. 407—410. — 310 ... *cum non solvetur questio cum diminutione, solvetur sine dubio cum additione.* (Falls die Aufgabe nicht durch Subtraktion gelöst wird, wird sie zweifellos durch die Addition gelöst). — 311 *Pract. geom.*[1694], S. 59. — 312 *Lib. abbaci*[180], S. 410—459. Etwa 120 Aufgaben. — 313 Gegen F. WOEPCKE, *Faḫrī*[1825], S. 24 ff. — 314 L. = LEONARDO, *Scr. I*, Š. = ŠOĠĀ's *Algebra* mit den Seiten der hebräischen Handschrift[214]; o. = oben, M. = Mitte, u. = unten.

6. L. 433 u. = Š. 132[a]: $(\sqrt{2x^2}+2)x = 30$, $x = \sqrt{\sqrt{450}+\frac12} - \sqrt{\frac12}$,

7. L. 443 M. = Š. 136[a]: $2x + \sqrt{\frac12 x^2} + \sqrt{\frac13 x^2} = x^2$, $x = 2 + \sqrt{\frac12} + \sqrt{\frac13}$,

8. L. 444 u. = Š. 136[b]: $(x^2 + x + \sqrt{\frac12 x^2})^2 = 5x^2$, $x^2 = 6\frac12 + \sqrt{2} - \sqrt{20} - \sqrt{10}$,

9. L. 445 o. = Š. 136[b]: $(x^2 + x + \sqrt{\frac12 x^2})^2 = 20$, $x = \sqrt{\sqrt{20} + \sqrt{\frac18} + \frac38} - \frac12 - \sqrt{\frac18}$,

10. L. 445 M. = Š. 136[b]: $(x^2 + \sqrt{\frac12 x^2})^2 = 4x^2$, $x = 2 - \sqrt{\frac12}$, $x^2 = 4\frac12 - \sqrt{8}$,

11. L. 445 M. = Š. 137[b]: $(x+\sqrt{3})(x+\sqrt{2}) = 20$, $x = \sqrt{21\frac14 + \sqrt{1\frac12} - \sqrt{6}} - \sqrt{\frac12} - \sqrt{\frac34}$,

12. L. 445/6 = Š. 138[a]: $(x+7)\sqrt{3x} = 10x$, $x_1 = 3$, $x_2 = 16\frac13$,

13. L. 446 u. = Š. 143[a]: $x + \sqrt{x} + \sqrt{2x} + \sqrt{5x^2} = 10$. Lösung fehlt.

Nr. 1 und Nr. 2 gehen auf ALḪWĀRAZMĪs Aufgabe S. 75 oben, Nr. 6 zurück. Solche Verteilungsaufgaben gefallen sehr. ŠoǴĀʿ bringt noch:

14. Š. 118[a]: $\frac{50}{x} - \frac{50}{x+3} = \frac{15}{4}$, $x = 5$,

15. Š. 118[b] $\frac{10}{x} - \frac{30}{x+4} = 4$, $x = 1$,

16. Š. 119[b] $\frac{60}{x+4} - \frac{10}{x} = 5$, $x_1 = 2$, $x_2 = 4$,

17. Š. 121[b]: $\frac{10}{x} = \frac{40}{x+6}$, $x = 2$,

und LEONARDO:

18. L. 413: $\frac{60}{x} - \frac{60}{x+2} = 1\frac12$, $x = 8$,

19. L. 413 u.: $\frac{20}{x} - \frac{30}{x+3} = 4$, $x = 2$,

20. L. 413 u.: $\frac{20}{x} + 5 = \frac{60}{x+2}$, $x_1 = 2$, $x_2 = 4$.

Bei Nr. 3 wird die Wurzel auf der einen Seite isoliert und dann quadriert.

Nr. 4 ist biquadratisch. ŠoǴĀʿ führt als neue Unbekannte $x^2 - 3x$ mit der Bezeichnung „Quadrat" ein. LEONARDO faßt $x^2 - 3x$ als Fläche (superficies) auf und sagt: *pone pro superficie censum* (setze für die Fläche einen census), also etwa $z^2$. Die Aufgaben 4.—13. zeigen die Gewandtheit beider Mathematiker im Rechnen mit Wurzelgrößen. Bei Nr. 11 verrechnet sich LEONARDO, $\sqrt{3}\cdot\sqrt{2} = 6$, und kommt zu einer falschen Lösung: ŠoǴĀʿ hat sie aber richtig. Daraus sieht man, daß LEONARDO keineswegs glatt die Rechnungen ŠoǴĀʿs abgeschrieben hat, sondern nur die interessanteren Aufgaben übernommen und selbständig durchgerechnet hat. Solche Entlehnung kommt auch bei modernen Aufgabensammlungen vor! — Aufg. 13, führt LEONARDO bis zur quadratischen Gleichung

$$(6 + \sqrt{20})\, x^2 + 100 = (23 + \sqrt{2000} + \sqrt{8})\, x:$$

*„deinde fac ut dictum est superius et invenies quesitum.“* (Nun mache, wie es oben gesagt ist, und du wirst das Gesuchte finden.)

Von den Aufgaben ŠoĠĀ's, die Leonardo nicht übernommen hat, seien einige herausgegriffen:

21. Š. 113ᵇ: $(x^2 + 8) \cdot 4 = x^4, \quad x = \sqrt{8}$,

22. Š. 138ᵇ: $(x^2 + \sqrt{3x^2}) \cdot \sqrt{2x^2} = 4x^2, \quad x = \sqrt{8} - \sqrt{3}$ (wird linear),

23. Š. 139ᵇ: $(\sqrt{\tfrac{1}{2}x^2} + 3)\sqrt{\tfrac{1}{3}x^2} + 2) = 20$, (umständlicher Lösungswert),

24. Š. 140ᵇf.: $x^2\sqrt{10} : (2 + \sqrt{3}) = x^2 - 10$, (nicht zu Ende gerechnet).

Eigene Aufgaben von Leonardo sind:

25. L. 411 o.: $(1 + \tfrac{2}{3}x)(1 + \tfrac{3}{4}x) = 73, \quad x = 10\tfrac{2}{3}$,

26. L. 412 o.: $\dfrac{x}{3} \cdot \dfrac{x}{4} = x + 24 \quad x = 24$,

27. L. 420 u.: $\tfrac{3}{4} \cdot (\tfrac{2}{3}x^2 - 4) = x, \quad x = 1 + \sqrt{7}$,

28. L. 422 o.: $4x \cdot 5x = 4x^2 + 48, \quad x = \sqrt{3}$,

29. L. 422 u.: $x - \tfrac{7}{12}x - 4 = \sqrt{x}$, enthält einen Rechenfehler (4 statt $4^2$)

30. L. 423 o.: $x \cdot 4 \cdot \sqrt{x} = 7x, \quad x = 3\tfrac{1}{16}$,

31. L. 423 M.: $x - 3\sqrt{x} = \sqrt{4x}, \quad x = 25$,

32. L. 426 u.: $x^2 + x\sqrt{10} = 20, \quad x = \sqrt{10}$,

33. L. 427/8: $\sqrt{6x} \cdot \sqrt{5x} + 10x + 20 = x^2, \quad x = 5 + \sqrt{7\tfrac{1}{2}} + \sqrt{52\tfrac{1}{2} + \sqrt{750}}$ }
*„secundum propinquitatem circa* $16\tfrac{2}{3}$*“* (annähernd) }

34. L. 442 u.: $(x - 2\sqrt{x} - 4)^2 = 8x, \quad \sqrt{x} = 1 + \sqrt{2} + \sqrt{\sqrt{8} + 7}$.

In der Aufgabe

35. L. 422 M.: $(\tfrac{1}{3}x^2 + 1)(\tfrac{1}{4}x^2 + 2) = x^2 + 13, \quad x = \sqrt{12}$

ist $x^2$ sofort die neue Unbekannte (*pone pro ipso censu rem* = setze für das Quadrat ein ‚Ding'). Wenn $x^2 = z$, dann rechnet Leonardo bis

$$z^2 = z + 132$$

und bricht dann ab ‚*et caetera*'.

Gelegentlich bringt ŠoĠĀ' in einer anderen Schrift: ‚*Über das Fünfeck und Zehneck*'[315] eine Aufgabe, in der das Dimensionsprinzip außer Acht bleibt: Gesucht die Höhe eines gleichseitigen Dreiecks, wenn die Summe von Inhalt und Höhe gegeben ist.[316] Ist $x$ die Höhe, und die Summe mit dem Inhalt gleich 10, so ergibt sich die quadratische Gleichung $x^2 + \sqrt{3x^2} = \sqrt{300}$ mit der Lösung $x = \sqrt{\tfrac{3}{4} + \sqrt{300}} - \sqrt{\tfrac{3}{4}}$. Auch diese Schrift nutzt Leonardo aus und übernimmt die Aufgaben[317] mit gleicher Behandlung.

[315] H. Suter, *Die Abhandlung des Abū Kāmil Shoǵā' b. Aslam über das Fünfeck und Zehneck.* Bibl. Math. $10_3$ (1909/10), S. 15—42. — [316] Daselbst, Nr. XII, S. 25—26. — [317] H. Suter, S. 38 f.; *Scritti* II[1694], S. 213, Z. 17.

LEONARDOS Zeitgenosse JORDANUS NEMORARIUS († 1237?) ist auch ein tüchtiger Mathematiker und gewandter Rechner, aber sein Verdienst liegt auf anderem Gebiet: er rechnet nicht mit bestimmten Zahlen, er strebt höchste Verallgemeinerung an und wählt statt der besonderen Werte allgemeine Buchstabengrößen. Der Mangel an Operationszeichen zwingt ihn, beim Fortschreiten der Rechnung für die jedesmaligen Zwischenresultate immer wieder neue Buchstaben einzuführen (vgl. die Anfänge bei ŠOĠĀʻ S. 76) — der Reihe nach $a$, $b$, $c$, $d$, $e$ usf. —, so daß eine entsetzliche Unübersichtlichkeit entsteht. Als abschreckendes Beispiel für den Leser sei seine überaus gezwungene und schwülstige Lösung der quadratischen Gleichung aus dem *Tractatus de numeris datis*[318] vorgeführt. Es handelt sich um die modern geschriebene Gleichung $x^2 + px = q$, die mit der Methode der quadratischen Ergänzung gelöst wird. JORDANUS sagt:

„Sit quadratus $a$, radix eius $b$ multiplicata per $cd$, ut et $c$ et $d$ sit ejus medietas, atque ex $b$ in $cd$ fiat $e$, sitque $ae$ datus. Quia igitur $bcd$ secundum $b$ multiplicatus facit $ae$, quadrato $d$ adjuncto ad $ae$ fiat $aef$, eritque $aef$, quod fit ex $bc$ in se cumque sit $aef$ datus, erit et $bc$ datus. Subtracto igitur $c$ remanebit $b$ datus, et sic $a$ datus erit."

Übersetzung: Das Quadrat $[x^2]$ sei $a$; seine Wurzel $b[x]$ sei mit $c + d$ multipliziert, wobei sowohl $c$ als $d$ die Hälfte $\left[\text{d. i. der Anzahl der } x\text{, also } c = \frac{p}{2} \text{ und } d = \frac{p}{2}\text{; J. rechnet } b \cdot (c + d) = x^2 \cdot \left(\frac{p}{2} + \frac{p}{2}\right)\right]$ ist. Aus $b \cdot (c + d)$ entsteht $e \left[\text{also } x\left(\frac{p}{2} + \frac{p}{2}\right) = e\right]$, dann ist $a + e \left[\text{d. h. } x^2 + x\left(\frac{p}{2} + \frac{p}{2}\right)\right]$ gegeben. Weil nun

$$b + c + d \quad \text{mit } b \text{ multipliziert} \quad a + e$$

$$\left[\text{d. h. } \left(x + \frac{p}{2} + \frac{p}{2}\right) \quad \text{„} \quad x \quad \text{„} \quad x^2 + x\left(\frac{p}{2} + \frac{p}{2}\right)\right]$$

gibt, so wird nach Hinzufügung des Quadrates $d \left[\text{d. h. } \left(\frac{p}{2}\right)^2\right]$ zu $a + e \left[\text{d. h. } x^2 + x\left(\frac{p}{2} + \frac{p}{2}\right)\right]$ sich $a + e + f$ ergeben $\left[\text{wo } f = \left(\frac{p}{2}\right)^2\right]$

$$\left[\text{also } x^2 + x\left(\frac{p}{2} + \frac{p}{2}\right) + \left(\frac{p}{2}\right)^2\right],$$

was aus dem Quadrat $b + c \left[\text{d. h. } x + \frac{p}{2}\right]$ entsteht. Da nun $a + e + f$ gegeben ist, wird auch $b + c$ gegeben sein. Nach Abzug von $c \left[\text{d. i. } \frac{p}{2}\right]$ wird $b[x]$ gegeben bleiben, und so wird auch $a[x^2]$ gegeben sein.

318 *De numeris datis*, lib. IV, Aufg. VIII—IX, ed. CURTZE[1535], S. 124—126.

Weiteres über JORDANUS wird bei den quadratischen Gleichungen mit mehreren Unbekannten nachzutragen sein.

Bis zum sechzehnten Jahrhundert wird wenig für die quadratischen Gleichungen geleistet. In einer anonymen italienischen Abhandlung, die nach LIBRIS Vermutung dem vierzehnten Jahrhundert[319] angehört, werden auch Fälle wie $x^3 = ax^2 + bx$ und $x^4 = ax^2 + b$ herangezogen.[320] Ein so hervorragender Mathematiker wie REGIOMONTANUS (1436—1476, Wien, Nürnberg, Rom) beherrschte natürlich auch diesen Stoff, wie aus Briefen aus den Jahren 1463 und 1464 an den Astronomen BIANCHINI[I 333a] hervorgeht.

Das Beispiel $\frac{x}{10-x} + \frac{10-x}{x} = 25$[321] (vgl. Bd. II[3], S. 17) behandelt REGIOMONTANUS in doppelter Art. Einmal löst er einfach nach $x$ auf:

$$10x = x^2 + \frac{100}{27}, \qquad x = 5 - \sqrt{21\tfrac{8}{27}};$$

dann führt er aber auch statt $\frac{x}{10-x}$ eine neue Unbekannte ein und rechnet:

$$y + \frac{1}{y} = 25, \qquad y = \frac{25}{2} - \sqrt{\frac{621}{4}}.$$

Beidemal nimmt er das Zeichen vor der Wurzel negativ, vernachlässigt also den zweiten Wert. Andere Beispiele bei ihm sind:[322]

$$\frac{100}{x} + \frac{100}{x+8} = 40, \qquad x = \sqrt{\frac{89}{4}} - \frac{3}{2};$$

$$10x - 60 + \frac{10x - 60}{x} = 80, \qquad x = +\frac{13}{2} + \sqrt{\frac{193}{4}}.$$

Aus dem Werke des französischen Gelehrten N. CHUQUET (*Le Triparty*, 1484[I 19]; Manuskript) führen wir auch einige Beispiele an, so $3x^2 + 12 = 9x$, weil CHUQUET hierbei die Unmöglichkeit der Lösung erkennt; dann $3x^2 + 12 = 12x$, ein Fall, der zwei gleiche Wurzeln $x_1 = x_2 = 2$ besitzt; ferner $3x^2 + 12 = 30x$ mit $x_1 = 5 + \sqrt{21}$; $x_2 = 5 - \sqrt{21}$ und $144 + x^2 = 36x$ mit $x_1 = 18 + \sqrt{180}$, $x_2 = 18 - \sqrt{180}$.[323] Daneben aber behandelt CHUQUET eine ganze Reihe höherer reduzibler Formen wie:[324]

319 Abgedruckt bei G. LIBRI[II 824], *Histoire des Sciences mathématiques en Italie*. 2. Aufl., Halle 1865, Bd. 3, S. 288—336. Über die Datierung der Abhandlung siehe G. ENESTRÖM, Bibl. math. $13_2$, 1899, S. 106. — 320 LIBRI[319], S. 292 und 300. — 321 Ed. CURTZE[I 333a], S. 232. Diese Aufgabe ist schon in der Algebra des ALḪWĀRAZMĪ enthalten, nur mit $2\frac{1}{6}$ statt 25. — 322 Daselbst S. 278, 279. — 323 *Le Triparty*, ed. BONCOMPAGNI[I 19], S. 805, Z. 14ff. bis S. 806. — 324 Daselbst S. 809—812.

$$6x^4 + 24 = 2x^2, \qquad 12 + 6x^8 = 144x^4,$$
$$32x^5 + 8x = 192x^3, \qquad 243 + 2x^{10} = 487x^5,$$
$$1728x^8 = 512 + 64x^6.$$

Angelegentlichst empfiehlt er denjenigen, *qui plus auant vouldront profunder*, Formeln zu suchen, mit denen man die echten kubischen und biquadratischen Formen zwingen könne.[325] Welche Gewandtheit CHUQUET im Zurückführen verwickelter quadratischer Gleichungen auf eine der Normalformen (*canons*) hatte, zeigt das Beispiel:

$$\sqrt{12x - x^2} + 1 = \sqrt{36 - x^2},$$

das im Anhang II, Nr. 42c abgedruckt ist.

LUCA PACIOLI (*Summa* 1494) führt als Gedächtnishilfe zur Lösung der drei Hauptfälle drei in sehr gekünstelten Hexametern abgefaßte Strophen an.[326] Verfasser der Verse ist er nicht, da in ihnen für die Konstante das Wort *dragma* (Bd. II³, S. 147/148) vorkommt, das PACIOLI sonst nicht benutzt. In dem zweideutigen Falle nimmt er immer zuerst, wie alle seine Vorgänger, die Wurzel negativ; nur wenn die erhaltene Lösung nicht für die vorgelegte Aufgabe paßt, greift er zu dem positiven Wert der Wurzel. Für die Gleichungen, die den zweiten Grad übersteigen, gibt PACIOLI eine kleine Zusammenstellung:[327]

| | | | |
|---|---|---|---|
| | Censo de censo | equale a nũo (= numero) | $ax^4 = e$, |
| | Censo de censo | equale a cosa | $ax^4 = dx$, |
| | Censo de censo | equale a censo | $ax^4 = cx^2$, |
| Imposibile | Censo de censo e censo | equale a cosa | $ax^4 + cx^2 = dx$, |
| Imposibile | Censo de censo e cosa | equale a censo | $ax^4 + dx = cx^2$, |
| | Censo de censo e nũo | equale a censo | $ax^4 + e = cx^2$, |
| | Censo de censo e cẽso | equale a numero | $ax^4 + cx^2 = e$, |
| | Censo de censo | equale a numero e censo | $ax^4 = e + cx^2$. |

Erschöpfend ist diese Aufstellung nicht. Wichtig erscheint die den beiden kubischen Formen 4) und 5) links beigefügte Bemerkung *Imposibile*. Auch im Text bedauert PACIOLI, daß es leider noch nicht geglückt sei, geeignete Regeln für diese dreigliedrigen Formen anzugeben, in denen die Potenzen bis zur vierten aufsteigen, ohne daß in den Exponenten gleichmäßige Unterschiede vorhanden sind (wie Nr. 6—8). Im Verein mit der CHUQUETschen Bemerkung läßt dies ersehen, daß die damalige Zeit das Problem der kubischen Gleichung stark in Arbeit hatte. Immerhin dauerte es noch rund 20 Jahre, bis diese Bemühungen von Erfolg gekrönt wurden.

325 Daselbst, S. 814, Z. 20—21. — 326 *Summa*[118], I, dist. VIII, tract. 5, Bl. 145 v⁰. Viel älter sind die Verse, die L. Ch. KARPINSKI[II 372] S. 138 anführt. — 327 Daselbst, tract. 6. Bl. 149 v⁰.

Im fünfzehnten Jahrhundert drang italienische Algebra nach Deutschland. Wir lernten Bd. II[3], S. 16—19, 139—146 eine Reihe wichtiger Handschriften kennen, die das Entstehen einer deutschen Algebra bezeugen. Mit dem Beginn des sechzehnten Jahrhunderts war in die Gleichungslehre eine gewisse Erstarrung hineingekommen. Stets finden wir 8 Hauptformen unterschieden:

$$1)\ ax = b, \quad 2)\ ax^2 = b, \quad 3)\ ax^3 = b, \quad 4)\ ax^4 = b, \quad 5)\ x^2 + ax = b,$$

$$6)\ x^2 + b = ax, \quad 7)\ x^2 = ax + b, \quad 8)\ x^{2p} + ax^p = b, \quad (p = 2, 3, 4),$$

aus denen sich bald 24 „Regeln" entwickelten:[328]

$$1)\ ax = b, \quad 2)\ ax^2 = b, \quad 3)\ ax^2 = bx, \quad 4)\ ax^2 + bx = c, \quad 5)\ ax^2 + c = bx,$$

$$6)\ ax^2 = bx + c, \quad 7)\ ax^3 = bx^2, \quad 8)\ ax^3 = bx, \quad 9)\ ax^3 = b,$$

$$10)\ ax^3 + bx^2 = cx, \quad 11)\ ax^3 + cx = bx^2, \quad 12)\ ax^3 = bx^2 + cx,$$

$$13)\ ax^4 = bx^3, \quad 14)\ ax^4 = bx^2, \quad 15)\ ax^4 = bx, \quad 16)\ ax^4 + bx^3 = cx^2,$$

$$17)\ ax^4 + cx^2 = bx^3, \quad 18)\ ax^4 + bx^3 = cx^2, \quad 19)\ ax^2 = \sqrt{bx},$$

$$20)\ ax^2 = \sqrt{bx^2}, \quad 21)\ ax^4 = b, \quad 22)\ ax^4 + bx^2 = c, \quad 23)\ ax^4 + c = bx^2,$$

$$24)\ ax^4 = bx^2 + c.$$

Mechanisch wurden diese 24 Regeln gelehrt, mechanisch gelernt und weitergegeben, ohne jeden allgemeineren systematischen Einblick. Selbst ein so angesehener Mathematiker wie Riese (1492 bis 1559, Annaberg) schleppte jene fast historisch gewordenen 24 Regeln in seiner *Coß* (1524 vollendet, Manuskript)[328] noch mit; nur nebenbei empfahl er die Beschränkung auf die ursprünglichen 8 Grundformen. Ja, er gab sogar für $x^2 + b = ax$ die falsche Vorschrift:

$$x = \sqrt{\left(\frac{a}{2}\right)^2 - b} \pm \frac{a}{2} \qquad \text{statt} \qquad x = +\frac{a}{2} \pm \sqrt{\left(\frac{a}{2}\right)^2 - b}$$

und konnte dadurch natürlich über die seit Alḫwārazmī ständig betonte Doppeldeutigkeit dieses Falles durchaus nicht ins reine kommen.[329] In dem kurz vorher entstandenen Rechenbuch des Wiener Universitätslehrers Grammateus (1518)[I 58a] werden zwar beide Lösungen richtig erwähnt; doch läßt der Verfasser schließlich immer

328 Rieses *Coß*. Siehe bei Berlet[II 831], S. 36—41. — Treutlein, *Die deutsche Coß*[II 57], 24, S. 65—71. — 329 Berlet[II 831], S. 37: „die sechste Regel", Beispiel: $3x^2 + 21 = 24x$, daraus $x^2 + 7 = 8x$ und $x = \sqrt{\left(\frac{8}{2}\right)^2 - 7} \pm \frac{8}{2}$ statt $x = \frac{8}{2} \pm \sqrt{\left(\frac{8}{2}\right)^2 - 7}$; die falsche Vorschrift Rieses stellt sich übrigens schon als Verbesserung eines viel ärgeren Fehlers dar, welcher sich in seiner Vorlage, der sog. Dresdener lateinischen Algebra (vgl. Bd. II[3], S. 16f., 142f.; Wappler[II 43], S. 14, Z. 3) vorfindet, aber dort einem unkundigen Abschreiber zur Last gelegt werden kann.

nur eine von beiden zu. Den Höhepunkt schwülstiger Behandlung erringt der deutsche Bearbeiter der lateinischen Algebra des INITIUS ALGEBRAS[II 63] (erstes Drittel des sechzehnten Jahrhunderts). Der Fall 1) $ax = b$ wird nicht bloß auf 3) $ax^2 = bx$, 7) $ax^3 = bx^2$, 13) $ax^4 = bx^3$ ausgedehnt, sondern der Bearbeiter setzt als gründlicher Deutscher die Spielerei fort bis $ax^9 = bx^8$ und macht es ähnlich bei den anderen Regeln.

CHRISTOPH RUDOLFF (*Coß* 1525)[II 835] verzichtete endgültig auf die 24 Regeln, beschränkte sich sogar nicht nur auf jene 8 Formen, sondern legte das Hauptgewicht auf vier von ihnen (Nr. 5—8). Noch viel weiter ging MICHAEL STIFEL (1486/87—1567, luther. Prediger). Was ein Jahrtausend vorher den Indern gelungen war, die Zusammenfassung in eine einzige Form, wurde durch ihn endlich der Mathematik wiedergewonnen (1544).[330] Der allgemeine Weg, auf dem die Behandlung irgendeiner gegebenen quadratischen Gleichung geschieht, ist bei ihm vierfach gegliedert. Zuerst wird die Aufstellung der Gleichung vorgenommen; dann wird durch den Koeffizienten der höchsten Potenz dividiert. In der *Reductio* bringt STIFEL drittens $x^2$ auf die eine Seite der Gleichung, alles übrige auf die andere, so daß zum erstenmal mit der althergebrachten, seit Griechenlands Blüte bei arabischen und europäischen Mathematikern aufrecht erhaltenen Forderung, daß nur positive Größen auftreten dürfen, aufgeräumt wird. Die vierte Operation ist die Lösung der erhaltenen Formen:

$$x^2 = px + q, \qquad x^2 = q - px, \qquad x^2 = px - q,$$

nach seiner neuen, einheitlichen Regel.[331]

$$x = \sqrt{(\tfrac{1}{2}p)^2 \pm q} \pm \tfrac{1}{2}p,$$

wo unter der Wurzel das $q$ und neben der Wurzel das $\frac{1}{2}p$ dasjenige Vorzeichen erhält, das es in der Aufgabe hat.[331a] Die Doppeldeutigkeit kennt auch STIFEL nur im letzten Fall, wo beide Wurzeln positiv sind, wie überhaupt negative Gleichungslösungen allen Cossisten fremd sind. Doch versichert er ausdrücklich, daß mehr als zwei Werte unmöglich sind.[332] Auch darin zeichnet sich STIFEL vor seinen Zeitgenossen aus, daß er seine Vorschriften durch Erläute-

330 *Arithm. integra*[I 28], Bl. 227 v⁰, Neuausgabe von RUDOLFFS *Coß*[I 338], 1553, S. 147 r⁰ und v⁰. — 331 *Arithmetica integra*, Bl. 240, v; Neuausg. von RUDOLFFS *Coß*[I 388], 1553, Bl. 156 v⁰ ff. Vgl. H. WIELEITNER, *Math. Quellenbücher* I[I 21], S. 43—46. — 331a Seiner Neuerung rühmte er sich ausdrücklich: *Arithm. integra*[I 28], 1544, Bl. 240 v⁰, Z. 5 ff. — 332 *Arithm. integra*[I 23], Bl. 244 v⁰, Z. 4: *Plures radices autem duabus, nulla aequatio habebit.*

rungen an geometrischen Figuren bekräftigt. EUKLID II, 6 wird nur einmal vorübergehend erwähnt, ohne als Grundlage der Lösung einer quadratischen Gleichung erkannt zu werden. Die Figur für die quadratische Ergänzung wird algebraisch nicht ausgenutzt.[333] Auch RUDOLFF hatte Beweise gefunden, aber nicht veröffentlicht. Aus seinem Nachlasse kamen sie später in den Besitz von STIFEL, und dieser konnte dadurch ihre Übereinstimmung mit den in der *Arithmetica integra* von ihm bereits veröffentlichten nachweisen.[334]

Unmittelbar nach der *Arithmetica integra*[123] (1544) STIFELs erschien — gleichfalls in Nürnberg — die *Ars magna*[II 74] (1545) CARDANOs (1501—1576; Mailand, Bologna, Pavia — Arzt). Den quadratischen Gleichungen ist ein überaus kleiner Platz gewidmet, im Verhältnis zu den höheren. Nachdem die Normalfälle[335] zuerst in der Form $q = x^2 + px$, $q + px = x^2$, $q + x^2 = px$ angenommen waren, ordnet sie CARDANO später[336] anders an: 1) $x^2 = px + q$, 2) $q = x^2 + px$, 3) $px = x^2 + q$. Bei der Lösung ging C. unmittelbar auf die Figuren ALHWĀRAZMĪs zurück. EUKLID, *Elem.* II, 4, wird zitiert, aber nicht II, 6. Bei dem Fall $px = x^2 + q$ hebt CARDANO ausdrücklich hervor,[337] daß „MAHUMET" hier eine Lücke gelassen und die Formel für die größere Wurzel nicht bewiesen habe; „besorgt um Faßlichkeit und Kürze, sei er selbst bestrebt, einen Beweis zu geben, der für beide Wurzeln ausreiche."[338]

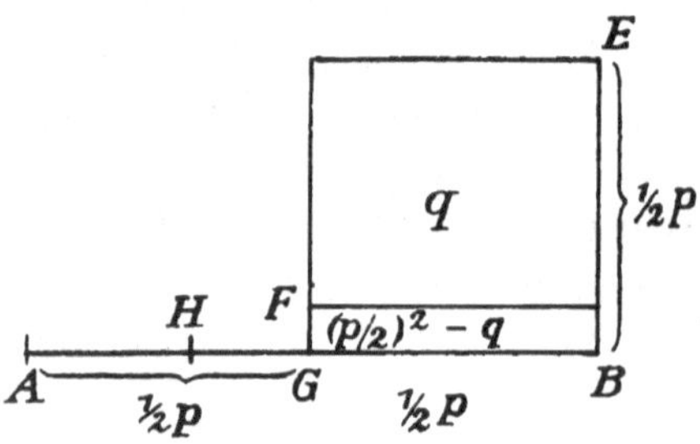


Fig. 20.

Fig. 20 gilt für $x^2 + 21 = 10x$; $p = 10$, $q = 21$. Es ist $AG = GB = \frac{1}{2}p = 5$; über $GB$ wird das Quadrat $GBE = (\frac{1}{2}p)^2$ gezeichnet. Die gegebene Fläche $q$ verwandelt er in ein Rechteck mit der Seite $\frac{p}{2}$ und trägt es als $FE$ ein. Dann ist der Rest $FB$ des Quadrates $GE$ gleich $\left(\frac{p}{2}\right)^2 - q$, und dieses Reststück wird, wie bei EUKLID, *El.* VI, 28, wieder in ein Quadrat verwandelt. Die gefundene Quadratseite sei als $HG$ abgetragen. Alsdann ist $AH$ die kleinere Wurzel, $BH$ die größere. Zum Beweis zieht C. EUKLID, El. II, 5, heran, ohne sich bewußt zu werden, daß dieser Satz von vornherein ganz allein genügt hätte. Es ist

333 *Arithm. integra*[123], Bl. 241 v⁰. — 334 Vgl. den eigenen Bericht STIFELs in RUDOLFFs *Coß*[1888], 1553, Bl. 172 r⁰. — 335 *Ars magna*[II 280], fol. 7 v⁰. — 336 fol. 10. — 337 fol. 10 v⁰, Z. 8—12. — 338 fol. 10 recto: *Alia demonstratio.*

$$AH \cdot HB + \overline{HG}^2 \quad = \overline{BG}^2$$

und darum $$AH \cdot HB + \left(\left(\frac{p}{2}\right)^2 - q\right) = \left(\frac{p}{2}\right)^2,$$

$$AH \cdot HB \quad = q.$$

Dieser Ausdruck wird zweifach umgeformt, einmal für $AH = x_1$, dann für $BH = x_2$:

| | |
|---|---|
| $AH \cdot HB = AH \cdot (AB - AH)$ | $AH \cdot HB = (AB - HB) \cdot HB$ |
| $AB \cdot AH = \overline{AH}^2 + AH \cdot HB$ | $AB \cdot HB = \overline{HB}^2 + AH \cdot HB$ |
| $p \cdot x_1 = x_1^2 + q$ | $p \cdot x_2 = x_2^2 + q$ |

w. z. b. w.

Der Beweis zeichnet sich allerdings durch Einfachheit und Symmetrie aus.

Auch noch andere Fortschritte verdankt die Lehre von den quadratischen Gleichungen CARDANO: die Beachtung negativer und imaginärer Wurzeln, wie die Beziehung der Gleichungskoeffizienten zu der Summe und dem Produkt der Wurzeln. Allerdings ruht dabei CARDANOS Hauptaugenmerk auf den kubischen Gleichungen. So gibt er für $x^3 + 16 = 12x$ die Lösung $x_1 = 2$ (zufällig eine Doppelwurzel) als *aestimatio vera* (wahre Lösung) an: *et alia est aestimatio ficta* (und die andere ist eine fingierte Lösung), $x_2 = -4$. Neben dieser Gleichung löst er dann die zugeordnete $x^3 = 12x + 16$ und findet hier gerade umgekehrt $x_1 = -2$, $x_2 = 4$.[339] Ebenso vergleicht CARDANO $x^3 + 9 = 12x$, wo $x_1 = 3$ und $x_2 = \sqrt{5\frac{1}{4}} - 1\frac{1}{2}$, mit $x^3 = 12x + 9$, wo umgekehrt $x_1 = -3$ und $x_2 = \sqrt{5\frac{1}{4}} + 1\frac{1}{2}$. So macht er sich auch bei quadratischen Gleichungen die negativen Wurzeln anschaulicher:[340] $x^2 = 4x + 32$ hat die Wurzeln $x_1 = 8$ und $x_2 = -4$; $x^2 + 4x = 32$ die Wurzeln $x_1 = -8$ und $x_2 = +4$. Ferner: $x^2 = x + 20$, $x_1 = 5$, $x_2 = -4$; $x^2 + x = 20$, $x_1 = -5$, $x_2 = 4$. — Bei der Aufgabe $x + y = 10$, $xy = 40$[341] findet CARDANO $x = 5 + \sqrt{-15}$ und $y = 5 - \sqrt{-15}$, die Wichtigkeit der Lösungen erprobt er durch Einsetzen. Dies ist das einzige Beispiel mit imaginären Wurzeln, das er, wohl durch BOMBELLI beeinflußt, aufgenommen hat (S. 92). Man hat durchaus den Eindruck, daß ihm diese Größen nicht geheuer vorkommen (vgl. Bd. II[3], S. 105—106). Die Beziehung $x_1 + x_2 = p$; $x_1 x_2 = q$ kannte CARDANO nur an einer allgemeineren Form von $x^2 + q = px$, nämlich an $x^m + q = px^n$

339 *Ars magna*, fol. 4, cap. I, Nr. 5. — 340 fol. 65 r°, regula I, cap. 37. — 341 fol. 66 r°, Z. 24 ff.

$(m > n)$.[342] Für die kubische Gleichung waren ihm indes die Zusammenhänge klar.

JOHANNES SCHEYBL (1494—1570; Tübingen) blieb trotz STIFEL bei den alten griechisch-arabischen Normalfällen. Das hatte seinen Grund: SCHEYBL war seinerzeit der beste Kenner der *Algebra* ALḪWĀRAZMĪs. Er besaß eine gute Handschrift von ihr[343] und bereitete einen Druck vor. Außerdem kannte er, wie kein Anderer, seinen EUKLID: die ersten 6 Bücher der Elemente hat er griechisch und lateinisch 1550[II 68] herausgegeben. Schließlich war er an sich ein bedeutender Algebraiker und holte aus EUKLID heraus, was irgendwie algebraisch zu deuten und zu erläutern war. So entstand seine kleine „Algebra", die er den 6 Büchern EUKLIDs vorausschickte[II 68]. Der sofort in Paris erscheinende Nachdruck der kleinen Algebra (1551)[II 67] bezeugt ihre Anerkennung. SCHEYBL hat voll erkannt, daß in den Euklidsätzen, *Elem.* II, 4, 5, 6, die ganze Theorie der quadratischen Gleichungen steckt. Helle Freude zeigt er bei der Lösung der Gleichung $x^2 + 4x = 45$[344] durch *Elem.* II, 4: „*Das ist eine geometrische Beweisführung oder Darlegung, so kindlich einfach aber doch auf das Treueste die Sache treffend.*"

Bei *Elem.* II, 5 bringt er, von EUKLID abweichend, zwei Figuren[345] ähnlich Fig. 4 und 5 und zeigt damit die Doppeldeutigkeit von $x^2 + 32 = 12x$. Bei *Elem.* II, 6[346] zeigt SCHEYBL den Zusammenhang mit $x^2 = px + q$ (Beispiel: $x^2 = 6x + 16$), den EUKLID wohl kannte, aber nirgends ausführte. Daß mit II, 6 auch der Normalfall $x^2 + px = q$ zu lösen ist, übergeht er; dazu gefällt ihm die Lösung mit der quadratischen Ergänzung zu gut. Nur eine Lücke ließ auch SCHEYBL noch, die zweite Ausführung der Konstruktion VI, 28 (vgl. S. 60). Überhaupt fehlt der Hinweis auf die quadratischen Gleichungen sowohl bei VI, 28 als auch bei VI, 29. — Merkwürdig ist seine Benennung *aequatio prima* für die drei Normalfälle, *aequatio secunda* für die Erweiterung $x^{n+2} + px^{n+1} = qx^n$ u. ä., *aequatio tertia* für $x^{2n} + px^n = q$ u. ä.[347]

Die Lehre von den quadratischen Gleichungen drang schon im sechzehnten Jahrhundert zur Neuen Welt. 1556 erschien in Mexiko ein Rechenbuch mit Münz- und Goldwerttafeln, *Sumario compendioso etc.*,

---

342 Vgl. H. WIELEITNER, *Über die Wurzelrelationen der quadratischen Gleichungen, besonders bei Cardano. Archivio di storia della scienza 6*, Rom 1925, S. 203. — 343 Es ist die von KARPINSKI veröffentlichte[II 372]. — 344 S. 144: ‚*Est demonstratio vel expositio geometrica, puerilis quidem illa, sed quae rem fidelissime explicat*'[II 68]. — 345 S. 146. — 346 S. 148—150. — 347 S. 17, 26, 32.

von JUAN DIEZ FREYLE, wo in einem sechsseitigen Algebraanhang auch quadratische Aufgaben gelöst werden.[348]

BOMBELLI (1572)[II 75] vermeidet grundsätzlich die Euklidischen Sätze, *Elem.* II, 5, 6, und benutzt in allen drei Normalformen die quadratische Ergänzung, auch wenn der Koeffizient des höchsten Gliedes nicht 1 ist. Im Verlauf der Abfassung seiner *Algebra* hatte BOMBELLI eine griechische Handschrift DIOPHANTS, die sich im Vatikan befand, kennengelernt und mit Hilfe eines römischen Gelehrten ANTONIO-MARIA PAZZI den größten Teil übersetzt; eine große Anzahl der diophantischen Aufgaben hat B. übernommen und nach seiner neuen Symbolik und Behandlung gelöst.[348a] Wie der alte arabische Bearbeiter DIOPHANTS, ALKARẖĪ, die erweiterte Form $ax^{2n} + bx^n = c$ behandelte, so auch BOMBELLI. Jede Aufgabe wird von BOMBELLI erst in laufendem Text gelöst, dann in algebraischer Zeilenanordnung, die, wenn man sich nur erst an BOMBELLIS Symbole (vgl. Bd. II$^3$, S. 152) gewöhnt hat, ganz modern anmuten. Negative Wurzelwerte werden möglichst vermieden, aber veranschaulicht in der Art CARDANOS (vgl. S. 89).[349] Daß BOMBELLI nach der algebraischen Ableitung noch geometrische Anschauungsfiguren bringt, ist wohl mehr alte Tradition. Die Figuren zu $x^2 + 6x = 16$[350] und $x^2 = 8x + 9$[351] erinnern an ŠOǴĀʿ, die zu $x^2 + 16 = 10x$[352] scheint aber selbständige Erfindung von BOMBELLI zu sein, beschränkt sich allerdings auf den Fall $x_2 > \frac{1}{2}p$. An allen drei Figuren fällt besondere Einfachheit auf, auch schon durch die starke Hervorhebung des Gnomons $q$. Mehrere Beispiele — einige mit Ausrechnung — seien angeführt, auch um seine Gewandtheit im Rechnen mit Wurzelgrößen zu zeigen.

**Fall I:** $x^2 + px = q$:[353]

| | |
|---|---|
| $2x^2 + 12x = 32$ | $3x^2 + 6x = 24$ |
| $x^2 + 6x = 16$ | $9x^2 + 18x + 9 = 24 \cdot 3 + 9$ |
| $x^2 + 6x + 9 = 25$ | $(3x + 3)^2 = 81$ |
| $x + 3 = 5$ | $3x + 3 = 9$ |
| $x = 2$ | $x = 2$ |
| $2x^2 + 16x = 40$ mit $x = 2$ | $4x + 8 - \sqrt{128 + 8x^2} = 0$ mit $x = \sqrt{24} - 4$ |
| $x + 2 = \sqrt{2x^2 + 8x}$ „ $x = \sqrt{8} - 2$ | $4 + \sqrt{24 - 20x} = 2x$ „ $x = 1$ |

$$x^2 + \sqrt{8}x + 2x = 20 \quad \text{mit} \quad x = \sqrt{23 + \sqrt{8}} - \sqrt{2} - 1.$$

348 Verlegt durch eine Zweigdruckerei des JUAN CROMBERGER aus Sevilla; vgl. D. E. SMITH, The Americ. Math. Monthly, XXVIII, 1921, S. 10—14. Faksimileausgabe mit engl. Übersetzung durch denselben, Boston and London 1921. — 348a VER EECKE[I 124], S. LXIII—LXVIII. Eine vergleichende Zusammenstellung der Aufgabe BOMBELLIS und DIOPHANTS siehe daselbst S. LXVI Anm. (nach BORTOLOTTI). — 349 *Algebra*[II 75], S. 331. — 350 S. 253 oben. — 351 S. 260 o. — 352 S. 264 u. — 353 S. 248 ff.

Bei der Aufgabe $4 + \sqrt{24 - 20x} = 2x$ entgeht BOMBELLI, daß $x = 1$ nur paßt, wenn die Quadratwurzel negativ ist.

**Fall II:** $x^2 = px + q$:[354]

$$\begin{array}{rl|rl}
x^2 & = 12x + 11 & 4x^2 & = 8x + 18 \\
x^2 - 12x & = 11 & 16x^2 - 32x + 16 & = 72 + 16 \\
x^2 - 12x + 36 & = 47 & (4x - 4)^2 & = 88 \\
x - 6 & = \sqrt{47} & 4x & = \sqrt{88} + 4 \\
x & = \sqrt{47} + 6 & x & = \sqrt{5\frac{1}{2}} + 1
\end{array}$$

Ferner: $x^2 - \sqrt{8}x = 6$ mit $x = \sqrt{8} + \sqrt{2} = \sqrt{18}$.

**Fall III:** $x^2 + q = px$:[355]

Hier wird zuerst nach der Rechenregel $x^2 + 12 = 8x$ mit $x_1 = 2$, $x_2 = 6$ gelöst, dann ebenso $x^2 + 20 = 8x$, das aber die komplexen Werte $x = 4 \pm \sqrt{-4}$ liefert, das einzige der Art.[356] Dann folgt ausführlich:[357]

$$\begin{array}{rl|rl}
x^2 + 12 & = 8x & 3x^2 + 20 & = 16x \\
x^2 - 8x + 12 & = 0 & 9x^2 - 48x + 60 & = 0 \\
x^2 - 8x + 16 & = 4 & 9x^2 - 48x + 64 & = 4 \\
(x - 4)^2 & = 4 & (3x - 8)^2 & = 4 \\
x - 4 & = 2 & 3x - 8 & = 2 \\
x_2 & = 6 & x_2 & = 3\frac{1}{3} \\
(4 - x)^2 & = 4 & 8 - 3x & = 2 \\
4 - x & = 2 & x_1 & = 2 \\
x_1 & = 2 & &
\end{array}$$

Von den höheren Gleichungen seien angeführt:[358]

$$\begin{array}{rll}
2x^4 + 12x^2 = 40 & \text{mit} & x = \sqrt{\sqrt{29} - 3}, \\
x^4 + 12x^2 = 12 & ,, & x = \sqrt{\sqrt{48} - 6} = \sqrt[4]{27} - \sqrt[4]{3}, \\
x^4 - 8x^2 = 65 & ,, & x = \sqrt{13}, \\
x^4 + 16 = 10x^2 & ,, & x = \sqrt{8}, \\
x^6 + 8x^3 = 20 & ,, & x = \sqrt[3]{2}, \\
x^6 + 6x^3 = 112 & ,, & x = 2 \quad \text{usw.}
\end{array}$$

CLAVIUS (1537 Bamberg—1612 Rom, Jesuit) hat eine große Euklidübersetzung mit eingehendem und überaus fleißigem Kommentar, Rom 1574[93], herausgegeben. Aber weder bei II, 4, 5, 6 noch bei VI, 28, 29 werden die quadratischen Gleichungen erwähnt. In seiner „*Algebra*" von 1608[II 72], die ebenso guten Ruf hat, werden die drei Hauptfälle nach STIFEL behandelt; in den Figuren lehnt er sich an CARDANO an, verbessert sie aber noch weiter für den Fall $x^2 + q = px$ (Fig. 21), so daß man klar beide Lösungen der Aufgabe EUKLID, *Elem.* VI, 28, erkennt.

354 S. 257 ff. — 355 S. 262 ff. — 356 S. 262, Z. 21—28. — 357 S. 263, Z. 11 ff., bzw. S. 264, Z. 2 ff. — 358 S. 267—280.

STEVIN (1548 Brügge — 1620 Leiden) hat seine Vorgänger gut studiert und bringt ihre Resultate in seiner *Arithmétique* (1585)[II 139] mit recht geschickter Darstellung. Die Anordnung der drei Normalfälle stammt von STIFEL; seine einheitliche Regel ist unwesentlich verbessert: statt vom Subtrahieren der Zahl $q$ oder $\frac{1}{2}p$ in der Lösung zu sprechen, wenn in der reduzierten Form $q$, bzw. $\frac{1}{2}p$ negativ sind, sagt STEVIN, man addiere $-q$ bzw. $-\frac{1}{2}p$. Dadurch wird der Wortlaut für alle drei Fälle in der Tat auch äußerlich ganz gleich. Von BOMBELLI hat STEVIN die Unbekanntensymbole (Bd. II³, S. 152) und das Verfahren der quadratischen Ergänzung, von CARDANO und BOMBELLI die Behandlung der negativen Wurzeln[359] und die Figuren. Die Lösung der quadratischen Gleichungen sei, so versichert er, eine Erfindung MAHOMETS.[360] Von der historischen Wichtigkeit der euklidischen Sätze, *El.* II, 5, 6, hat STEVIN keine Ahnung. Nur der Begriff der Doppelwurzel wird bei ihm zum erstenmal gefunden.[361] Beispiel: $x^2 = 12x - 36$ mit $x_1 = x_2 = 6$. Mit den imaginären Wurzeln BOMBELLIS weiß ST. nichts anzufangen.

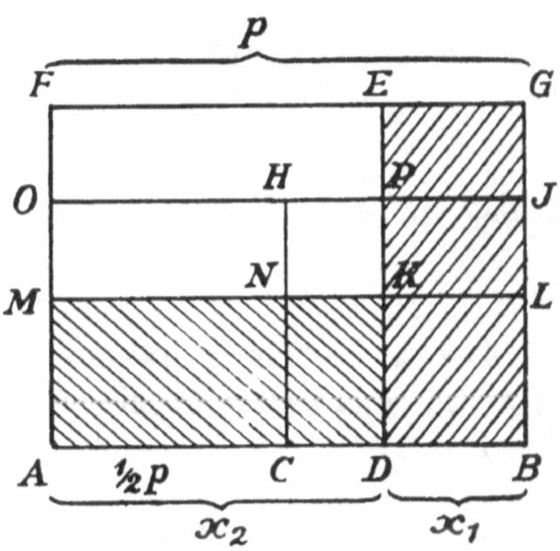


Fig. 21.

P. RAMUS (1515—1572; Paris) hat in seiner *Algebra*[362] auch die quadratischen Gleichungen[363] behandelt. Seine Bezeichnung *aequatio secunda* für die drei Normalfälle klingt schon sehr an unsere ‚Gleichung zweiten Grades' an. R. weiß, daß die Lösung des Falles $x^2 + px = q$ mit EUKLID, *Elem.* II, 4, erreicht wird. Bei den anderen Fällen beruft er sich ausdrücklich auf II, 6 bzw. II, 5: R. rechnet genau nach der euklidischen Formel im Kopf, ohne Figur.

An der Auffassung, daß die Wurzelwerte positiv sein müßten, hing auch noch VIETA (1540—1603; Paris, Staatsbeamter); daher konnte er den Zusammenhang zwischen den Koeffizienten einer Gleichung und ihren Wurzeln ($x^2 + px + q = 0$; $x_1 + x_2 = -p$, $x_1 x_2 = q$), wenn er ihn auch mit seinen neuen Buchstabenbezeich-

359 *L'Arithmétique*[II 139] zitiert nach *Œuvres* 1634[I 23], S. 77: „*Des Solutions que l'on peut faire par* —". — 360 S. 69 links unten. — 361 S. 68 rechts unten, Note I. — 362 Paris 1560. — 363 Daselbst S. 13 r°, Z. 13.

nungen allgemein ausdrückte,[364] doch nicht in seinem vollen Umfang erfassen. Zum erstenmal seit der Zeit der Griechen wird aber durch VIETA ein neuer Gedankengang in die Lösung der quadratischen Gleichung gebracht.[365]

Einsetzen von $x = y + z$ in die Normalform $x^2 + px = q$ gibt

$$y^2 + (2z + p)y + z^2 + pz = q.$$

Damit das lineare Glied verschwindet, muß $2z + p = 0$, also $z = -\frac{p}{2}$ sein. Dann wird die Gleichung in $y$ zu

$$y^2 + \left(\frac{p}{2}\right)^2 - \frac{1}{2}p^2 = q,$$

$$y^2 \qquad = \left(\frac{p}{2}\right)^2 + q,$$

$$y = \sqrt{\left(\frac{p}{2}\right)^2 + q};$$

so daß die erste Unbekannte $x$ wird

$$x_1 = -\frac{1}{2}p + \sqrt{\left(\frac{p}{2}\right)^2 + q}.$$

Des auftretenden Faktors $\frac{1}{2}$ wegen ändert VIETA die Normalform ab und schreibt sie $x^2 + 2ax = c$. Sonach stellt er die Regel auf:[366]

| | |
|---|---|
| | $x^2 + 2ax = c.$ |
| I. *Sit A quad. + B2 in A, aequetur Z plano. A + B esto E. Igitur E quad. aequabitur Z plano + B quad.* | $x + a = y$; $y^2 = c + a^2$. Folglich: |
| *Consectarium: Itaque* $\sqrt{Z\ plani + B\ quad.}$ *— B fit A, de qua primum quaerebatur.*[367] | $\sqrt{c + a^2} - a = x$, wonach zuerst gefragt wurde. |

Für die anderen beiden Normalformen gibt VIETA die Regeln:

II. $x^2 - 2ax = c$; $x - a = y$; $y^2 = c + a^2$; $x = \sqrt{c + a^2} + a$,

III. $2ax - x^2 = c$; $x = a \mp y$; $y^2 = a^2 - c$; $x = a \mp \sqrt{a^2 - c}$.

364 VIETA, *De aequationum recognitione et emendatione tractatus duo*, 1591 verfaßt, in dem *Supplementum geometriae* (1591?), gedruckt 1593, prop. 35 schon erwähnt; ergänzt und veröffentlicht aus dem Nachlaß durch ALEX. ANDERSON, Paris 1615; ed. SCHOOTEN, $1646^{\mathrm{II}\,127}$, S. 123, Z. 2—1 v. u., und deutlicher S. 158: *Si B + D in A − A quadr. aequetur B in D: A explicabilis est de qualibet illarum duarum B vel D* [Wenn $(B + D)\cdot A - A^2 = BD$, d. h. modern $(a + b)\cdot x - x^2 = ab$, so ist $A$ gleichwertig jeder dieser beiden Größen $B$ und $D$, d. h. $x = a$ und $x = b$]. — 365 VIETA, 1591, *De aequationum recognitione*[364]: *capitulum de expurgatione per uncias.* — 366 *De emendatione aequationum*[364] *Opera*, ed. SCHOOTEN $^{\mathrm{II}\,127}$, S. 129 u. Bl. $52^b$. — 367 Betreffs des Wurzelzeichens vgl. Bd. $\mathrm{II}^3$, S. 188—189.

Die Anerkennung der negativen Lösungen war nicht mehr aufzuhalten. P. A. CATALDI (1552—1626, Bologna) rechnet in seiner *Algebra* (1618)[368] bei den quadratischen Gleichungen nur nach der Methode der quadratischen Ergänzung, ganz gleich, ob sie auf $1x^2$ reduziert sind oder nicht. Im allgemeinen vermeidet er negative Wurzeln, aber bei einem Beispiel: $x^2 = 6x + 27$, das er zu $x^2 - 6x + 9 = 36$ ergänzt, radiziert er diesen Ausdruck doppelt: $x - 3 = 6$ mit $x_1 = 9$ und $3 - x = 6$ mit $x_2 = -3$ („*manco 1 cosa* .... 3").[369]

Recht frei in der Auffassung der negativen Zahlen ist bereits GIRARD (*Invention nouvelle*, 1629)[I 23]; vgl. Bd. II[3], S. 100. — Indem er grundsätzlich die Wurzel aus einer Zahl mit beiden Vorzeichen annimmt: $\pm\sqrt{a}$, bekommt er in allen drei Normalfällen zwei Lösungen. Bei dem Beispiel[370]

$$5x^2 = 18x + 72,$$
$$25x^2 - 90x + 81 = 360 + 81,$$
$$5x - 9 = \pm\sqrt{441} = \pm 21; \qquad x_1 = 6, \qquad x_2 = -\tfrac{12}{5}$$

sagt er ausdrücklich: „*Notez aussi, que la racine de 441 est + 21 aussi — 21; mais au lieue de ceste difficulté, là on fera une addition & subtraction, ou se trouvent 30, ou — 12.*"

In einem besonderen Fall entschlüpft ihm auch ein Beispiel mit zwei negativen Wurzeln — erstmalig in der ganzen Geschichte der quadratischen Gleichungen —, allerdings nicht mit voller Absicht: GIRARD hat es mit einer kubischen Gleichung zu tun: $x^3 = 13x + 12$, von der er einen Wurzelwert $x_1 = 4$ kennt. Wir würden die Form $x^3 - 13x - 12$ durch $x - 4$ dividieren. G. vergleicht aber die Koeffizienten mit den Wurzeln: $x_1 \cdot x_2 \cdot x_3 = 12$ gibt $x_2 \cdot x_3 = 3$, ähnlich führt $x_1 x_2 + x_2 x_3 + x_3 x_1 = -13$ zu $x_2 + x_3 = -4$. Damit ergibt sich für $x_2$ und $x_3$ die quadratische Gleichung $x^2 = -4x - 3$, die dann $x_2 = -3$; $x_3 = -1$ liefert;[371] hier ist also tatsächlich die vierte Normalform $x^2 + px + q = 0$ festzustellen. — Notgedrungen, um seinen allgemeinen Satz von der Anzahl der Wurzeln einer Gleichung aussprechen zu können (Bd. II[3], S. 108f.), erkennt GIRARD auch komplexe Wurzeln an; so bei dem Beispiel $x^2 = 6x - 25$; $x = +3 \pm \sqrt{9 - 25}$; $x_1 = 3 + \sqrt{-16}$, $x_2 = 3 - \sqrt{-16}$.[372]

W. OUGHTRED (*Clavis*, 1631)[I 680] ist ausgesprochener Algebraiker, wie VIETA, aber erfindungsreicher in den Symbolen. Die Unbekannten sind bei ihm $A$ und $E$; weiter führt er ein: $A - E = X$,

368 *Algebra discorsiva numerale et lineale*, Bologna 1618. — 369 S. 19. — 370 *Invention*[I 23], $D_1$ v°. — 371 *Invention*[I 23], $D_2$ v°, Z. 15. — 372 $D_1$ Z. 20.

$A + E = Z$, zuweilen benutzt er noch $A \cdot E = P$[373] (gelegentlich $Æ$). Das 2. Buch der Elemente EUKLIDS wird algebraisch ausgeschöpft Die Wichtigkeit von II, 5, 6[374] für die quadratische Gleichung wird. voll erkannt; von geometrischen Beweisen ist natürlich keine Spur mehr bei ihm zu finden. Die beiden Normalformen

$$Aq - Z \times A = Æ \quad \text{d. i.} \quad x^2 - px = q,$$

$$Aq + Z \times A = Æ \quad \text{d. i.} \quad x^2 + px = q$$

werden gleichzeitig durch II, 6 behandelt. Für den Fall mit zwei positiven Wurzeln

$$Aq - Z \times A + Æ = 0 \quad \text{d. i.} \quad x^2 - px + q = 0$$

erhält er sofort aus II, 5 die Lösungsformel

$$A = \frac{Z}{2} \pm \sqrt{\frac{1}{4} Z^2 - Æ}.$$

Negative Wurzeln kommen nicht vor, geschweige denn komplexe; auch nicht bei HARRIOT (1560—1621; London), der das Erbe VIETAS nach anderer Richtung hin antritt. — VIETA hatte den Zusammenhang der Wurzeln mit den Koeffizienten erkannt; er wußte im besonderen, daß die Gleichung

$$x \cdot (f + g) - x^2 = f \cdot g$$

die Wurzeln $x_1 = f$; $x_2 = g$ besaß.[375] Umgekehrt bildet jetzt HARRIOT die Gleichung aus den Wurzeln durch Ausmultiplizieren von $(x \pm b)$ mit $(x \pm c)$: er kommt bei der Nichtanerkennung negativer Wurzeln nur zu zwei Normalfällen:

| HARRIOT[376] ($a$ ist sein Zeichen für $x$) | | Modern: |
|---|---|---|
| 1) $a - b$ / $\underline{a - c}$ | $= aa - ba$ / $- ca + bc$ | $x^2 - (b + c) \cdot x + bc = 0$ |
| 2) $a + b$ / $\underline{a - c}$ | $= aa + ba$ / $- ca - bc$ | $x^2 + (b - c) \cdot x - bc = 0$ |

Der Fall $(x + b)(x + c)$ fällt aus, da hier nur negative Wurzeln auftreten würden; $(x - b)(x + c)$ ist schon in $(x + b)(x - c)$ enthalten, da die Größen $b$ und $c$ gleichwertig sind.

Die Lösung von $x^2 - bx + cx = + bc$ ist $x = b$. Der Beweis erfolgt einfach durch Einsetzen. Eine zweite positive Wurzel, etwa $x = c$, gibt es nicht.[377]

373 *Clavis*[1680], Cap. XVII, S. 41 ff. — 374 Daselbst, S. 49 ff. — 375 *De aequationum recognitione et emendatione* (Paris 1615)[364]. *Opera*[II 127], S. 106, Z. 1—3 v. u. — 376 *Artis analyticae praxis*[II 66], S. 4 f. — 377 Sect. IV, S. 52, Kap. 1.

Für $x^2 - bx - cx = -bc$ sind $x = b$ und $x = c$ die Lösungen: eine dritte Wurzel, etwa $x = d$, kann nicht auftreten: durch Einsetzen erhielte man $d = c$. Von Euklid ist natürlich keine Rede.

Die Algebrawerke von C. Renaldini (1644),[378] J. de Luneschlos (1646),[379] J. A. Rahn (1659)[I 910] bringen für die quadratischen Gleichungen nichts Neues.

J. Wallis (1616—1703; Oxford) berichtet in seiner *Algebra* (engl. 1685; lat. 1693)[I 682], die stark historisch eingestellt ist, über die Arbeiten Oughtreds und Harriots zum Teil getreulich, zum Teil aber auch mit eigenen Zusätzen.

Wie Oughtred setzt er $X = x - y$, $Z = x + y$, $Æ = xy$. Bei den drei Normalfällen Oughtreds 1) $Zx - x^2 = Æ$; 2) $x^2 - Xx = Æ$; 3) $x^2 + Xx = Æ$ bemerkt er,[380] daß Oughtred die negativen Wurzeln vernachlässigt habe; deswegen sei von ihm auch die vierte Normalform fortgelassen: 4) $Æ = -Zx - x^2$, die auch zwei Wurzeln besitze, aber beide negativ. Die Lösungsregeln für 1)—3) werden genauer bewiesen, als bei Oughtred — ohne geometrische Figur und ohne Bezugnahme auf Euklid, streng algebraisch; bei der Darstellung des algebraischen Inhalts des zweiten Buches der Elemente Euklids läßt Wallis die Sätze II, 5, 6 glatt weg, erkennt also ihre Wichtigkeit nicht.

Bei Harriot rügt er ebenfalls die Nichtbeachtung der negativen Wurzeln und fügt die fehlende Normalform

$$x^2 + bx + cx + bc = 0 \quad \text{mit} \quad x_1 = -b,\ x_2 = -c$$

hinzu.[381] Dann setzt Wallis auseinander, wie man aus dem Vorzeichen der Koeffizienten auf das Vorzeichen der Wurzeln schließen kann,[382] — auch eigener Zusatz von Wallis, da Harriot nur positive Wurzeln kennen will. „Allerdings finde sich nicht alles, was er über negative und auch imaginäre Wurzeln bringe, bei Harriot; es könne aber aus dessen Behandlung der kubischen Gleichungen herausgelesen werden".[383] In seinem Bestreben, seinen Landsleuten möglichst die Errungenschaften ihrer Zeit zuzuschreiben, bezeichnet Wallis auch die neue Vietasche Methode (vgl. S. 94) als Eigentum Harriots, obgleich der letztere sie nur bei kubischen Gleichungen verwendet hat.[384] Wallis rechnet folgende Substitutionen vor:[385]

378 C. Renaldini, *Opus algebraicum*, Anconae 1644. — 379 Joh. de Luneschlos, *Thesaurus mathematum reservatus per algebram novam* (Patav. 1646). — 380 Engl. *Alg.* cap. 29, S. 123; lat. *Alg.* cap. 28, S. 129. — 381 *Alg.* cap. 23. — 382 Engl. *Alg.* S. 132; lat. *Alg.* S. 142. — 383 Engl. *Alg.* S. 134 oben; lat. *Alg.* S. 143 u. Wallis weist dabei hin auf Harriot[II 66], S. 100, *Exempl.* 13, sect. 6. — 384 Z. B. Harriot[II 66], S. 89ff., Sect. VI. — 385 Kap. 44, engl. *Alg.* S. 168f.; lat. *Alg.* S. 179.

$$1)\ x^2 - 2bx = c^2, \quad x = y + b, \quad y = \pm\sqrt{b^2 + c^2}, \quad x = b \pm \sqrt{b^2 + c^2},$$

$$2)\ x^2 + 2bx = c^2, \quad x = y - b, \quad y = \pm\sqrt{b^2 + c^2}, \quad x = -b \pm \sqrt{b^2 + c^2},$$

$$3)\ x^2 - 2bx = -c^2, \quad x = y + b, \quad y = \pm\sqrt{b^2 - c^2}, \quad x = +b \pm \sqrt{b^2 + c^2}$$

und fügt dann selbständig hinzu:

$$4)\ x^2 + 2bx = -c^2, \quad x = y - b, \quad y = \pm\sqrt{b^2 - c^2}, \quad x = \pm\sqrt{b^2 - c^2} - b.$$

„Jener (Harriot) pflege diese Lösung aber nicht anzuwenden, sondern lieber jene andere (wie auch nach ihm Pell) mit der quadratischen Ergänzung.“[386] In einer Zusammenstellung[387] bevorzugt Wallis

$$x^2 - fx = +c^2, \qquad 2x = +f \pm \sqrt{f^2 + 4c^2},$$

$$x^2 + fx = +c^2, \qquad 2x = -f \pm \sqrt{f^2 + 4c^2},$$

$$x^2 - fx = -c^2, \qquad 2x = +f \pm \sqrt{f^2 - 4c^2},$$

$$x^2 + fx = -c^2, \qquad 2x = -f \pm \sqrt{f^2 - 4c^2}.$$

Ein Zahlenbeispiel mit zwei negativen Wurzeln bringt Wallis indes nicht. Jedenfalls werden aber negative Wurzeln von nun an in besseren Büchern allgemein anerkannt, aber Zahlenbeispiele mit zwei negativen Wurzeln bleiben immer noch selten. Eine solche Gleichung hat M. Rolle (1690)[388] im *Traité d'algèbre,* zwei weitere De Lagny (1697) in den *Nouveaus Élémens*[389] usw. Aber fast immer noch werden die 4 Einzelfälle aufgeführt. Newton ist der erste, der in seinen Vorlesungen — seit etwa 1685 — nur eine Normalform $x^2 = px + q$ aufstellt.[390] Er schreibt sie mit ihrer Lösung in folgender Form:[391]

$$x^2 + \cdot px \cdot q, \qquad \text{erit} \qquad x = \cdot \tfrac{1}{2}p \pm \sqrt{\tfrac{1}{4}p^2 \cdot q}\,;$$

---

386 Engl. *Alg.* S. 169, Z. 24f.; lat. *Alg.* S. 180, Z. 5. — 387 Lat. *Alg.* S. 180 Mitte. — 388 *Traité*[II 609] S. 150, Z. 4 v. u.: „. . . *on est reduit à* $x^2 + 3x + 1 = 0$. *Les deux valeurs approchantes de x sont* $-1$ *et* $-2$“ (genau $-\frac{3}{2} \pm \frac{1}{2}\sqrt{5}$). — 389 *Nouveaus Élémens d'Arithmétique et Algèbre ou introduction aux Mathematiques*, Paris 1697, S. 439, Z. 15:

$x^2 = -10x - 16$ mit $x_1 = -8$, $x_2 = -2$, Z. 21: $x^2 = -10x - 25$ mit $x_1 = x_2 = -5$.

— 390 *Arithmetica universalis*[II 541], S. 62. Vgl. S. 63, Z. 3f.: „*Et quod signa terminorum attinet, possunt ea omnibus modis se habere.*“ (Und was die Vorzeichen der Glieder betrifft, so können sie sich verhalten, wie sie wollen.) — 391 S. 67 unten: „*ubi* $\frac{1}{2}p$ *& q iisdem signis ac p & q in aequatione priore afficienda sunt; sed* $\frac{1}{4}p^2$ *semper affirmative ponandum. Estque hoc exemplum Regula, ad cuius similitudinem aequationes omnes quadraticae ad formam simplicium reduci possunt*“ (wo $\frac{1}{2}p$ und $q$ dieselben Zeichen haben, wie $p$ und $q$ in der vorangestellten Gleichung, aber $\frac{1}{4}p^2$ immer positiv zu nehmen ist. Und diese Form ist das Vorbild, zu dessen ähnlicher Anordnung alle quadratischen Gleichungen auf die Form der einfachen zurückgeführt werden können.

dabei wird nur die quadratische Ergänzung benutzt. De Lagny (1697; vgl. oben) hat folgende allgemeine Form:

$$x^2 = \pm ax \pm b, \qquad x = \pm \tfrac{1}{2}a \mp \sqrt{\tfrac{1}{4}a^2 \pm b}.^{392}$$

J. Prestet (1695) schleppt in seinen Elementen[393] noch die 4 Formen mit:

$$1)\ z^2 - nz + p = 0, \quad 2)\ z^2 + nz + p = 0, \quad 3)\ z^2 - nz - p = 0,$$
$$4)\ z^2 + nz - p = 0.$$

Seine Lösungsmethode ist eine interessante Umänderung der von Vieta und Oughtred (vgl. S. 94, 95f.). Sind für 1) $z^2 + nz + p = 0$ die beiden Lösungen $z_1$ und $z_2$, so wird gesetzt: $z_1 + z_2 = 2a$ und $z_1 - z_2 = 2b$, so daß $z_1 = a + b$, $z_2 = a - b$ wird.

Dann ist $\qquad z - a - b = 0 \qquad$ und
$$z - a + b = 0,$$
woraus durch Multiplikation
$$z^2 - 2az + a^2 - b^2 = 0$$
sich ergibt. Durch Vergleichung mit der gegebenen Gleichung Nr. 1 ist

$$n = 2a, \qquad \text{also} \qquad a = \tfrac{1}{2}n,$$
$$p = a^2 - b^2, \qquad a^2 = p + b^2,$$
$$\tfrac{1}{4}n^2 = p + b^2,$$
$$b = \sqrt{\tfrac{1}{4}n^2 - p}.$$

Somit wird schließlich
$$z_{1,2} = a \pm b = \frac{n}{2} \pm \sqrt{\frac{1}{4}n^2 - p}.$$

Natürlich weiß Prestet, daß im Fall 2 jede der beiden Wurzeln negativ ist (*chacune est fausse*).[394]

Wieder etwas abgewandelt ist diese Lösungsart bei J. Ozanam (1702).[395]

Für die Gleichungsform $x^2 - px + aq = 0$, die er durch $x$ dividiert, $x - p + \frac{aq}{x} = 0$, setzt er $y + z = x$ und $y - z = \frac{aq}{x}$, so daß man durch Einsetzen erhält:

$$y + z - p + y - z = 0 \quad \text{und daraus} \quad y = \tfrac{1}{2}p.$$

Durch Multiplikation von $y + z$ und $y - z$ findet man
$$y^2 - z^2 = aq, \quad \text{also} \quad aq = (\tfrac{1}{2}p)^2 - z^2 \quad \text{und} \quad z = \sqrt{\tfrac{1}{4}p^2 - aq},$$

— 392 *Nouv. Él.*[389], S. 440, Z. 23. — 393 *Nouv. Élém.* (Paris 1689), 3. Aufl. 1695[II 348], Bd. II, S. 383f. — 394 S. 385, Z. 4. — 395 *Nouveaux Élémens d'algèbre ou principes généraux pour résoudre toutes sortes de Problêmes de mathématique.* I. Amsterdam 1702, S. 225f.

7*

mithin $x_{1,2} = \frac{1}{2}p \pm \sqrt{\frac{1}{4}p^2 - aq}$. Trotz Vorbild von WALLIS hat OZANAM den vierten Normalfall mit zwei negativen Wurzeln gar nicht beachtet. Derselbe fehlt auch in der Algebra von JOHN KERSEY (1733),[396] die ihrer Zeit so gerühmt wurde. Höher steht SAUNDERSONS Algebra von 1740:[397] er hat eine einheitliche Normalform wie NEWTON: $Ax^2 = Bx + C$,[398] wo die drei Koeffizienten beliebige Zeichen haben können. Als Lösung findet er mit Hilfe der quadratischen Ergänzung:

$$x_1 = \frac{B+s}{2A} \quad \text{und} \quad x_2 = \frac{B-s}{2A}, \quad \text{wo} \quad s^2 = B^2 + 4AC.$$

Ein Beweis erfolgt durch Einsetzen. Mit dem besonderen Fall zweier negativer Wurzeln weiß er Bescheid.[399]

OUGHTRED war in der vorangegangenen historischen Darstellung der letzte, der die Sätze EUKL. *Elem.* II, 5, 6, in ihrer Auswertung für die Lösung der quadratischen Gleichungen anerkennt. Nach ihm hat endgültig EUKL. *El.* II, 4 — die Methode der quadratischen Ergänzung — den Sieg auf der ganzen Linie errungen. WALLIS, der OUGHTREDS Leistungen genau kennt, läßt die Sätze II, 5, 6 bei seinem Bericht über ihn einfach unter den Tisch fallen (vgl. S. 97). In einem historisch angelegten Buche wie PRÄNDELS *Algebra* ist EUKLID II, 5, 6 mit keinem Wort erwähnt.[400] Die so überaus fleißigen Scholien EUKLIDS von CH. FR. PFLEIDERER[401] kommen weder bei II, 5, 6 noch bei VI, 28, 29 auf die quadratischen Gleichungen zu sprechen. Erst die erwachende mathematisch-geschichtliche Forschung entdeckt Ende des 19. Jahrhunderts nach und nach den Tatbestand wieder.

L. MATTHIESSEN[402] (1878) beginnt die Geschichte der quadratischen Gleichung erst mit DIOPHANT und den Indern; die Frage, ob die Lösung der quadratischen Gleichungen eine Erfindung der Inder oder der alexandrinischen Gelehrten sei, sei noch umstritten.[403] Die Methode ALḪWĀRAZMĪS stellt MATTHIESSEN nach der Ausgabe von ROSEN[II 372] (1831) dar, die des ALḪAJJĀMĪ nach WOEPCKE (1851)[II 1009]; bei ALḪAJJĀMĪ findet er die Bezugnahme auf EUKLID II, 4, 5, 6 und

396 *The Elements of that mathematical art commonly called Algebra;* London 1733. — 397 *The Elements of algebra*, Cambridge 1740. — 398 Daselbst S. 172. 399 S. 187—188. — 400 J. G. PRÄNDEL, *Algebra nebst ihrer litterärischen Geschichte*, München 1795. — 401 *Scholien zu Euclids Elementen.* 1. El. I und 3. El. III u. IV, Stuttgart 1827, herausg. von C. F. HAUBER; 2. El. II, 1826; 4. El. V, 1827; 5. El. VI, 1827, herausg. von PLIENIGER. — 402 *Grundzüge der antiken und modernen Algebra der litteralen Gleichungen*, Leipzig 1878. — 403 Daselbst S. 288.

VI, 28, 29,[404] ohne sich bewußt zu werden, daß eben bei EUKLID schon die ganze Theorie entwickelt war. H. G. ZEUTHEN[47] (1896) erfaßt schon mehr den Zusammenhang; er bespricht bei EUKLID II, 4, 5, 6 die Lösung der quadratischen Gleichungen in Form der geometrischen Algebra.[405] CANTOR[406] erwähnt wohl bei ALKARḪĪ die Benutzung von EUKL. *Elem.* II, 6, aber bei Behandlung der euklidischen Schriften selbst, im zweiten Buch der Elemente,[407] fehlt jede Andeutung. HEATH[408] setzt die Anwendungsmöglichkeit von II, 5, 6 zur Lösung der quadratischen Gleichungen auseinander; auch H. WIELEITNER[409] deutet den Satz II, 5 als geometrische Lösung einer quadratischen Gleichung.

Die Fachbezeichnung quadratische Gleichung findet sich in deutschen Schriften öfter erst seit VON WOLFFs mathematischen Werken (*Anfangsgründe* 1710).[409a]

## Trigonometrische Lösung der quadratischen Gleichung.

Die ersten Versuche, quadratische Gleichungen auf trigonometrischem Wege zu lösen, stammen von B. CAVALIERI (1591?—1647, Bologna), der in der Schrift *Compendio delle Regole Trigonometriche* (Bologna 1639) geometrische Ableitungen benutzte.[410] VON WOLFF (1679—1754, Halle), der sich dem Thema auch wieder nähert, beschränkt sich auf Andeutungen: man könne nach derselben Methode, nach der der Logarithmus einer Summe aus den Logarithmen der einzelnen Summanden gefunden wird, auch die Wurzeln einer quadratischen Gleichung berechnen.[411] Bei E. HALLEY (1656—1742, Astronom, Greenwich) ist in den *Geometrical lectures* zwar ein wirkliches Verfahren entwickelt; da er aber ausschließlich die Sinusfunktion benutzt, gilt es nur für besondere Fälle.[412] Ähnlich findet TH. SIMPSON in der *Trigonometry* (1748) die Unbekannte $x$ aus $x^2 - px + q = 0$ durch

$$\sin\varphi = \frac{2\sqrt{q}}{p}, \qquad x = \sqrt{q}\cdot \operatorname{tg}\frac{\varphi}{2}.$$ [413]

404 S. 301 ff. — 405 S. 46 ff.[47]. — 406 CANTOR, 1[3], S. 770. — 407 CANTOR, 1[3], S. 263. — 408 TH. L. HEATH, *The thirteen Books of Euclids Elements*[1983], 1908, 2. Aufl., S. 386/7. — 409 *Mathematische Quellenbücher. II. Geometrie und Trigonometrie.* Math. Nat. Techn. Bücherei, Bd. 11, Berlin 1927. Nr. II: *Geometrischer Beweis einer algebraischen Identität*, S. 6—7. — 409a IV[124], § 78, 6[te] Erkl. S. 42: Unrein quadratische Gleichung (*Aequatio quadratica affecta*). — 410 VON BRAUNMÜHL, *Vorlesungen* II[II 1273], S. 37. — 411 Acta Eruditorum, Juli 1715, S. 260. — 412 Anhang I der letzten Auflage von JOHN KERSEYs *Algebra*, London 1733[396], Anh. S. 1—7. — 413 *Trigonometry plane and spherical*, 1. Aufl. London 1748; 2. Aufl. London 1765; nach VON BRAUNMÜHL II[II 1273], S. 94.

1786 behandelt A. P. DIONIS DU SÉJOUR[414] die beiden Fälle:

$$1)\; x^2 - px + q = 0 \quad \text{und} \quad 2)\; x^2 + px - q = 0.$$

In 1) setzt er wie SIMPSON $\sin\varphi = \frac{2\sqrt{q}}{p}$ und bestimmt daraus die beiden Winkel $\varphi_1$ und $\varphi_2 = 180 - \varphi_1$, durch die er wiederum $x_1 = \sqrt{q}\,\mathrm{tg}\frac{\varphi_1}{2}$ und $x_2 = \sqrt{q}\,\mathrm{tg}\frac{\varphi_2}{2}$ erhält. Dieselben Formen für $x_1$ und $x_2$ gelten aber auch im Falle 2), nur daß die beiden Winkel $\varphi_1$ und $\varphi_2 = 180 + \varphi_1$ durch die Gleichung $\mathrm{tg}\,\varphi = \frac{2\sqrt{q}}{p}$ zu berechnen sind. A. CAGNOLI, 1786,[415] hat zum erstenmal alle vier Fälle.

Für $$x^2 \pm px - q = 0$$

setzt er $\mathrm{tg}\,\varphi = \frac{2\sqrt{q}}{p}$ und findet:

$$x = \mp \sqrt{q}\,\mathrm{ctg}\frac{\varphi}{2};$$

bei $$x^2 \pm px + q = 0$$

liefert ihm $\sin\varphi = \frac{2\sqrt{q}}{p}$ die Lösungen:

$$x = \mp \sqrt{q}\,\mathrm{ctg}\frac{\varphi}{2}.$$

A. G. KÄSTNER (1719 Leipzig — 1800 Göttingen) übernimmt diese Lösungen in seine *Anfangsgründe*[416] und empfiehlt für die Normalform $x^2 = px + q$, wenn $q > 0$: $\mathrm{tg}\,\varphi = \frac{2\sqrt{q}}{p}$ und $x_1 = +\frac{1}{2}p\cot\frac{\varphi}{2}\,\mathrm{tg}\,\varphi$, $x_2 = -\frac{1}{2}p\cdot\mathrm{tg}\frac{\varphi}{2}\,\mathrm{tg}\,\varphi$; wenn aber $q < 0$: $\sin\psi = \frac{2\sqrt{q}}{p}$ und $x = \mp p\left({\sin \atop \cos}\frac{1}{2}\psi\right)^2$. Einheitlich für jedes $p$, $q$ der Gleichung $x^2 + px + q = 0$, aber ziemlich verwickelt ist ein Verfahren K. B. MOLLWEIDES (1810).[417] Nach ihm wird erst ein Winkel $\psi$ aus $\mathrm{ctg}\,\psi = 1 - \frac{q}{p^2}$, dann ein zweiter Winkel $\varphi$ aus

$$\mathrm{tg}(\varphi + \tfrac{1}{2}\psi) = \pm\sqrt{\mathrm{ctg}\tfrac{1}{2}\psi\,\mathrm{ctg}(\alpha + \tfrac{1}{2}\psi)}$$

für $\mathrm{tg}\,\alpha = 2$ berechnet; schließlich gibt $x = p\,\mathrm{tg}\,\varphi$ die gesuchten Wurzelwerte. Ebenfalls allgemein gültig ist eine Methode J. A. GRU-

[414] *Traité analytique des mouvements apparents des corps célestes*, Paris 1786, Bd. I, § 130, S. 100—101. — [415] *Traité de la trigonométrie*[II 89], § 348—355. — [416] Bd. III, *Anfangsgründe der Analysis der endlichen Größen* (1. Aufl. Göttingen 1760; 2. Aufl. Göttingen 1767), 3. Aufl. Göttingen 1794[II 356], Bd. I, S. 558ff., § 754ff. — [417] ZACH, Monatliche Correspondenz 22, 1810, S. 43—45, *Allgemeine Auflösung der unreinen quadratischen Gleichungen durch die Goniometrie.*

NERTS (1841),[418] der die gesuchten Lösungen der Gleichung $x^2 - px + q = 0$ in der Form $x_1 = \operatorname{tg}\varphi_1$, $x_2 = \operatorname{tg}\varphi_2$ annimmt und aus den Gleichungen $\operatorname{tg}\varphi_1 + \operatorname{tg}\varphi_2 = p$, $\operatorname{tg}\varphi_1 \cdot \operatorname{tg}\varphi_2 = q$ die Bestimmungsformeln:

$$\operatorname{ctg}(\varphi_1 + \varphi_2) = \frac{1-q}{p} \quad \text{und} \quad \cos(\varphi_1 - \varphi_2) = \frac{1+q}{p}\sin(\varphi_1 + \varphi_2)$$

ableitet.

Über die Lösung der quadratischen Gleichungen durch Kettenbruchverfahren ist die Geschichte der Lehre von den Kettenbrüchen zu vergleichen.

### b. Die reziproken Gleichungen. Die quadratischen Gleichungen mit mehreren Unbekannten.

Als Anhang zu den einfachen quadratischen Gleichungen pflegt man im heutigen Schullehrstoff die reziproken Gleichungen und die Gleichungen mit mehreren Unbekannten, die sich mit quadratischen Gleichungen lösen lassen, zu betrachten. Ihre Geschichte sei deshalb hier eingeschaltet.

Der Begriff der reziproken Gleichung geht auf A. DE MOIVRE (1667—1754; franz. Emigrant, London) zurück. MOIVRE hat in den *Miscellanea analytica* (1730) Gleichungen behandelt, deren gleich weit vom Ende entfernte Glieder gleiche Koeffizienten besitzen (*multinomium ita affectum, ut coëfficientes terminorum ab extremis aequaliter distantium sint inter se aequales*),[419] und erkannte, daß bei ungeradem $n$ der Wert $x = -1$ eine Wurzel ist und die Gleichung durch Division mit $(x + 1)$ um einen Grad erniedrigt werden kann, ohne die charakteristische Koeffizienteneigenschaft zu verlieren. MOIVRE weiß ferner, daß bei geradem $n$ durch die Substitution $x^2 + xy + 1 = 0$ eine neue Gleichung erhalten werden kann, deren Grad halb so hoch ist. Diese sich ergebende Gleichungsform berechnet er für $n = 5$ bis $n = 13$. Statt MOIVRES Substitution schlägt später J. L. LAGRANGE die Form

$$x + \frac{1}{x} = y,$$ [420]

vor, die die heutigen Lehrbücher vorziehen.

[418] Arch. Math. Phys. $1_1$, 1841, S. 12—16: *Neue Auflösung der Gleichungen des zweiten Grades mittelst der goniometrischen Formeln und Tafeln.* — [419] MOIVRE, *Miscellanea*[II 674], lib. III, cap. IV, S. 70. MOIVRE stößt auf solche Gleichungen zuerst bei Wahrscheinlichkeitsberechnungen, Phil. tr. 27, London 1711: *De mensura sortis seu de probabilitate eventuum in ludis a casu fortuito pendentibus*, S. 260, Corollarium. — [420] LAGRANGE, Nouv. Mém. Ac. Berlin 1770 (1772), *Réflexions sur la résolution algébrique des équations*, S. 134 ff., speziell S. 165 ff., ferner Nouv. Mém. 1771 (1773), S. 240 ff., *Suite des réflexions* etc.

Der Name reziproke Gleichungen wurde von EULER (1707 bis 1783; Basel, Berlin, Petersburg) eingeführt. In seiner Abhandlung *De formis radicum aequationum cuiusque ordinis conjectatio* (1733)[421] hatte er die „Resolventen" (*aequatio resolvens*), auch ein ihm eigentümlicher, jetzt sehr gebräuchlicher Kunstausdruck, für die Gleichungen bis zum vierten Grade untersucht und gefunden, daß sie immer einen Grad niedriger seien als die zugehörige Gleichung. Im Bestreben, diesen Satz auch auf höhere Gleichungen auszudehnen, was ihm, wie wir jetzt wissen, nicht gelingen konnte, wählte er sich zunächst spezielle höhere Gleichungen, für die er eine Resolvente niedrigeren Grades anzugeben imstande war. So kommt er auf reziproke Gleichungen, worunter er Formen verstanden wissen will, die bei Ersetzung der Unbekannten $x$ durch ihren reziproken Wert $\frac{1}{x}$ sich nicht ändern.[421] EULER stellt die Gleichung:

$$y^4 + a y^3 + b y^2 + a y + 1 = 0$$

mit dem Produkt:

$$(y^2 + \alpha y + 1)(y^2 + \beta y + 1) = 0$$

zusammen und leitet durch Koeffizientenvergleichung eine Beziehung für $\alpha$ und $\beta$ ab. Diese besteht darin, daß beide die Wurzeln der Gleichung:

$$u^2 - a u + b - 2 = 0$$

sein müssen. In ähnlicher Weise wird hierauf die reziproke Gleichung 6. Grades, deren Resolvente sich vom 3. Grade ergibt, und schließlich die allgemeine Gleichung $(2n)^{\text{ten}}$ Grades mit einer Resolvente vom $n^{\text{ten}}$ Grad untersucht.

Quadratische Gleichungen mit mehreren Unbekannten nehmen ihren Ursprung in geometrischen Aufgaben, bei denen Flächenteilung oder Flächengleichheit eine Rolle spielen; zumeist ist es der Quadratensatz am rechtwinkligen Dreieck, der die quadratische Natur der Aufgabe bedingt. Älteste Beispiele bietet schon Ägypten.

Ein Londoner Papyrus von Kahun (um 1900 v. Chr.) enthält eine Aufgabe,[422] die sich zu decken scheint mit

$$x y = 12, \qquad x : y = 1 : \tfrac{3}{4}.$$

421 Comm. Ac. Petr. 6, 1732 u. 1733 (1738), S. 216—231, speziell S. 223: *Aequationes, quae posito $\frac{1}{y}$ loco y formam non mutant, voco reciprocas.* — 422 H. SCHACK-SCHACKENBURG II 982, Z. f. ägypt. Sprache u. Altertumskunde, 38, 1900, S. 138—139. — K. VOGEL, *Die Algebra der Ägypter* II 269, S. 150—151.

Gerechnet wird: $1 : \frac{3}{4} = 1\frac{1}{3}$; $1\frac{1}{3} \cdot 12 = 16$; $\sqrt{16} = 4 (= x)$; $4 \cdot \frac{3}{4} = 3 (= y)$. Ähnlich ist die Aufgabe Nr. 6 des Moskauer Papyrus, der auch aus dem mittleren Reich stammt; hier wird von einem Rechteck mit der Fläche 12 gehandelt, in dem die Breite $\frac{3}{4}$ der Länge beträgt. Die Rechnung verläuft in den gleichen Stufen.[423]

Ein Berliner Papyrusfragment,[424] wiederum aus dem mittleren Reich (um 1900 v. Chr.), auch in Kahun gefunden, verlangt 100 Quadratellen auf zwei Quadrate zu verteilen, deren Seiten sich wie $1 : \frac{3}{4}$ verhalten, stellt also in unserer Form die Aufgabe:

$$x^2 + y^2 = 100, \qquad x : y = 1 : \tfrac{3}{4}.$$

Der Gang der Rechnung[425] ist $\left(1^2 + \left[\frac{3}{4}\right]^2\right) x^2 = 100$; $\sqrt{\frac{25}{16}} \cdot x = 10$; $x = 10 : \frac{5}{4} = 8$, $y = \frac{3}{4} x = 6$. Eine Aufgabe auf einem zweiten Fragment ist noch sehr ungeklärt,[426] vielleicht behandelt sie die Beziehung $(2x)^2 + (\frac{3}{2} x)^2 = 400$.

Waren diese Beispiele mehr oder weniger rein quadratisch, so hat man in altbabylonischen Keilschrifttexten aus etwa derselben Zeit allgemeinere quadratische Aufgaben mit mehreren Unbekannten gefunden: da die babylonische Wissenschaft sumerisches Gut ist, so kommt die Datierung bis in das dritte Jahrtausend vor Christus!

Die bisher entzifferten Aufgaben sind bereits bei den quadratischen Gleichungen mit einer Unbekannten eingehend besprochen (vgl. S. 52 f.). Wir geben hier nur noch einmal des Zusammenhanges wegen die einzelnen Beispiele in einer Übersicht wieder:[251]

| | | | |
|---|---|---|---|
| $\frac{x}{7} + \frac{y}{7} + \frac{xy}{7} = 2$, | $x + y = 5\frac{5}{6}$ | um 1900 v. Chr., | S. 53, |
| $x^2 + y^2 = A$, | $y = \frac{a}{b} x - d$ | „ | S. 53, |
| $x^2 + y^2 = A$, $x = u + d_1$, | $y = \frac{a}{b} u + d_2$ | „ | S. 53, |
| $x - y + xy = 183$, | $x + y = 27$ | um 2000 v. Chr., | S. 54, |
| $\frac{1}{3} x + \frac{1}{8} y + xy = 15$, | $x + y = 7$ | „ | S. 54, |
| $(x - y)(x + y) + xy = 1\frac{2}{9}$, | $x + y = 1\frac{2}{3}$ | „ | S. 54, |
| $x + y = xy$, | $x + y + xy = 9$ | „ | S. 54, |
| $x + y = p$, | $x \cdot y = q$ | 250—200 v. Chr., | S. 54. |

Sicherlich ist babylonische Mathematik zu den Griechen gelangt, wahrscheinlich schon zu Zeiten des PYTHAGORAS, auf dessen Schule

---

423 K. VOGEL, *Der Moskauer Papyrus*[135], Arch. Gesch. Math. Nat. Techn. 13, 1931, S. 454—455. — 424 SCHACK-SCHACKENBURG[422], S. 135—138. Vgl. auch 40, 1902, S. 65—66. — 425 O. NEUGEBAUER, *Arithmetik und Rechentechnik der Ägypter*[II 978], Qu. u. Stud. B. 1, 1930, S. 308, 310—311. — K. VOGEL, *Die Algebra der Ägypter*[II 269], S. 151—152. — 426 SCHACK-SCHACKENBURG[422], daselbst 39, 1901, S. 65. — O. NEUGEBAUER[425], S. 311—312. — K. VOGEL[II 269], S. 152—153.

das algebraisch-geometrische zweite Buch der Elemente Euklids (um 325 v. Chr.) mit der Behandlung der quadratischen Gleichung in II, 4, 5, 6 zurückgeht; zum zweitenmal wohl zur Zeit Hipparchs (um 150 v. Chr.), wofür Heron Zeugnis ablegt (vgl. S. 67), zum drittenmal vor Diophants Auftreten (3. Jahrh. n. Chr.), vielleicht durch Vermittlung persischer Mathematiker. Die klassische griechische Mathematik, die Euklid hier vertritt, erfaßt das Problem in ihrer Art, rein geometrisch, und gibt sich so, als wenn gar keine rechnerischen Lösungen für die quadratischen Gleichungen bekannt wären.

Bis Euklid schweigt die Überlieferung über unsere Aufgabenart. Erst in seinen *Data*[427] erscheint der Satz: „Wenn der Flächeninhalt eines Parallelogramms mit gegebenem Winkel bekannt ist, ferner der Unterschied zwischen der größeren und kleineren Seite, dann sind auch die Seiten selbst bekannt". Nehmen wir ein Rechteck mit den Seiten $x$ und $y$, so bedeutet das den Ansatz

$$x - y = a, \qquad xy = b \quad \text{(S. 63)}.$$

Der Nachweis erfolgt mit Flächenanlegungen (Satz 59 der *Data*), wie wir sie bei der Lösung der quadratischen Gleichung mit einer Unbekannten kennen gelernt haben (vgl. S. 60).

Die nächsten beiden Sätze der *Data* führen zu den Gleichungen (S. 63):

Satz 85: $\qquad x + y = a, \qquad xy = b,$

Satz 86: $\qquad x^2 - y^2 = a, \qquad xy = b.$

Geometrisch ist auch noch das Gewand der Gleichungsaufgabe bei Heron (um 100 v. Chr.), der in einer Flächenteilung dazu geführt wird, zwei Größen aus ihrer Summe und ihrem Produkt:

$$x + y = a, \qquad xy = b$$

zu finden. Heron begnügt sich mit Angabe der Lösung; man darf daraus schließen, daß ihm die Zurückführung auf eine quadratische Gleichung und deren Lösung etwas ganz Bekanntes ist (vgl. S. 66 f.).

Hierher gehört auch eine Aufgabe des Feldmessers M. Junius Nipsus[428] (zweites Jahrhundert n. Chr.), der aus der Hypotenuse $c = 25$ und dem Inhalt $f = 150$ eines rechtwinkligen Dreiecks die Katheten berechnen will. Es wäre unser Gleichungssystem:

$$x^2 + y^2 = c^2 = 25^2, \qquad xy = 2f = 300.$$

Nipsus rechnet: $x + y = \sqrt{c^2 + 4f} = 1225$, $x - y = \sqrt{c^2 - 4f} = 5$ und findet nun leicht $x = 20$, $y = 15$. Woher die Aufgabe ent-

427 Euklid, *Opera* 6 II 492a, Satz 84, S. 164f. — 428 *Röm. Feldm.*[1462], I, S. 297. Dieselbe Aufgabe findet sich noch einmal bei Gerbert (um 980/982), vgl. *Opera*, ed. Bubnow[172], S. 91.

lehnt ist (NIPSUS ist natürlich nicht ihr Erfinder), läßt sich nicht feststellen.

Völlig arithmetisiert ist unsere Aufgabengruppe bei DIOPHANT[I 124] (zweite Hälfte des dritten Jahrhunderts n. Chr.). Wenn ihm auch eine Symbolik für mehrere Unbekannte fehlt, oder gerade weil sie fehlt, bilden solche Aufgaben ein Beispiel seiner blendenden Meisterschaft, durch geschickte und überraschende Wahl der unbekannten Größe, in der fast von Aufgabe zu Aufgabe gewechselt wird, eine Lösung zu erzwingen; blendend auch insofern, als sie dem geistigen Auge die Möglichkeit einer Einsicht in eine wirkliche Lösungsmethodik nicht gestattet. Zu unseren Aufgaben gehören u. a. aus seiner Sammlung:[429]

| | |
|---|---|
| I, 27 (30): $x+y=20, \quad xy=96,$ | I, 28 (31): $x+y=20, \quad x^2+y^2=208,$ |
| I, 29 (32): $x+y=20, \quad x^2-y^2=80,$ | I, 30 (33): $x-y=4, \quad x\cdot y=96,$ |
| I, 31 (34): $x=3y, \quad x^2+y^2=5(x+y),$ | I, 32 (35): $x=3y, \quad x^2+y^2=10(x-y),$ |
| I, 33 (36): $x=3y, \quad x^2-y^2=6(x+y),$ | I, 34 (37): $x=3y, \quad x^2-y^2=12(x-y),$ |
| I, 35 (38): $x=3y, \quad y^2=6x,$ | I, 38 (41): $x=3y, \quad y^2=6(x-y),$ |
| II, 6: $x-y=2, \quad x^2-y^2=(x-y)+20,$ | |
| IV, 1: $x^3+y^3=370, \quad x+y=10,$ | IV, 2: $x^3-y^3=504, \quad x-y=6.$ |

Einige Lösungen seien herausgegriffen:

I, 27 (30): $x+y=20$, $xy=96$. Bedingung: $\left(\frac{x+y}{2}\right)^2$ sei ein Quadrat $(x>y)$.

$$\begin{array}{l|l} \frac{1}{2}(x-y)=z & x=z+10 \\ \frac{1}{2}(x+y)=10 & y=10-z \end{array}$$

$$x\cdot y=(z+10)\cdot(10-z)=100-z^2=96, \quad z^2=4, \quad z=2, \quad x=12, \quad y=8,$$

I, 28 (31): $x+y=20; \quad x^2+y^2=208$

$$\begin{array}{l|l} \frac{1}{2}(x-y)=z & x=z+10 \\ \frac{1}{2}(x+y)=10 & y=10-z \end{array}$$

$$x^2+y^2=2z^2+200=208, \quad z^2=4, \quad z=2; \quad x=12, \quad y=8,$$

I, 31 (34): $x=3y, \quad x^2+y^2=5(x+y)$

$$y=z$$
$$x=3z$$

$$9z^2+z^2=5(3z+z),$$
$$10z^2=20z, \quad z=2; \quad x=6, \quad y=2,$$

IV, 1: $x^3+y^3=370, \quad x+y=10$

$$x=z+5$$
$$y=5-z$$

$$x^3+y^3=30z^2+250=370, \quad 30z^2=120, \quad z=2, \quad x=7, \quad y=3. —$$

Aus ALḪWĀRAZMĪs *Algebra*[II 372] (um 825 n. Chr.) sind folgende Beispiele anzuführen, in denen jedesmal die erste Gleichung $x+y=10$ lautet:[429a]

---

429 Die eingeklammerten Zahlen geben die Nummern der WERTHEIMschen Übersetzung[I 787]. — 429a Ed. ROSEN[II 372], S. 35—51.

| | | |
|---|---|---|
| $x \cdot y = 21$ | $x^2 = 4xy$ | $\frac{5x}{2y} + 5x = 50$ |
| $x^2 + y^2 = 58$ | $(x+y)^2 = 2\frac{7}{9}x^2$ | $y^2 = 81x$ |
| $x^2 - y^2 = 40$ | $y = 4x$ | $10x = y^2$ |
| $x^2 + y^2 = (x-y) + 54$ | $\frac{y}{x} + \frac{x}{y} = 2\frac{1}{6}$ | $xy:(y-x) = 5\frac{1}{4}$. |

Außerordentlich vermehrt wurde dieser Aufgabenstoff in der *Algebra* von ABŪ KĀMIL ŠOĠĀʿ (um 900, Ägypten)[214] — vgl. S. 42f., 75f. —; seine Sammlung wurde auch weidlich von den späteren Algebraikern ausgenutzt, so von ALKARḪĪ und ganz besonders von LEONARDO von Pisa. Ganz unbenutzt scheinen nur einige wenige Beispiele ŠOĠĀʿs geblieben zu sein, so

$$x + y = 10, \quad \left(\frac{6x}{y}\right) \cdot \frac{1}{3} + 6x = 56 \qquad \text{(Hebr. folio } 122^b\text{)},$$

$$x + y = 10, \quad \left(\frac{x}{y} + 10\right) y = 46 \qquad (\;\text{„} \quad \text{„} \quad 126^b),$$

$$x + y = 10, \quad \left(\frac{x}{y} + 10\right) x = 69 \qquad (\;\text{„} \quad \text{„} \quad 126^b),$$

$$x + y = 10, \quad \left(\frac{x}{y} + x\right)\left(\frac{y}{x} + y\right) = 35 \qquad (\;\text{„} \quad \text{„} \quad 129^a).$$

ALKARḪĪs Aufgabenbestand im *Alfaḫrī*[I 1325] an bestimmten Gleichungen ist sehr gering und meist unselbständig, höchstens in den Zahlenwerten abgeändert. Selbständig, so weit festzustellen, sind nur:

$$x = \tfrac{3}{4}y, \quad xy + x + y = 62 \qquad \text{(S. 87, II, 43)},^{430}$$

$$x + y = 10, \quad xy = 4x + 5 \qquad \text{(S. 87, II, 44)},$$

$$x + y = 10, \quad \left(\frac{10}{x} + \frac{10}{y}\right)^2 = 20 \qquad \text{(S. 111, IV, 25)},$$

$$x = 3y, \quad 8x^3 = z^2, \quad 8y^3 = z \qquad \text{(S. 129, V, 17)},$$

$$ax^3 = y^3, \quad bx^3 = y \qquad \text{(S. 130, V, 20)}.$$

Die Mehrzahl seiner Aufgaben gehört der unbestimmten Analytik an.

Im *Liber embadorum*[I 485] des jüdischen Gelehrten SAVASORDA (um 1100 n. Chr., Barcelona), den PLATO von Tivoli ins Lateinische übersetzt, sind nur wenig neue einschlägige Aufgaben zu finden:

$$\text{I, 15:} \quad x^2 + y^2 = 100, \quad x - y = 2,$$

$$\text{I, 18:} \quad x^2 + y^2 = 169, \quad xy = 60.$$

Der Perser ALBĪRŪNĪ (973—1048) überliefert[431] die bei den Arabern sehr beliebte Aufgabe: An je einem Ufer eines Flusses stehen verschiedene hohe Palmen ($AH = p$ und $BZ = q$) in einer bekannten

430 WOEPCKE[I 1325]. — 431 H. SUTER, *Das Buch der Auffindung der Sehnen im Kreise von Abū'l-Rachān Muḥ. el-Bīrūnī*, Bibl. math. $11_3$, 1910—1911, S. 42 bis 43, Aufg. 9.

Entfernung $AB$. Von ihren Gipfeln ($H$ und $Z$) stürzen sich zwei Vögel in gleicher Zeit auf einen Fisch ($E$). Gesucht wird die Entfernung des Fisches von $A$ und $B$, ferner die gleichlange Flugstrecke $HE$ und $EZ$ ($= z$). Albīrūnī löst diese Aufgabe geometrisch, Alkarḫī (um 1010, Bagdad) algebraisch. Aus $z^2 = p^2 + x^2 = q^2 + y^2$ ergibt sich $x^2 - y^2 = q^2 - p^2$ und, da $x + y = a$ bekannt ist, $x - y = \frac{q^2 - p^2}{a}$ und schließlich $2x = \frac{a^2 + q^2 - p^2}{a}$ und $2y = \frac{a^2 - q^2 + p^2}{b}$.[432]

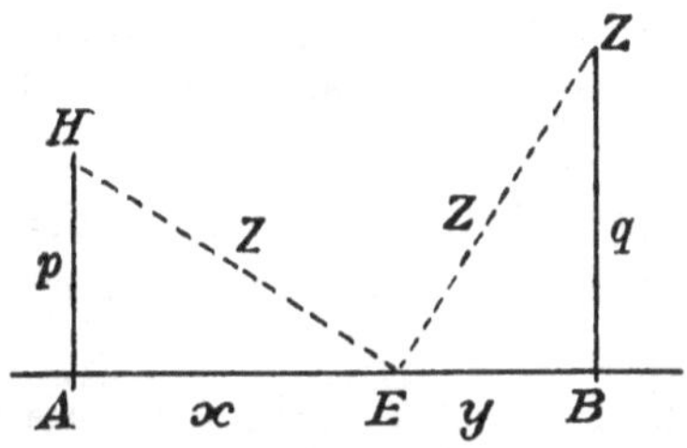


Fig. 22.

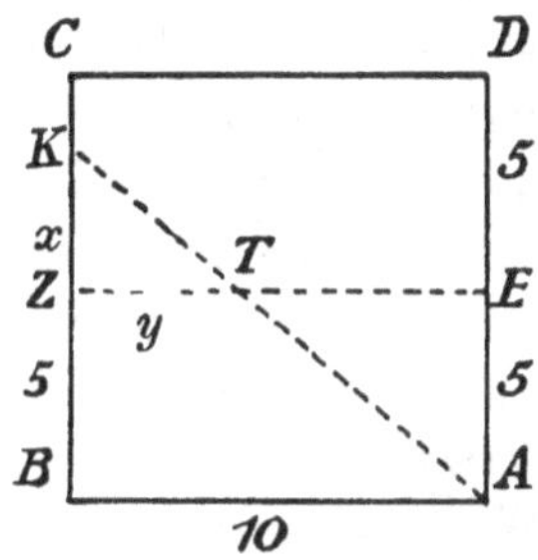


Fig. 23.

Aus der ersten Hälfte des XI. Jahrhunderts n. Chr. oder noch früher stammt eine arabische Handschrift, die folgende Aufgabe enthält:[433] halbiert $ZE$ ein Quadrat, so soll von der Ecke $A$ aus eine gerade Linie $ATK$ so gezogen werden, daß das Dreieck $ZKT$ ein bestimmter Teil des Quadrates ist (Beispiel: $AB = 10$, $\triangle KZT = 8$). Der Araber führt die beiden Unbekannten $KZ =$ chai($x$), $TZ =$ partie($y$) ein und rechnet nun, natürlich ganz und gar in Worten:

$$x : y = (x + 5) : 10,$$
$$10x = 5y + xy,$$
$$10x = 5y + 16,$$
$$y = 2x - 3\tfrac{1}{5}.$$

Durch Einsetzen in $xy = 16$ ergibt sich die quadratische Gleichung

$$x^2 = 8 + (1\tfrac{3}{5})x$$

mit der Lösung

$$x = \frac{4}{5} + \sqrt{8 + \frac{16/5}{5}},$$
$$y = \sqrt{34 + \frac{14/5}{5}} - 1\frac{3}{5}.$$

432 Dieselbe Aufgabe auch bei Leonardo von Pisa, *Liber abbaci*[130], S. 398. —
433 F. Woepcke, *Recherches*[II 2], J. Asiat. $4_5$, 1854, S. 381.

Leonardo von Pisa bearbeitete in seiner *Practica geometriae* (1220)[1694] Savasordas Schrift[1485], fügt aber viel Neues dazu, wie die Aufgaben:[434]

| | | |
|---|---|---|
| $y + \sqrt{x^2+y^2} = 16$<br>$x - y = 2;$ | $xy - y = 42$<br>$x - y = 2;$ | $x + y + \sqrt{x^2+y^2} = \frac{1}{2}xy$<br>$xy = 48$ |
| $x + y + \sqrt{x^2+y^2} = 24$<br>$x - y = 2;$ | $xy - x = 40$<br>$x - y = 2;$ | $\sqrt{x^2+y^2} - x = 2$<br>$x - y = 2.$ |

Erheblich schwierigere Aufgaben enthält das andere große Werk Leonardos, der *Liber abbaci* von 1228[130], in dem auch die Arithmetisierung bedeutend stärker herausgearbeitet ist. Eine große Anzahl der von Leonardo gegebenen Aufgaben ist freilich aus der Algebra Šoǵā's[214] (vgl. S. 42f. und 75f.) übernommen, so daß diesem ein guter Teil der Anerkennung gebührt, die man bisher dem Leonardo zuwandte. Indes sind vielfach Fortschritte über Šoǵā' hinaus wahrnehmbar.

Wir stellen zunächst die Aufgaben Šoǵā's zusammen, die auch in den Zahlen sich bei Leonardo wiederfinden (L. = Leonardo[130], Š. = Šoǵā'[214]).

1. L. 416 u. = Š. 130^a: $x + y = 10,\quad \left(\frac{x}{y}+10\right)\left(\frac{y}{x}+10\right) = 122\frac{2}{3}$ $\left.\right\}$ $x = 6,\ y = 4,$

2. L. 418 M. = Š. 125^b: $x + y = 10,\quad \frac{x}{y}(x-y) = 24$ $\left.\right\}$ $x = 8,\ y = 2,$

3. L. 419 o. = Š. 126^a: $x + y = 10,\quad \left(\frac{x}{y}+\frac{y}{x}\right)\cdot x = 34$ $\left.\right\}$ $x = 8,\ y = 2,$

4. L. 419 M. = Š. 128^b: $x + y = 10,\quad \left(\frac{x}{y}-\frac{y}{x}\right)\cdot x = 5$ $\left.\right\}$ $x = 6,\ y = 4,$

5. L. 429 M. = Š. 130^b: $x + y = 10,\quad y^2 - x\cdot\sqrt{8} = 40$ $\left.\right\}$ $x = 10+\sqrt{2}-\sqrt{42+\sqrt{800}},\ y = \sqrt{42+\sqrt{800}}-\sqrt{2},$

6. L. 430 o. = Š. 131^a: $x + y = 10,\quad x\sqrt{10} = y^2$ $\left.\right\}$ $x = 10+\sqrt{2\frac{1}{2}}-\sqrt{2\frac{1}{2}+\sqrt{1000}},\ y = \sqrt{2\frac{1}{2}+\sqrt{1000}}-\sqrt{2\frac{1}{2}},$

7. L. 430 u. = Š. 131^b: $x - y = 5,\quad x\sqrt{10} = y^2$ $\left.\right\}$ $x = 5+\sqrt{2\frac{1}{2}}+\sqrt{2\frac{1}{2}+\sqrt{250}},\ y = \sqrt{2\frac{1}{2}}+\sqrt{2\frac{1}{2}+\sqrt{250}},$

8. L. 434 M. = Š. 132^b/4^a: $x + y = 10,\quad \frac{x}{y}+\frac{y}{x} = \sqrt{5}$ $\left.\right\}$ $x = \sqrt{125}-5,\ y = 15-\sqrt{125},$

434 *Scritti* II[1694], S. 63—70.

9. L. 439 M. = Š. 135[a/b]: $x + y = 10$, $\left(\frac{x}{y}\right)^2 - \left(\frac{y}{x}\right)^2 = 2$; $x = 10 + \sqrt{50} - \sqrt{\sqrt{5000} + 50}$, $y = \sqrt{\sqrt{5000} + 50} - \sqrt{50}$,

10. L. 447/8 = Š. 143[b]: $xz = y^2$, $y^2 + z^2 = x^2$, $yz = 10$; vgl. S. 112,

11. L. 448—451 = Š. 144[a]: $x + y + z = 10$, $y^2 + z^2 = x^2$, $xz = y^2$; vgl. S. 112,

12. L. 451 = Š. 146[a/b]: $x + y = 10$, $x - 2\sqrt{x} = y + 2\sqrt{y}$; $x = 9$, $y = 1$,

13. L. 454 = Š. 150[b]/150[a]: $x + y = 10$, $\frac{10}{x} + \frac{10}{y} = 6\frac{1}{4}$; $x = 2$, $y = 8$.

In Aufgabe Nr. 1 erhält man durch Multiplikation $\frac{x}{y} + \frac{y}{x} = \frac{13}{6}$. Hier wird $\frac{x}{y}$ als neue Unbekannte (etwa $z$) aufgefaßt und $\frac{x}{y} = \frac{3}{2}$ berechnet. In den Aufgaben Nr. 2 bis Nr. 6 ist immer $y = 10 - x$ eingesetzt. Nr. 5 ist von Leonardo richtig gelöst, Šoǵā' hat mit einem Zeichenfehler $x = \sqrt{42 - \sqrt{800}} - 10 - \sqrt{2}$. Die Behandlung der Aufgabe 8 bildet einen Glanzpunkt. Alḫwārazmī hatte schon die Aufgabe: $x + y = 10$; $\frac{x}{y} + \frac{y}{x} = 2\frac{1}{6}$ mit $x = 6$, $y = 4$.[435] Danach bildete sich Šoǵā' (134[b]): $x + y = 10$; $\frac{x}{y} - \frac{y}{x} = \frac{5}{6}$ und Leonardo (438, Z. 8ff.): $x + y = 10$; $\frac{x}{y} + \frac{y}{x} = 3\frac{1}{3}$. Das Auftreten von $\sqrt{5}$ als Konstante erschwert die Rechnung. Aus $y = 10 - x$ ergibt sich $xy = 10x - x^2$, mit Hilfe der 2. Gleichung dann: $(2 + \sqrt{5})x^2 + 100 = (20 + \sqrt{500})x$ und nach Multiplikation mit $(\sqrt{5} - 2)$:

$$x^2 + (\sqrt{50000} - 200) = 10x, \quad \text{also} \quad x = 5 - \sqrt{225 - \sqrt{50000}}$$

(*5 minus radice differentiae quae est inter 225 et radicem 50000*). Mit diesem Wert begnügt sich Šoǵā'; Leonardo gibt die weitere Vereinfachung zu $x = \sqrt{125} - 5$.[436] Jetzt wird von beiden eine zweite Methode angewendet und $\frac{y}{x}$ als Zwischenunbekannte ‚Ding', etwa $z$, eingeführt,[437] also $\frac{x}{y} = \sqrt{5} - z$. Dies führt zur quadratischen

435 Rosen[II 372], S. 44, *Libri*[II 372], S. 280—281; auch bei Alkarḫī, *Faḫrī* III 10, ed. Woepcke[I 1325], S. 91—92. — 436 L.[I 80], 434, Z. 15—7 v. u. — 437 L. 436, Z. 1 v. u.: $\sqrt{5}$ so in zwei Teile zu zerlegen, daß ihr Produkt gleich 1 ist. L. nennt die neue Unbekannte *Denarius*, 435, Z. 4 v. u.

Gleichung $z^2 - \sqrt{5}\cdot z + 1 = 0$ mit $z = \sqrt{\frac{5}{4}} - \frac{1}{2}$. Nun wird zu $x$ zurückgekehrt: $10 - x = (\sqrt{\frac{5}{4}} - \frac{1}{2})\, x$, woraus $x = \frac{10}{\sqrt{\frac{5}{4}} + \frac{1}{2}} = \sqrt{125} - 5$ sich ergibt. Hier hat ŠoǴĀ' also auch den vereinfachten Wert von $x$ (133[b] o.). Dann wird noch eine kombinierte Methode benutzt. Ist $\frac{10 - x}{x} = z$, also $xz = 10 - x$, so wird $\frac{x}{10 - x} = \sqrt{5} - z$, mithin $x = (10 - x)(\sqrt{5} - z) = \sqrt{500} - 10z - \sqrt{5x^2} + zx$. Hier $xz = 10 - x$ eingesetzt, ergibt $z = 1 + \sqrt{5} - \frac{1}{5}x - \sqrt{\frac{1}{20}x^2}$. Daraus folgt, da $z = \frac{10 - x}{x}$, die quadratische Gleichung in $x$ nach der ersten Methode.

Interessant ist Aufgabe 10), die drei Unbekannte aufweist. ŠoǴĀ' setzt nach der ersten Gleichung $x = \frac{100}{z^3}$, $y = \frac{10}{z}$, $z = z$. Die mittlere Gleichung liefert alsdann: $z^8 + 100\,z^4 - 10000 = 0$, woraus sich ergibt $z = \sqrt[4]{\sqrt{12500} - 50}$. ŠoǴĀ' bricht hier ab; Leonardo rechnet weiter und findet

$$y = \sqrt[4]{\sqrt{12500} + 50}\,; \qquad x^2 = \sqrt{\sqrt{12500} + 50} + \sqrt{\sqrt{12500} - 50}\,.$$

Auf die Vereinfachung zu $x^2 = 10\cdot\sqrt{\sqrt{5} + 2}$ kommt Leonardo nicht.

Aufgabe 11) wird von ŠoǴĀ' und genau so von Leonardo nach der Methode des falschen Ansatzes gelöst. ŠoǴĀ' setzt vorläufig $\bar{z} = 1$ und berechnet die zugehörigen Werte von $x$ und $y$: $\bar{x} = \sqrt{\frac{5}{4}} + \frac{1}{2}$, $\bar{y} = \sqrt{\sqrt{\frac{5}{4}} + \frac{1}{2}}$. Die Summe der drei Unbekannten wird dann aber nicht 10, sondern

$$\bar{S} = \sqrt{\sqrt{\tfrac{5}{4}} + \tfrac{1}{2}} + \sqrt{\tfrac{5}{4}} + \tfrac{1}{2} + 1\,.$$

Daher läßt sich auf die Proportion schließen $\bar{S} : 10 = 1 : z$: der richtige Wert von $z$ ist also $= \frac{10}{\bar{S}}$. Dieser Wert wird in sehr unübersichtlicher Rechnung ermittelt als

$$z = 5 - \sqrt{\sqrt{3125} - 50}\,.$$

Daß dies der Proportinalitätsfaktor auch für die andern beiden Unbekannten $x = \bar{x}\cdot z$ und $y = \bar{y}\cdot z$ ist, übersieht ŠoǴĀ' wie Leonardo. Um $x$ zu finden, wird ein erneuter falscher Ansatz vorgenommen mit $\bar{\bar{x}} = 1$ und $\bar{\bar{z}}$ als Unbekannte, so daß $\bar{\bar{y}} = \sqrt{\bar{\bar{z}}}$. Das Resultat ist $x = 2\frac{1}{2} + \sqrt{31\frac{1}{4}} - \sqrt{\sqrt{781\frac{1}{4}} - 12\frac{1}{2}}$. Schließlich wird $y = 10 - z - x$.

In Aufgabe 12 wird eine neue Unbekannte als „Ding“, etwa $u$, eingeführt mit $x = 5 + u$, $y = 5 - u$. Die Bestimmungsgleichung für $u$ wird rein quadratisch.

Aufgabe 13 heißt bei Šoǵā' $x + y = 10$, $\frac{10}{x} + \frac{10}{y} = 6\frac{1}{4}$: er weist aber nach, daß dann auch $\frac{10}{x} \cdot \frac{10}{y} = 6\frac{1}{4}$ ist. Nun ersetzt Š. die 10 der zweiten Gleichung durch $x + y$, erhält $\frac{y}{x} + \frac{x}{y} = \frac{17}{4}$ und setzt (vgl. S. 111, Bemerkung zu Nr. 1) $\frac{y}{x} =$ ‚Ding', wodurch er in bekanntes Fahrwasser kommt und abbricht. Leonardo fügt eine neue Methode hinzu; er setzt $x = 2 + u$, $y = 8 - u$. Aus $x \cdot y = \frac{10 \cdot 10 \cdot 4}{25} = 16$ leitet er eine quadratische Gleichung ab, die die Wurzel $u = 0$ hat: „*invenies, rem esse nichil*" (L. 455, Z. 6 v. u., du wirst finden, daß die Unbekannte Null ist). Es ist dies einer der wenigen Fälle, in denen $x = 0$ als Wurzelwert anerkannt ist (vgl. auch Bd. II³, S. 75). Diese Erkenntnis fehlt Šoǵā', wie überhaupt den Arabern.

Leonardo ist nicht der einfache Abschreiber: er hat sich mit einer gewissen Kritik die besseren Aufgaben Šoǵā''s herausgesucht und selbständig überrechnet. Bei einigen hat er auch die Zahlen geändert, wie bei:

14) L. 410 u.: $x + y = 12$, $27y = x^2$ $(x = 9,\ y = 3)$ statt Š. 112^a,b: $x + y = 10$, $9y = x^2$, $(x = 6,\ y = 4)$

15) L. 418 o.: $x + y = 10$, $\left(\frac{x}{y} + \frac{y}{x} + 10\right)y = 114$ $(x = 2,\ y = 8)$ „ Š. 128^a: $x + y = 10$, $\left(\frac{x}{y} + \frac{y}{x} + 10\right)y = 73$, $(x = 4,\ y = 6)$

16) L. 488 M.: $x + y = 12$, $\left(\frac{x}{y}\right)^2 + \left(\frac{y}{x}\right)^2 = 4$ $x = \sqrt{72} + 6 - \sqrt{108}$ „ Š. 134^a,b: $x + y = 10$, $\left(\frac{x}{y}\right)^2 + \left(\frac{y}{x}\right)^2 = 3$, (auf Nr. 8 zurückführbar)

17) L. 441 M.: $x + y = 10$, $\frac{y}{x} + \frac{x}{y} = 3$ $(x = 5 + \sqrt{5},\ y = 5 - \sqrt{5})$ „ Š. 134^b: $x + y = 10$, $\frac{y}{x} - \frac{x}{y} = \frac{5}{6}$. $(x = 4,\ y = 6)$

Mehr Aufgaben, als Leonardo sich aus Šoǵā''s Algebra aussucht, fügt er selbständig hinzu. Nur einige seien angeführt:

18) L. 411 M.: $x + y = 10$, $x^2 + y^2 = 62\frac{1}{2}$, $(x = 7\frac{1}{2},\ y = 2\frac{1}{2})$,

19) L. 416 M.: $x + y = 12$, $\frac{xy}{x - y} = 4\frac{1}{2}$, $(x = 9,\ y = 3)$,

20) L. 419 u.: $x + y = 10$, $\frac{x}{y} + y = 5\frac{1}{2}$, $(x = 6,\ y = 4)$,

21) L. 420 o.: $x + y = 10$, $\left(\frac{x}{y} + x\right) \cdot y = 30$, $(x = 6,\ y = 4)$,

22) L. 428 M.: $x + y = 10$, $\frac{xy}{x - y} = \sqrt{6}$, $(x = 5 - \sqrt{6} + \sqrt{31},\ y = 5 + \sqrt{6} - \sqrt{31})$,

23) L. 431 o.: $y = x + 5$, $x\sqrt{10} = y\sqrt{8}$, $(x = \sqrt{500} + 20,\ y = \sqrt{500} + 25)$,

24) L. 440 u.: $x + y = 10, \quad \frac{10}{x} + \frac{10}{y} = 5, \qquad (x = 5 + \sqrt{5},\ y = 5 - \sqrt{5}),$

25) L. 446: $y = 3x, \quad (x + \sqrt{x})(y + \sqrt{y}) = 10y, \quad (x = 10\frac{2}{3} - \sqrt{\sqrt{133\frac{1}{3}} + 13\frac{4}{9}}),$

26) L. 454 o.: $x + y = 10, \quad y + 2\sqrt{y} = \sqrt{x} \cdot \sqrt{y}, \quad (x = 9, \quad y = 1),$

27) L. 458: $x + y = 10, \quad \frac{40}{x} \cdot \frac{50}{y} = 125,$

28) „ $x + y = 10, \quad \frac{10}{x} \cdot \frac{10}{y} = 20\frac{1}{4},$

29) „ $x + y = 10, \quad \frac{40}{x} \cdot \frac{40}{y} = 625,$

(27–29) sind nicht zu Ende gerechnet.

Zu den Aufgaben Šoǵā's, die Leonardo nicht für sich auswählte, gehören die folgenden, bei denen immer die erste Gleichung $x + y = 10$ ist:

113ᵃ: $x \cdot y = 21$, $x = 3;\ y = 7$ — 114ᵃ: $x^2 - y^2 = 80$, $x = 9;\ y = 1$ — 117ᵃ: $\frac{x}{y} - \frac{y}{x} = \frac{5}{6}$, $x = 6;\ y = 4$

122ᵇ: $\left(\frac{6x}{y}\right) \cdot \frac{1}{3} + 6x = 56$, $x = 8;\ y = 2$ — 126ᵇ: $\left(\frac{x}{y} + 10\right) y = 46$, $x = 6;\ y = 4$ — 126ᵇ: $\left(\frac{x}{y} + 10\right) x = 69$, $x = 6;\ y = 4$

129ᵃ: $\left(\frac{x}{y} + x\right)\left(\frac{y}{x} + y\right) = 35$, $x = 6;\ y = 4$ — 130ᵇ: $\left(\frac{x}{y} + 10\right)\left(10 - \frac{y}{x}\right) = 107\frac{1}{3}$. $x = 6;\ y = 4$

Welcher Gegensatz wieder bei Jordanus Nemorarius (vgl. Bd. $\text{II}^3$, S. 48–49)! Die dunkle allgemeine Sprachform, das Verdecken der Ableitungen beim Rechnen, die Wiedergabe mehr der Resultate als der Rechnungen macht das Durcharbeiten seines *Tractatus de numeris datis*[1535] ungleich schwieriger als das Studium des flüssig hingeworfenen *Liber abbaci* Leonardos. An Materialreichtum ist diesem aber Jordanus doch über. Im Vergleich zu Savasorda ist die Arithmetisierung auf der höchsten Höhe, die damals überhaupt erreichbar war. Wir sehen deutlich eine Fortführung von Diophants Arbeit. Des letzteren Kombinationen zwischen Summen, Differenzen, Produkten, Quadratsummen usw. der Unbekannten werden weiter ausgebaut; Quotienten, Summen von Quotienten, Proportionen kommen hinzu. Das System $x + y = a$, $xy = b$ (I, 3) ist Jordans Grundform; immer wieder führt er spätere Aufgaben zurück auf sie oder auf solche, die durch sie gelöst werden. Ja, er reitet das Prinzip so unentwegt, daß er z. B. $(x + 6)x = 40$ (I, 7) nicht als einfache quadratische Gleichung auffaßt, sondern mit Hilfe von $(x + 6) - x = 6$ auf I, 5: $x - y = a$, $xy = b^2$ zurückführt — eine Aufgabe, die ihrerseits mit I, 3 durch $x + y = \sqrt{(x - y)^2 + 4xy}$ zu lösen ist. Jordanus begnügt sich mit dem Nachweis der Lösbarkeit, ohne die Lösung selbst zu erstreben. Der Stoff ist überaus reichhaltig und modernen Verfassern von Aufgabenbüchern ans Herz zu legen. Sehr zahlreich sind die Aufgaben mit mehr als zwei Unbekannten; einige erinnern an das Epanthem des THYMARIDAS I, 2; II, 15—28). Der falsche Ansatz wird auch benutzt (II, 27), dabei auf ein *Opus Arabum* Bezug genommen. Nur einige Aufgaben mit mehr als zwei Unbekannten seien angeführt, weil sie einen systematischen Fortschritt darstellen (Zählung nach CURTZE[1535]):

$$\text{II, 10.}\quad \begin{aligned} x+y&=20\\ x:z&=2\\ z+u&=12\\ y:u&=1\tfrac{1}{2};\end{aligned}\qquad \text{II, 13.}\quad \begin{aligned} x+y&=15\\ x:z&=3\\ z+u&=9\\ y-u&=2;\end{aligned}\qquad \text{II, 14.}\quad \begin{aligned} x+y&=12\\ x:z&=\tfrac{3}{2}\\ z+u&=10\\ y\cdot u&=36;\end{aligned}$$

$$\text{III, 10.}\quad \begin{aligned} x:y&=y:z\\ x+y+z&=3\\ x:z&=m^2;\end{aligned}\qquad \text{III, 12.}\quad \begin{aligned} x:y&=y:z\\ x+z&=34\\ y+z&=24;\end{aligned}$$

$$\text{III, 13.}\quad \begin{aligned} x:y&=y:z\\ x+z&=25\\ x+y&=28;\end{aligned}\qquad \text{III, 20.}\quad \begin{aligned} x+y+z+u&=35\\ x:y&=z:v\\ x-y&=5\\ z-v&=2.\end{aligned}$$

Für die Folgezeit können wir uns etwas kürzer fassen.

In dem Briefwechsel zwischen REGIOMONTAN und BIANCHINI (um 1461) stellt der letztere die bescheidenen Aufgaben:

$$\text{I.}\quad \begin{aligned} x:y&=5:8\\ x\cdot y&=x+y;\end{aligned}\qquad \text{II.}\quad \begin{aligned} x+y&=10\\ \frac{x}{y}+\frac{y}{x}&=25;\end{aligned}\qquad \text{III.}\quad \begin{aligned} x+8&=y\\ \frac{100}{x}+\frac{100}{y}&=40,\end{aligned}$$

die sein großer Gegner glänzend löst, steht dann aber dessen schweren Beispielen

$$\text{IV.}\quad \begin{aligned} x-y&=5\\ x^2\cdot y^2&=250;\end{aligned}\qquad \text{V.}\quad \begin{aligned} \sqrt{x}\cdot\sqrt[3]{y}&=25\\ x+y&=100\end{aligned}$$

ratlos gegenüber, da er in der Behandlung irrationaler Zahlen versagt. In Aufg. V setzt REGIOMONTAN $x = 50 - x'$ und $y = 50 + x'$.[437a]

In den bedeutenderen Werken sind stets Aufgaben unserer Art nachzuweisen; wir treffen auf sie in PACIOLIS *Summa* (1494), und besonders in CARDANOS *Practica arithmetice* (1539).

PACIOLI bringt eine neue Idee. Bei der Aufgabe, zwei Zahlen zu finden, deren Summe und Produkt bekannt ist, wie etwa

$$x + y = 15, \qquad xy = 36,$$[438]

437a *Briefwechsel*[1333a]: Aufg. I, S. 209, Z. 17ff.; S. 231 unten. Aufg. II, S. 209, Z. 19; S. 232, Z. 14. Aufg. III, S. 237, Nr. 2; S. 256, Z. 9f.; S. 278. Aufg. IV, S. 219, Nr. 5; S. 236, Z. 19f.; S. 253, Z. 24. Aufg. V, S. 262, Nr. 20 ($\sqrt[3]{y}$ statt $\sqrt[2]{y}$ wohl Irrtum von REGIOMONTANS). — 438 *Summa*[118], folio 91 r⁰.

läßt er den Wert der Summe unbestimmt und bezeichnet sie mit seinem Unbekanntensymbol 1 *co.* (= *cosa*, vgl. Bd. II[3], S. 138). Aus

$$x + y = 1\,co., \qquad xy = 36$$

gibt er dann die beiden gesuchten Zahlen

$$\tfrac{1}{2}co. - \sqrt{\tfrac{1}{4}ce. - 36} \quad \text{und} \quad \tfrac{1}{2}co. + \sqrt{\tfrac{1}{4}ce. - 36}\,,$$ [439]

wo *ce.* = *census* das Quadrat von *co.* (Bd. II[3], S. 138) bedeutet. Dann[440] geht er an die Aufgabe, immer in die modernen Zeichen umgesetzt,

$$x + y + z = s = 14,$$
$$x \cdot z = y^2$$

und setzt $y = 1\,co.$, so daß $x + z = 14 - 1\,co.$, $xz = 1\,ce.$ und

$$\left.\begin{matrix} x \\ z \end{matrix}\right\} = 7 - \tfrac{1}{2}co. \pm \sqrt{49 - 7\,co. - \tfrac{3}{4}ce.}$$

Das wäre beinahe als eine Art Buchstabenrechnen anzusehen, wenn man 1 *co.* als unbestimmte bekannte Zahl wie unser $a$ auffaßt.[441]

Mit diesen Hilfsmitteln sucht er die Aufgabe des Šoǵā' und Leonardo von Pisa (vgl. S. 111, Nr. 11)

$$1)\ x + y + z = 10, \qquad 2)\ xz = y^2, \qquad 3)\ y^2 + z^2 = x^2$$

zu zwingen. Er setzt $x = 1\,co.$, so daß 1) und 3) zu $1^a)\ z + y = 10 - 1\,co.$ und $3^a)\ y^2 + z^2 = 1\,ce.$ wird. Addiert er zu $3^a)$ $2yz$, so erhält er das Quadrat von $1^a)$:

$$1\,ce. + 2yz = 100 - 20\,co. + 1\,ce.,$$

woraus

$$yz = 50 - 10\,co.$$

folgt. Aus $y + z = 10 - 1\,co.$ und $yz = 50 - 10\,co.$ errechnet Pacioli

$$\left.\begin{matrix} y \\ z \end{matrix}\right\} = 5 - \tfrac{1}{2}co. \pm \sqrt{\tfrac{1}{4}ce. + 5\,co. - 25}\,.$$

Setzt er jetzt diese Werte in 2) $xz = y^2$ ein, so kommt er nicht weiter, da sich eine biquadratische Gleichung für $z$ ergibt. Daher fängt er noch einmal von vorn an und versucht $y = 1\,co.$ zu setzen; aber auch hier kommt er schließlich zu einer Gleichung 4. Grades.

Beim dritten Angriff verläßt P. seine neue Methode. Aus 2) $xz = y^2$ und 3) $z^2 + y^2 = x^2$ leitet er jetzt ab

$$z^2 + xz = x^2 \qquad \text{oder} \qquad (x + z) : x = x : z;$$

hierdurch erkennt er, daß $x + z$ in den Teilen $x$ und $z$ stetig geteilt ist. Nun nimmt er für $x + z$ eine Versuchszahl an, 10 (Leonardo hatte $z = 1$ versucht), und findet

---

[439] Fol. 91 v° links oben am Rand: *½ co. m̃. ℞ v. ¼ ce. m̃. 36* und *½ co. p̃. ℞ v. ¼ ce. m̃. 36.* — [440] Fol. 92 r°, Z. 9ff. — 2[a] Fol. 92 r° unten rechts am Rande: *7 m̃. ½ co. m̃. ℞ V. 49. m̃. 7. co. m̃. ¼ ce.* — [441] Vgl. J. W. L. Glaisher[II 115], Mess. of Math. 56, 1927, § 24—25, S. 49—50.

$$\bar{x} = \sqrt{125} - 5\,,$$
$$\bar{z} = 15 - \sqrt{125}\,.$$

Nach Gleichung 2) ist $y$ die mittlere Proportionale zwischen $x$ und $z$; sonach wird

$$\bar{y} = \sqrt{\sqrt{50000} - 200}.$$

Die Summe dieser drei Versuchswerte ist

$$\bar{x} + \bar{y} + \bar{z} = 10 + \sqrt{\sqrt{50000} - 200}$$

statt, wie die Aufgabe vorschreibt, 10. Sonach ist $\frac{10}{10 + \sqrt{\sqrt{50000} - 200}}$ der gesuchte Proportionalitätsfaktor, mit dem $\bar{x}$, $\bar{y}$, $\bar{z}$ zu multiplizieren ist, um $x$, $y$, $z$ zu erhalten.

Aus CARDANOS *Practica arithmetice*[II 279] heben wir folgende Beispiele heraus:

| | |
|---|---|
| $xy + x + y = 10\,,$ | $x^2 + y^2 = 20\,,$[442] |
| $xy = 8\,,$ | $x^2 + y^2 + x + y = 27\,,$[443] |
| $(x - y)(x^2 - y^2) = 10\,,$ | $(x + y)(x^2 + y^2) = 20\,,$[444] |
| $(x - y)^2 = xy\,,$ | $x^2 + y^2 = 20$[445] |

und aus der *Ars magna*[II 74]:

| | |
|---|---|
| $x + y + z = 6\,,\quad y^2 = xz\,,$ | $x^2 + y^2 = 4\,,$[446] |
| $(x - y)(x^3 - y^3) = 10\,,$ | $(x + y)(x^3 + y^3) = 30\,,$[447] |
| $x^5 + y^5 = 20\,,$ | $(x^2 + y^2)(x^3 + y^3) = 25\,,$[448] |
| $x^2 \pm y^2 = a\,,$ | $x^3 \pm y^3 = b\,,$[449] |
| $x^2 \pm y^2 = a\,,$ | $x^2 y \pm x y^2 = b\,,$[449] |
| $xy = b\,,$ | $x^3 + y^3 = 100\,.$[450] |

In Deutschland wurde die Schrift des JORDANUS NEMORARIUS eingehend studiert; RIESE hatte sogar eine Bearbeitung davon unter Anwendung der cossischen Bezeichnungsweise begonnen. Eine Reihe wichtiger Aufgaben gibt RUDOLFFS *Coß* (1525); das Beispiel $x - y = a$, $xy = b$[451] löst er, indem er $x = a + y$ in das Produkt einsetzt und die sich ergebende quadratische Gleichung nach den bekannten Vorschriften behandelt. Die ausführlichste Berücksichtigung in der deutschen Coß widmete M. STIFEL unseren Gleichungen; ein Anhang zur Neuausgabe der RUDOLFFschen *Coß* (1552)[452] bietet eine sehr

442 *Op.* 4[I 558], fol. 86, col. 2 Mitte: *Regula de duplici.* — 443 fol. 87, col. 2, Z. 4f. — 444 fol. 167, col. 1, Z. 1ff. — 445 fol. 167, col. 2 Mitte. — 446 *Lib.* X, cap. 39, quaestio 8, fol. 76. *Op.* 4, fol. 297. — 447 *Op.* 4, fol. 281, col. 1. — 448 Daselbst col. 2. — 449 fol. 283. — 450 fol. 285. — 451 RUDOLFFS *Coß*, 1525[II 835], Bl. Xiiij, Nr. 6. — 452 Neuausg. v. RUDOLFFS *Coß*, 1553[I 338], S. 463ff.

reichhaltige Sammlung zum Teil recht schwieriger Aufgaben, unter denen wir eine ganze Anzahl von guten Bekannten aus modernen Aufgabenwerken antreffen. Wir erwähnen die folgenden Nummern seines Anhangs:

11) $x - y = 6$
$(x^2 + y^2)\cdot(x^3 - y^3) = 108576$;

14) $xy + x + y = 573$
$x^2 + y^2 - x - y = 1716$;

18) $(x + y)\cdot(x^2 + y^2) = 539200$
$(x - y)\cdot(x^2 - y^2) = 78400$;

19) $(x + y)\cdot(x^2 - y^2) = 675$
$(x - y)\cdot(x^2 + y^2) = 351$;

22) $x + xy + xy^2 = 74$
$x^2 + x^2y^2 + x^2y^4 = 1924$;

24) $(x + xy^2)\cdot(x + xy^2 - xy) = 90720$
$(x + xy^2 - xy)\cdot(x + xy + xy^2) = 117936$.

(Vgl. die Ausrechnung von Nr. 19 im Anhang II, Nr. 51 e.)

Aus der *Arithmetica integra*[I 23] (1544) sind folgende Aufgaben mit 3 Unbekannten behandelt, zum Teil im Anschluß an CARDANO:

fol. 312 v⁰: $x + y + z = 76$
$y^2 = xz$
$y(x + z) = 1248$;

fol. 313 r⁰: $(x + z)\cdot(x + z - y) = 4335$
$(x + z - y)\cdot(x + y + z) = 6069$
$y^2 = xz$;

fol. 314 r⁰: $x + y + z = 182$
$xy + yz + xz = 7644$
$y^2 = xz$;

fol. 314 r⁰: $x + y + z = 78$
$\frac{78}{x} + \frac{78}{y} + \frac{78}{z} = 18\frac{7}{9}$
$y^2 = xz$.

Man sieht aus diesen Beispielen, daß STIFEL sich entschieden auf dem Höhepunkt befindet, soweit Aufgaben der heutigen Schulmathematik in Rede kommen, und es ist natürlich, daß wir bei späteren Schriftstellern fast nur auf Wiederholungen stoßen.

## 5. Die Gleichungen dritten Grades.

Ebenso weit zurück in die Vergangenheit wie die Geschichte der quadratischen Gleichungen führt uns die der kubischen. Hatte aber schon der Beginn des zweiten vorchristlichen Jahrtausends bei den ersteren in Altbabylonien die algebraische Lösung gebracht, so war der Entwicklungsgang für die Gleichungen 3. Grades außerordentlich viel langsamer. Die babylonische Lösung (um 1900 v. Chr.) ist mehr ein Abschätzen auf Grund von Tabellen als ein Lösen. ARCHIMEDES gab mit Hilfe von Kegelschnitten an einzelnen Beispielen eine geometrische Lösung; dieses Verfahren bauten die Araber mit Beginn des 11. Jahrhunderts nach Christus zu einer allgemeinen Methode aus. Aber erst in der Mitte des zweiten Jahrtausends n. Chr. gelang den italienischen Mathematikern der Renaissance die algebraische Durchführung. Der späteren Zeit gehören Verfeinerungen nach verschiedenen Richtungen hin an, auch unter Heranziehung höherer Teile der mathematischen Disziplinen. —

Babylonische Keilschrifttexte,[452a] die den ältesten der für die quadratischen Gleichungen angeführten Texte (vgl. S. 52f.) nahe stehen — um 1800 v. Chr. —, bringen Aufgaben kubischer Art: auch diese sind bereits von geometrischen, feldmesserischen Problemstellungen losgelöst und zeigen rein formalalgebraischen Charakter. Das Hauptrecheninstrument dieser uralten Mathematik, die sicher auf sumerische Wissenschaft zurückgeht, waren Tabellen: die Resultate von Multiplikationen und Divisionen standen in dieser Form dem Rechner stets bereit; andere Tafeln enthielten wieder nur Quadratzahlen und konnten dem Quadratwurzelziehen dienstbar gemacht werden. So ermöglichten umfangreiche Tafeln von Kubikzahlen die Auswertung rein kubischer Aufgaben bzw. Gleichungen. Ein Beispiel lautet in heutiger Symbolik:[138]

$$V = xyz = 1\tfrac{30}{60}, \quad y = x, \quad z = 12x$$

und führt auf

$$x = \sqrt[3]{\tfrac{1}{12}V} = \tfrac{1}{2}, \quad y = \tfrac{1}{2}, \quad z = 6.$$

Die benutzten Fachwörter für die Unbekannten: Länge, Breite, Tiefe, für $xy$: Querschnitt, für $xyz$: Volumen zeigen allerdings geometrischen Ursprung; aber die Durchführung ist rein algebraisch.

Ein zweites Beispiel:

$$xyz + xy = 1\tfrac{10}{60}, \quad y = \tfrac{40}{60}x, \quad z = 12x$$

wird auf

$$(12x)^3 + (12x)^2 = 4 \cdot 60 + 12\,(= 252)$$

umgerechnet, woraus sofort die Lösung $(12x) = 6$ gefolgert wird; wie, wird nicht gesagt. Ein glücklicher Zufall macht aber auf eine Tabelle aufmerksam, die die Summen der Kubik- und Quadratzahlen $n^3 + n^2$ für $n = 1, \ldots 60$ enthält.[453] Ihre Verwendung ist jetzt durch das obige Beispiel augenscheinlich. Ebenso wird ein weiteres Beispiel:

$$xyz = 1\tfrac{45}{60}\,(= 1\tfrac{3}{4}), \quad y = x, \quad z = 12x + 1$$

mit $x = \frac{1}{2}$ gelöst.

Unklar ist die Durchführung der Aufgabe

$$xyz = \tfrac{3}{60} + \tfrac{20}{60^2}\,(= \tfrac{1}{18}), \quad y = x, \quad z = 12x + 7 \quad \text{mit } x = \tfrac{1}{12}$$

und der noch allgemeineren Formen

---

452a Vgl. Anm. 138. Ferner O. NEUGEBAUER, *Vorlesungen*[139a], S. 193—197; derselbe, *Math. Keilschrifttexte*[145b], S. 210, § 2a; S. 215f., § 4, Nr. 20—23. — 453 H. WASCHOW u. O. NEUGEBAUER, *Reihen in der babylonischen Mathematik*, Qu. u. Stud. B 2 (1932), S. 303—304; O. NEUGEBAUER, *Math. Keilschrifttexte*[145b], § 56, S. 76—77.

$$\left.\begin{array}{lll} xyz + xy = 1\frac{10}{60}, & z = 12x, & x + y = \frac{50}{60} \\ xyz + xy = 1\frac{10}{60}, & z = 12x, & x - y = \frac{10}{60} \end{array}\right\} \text{ mit } x = \tfrac{1}{2}.$$

Die Lösung wird nach kurzer Umrechnung sofort gesagt; aber geeignete Tabellen sind nicht bekannt.

Nun kann man allerdings jede kubische Gleichung $x^3 + ax^2 + bx + c = 0$ auf die Form $n^3 + n^2 = p$ bringen. Die Umformung zu $u^3 + qu^2 = r$ gelingt mit der Substitution $x = u + s$; $s$ ist durch eine quadratische Gleichung entsprechend zu bestimmen. Dividiert man nun $u^3 + qu^2 = r$ durch $q^3$, so findet man in

$$\left(\frac{u}{q}\right)^3 + \left(\frac{u}{q}\right)^2 = \frac{r}{q^3}$$

sofort die Form $n^3 + n^2 = p$. Für jeden einzelnen dieser Schritte reichen die Rechenmittel der alten Babylonier sicher aus. Aber schwer glaublich ist, daß sie diesen ganzen Gedankenkomplex umfassen konnten.

Wir kommen zur griechischen Mathematik. Auf dem Gebiete der Gleichungslehre sind Verbindungsfäden mit Babylon bei den quadratischen Gleichungen stark zu vermuten. Bei der kubischen Gleichung werden eigene Wege versucht. Die Geometrie war die Herrscherin in der griechischen Mathematik. Gerade bei geometrischer Behandlung tritt aber der Gegensatz zwischen quadratischen und kubischen Aufgaben, wie man kurz sagen kann, auf das schärfste hervor. Jene sind stets unter ausschließlicher Benutzung von Zirkel und Lineal zeichnerisch lösbar (vgl. Bd. IV², B. 3); bei diesen muß jeder derartige Versuch von vornherein mißlingen. Über eine solche Unmöglichkeit geometrischer Lösung konnte sich das Altertum noch keine Klarheit verschaffen. Wie das achtzehnte Jahrhundert immer wieder von neuem seine Kräfte an der Auflösung der Gleichungen fünften Grades erprobte, ohne Kenntnis der Unzulänglichkeit seiner Mittel, so arbeitete Griechenland mit stets frischer Hoffnung an seinen drei großen Problemen: der Dreiteilung eines Winkels, der Verdoppelung eines Würfels und der Quadratur des Kreises. Waren auch alle Anstrengungen in der gewünschten Richtung umsonst, so hatten sie doch den Erfolg, daß so manches neue Gebiet der Mathematik eröffnet wurde. Früchte dieser vergeblichen Versuche sind z. B. die Lehre von den Kegelschnitten, die Betrachtung höherer, selbst transzendenter Kurven, die Aufstellung einer Bewegungsgeometrie u. a.

Das Problem der Kreisquadratur scheidet hier aus, da es transzendenter Natur ist. Die Dreiteilung des Winkels (Τριχοτομία *τῆς γωνίας, Trisectio anguli*) und die Würfelverdoppelung (*Διπλασιασμὸς τοῦ στερεοῦ, Duplicatio cubi*) hängen hingegen von kubischen Gleichungen ab.[454]

Für die Winkeldreiteilung, mit der sich wohl zuerst HIPPIAS von Elis (um 420 v. Chr.) beschäftigt hat — vgl. S. 125 —, ist eine griechische, anscheinend elementar-geometrische Konstruktion bekannt; sie ist für ARCHIMEDES (um 287—212 v. Chr., Syrakus) in Anspruch zu nehmen und verrät sich in seinem Wahlsatz 8.[455]

ARCHIMEDES verlängert (Fig. 24) eine beliebige Sehne $AB$ um den Radius bis $C$, zieht die Gerade $CFDE$ durch den Kreismittelpunkt und behauptet nun, daß der Bogen $AE$ das Dreifache des Bogens $BF$ ist. Zum Beweise wird $EG \parallel AB$ gezogen und $D$ mit $A$, $B$, $G$ und $E$ verbunden. Dann ist $\sphericalangle D_1 = 2 \sphericalangle E$ und $\sphericalangle D_2 = \sphericalangle C$ (als Basiswinkel) $= \sphericalangle E$ (als Wechselwinkel), also $\sphericalangle D_1 + \sphericalangle D_2 = 2 \sphericalangle E + \sphericalangle E$, $\sphericalangle BDG = 3 \sphericalangle E = 3 \sphericalangle D_2$, $\sphericalangle ADE = 3 \sphericalangle BDF$. Hierdurch ist die Dreiteilung des Winkels $ADE$ und $BDG$ geleistet. Die Konstruktion kann aber nicht mit Zirkel und Lineal, sondern nur mit Hilfe einer Einschiebung (sogenannter Bewegungsgeometrie) erfolgen. Auf einem Lineal ist die Strecke $BC = r$ angemerkt; es ist nun so durch $A$ gleitend und drehend zu führen, daß $B$ sich auf der Kreisperipherie fortbewegt, bis der Punkt $C$ die Verlängerung des anderen Schenkels $ED$ trifft. Wir wissen jetzt, daß bei dieser Bewegung der Punkt $C$ eine Kreiskonchoide[456] beschreibt, und zwar in Fig. 24 ihren äußeren Zweig. Wenn $r$ nach der anderen Seite

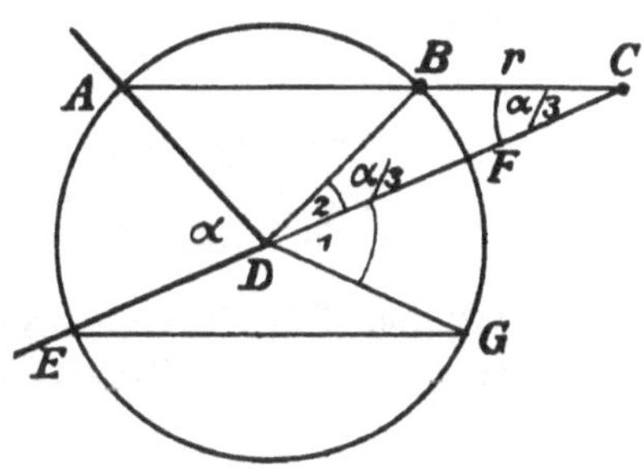


Fig. 24.

[454] Vgl. F. KLEIN, *Vorträge über ausgewählte Fragen der Elementargeometrie.* Ausgearbeitet von F. TÄGERT, Leipzig 1895, I, Kap. 2, S. 10—12; F. ENRIQUES, *Fragen der Elementarmathematik*, II, deutsch von H. FLEISCHER, Leipzig 1907, Art. VII (A. CONTI), S. 189 ff. Ferner JOS. E. HOFMANN, *Graphische Lösung kubischer Gleichungen durch Einschieben einer Strecke zwischen Kreis und Gerade.* Untbl. Math. Nat. 40, 1934, S. 64—67. — [455] *Liber assumptorum*, VIII, ARCHIMEDES, *Opera* $2^{2\,1\,11}$, S. 518. Diese Schrift ist in der Form, wie wir sie aus arabischer Überlieferung erhalten haben (erster lat. Druck von S. FOSTER in den *Miscellaneis*, London 1659), nicht echt archimedisch, da die Sätze zum Teil viel zu trivial sind. Die Sätze 4, 8 und 14 werden sicher für archimedisch gehalten. Vgl. E. HOPPE, *Die Bedeutung der νεύσεις in der griechischen Mathematik*, Mitt. Math. Gesellsch. Hamburg 5, 1911—1920, Leipzig, S. 298. — [456] Die moderne Gleichungsform ist $(x^2 + y^2 - 2rx)^2 = r^2(x^2 + y^2)$.

von $AB$ von $B$ aus abgetragen würde, so daß $C$ zwischen $A$ und $B$ läge, entstünde ihr innerer Zweig (vgl. Fig. 25 mit beiden Zweigen).

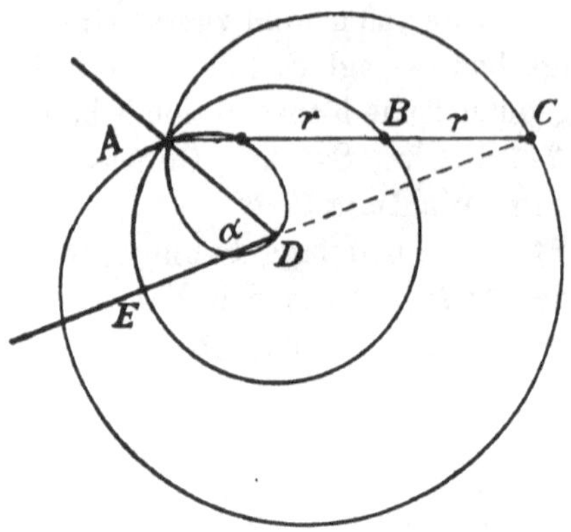


Fig. 25.

Zugleich ist uns klar, daß, wenn diese Kurve einmal um den Pol $A$ konstruiert ist, jeder beliebige Winkel $ADE$ gedrittelt ist. Auf diese Kurve und ihre punktweis erfolgende Konstruktion kommen weder die Griechen noch später die Araber zu sprechen;[457] sie kannten nur seit NIKOMEDES (um 180 v. Chr.) den Sonderfall, daß $A$ und $B$ auf den Schenkeln eines rechten Winkels entlang gleiten. NIKOMEDES hatte hierfür einen besonderen Zeichenapparat konstruiert,[458] den Fig. 26 wiedergibt: ein fester Pflock $A$ des einen Schenkels des rechten Winkels gleitet in einem Schlitz des beweg-

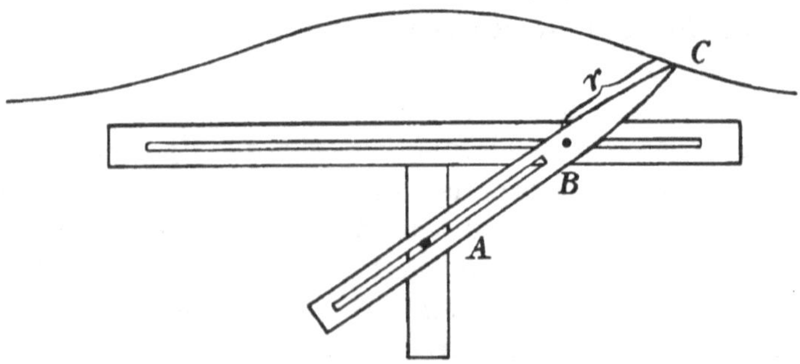


Fig. 26.

lichen Lineals, ein ähnlicher fester Pflock $B$ des beweglichen Lineals in einem Schlitz des anderen Schenkels. Der Abstand $B$ von der

[457] K. KOHL, *Zur Geschichte der Dreiteilung des Winkels*, Sitzungsber. Phys. med. Sozietät Erlangen, 54/55, Erlangen 1922/23, S. 182. — Die Kreiskonchoide gab erstmalig STEPHAN PASCAL (1588—1651) an, der Vater von BLAISE PASCAL; sie wird daher auch PASCALsche Schnecke genannt. P. erkannte, daß ihre einmalige Zeichnung die Dreiteilung jeden Winkels ermöglichte. Vgl. GINO LORIA, *Spezielle algebraische und transzendente ebene Kurven*, *Theorie und Geschichte*; deutsch von FR. SCHÜTTE, Leipzig 1902, S. 136, 140. — [458] Nach EUTOKIOS (Anf. 6. Jahrh. n. Chr.) im Kommentar zu ARCHIMEDES; ARCHIMEDES, *Opera* 3[2] 1939, S. 98f.

Spitze $C$ ist einstellbar und ist die Länge $r$ der einzuschiebenden Strecke.[459]

Solche Einschiebungsverfahren hatten schon vor PLATON (429 bis 348 v. Chr., Athen) geradezu den Charakter einer Methode angenommen. Das älteste uns bekannte Beispiel stammt von HIPPOKRATES von Chios (um 440 v. Chr., Athen).[460] PLATON und nach ihm EUKLID (325 v. Chr., Alexandria; Elemente) lehnten solche Konstruktionen als nicht streng ab; APOLLONIOS (um 265—170 v. Chr.), wahrscheinlich vor ihm schon ARCHIMEDES, führte sie auf das Schneiden zweier Kegelschnitte zurück, sogar für den allgemeineren Fall, daß nicht Gerade und Kreis, wie oben, sondern Kegelschnitte selbst als Grundkurven gewählt werden.[460a] Eine solche Konstruktion der Dreiteilung des Winkels ist indes von ARCHIMEDES nicht ausdrücklich über-

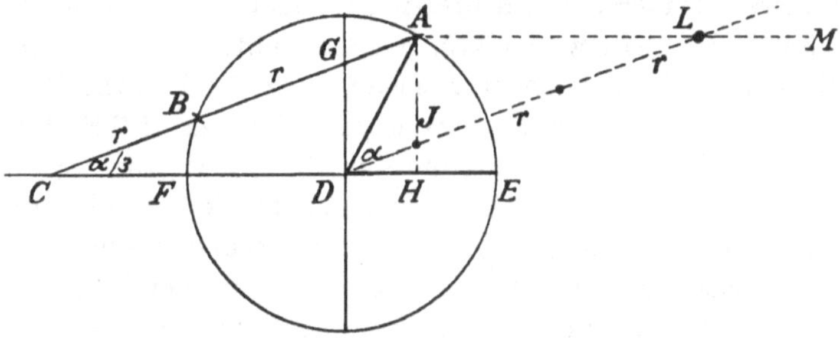


Fig. 27.

liefert, sondern erst von PAPPOS (Ende 3. Jahrh. n. Chr., Alexandria).[461] Bei diesem taucht aber die Archimedische Konstruktion (Fig. 24) wieder auf, allerdings in etwas abweichender Anordnung.[462] Um die Übereinstimmung klar zu machen, lege man die Archimedische Figur (Fig. 24) in Fig. 27 um. $ADE$ ist der gegebene Winkel, $BC$ die einzuschiebende Strecke $r$. Es läßt sich leicht nachweisen, daß auch $BG = r$ und mithin $CG = 2r$ ist. Diese Beziehung verwendet nun PAPPOS. Seine letzte Anordnung ist in Fig. 27 gestrichelt gezeichnet. Von $A$ wird auf den anderen Winkelschenkel $DE$ das Lot $AH$ gefällt,

459 NIKOMEDES wußte, daß der eine Schenkel des rechten Winkels, nach beiden Seiten verlängert, eine Asymptote seiner Schneckenlinie ist. ARCHIMEDES, *Opera* 3[2 I 939], S. 100, Z. 16; PROCLUS[II 369], S. 177, Z. 16. Die moderne Gleichungsform ist $(x - a)^2 (x^2 + y^2) - c^2 x^2 = 0$. — 460 F. RUDIO, *Der Bericht des Simplicius*[I 379], S. 58, Z. 8—11. Weitere Literatur bei E. HOPPE[455], S. 289—304. — 460a Vgl. H. G. ZEUTHEN, *Geschichte der Mathematik im Altertum und Mittelalter*[47], S. 80—82; F. ENRIQUES[454] 2, S. 206. — 461 *Pappi Collectiones*[I 13] 1, Buch 4, § 67, prop. 31, S. 280f. mit Benutzung einer Hyperbel. — 462 PAPPUS 1[I 13], Buch 4, prop. 32, § 62, S. 274 u.

durch $A$ die Parallele $AM$ zu $DE$ gezogen. Nun muß durch $D$ eine Gerade $DJL$ so gelegt werden, daß das innerhalb des rechten Winkels $MAH$ gelegene Stück $JL$ gleich $2r$ ist. Beachtet man im Parallelogramm $ACDL$, daß $AC = LD$, und im Parallelogramm $AGDJ$, daß $DJ = GA$ ist, so leuchtet ein, daß $JL = 2r$ sein muß. Hierdurch erreicht PAPPOS, daß die Einschiebung nicht wie bei ARCHIMEDES zwischen Kreis und Gerade, sondern zwischen zwei Geraden zu erfolgen hat; so konnte er nunmehr mit dem Zeichenapparat des NIKOMEDES (Fig. 26) die Konstruktion durchführen.[463] Diese Lösung scheint indes schon von NIKOMEDES selbst zu stammen.[464]

Die dritte Möglichkeit, die Einschiebung so vorzunehmen, daß $BG = r$ wird, findet sich erst bei den Arabern, in der Geometrie der „Drei Brüder".[465] MUḤAMMED, AḤMED und ALḤASAN, Söhne des MŪSĀ B. SCHÂKIR (um 875, Bagdad) fußten stark auf griechischer Mathematik. In ihrer sehr anschaulichen Schilderung[466] beschreibt der Punkt $G$ bei der Bewegung der Geraden $AGB$ den inneren Zug einer Kreiskonchoide, ohne daß die Kurve aber erwähnt wird. Diese Konstruktion tritt von nun ab in den Vordergrund. Die Winkeldreiteilung wird von vielen arabischen Mathematikern behandelt, fast breitgetreten. AL-BĪRŪNĪ überladet in seinem *Qânûn* (um 1030) die Archimedische Figur mit weiteren Hilfslinien und stellt 12 Beziehungen (wie $CB = r$, $BG = r$, $GC = 2r$ usw.) auf, die ihm ebensoviel Konstruktionsmöglichkeiten abgeben.[467] AS-SIǴZÎ (951—1024) hatte schon vorher eine ähnliche umfassende Zusammenstellung geschrieben.[468] Bei abendländischen Mathematikern findet sich die Konstruktion der Drei Brüder im *Liber de triangulis* des JORDANUS NEMORARIUS († 1237).[469] REGIOMONTANUS (1436—1476) kennt sie.[470] In die Euklidausgabe, die nach der Übersetzung des CAMPANUS (aus dem Arabischen; um 1270) von RATDOLT 1482 in Venedig gedruckt wurde[85], ist sie aufgenommen, ohne daß sie aber in den Handschriften des CAMPANUS zu finden ist. VIETA (1540

463 PAPPUS I[113], Buch IV, § 40, S. 246, Z. 1—3. — 464 PROCLUS[II 869], S. 272, Z. 3—7. — 465 *Liber trium fratrum*, ed. M. CURTZE[I 272], S. 155—156. H. SUTER[I 1088], S. 270. — Über Leben und Wirken der ‚Drei Brüder' vgl. FR. HAUSER, *Über das Kitāb al ḥijal (das Werk über die sinnreichen Anordnungen) der Banū Mūsā*, Abh. Gesch. Nat. Med. 1, Erlangen 1922. — 466 K. KOHL[457], S. 182. — 467 C. SCHOY[II 732], S. 23f. — 468 F. WOEPCKE, *Alkhayyâmî*[II 1009], S. 117—125, Zusatz E. Vgl. auch C. SCHOY[II 732], S. 26, Anm. 1. — 469 *Jordani Nemorarii Geometria vel de triangulis libri IV*, herausg. von M. CURTZE, Mitt. des Coppernicus-Vereins, Heft 6, Thorn 1887, S. 38—39. — 470 Brief an BIANCHINI 1464[I 333a], S. 258.

bis 1603) bringt im *Supplementum Geometriae*[471] die Anordnung des ARCHIMEDES wieder, die er auf anderem Wege kennen gelernt oder selbst gefunden haben muß, da die Wahlsätze des ARCHIMEDES erst seit 1659[455] wieder bekannt wurden. Eine weitere Verbesserung stammt von NEWTON (1642—1727, Cambridge, London).[472]

Von anderen griechischen Versuchen, einen gegebenen Winkel zu dritteln, ist noch die Lösung des HIPPIAS von Elis (um 420 v. Chr.), wohl des ersten Bearbeiters des Problems, zu nennen, die mit einer anderen, transzendenten Kurve, der Quadratix, glückte (Fig. 28).[473] In dem Quadrat $ABCD$ bewegt sich mit gleichförmiger Geschwindigkeit die Seite $BC$ aus ihrer Anfangslage, immer parallel mit sich, in die Endlage $AD$. Gleichzeitig dreht sich ebenso gleichförmig die Seite $AB$ um den Punkt $A$ in dieselbe Endlage $AD$. Der geometrische Ort der Schnittpunkte $P$ ist die Kurve $BPF$. Ist die Kurve einmal konstruiert, so gestattet sie die $n$-Teilung eines beliebigen Winkels. Ist $\varphi = \sphericalangle PAQ$ der gegebene Winkel, so ist nur die zugehörige Ordinate $AR$ in $n$ gleiche Teile zu zerlegen; die Parallelen durch die Teilpunkte zu $AD$ liefern die Kurvenpunkte, deren Verbindungsgeraden mit $A$ den Winkel, wie verlangt, teilen.[474]

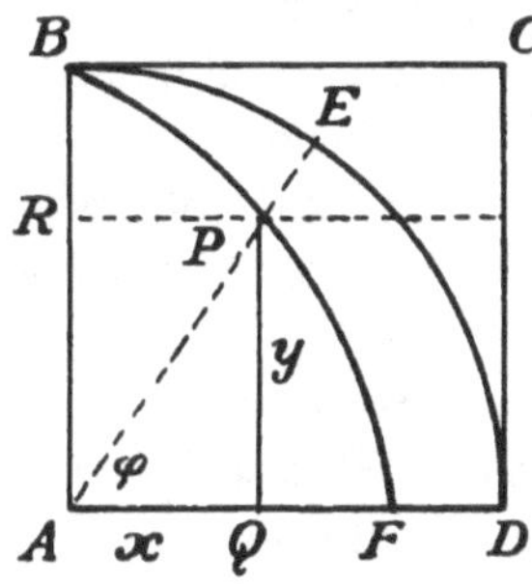

Fig. 28.

Eine für kleinere Winkel recht annehmbare Näherungskonstruktion der Dreiteilung wird von ALBRECHT DÜRER (1471—1528, Nürnberg) mitgeteilt.[475] Näherungslösungen für die Teilung in $n$ gleiche Stücke gibt EULER (1707—1783).[476]

Den ersten strengen Beweis dafür, daß die Winkeldreiteilung nicht mit Zirkel und Lineal geleistet werden kann, gab L. WANTZEL 1837.[477]

471 *Supplementum Geometriae* II 290, Turonis 1593, prop. IX, S. 15ᵇ, 16ᵃ. Vgl. G. ENESTRÖM, Bibl. math. $5_3$, 1904, S. 69—70. — 472 *Arithmetica universalis* II 541, Cantatbr. 1707; *Appendix de aequationum constructione lineari*, S. 284f. — 473 PAPPUS I 113, Buch IV, § 45, S. 252, Z. 5—25; PROCLUS II 369, S. 272, Z. 8; S. 356, Z. 11. — 474 Die Gleichung der Quadratrix wäre $x = y \cdot \operatorname{ctg} \frac{\pi y}{2a}$; Fig. 28 enthält nur das erforderliche Kurvenstück. — 475 Vnderweysung I 320, 1525, $E_v$ unten; vgl. K. HUNRATH, *Albrecht Dürers annähernde Dreiteilung eines Kreisbogens*, Bibl. math. $7_3$, 1906—1907, S. 120f. — 476 *Opera posth.* I 741 II, *Geometria*, Nr. 97—104, S. 494—504. — 477 L. WANTZEL, *Recherches sur les moyens de reconnaître si un problème de géométrie peut se resoudre avec la règle et le compas.* Journ. Math. p. appl. 2, 1837, S. 366—372. Vgl. zu der Winkeldreiteilung weitere Literatur bei A. MITZSCHERLING, *Das Problem der Kreisteilung*, Leipzig 1913.

Die Aufgabe der **Würfelverdoppelung** (vgl. S. 120f.) fand noch mehr Bearbeiter. Schon HIPPOKRATES von Chios (um 440 v. Chr.) vermochte sie in analytische Form zu bringen, indem er sie mit der Auffindung zweier mittleren Proportionalen zwischen zwei gegebenen Größen ($a:x = x:y = y:b$, woraus $x^3 = 2a^3$ für $b = 2a$) in Verbindung brachte[478] (vgl. S. 12). NIKOMEDES fand eine Lösung mit seiner Konchoide (vgl. S. 122),[478a] ARCHYTAS von Tarent (430 bis 365 v. Chr.) mit einer uns unbekannten Raumkurve,[479] MENAICHMOS (um 350 v. Chr.; Schüler PLATONs) mit Kegelschnitten,[480] (einmal mit zwei Parabeln, dann auch mit einer Parabel und einer Hyperbel, entsprechend den aus der oben angeführten Proportion abzulesenden Kurvengleichungen $x^2 = ay$, $y^2 = bx$, $xy = ab$),[481] EUDOXOS von Knidos (408—355) mit Kurven (*καμπύλαι*) uns gleichfalls unbekannter Art,[482] APOLLONIOS (um 265—170) mit Kreis und fester Parabel,[483] DIOKLES (um 180 v. Chr.) mit der Kissoide (Efeulinie).[484] Auf Bewegungsgeometrie beruhen die Verfahren des PLATON (429—348 v. Chr., Athen),[485] des ERATOSTHENES (276—194 v. Chr., Alexandria)[486] und des HERON (erstes Jahrhundert v. Chr., Alexandria).[487]

Eine **dritte kubische Aufgabe** ist von ARCHIMEDES aufgestellt worden: es soll eine Kugel so durch eine Ebene geschnitten werden, daß die Volumina der entstehenden Kugelabschnitte in gegebenem Verhältnis stehen.[488] ARCHIMEDES bringt sie in seiner Abhandlung über Kugel und Zylinder auf die Proportion:

$$(a - x) : b = c^2 : x^2$$ [489]

---

[478] ARCHIMEDES, *Opera* 3² [1939], S. 88, Z. 18f. — [478a] Nach EUTOKIOS, ARCHIMEDES, *Opera* 3² [1939], S. 104f. — [479] ARCHIMEDES, *Opera* 3², S. 84f. — [480] Daselbst, 3², S. 78—80. — [481] Vgl. H. WIELEITNER, *Die Geburt der modernen Mathematik. I. Analytische Geometrie*, Karlsruhe 1924, S. 18f. — [482] ARCHIMEDES, *Opera* 3², S. 56, Z. 4f.; genauere Methode nicht überliefert. — [483] Daselbst, 3², S. 64 (vgl. P. TANNERY, Bull. sc. math. $8_2$, 1888, Paris, S. 323; K. TH. VAHLEN, *Über kubische Konstruktionen*, Arch. Math. Phys. $3_2$, 1902, S. 114. — [484] ARCHIMEDES, *Opera* 3², S. 66—70. — [485] Daselbst, 3², S. 56—58 (siehe Band IV Geometrie). — [486] Daselbst, 3², S. 88f. — [487] Daselbst, 3², S. 58—66. — [488] Daselbst, 1², S. 194—201 [II 478]; ed. NIZZE [I 11], S. 92—99; E. HOPPE [I 283], S. 311. — [489] Diese Proportion ist die allgemeine Form der kubischen Gleichung $x^3 - ax^2 + bc^2 = 0$, in der das lineare Glied entfernt ist. Durch den speziellen Fall der Kugelschnittaufgabe zeigt uns ARCHIMEDES, daß er auch die allgemeine Lösung der kubischen Gleichung beherrscht. Wir zerfällen die Proportion in

$$\text{a) } x^2 = \frac{c^2}{a} y \qquad \text{und} \qquad \text{b) } (a - x) \cdot y = ab\,.$$

a) ist eine Parabel, b) eine gleichseitige Hyperbel; die Kombination beider gibt die Lösung. Vgl. T. L. HEATH [I 11], S. CXXVI, deutsch von F. KLIEM [I 11], S. 119f.

und verspricht dabei, am Ende seiner Abhandlung eine Auflösung mitzuteilen. Er begnügt sich zunächst mit Angabe einer strengen Determination für die Erfüllbarkeit dieser Proportion: wenn $c = 2(a - c)$ ist, so muß $a - c > b$ sein. Diese Beschränkung deckt sich für die aus der Proportion durch Einsetzen entstehende Gleichung $x^3 - ax^2 + \frac{4}{9}a^2b = 0$ mit $b < \frac{a}{3}$. Die versprochene Lösung am Schlusse seiner Schrift fehlt; sie war schon zur Zeit des DIOKLES (um 180 v. Chr.) verloren gewesen, wie dieser selbst mitteilt.[490] EUTOKIOS, ein Kommentator des ARCHIMEDES (geb. 480 n. Chr., Askalon), überlieferte eine Lösung mit Hilfe einer Parabel und einer Hyperbel, die er, bestärkt durch den dorischen Dialekt der ihm vorliegenden Schrift, für die Archimedische hielt.[491]

Kubisch ist auch die Aufgabe, die Seite des regelmäßigen Siebenecks zu finden, die ebenfalls ARCHIMEDES behandelt hat; seine Lösung ist neuerdings aus einer durch C. SCHOY (1927)[492] zugänglich gemachten Abhandlung des Arabers ṮÂBIT IBN QURRA (826—901) wieder bekannt geworden. ARCHIMEDES geht von einem Quadrat $ABDC$ aus, das er von $D$ aus durch eine Gerade $DZ$ so schneidet (Fig. 29), daß $\triangle DTC$ flächengleich $\triangle EAZ$ wird, wo $T$ auf der Diagonale $BC$ liegt. Eine solche Lage von $DZ$ ist immer möglich: Fällt $Z$ auf $A$, so ist $\triangle EAZ = 0$; wird $Z$ nach rechts geführt, so wird $\triangle DTC$ immer kleiner, während $\triangle EAZ$ beliebig wächst. Wie die gewünschte Lage von $DTEZ$ erreicht werden kann, verrät die arabische Unterlage nicht. Aus der Flächengleichheit leitet ARCHIMEDES die Beziehungen ab:

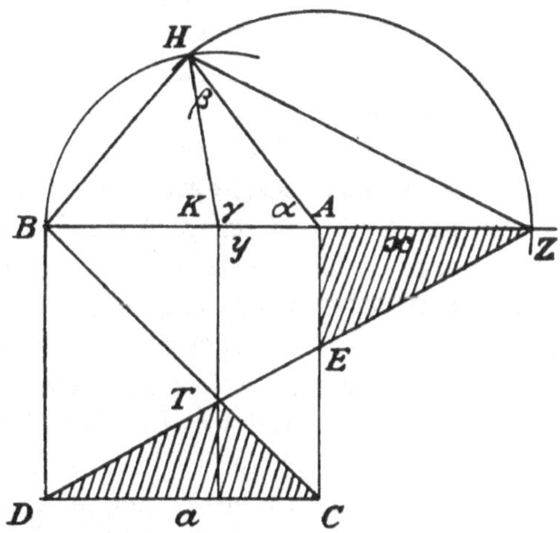


Fig. 29.

$$1)\ AB \cdot BK = \overline{AZ}^2 \quad \text{und} \quad 2)\ ZK \cdot AK = \overline{KB}^2,$$

wobei $AZ$ sowie $KB$ größer als $AK$.

---

490 ARCHIMEDES, 3², S. 130, Z. 22 f. — 491 Daselbst, S. 154 ff.; T. L. HEATH I 11, deutsch von KLIEM, S. 120. — 492 C. SCHOY II 732, S. 74 f. und C. SCHOY, *Graeco-Arabische Studien*, Isis, 1926, S. 35 f. Vgl. J. TROPFKE, *Archimedes und die Trigonometrie*, Arch. Gesch. Math., Nat., Techn. Bd. 10, Leipzig 1928, S. 451 ff.; *Zur Geschichte der Mathematik*, Z. math. nat. Unt. 59, S. 193—198.

Wird nun über $KA$ das Dreieck $AKH$ so konstruiert, daß $KH = KB$ und $AH = AZ$, so zeigt Archimedes, daß dann $\alpha = 2\beta$ und $\gamma = 4\beta$, also $\beta = \frac{2}{7}R$ und mithin der Peripheriewinkel der Siebeneckseite ist.

Führen wir $AZ = x$ und $AK = y$ ein, so werden die obigen Beziehungen 1) und 2) zu

$$1^{a})\quad a(a-y) = x^2,$$

$$2^{a})\quad (x+y)\cdot y = (a-y)^2 \quad \text{oder} \quad y(x+2a) = a^2.$$

$1^{a}$) gibt eine Parabel, $2^{a}$) eine Hyperbel; der Schnittpunkt beider Kurven liefert $x$ und $y$, also die gesuchte Teilung der Quadratseite $AB$ durch die Punkte $K$ und $Z$. Das deutet aber Archimedes nicht an. Die Elimination von $y$ führt zu der kubischen Gleichung

$$x^3 + 2ax^2 - a^2x - a^3 = 0,$$

für $y$ erhält man

$$y^3 + 3ay^2 - 4a^2y + a^3 = 0.$$

Ṯâbit ibn Qurra beschwert sich, daß die ihm vorliegende Handschrift der archimedischen Abhandlung so verdorben sei, daß er sie nur mit Mühe rekonstruieren konnte. Vielleicht liegt es auch daran, daß jede Andeutung über die Lösung mit Kegelschnitten fehlt, die man aber Archimedes ohne weiteres zutrauen darf. — Eine Abhandlung des Ibn al-Haiṯam (965—1039), die C. Schoy auch übersetzt,[493] holt die Kegelschnittlösung nach und sucht auch die geometrischen Ableitungen des Archimedes zu vereinfachen.

Wir übergehen weitere hierher gehörige geometrische Aufgaben, die sich, besonders nach Ausbildung der Kegelschnittlehre, als deren Anwendungen einstellten. Die erste kubische Gleichung in wirklich algebraischer Form:

$$x^3 - 3x^2 + 3x - 1 = x^2 + 2x + 3 \qquad (x = 4)$$

begegnet uns bei Diophant (lib. VI, 17);[494] sie ist zugleich die einzige bei ihm, läßt sich aber leicht auf die Form $x(x^2+1) = 4(x^2+1)$ zurückführen.

493 Schoy[II 732], S. 85f. Es gibt noch eine Reihe anderer arabischer Mathematiker, die sich mit der archimedischen Siebeneckaufgabe beschäftigten. Die meisten führen ebenfalls Kegelschnittlösungen (Parabel und Hyperbel oder zwei Hyperbeln) an. Kamāl ad-dīn ibn al-Mu'ālī Mūsā ibn Jûnus (1156—1242) gibt eine Zusammenstellung solcher Schriften. Vgl. Schoy[II 732], S. 91. Auch as-Siǧzī (951—1024 n. Chr.) hat eine Kegelschnittlösung angegeben. Vgl. C. Schoy, *Gr.-Ar. Studien*[492], S. 25f. Zu einer zweiten Berechnungsart der Siebeneckseite benutzt as-Siǧzī die Fig. 31 auf S. 131 für $n = 3$, vgl. C. Schoy, *Gr.-Ar. St.*[492], S. 28—29. — 494 Diophant, VI, 17, ed. Tannery[I 124], S. 434, Z. 12; ed. Wertheim[I 787], VI, 19; S. 282, vgl. die Anm. daselbst; ed. Heath[I 124], S. 66—67; Ver Eecke[I 124], S. 266 Anm.

Die Durchsicht der indischen Schriften wirft für die Lehre der kubischen Gleichungen in der älteren Periode nichts ab. Erst bei BHĀSKARA (geb. 1114 n. Chr.)[495] finden wir ein ganz vereinzeltes Beispiel:

$$x^3 + 12x = 6x^2 + 35,$$

das nach Umbildung zu $(x - 2)^3 = 3^3$ die Wurzel $x = 5$ liefert.

Eine ganz neue Stufe der Entwicklung können wir aber bei den ostarabischen Mathematikern wahrnehmen. Ihren Ausgangspunkt bildete das Studium der Archimedischen Schriften und seiner Lösungsversuche mit Kegelschnitten. Der arabische Astronom AL-MĀHĀNĪ, der zwischen 854 und 866 in Bagdad beobachtete, ist Verfasser eines Kommentars zu den Büchern des ARCHIMEDES über Kugel und Zylinder. Ihm wird das große Verdienst zugeschrieben,[496] das Archimedische Problem in algebraische Form gebracht und daraus eine Gleichung abgeleitet zu haben, die nur Kuben und Quadrate einer Unbekannten neben konstanten Zahlen enthalten habe. Aber auch auf dem neuen Wege gelang ihm eine Lösung nicht. Diese leistete erst sein Zeitgenosse ABŪ ǴAʿFAR (Ende des zehnten Jahrhunderts). Auf wesentliche Erweiterungen stoßen wir bei ALKŪHĪ, einem etwa 100 Jahre jüngeren Astronomen (Bagdad); nicht nur für zwei weitere Archimedische Aufgaben (*De sphaera et cylindro* lib. II, 6, 7) glückte ihm eine Lösung, sondern auch noch eine schwierigere, von ihm selbst gestellte vermochte er zu erledigen.[497]

Sehr beachtenswerte, zum Teil ganz selbständige Leistungen weist AL-BĪRŪNĪ († 1048) auf: er kennt ein außerordentlich scharfes Näherungsverfahren, um die Wurzeln kubischer Gleichungen numerisch auszurechnen[498] — ein ähnlich scharfes konnte man bis jetzt erst

495 BHĀSKARA, *Vījagaṇita*, ch. V, S. 137, ed. COLEBROOKE[I 111], S. 214—215. 496 Überliefert, wie auch das folgende, durch ALḪAJJĀM († 1123), *L'algèbre d'Omar Alkhayyâmî*, ed. WOEPCKE[II 1009], S. 2ff., in französischer Übersetzung: *C'est Almâhânî, qui conçut l'idée de résoudre algébriquement le théorème auxiliaire employé par Archimède dans la quatrième proposition du second livre de son traité de la sphère et du cylindre; or il fut conduit à une équation renfermant des cubes, des carrés et des nombres, qu'il ne réussit pas à résoudre, après en avoir fait l'objet d'une longue méditation. On déclara donc que cette résolution était impossible, jusqu'à ce que parut Aboû Djafar Alkhâzin, qui résolut l'équation à l'aide des sections coniques.* — 497 *Alkhayyâmî*, ed. WOEPCKE[II 1009], Abhandlung C, S. 103—114; vgl. CANTOR, 1³, S. 749; HANKEL, S. 277[I 188]. — 498 C. SCHOY[II 732], S. 19, Z. 20. — Wenn LEONARDO von Pisa in seiner Abhandlung FLOS, *Scritti* 2[I 694], S. 227f. für die kubische Gleichung $x^3 + 2x^2 + 10x = 20$ einen Wurzelwert bis zu den Sexten hinab angibt, so liegen der Berechnung natürlich solche arabischen Kenntnisse zugrunde. — LEONARDO gebraucht die Wendung: *Solutionem ad propinquitatem reducere*, *Scritti* 2[I 694], S. 254, Z. 24.

bei ĠIJĀṮ EDDĪN ALKĀŠĪ († um 1435, Gelehrter am Hofe ULŪĠ-BEGs) feststellen; es ist uns von MERIEM-AL-ĞELEBI († 1412) in einem Kommentar mitgeteilt.[499] Dann gelingt es AL-BĪRŪNĪ, die kubische Gleichung der Neuneckseite aufzustellen; er berechnet $s_9$ bis auf Quinten, also auf 7 Dezimalstellen genau.[500] Diesen Wert benutzt er dann zur Auswertung von sin 1°.[501] Bei der Neunecksseite geht AL-BĪRŪNĪ zwei geometrische Wege.[502] In der Fig. 30, in der $A, B, C, D, H$ fünf Neuneckspunkte sind, $y$ die Neunecksseite, $x$ die kleinste Sehne, $AD$ die Seite des regelmäßigen Dreiecks, leitet AL-BĪRŪNĪ die beiden Beziehungen ab:

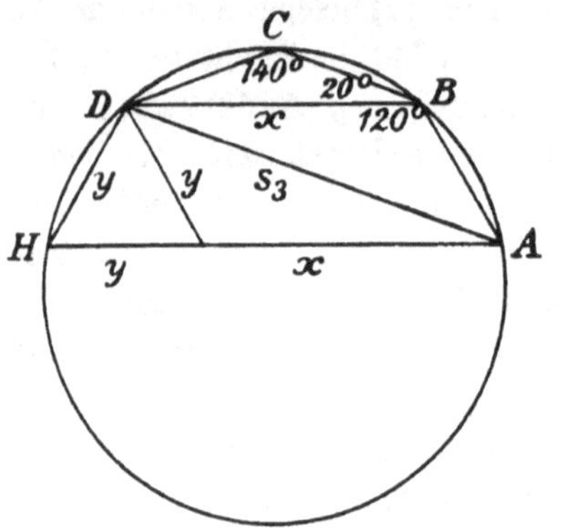

Fig. 30.

$$1)\quad s_3 \cdot y + y^2 = x^2$$

und

$$2)\quad (x + y) \cdot x + y^2 = s_3{}^2,$$

die er sehr geschickt weiterbehandelt. Statt $x$ oder $y$ zu eliminieren, entfernt er die bekannte Größe $s_3$ und findet

$$3)\quad x^3 = y^3 + 3xy^2.$$

Auf die Wahl des Maßstabes, d. h. auf die Größe des Radius $r$, kommt es nicht an. Ist die Neunteilung für irgendeinen Kreis geleistet, so ist sie auch für jeden anderen Kreis gefunden; man braucht ihn nur konzentrisch zu legen. AL-BĪRŪNĪ wählt den Maßstab so, daß die Neuneckseite $y$ gleich 1 ist. Bezeichnet man die hierzu entsprechenden $x$ und $s$ mit $x'$ und $s'$, so ergibt sich die kubische Gleichung

$$4)\quad x'^3 = 1 + 3x',$$

aus der er $x'$ auf 7 Dezimalstellen genau ausrechnet. Mit Hilfe der Proportion

$$1 : y = s' : s_3,$$

woraus

$$y = \frac{\sqrt{3}}{x'^2 - 1} \cdot r$$

folgt, findet er

$$y = s_9 = 0{,}6840402740 \cdot r \quad \text{(statt } 0{,}6840402866\text{)}.$$

Bei der zweiten Methode erweitert er die von EUKLID her bei der Auffindung der Zehneckseite gebräuchliche Figur. Wird all-

499 F. WOEPCKE, *Alkhayyâmî*[II 1009], S. 125. — 500 C. SCHOY[II 782], Kap. III, S. 21. — 501 C. SCHOY[II 782], S. 26. — 502 TROPFKE[492], Z. math.-nat. Unt. 59, S. 198—206.

gemein zwischen den Schenkeln eines Winkels $\alpha_x$ eine Strecke $S$ wiederholt, so weit möglich, abgetragen, wie es die Fig. 31 in den Buchstaben $A_1, A_2, A_3 \ldots A_6, A_7$ zeigt, und soll die letzte Strecke $s_x$ — hier $A_6 A_7$ — Sehne eines Kreises um $O$ sein, so daß $OA_6 = OA_7$,

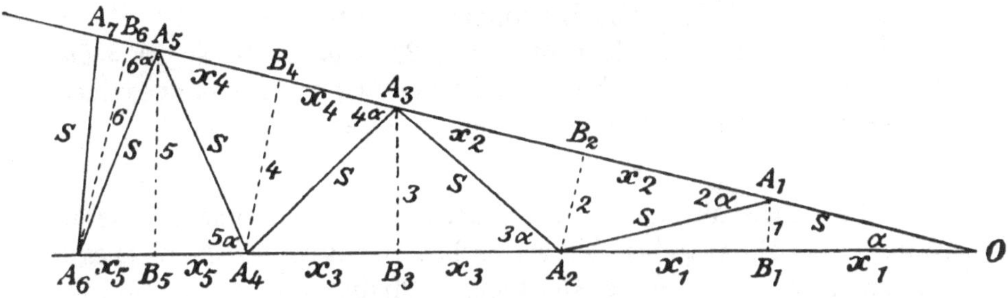


Fig. 31.

so ist $\triangle A_7 A_6 A_5 \sim \triangle A_7 O A_6$. Im letzten Dreieck $A_7 A_6 A_5$ ist danach die Summe der Winkel $13\alpha$, also $\alpha = \frac{180^0}{13}$; allgemein bei $n$-maligem Abtragen von $s$

$$\alpha = \frac{180^0}{2n-1}.$$

Setzt man $n = 1, 2, 3 \ldots$, so werden die $s$ die Seiten regelmäßiger Vielecke: $n = 1, 2, 3, 4, 5, 6$ liefert $\alpha_1 = 60^0$, $s = s_6$; $\alpha_2 = 36^0$, $s = s_{10}$; $\alpha_3 = \frac{180^0}{7}$, $s = s_{14}$; $\alpha_4 = 20^0$, $s = s_{18}$; $\alpha_5 = \frac{180^0}{11}$, $s = s_{22}$; $\alpha_6 = \frac{180^0}{13}$, $s = s_{26}$ usw.

$n = 2$ liefert die bekannte Zehneckskonstruktion; $n = 4$ benutzt nun Al-Bīrūnī (vgl. Fig. 32). Dieselbe Figur findet sich auch bei

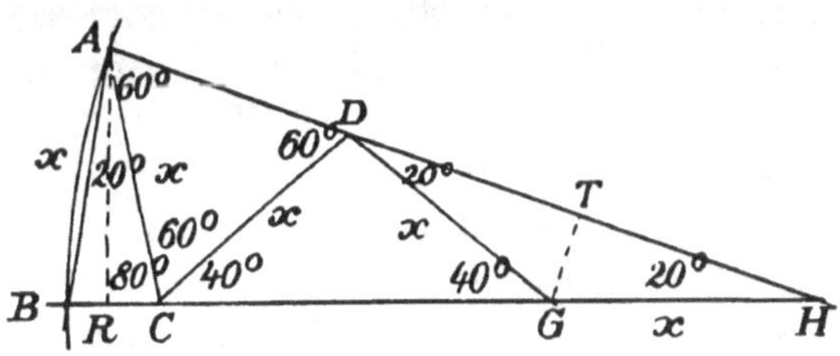


Fig. 32.

einem jüngeren Zeitgenossen Abu'lǦūd;[503] Al-Bīrūnī dürfte aber die Priorität haben,[504] zum mindesten sie selbständig aufgestellt haben. Ist $s_{18} = x$ und $AH = r = 1$, so ergibt die Proportion $AH : HR = GH : TH$

$$1 : \left(1 - \frac{1}{2}x^2\right) = x : \frac{1-x}{2}$$ [504a]

503 F. Woepcke [II 1009], S. 125—126. — 504 C. Schoy [II 782], S. 21, Anm. 3. — 504a Tropfke [492], S. 202.

oder

$$x^3 + 1 = 3x.$$

Daraus findet AL-BĪRŪNĪ

$$s_{18} = x = 0{,}3472963735.$$

Aus $s_{18}$ ist nun $s_9$ mit Quadratwurzeln berechenbar.

Setzt man in der allgemeinen Fig. 31 $n$ gleich 3, so ist $s$ die Seite des Vierzehneckes. Diesen Fall finden wir von einem anonymen Araber[505] bearbeitet. Die Gleichung für $s_{14} = x$

$$x^3 - x^2 - 2x + 1 = 0$$

wird aber nicht abgeleitet, auch nicht von irgend einem anderen Araber. Der Herausgeber des arabischen Manuskriptes, F. WOEPCKE, gibt an dieser Stelle diese Gleichung irrtümlich als die der Siebeneckseite an.[506] Beim Siebeneck kommt man übrigens auch auf $x^3 - x^2 - 2x + 1 = 0$, wenn man in der Fig. 29 auf S. 172 nicht die Quadratseite $AB = a = 1$ setzt, sondern die ganze Strecke $BZ = 1$, also die über drei Seiten gespannte Siebenecksehne. Einen ähnlichen Gleichklang findet man auch zwischen $s_9$ und $s_{18}$ S. 130, 132 $x'^3 = 1 + 3x'$ und $x^3 + 1 = 3x$.

Die arabische Überlieferung über das Siebeneck hat sich bis zum 15. Jahrhundert wachgehalten. CARDANO bringt im *Opus Novum* von 1570[507] die beiden angeführten Gleichungen des Siebenecks: Die eine $x^3 - x^2 - 2x + 1 = 0$ verdankt er seiner eigenen Angabe nach seinem Schüler FERRARI, die andere $x^3 + 2x^2 - x - 1 = 0$ dem PACIOLI (*Summa* 1494). Da diese zweite die aus dem Archimedischen Quadrat abgeleitete Form ist, dürfte bei PACIOLI arabische Quelle anzunehmen sein. Die Fig. 31 wird von NEWTON in seiner *Arithmetica universalis* weiter ausgewertet;[508] THOMAS CEVA benutzt sie (1695) zu einem Gelenkmechanismus.[509]

Was ABU'LĠŪD (um 1050 n. Chr.) in einer Abhandlung über die Aufzählung der Gleichungsformen[510] anstrebte, das vervollkommnete der Perser 'OMAR BEN IBRĀHĪM ALḪAJJĀM († 1123, Astronom in Bagdad) zu einer systematischen allgemeinen Behandlung der Gleichungen

[505] F. WOEPCKE[II 1009], S. 127, in einer Randbemerkung. Vgl. auch AL-SIĠZĪ[493]. — [506] C. SCHOY[II 782], S. 91, Z. 15. — [507] Daselbst S. 56[II 642]. Vgl. E. BORTOLOTTI, *Il Primo fra i Quesiti proposti del Ferrari al Tartaglia nel suo 3° Cartello di matematica disfida ...* Note 14, Marzo 1926. Acad. Bologna und Rendiconto Bologna 30, 1926, S. 51—82. — [508] *Arithmetica universalis*[II 541], probl. XV, S. 134—136. — [509] Acta Erud., Lips. 1695, S. 290f.; TSCHIRNHAUSEN (schon 1675), S. 322. — [510] *Alkhayyâmî*, ed. WOEPCKE[II 1009], S. 81—82: ... *le géomètre Aboûl Djoûd était auteur d'un traité sur l'énumération de ces espèces ...;* CANTOR, 1[3], S. 760; HANKEL[I 188], S. 278.

dritten Grades. In seiner *Algebra* wurden von ihm vier Hauptgruppen unterschieden:[511]

$$\begin{array}{llll}
1)\ x^3+bx=a, & 2)\ x^3+cx^2=a, & 3)\ x^3+cx^2+bx=a, & 4)\ x^3+cx^2=bx+a, \\
x^3+a=bx, & x^3+a=cx^2, & x^3+cx^2+a=bx, & x^3+bx=cx^2+a, \\
bx+a=x^3; & cx^2+a=x^3; & x^3+bx+a=cx^2, & x^3+a=cx^2+bx. \\
 & & cx^2+bx+a=x^3; &
\end{array}$$

Diese löste er einzeln durch Kegelschnitte (vgl. Anhang III); die beigefügten Beweise stützen sich auf APOLLONIOS. Da seine Konstruktionen sich immer nur auf einen Zweig der Kurven beschränkten, also nur einen, und zwar einen positiven Wert ergaben, entging ihm die Mehrdeutigkeit auch für den Fall mehrerer positiver Wurzeln; auch vermißt man bei ihm die im Altertum nie fehlende Determination, der die Koeffizienten für ein positives Resultat unterworfen sind. Nichtsdestoweniger bilden seine Leistungen eines der größten Ruhmesblätter arabischer Mathematik überhaupt.

Leider blieb die genauere Kenntnis seines ausgezeichneten Werkes dem Abendland bis auf die neueste Zeit vorenthalten. FERMAT (um 1637),[512] DESCARTES (1637),[513] VAN SCHOOTEN (1659),[514] E. HALLEY (1687)[515] u. a.[516] mußten sich ähnliche Konstruktionen erst von neuem wieder erfinden. Alle vier benutzten eine feste Parabel und einen je nach der Aufgabe sich ändernden Kreis. NEWTON (um 1675)[517] bevorzugte eine feste Ellipse oder Hyperbel.[518] NEWTON drang überhaupt tiefer in das Problem ein; er stellte als Grundsatz auf, nur solche Kurven bei derartigen Konstruktionen zu verwenden, die selbst leicht zeichenbar sind, und nicht solche, die nur analytisch in einfacherer Form erscheinen. So sei der Kreis der Parabel vorzuziehen, wenn auch seine Gleichung zusammengesetzter sei; besonderen Wert legt er auf die Konchoide des NIKOMEDES, für die schon die Alten einen äußerst einfachen Apparat hatten.[519] E. SMITH

---

511 *Alkhayyâmî*, ed. WOEPCKE[II 1009], S. 11—12; CANTOR, 1[3], S. 776; HANKEL[I 188], S. 278; vgl. L. MATHIESSEN, *Grundzüge*, S. 294 ff.[402]. — 512 *Œuvres*, éd. TANNERY et HENRY I[I 773], S. 91 ff., besonders S. 107. — 513 *Œuvres de* DESCARTES, éd. ADAM et TANNERY, 6[II 96], S. 465; 10[I 842], S. 344 f. — 514 DESCARTES, *Geometria*[II 93], ed. 1659, I, S. 327. VAN SCHOOTEN zeigt die geometrische Lösung ohne Wegschaffung des quadratischen Gliedes. — 515 *De constructione problematum solidorum sive aequationum tertiae vel quartae potestatis, unica data parabola ac circulo efficienda* Phil. transact. London 1687, Nr. 188, S. 335—344, Nr. 190, S. 387—402. — 516 Vgl. H. WIELEITNER, *Zur graphischen Lösung von Gleichungen durch den Schnitt von Kurven. Mit einer Bibliographie der älteren Literatur*, Unterrichtsbl. Math. Nat. 20, 1914, S. 34—35. — 517 *Arithmetica universalis*, 1707[II 541], S. 322 f. — 518 Vgl. K. TH. VAHLEN[483], S. 112 f. — 519 *Arithmetica universalis*, 1707[II 541], *Appendix*, S. 279 f., vgl. besonders S. 28.

(Oxford) und H. Kortum zeigten 1869 auf rein geometrischem Wege, daß das allgemeine kubische Problem mit Hilfe eines festen Kegelschnittes durch Zirkel und Lineal lösbar ist.[520] Einen gewissen Abschluß fand die konstruktive Behandlung kubischer Aufgaben durch F. London, der 1896 zeigte, daß alle kubischen Aufgaben allein mit dem Lineal gelöst werden können, wenn eine vollständig gezogene feste Kurve dritter Ordnung gegeben ist,[521] z. B. die Kissoide, die sowohl punktweise sehr leicht hergestellt, als auch durch einen von Newton angegebenen, einfachen Mechanismus in einem Zuge gezeichnet werden kann.[522] Mit Hilfe eines rechten Winkels löst L. Bieberbach 1932 die kubischen Gleichungen zeichnerisch.[522a]

Den Fachausdruck ‚graphische Lösung' benutzt A. L. Crelle 1833.[522b]

Die geometrische Lösung war durch die Araber gefunden; die algebraische aber widerstand allen Versuchen. Bei den Arabern galt es schließlich für ausgemacht, daß auf diesem anderen Wege Gleichungen dritten Grades unlösbar seien. Das Abendland, das der Schule der Araber allmählich entwuchs, verzweifelte nicht so schnell. Eine anonyme Abhandlung aus italienischen Gelehrtenkreisen des vierzehnten Jahrhunderts ist Zeugnis für solche Bestrebungen[319]. In ihr werden für eine ganze Reihe von Gleichungen, deren Grad schließlich sogar bis zum fünften ansteigt, Lösungsmethoden gegeben, die die Wurzeln der vorliegenden Gleichungen geben sollen. Aber diese Vorschriften sind unberechtigte Verallgemeinerungen der bei quadratischen Gleichungen gültigen Regeln.[523] Viel offener verfuhren der Franzose Chuquet (1484) und der Italiener Luca Pacioli (1494), die ohne Umschweife eingestanden, daß eine Lösung für kubische Gleichungen noch nicht gefunden sei (vgl. S. 85), ohne daß aber ein völliger Verzicht aus ihren Äußerungen herauszulesen ist.

---

520 H. J. S. Smith, *Mém. sur quelques problèmes cubiques et biquadratiques*, Ann. mat. p. appl. Milano $3_2$, 1869/70, S. 112—165, 218—242. — H. Kortum, *Über geometrische Aufgaben dritten und vierten Grades*, Bonn 1869. — Vgl. W. Killing u. H. Hovestadt, *Handbuch des mathematischen Unterrichts*, Bd. 1, Leipzig 1910, S. 206 ff. — 521 *Die geometrischen Konstruktionen dritten und vierten Grades, ausgeführt mittels der geraden Linie und einer festen Kurve dritter Ordnung*, Z. Math. Phys. 41, 1896, S. 129 f.; vgl. Mitscherling[477], S. 126 f. — 522 *Arithmetica universalis*[II 541], *Appendix* S. 309 f. — 522a *Lehre von den kubischen Konstruktionen*, J. r. a. Math. Bd. 167, 1932, S. 142/6. — 522b Übersetzung von Legendres *Elementen der Geometrie und der ebenen und sphärischen Trigonometrie* (1. Aufl., Berlin 1822) 2. Aufl., Berlin 1833, S. 335 letzte Zeile. — 523 Vgl. G. Eneström, Bibl. math. $6_3$, 1905, S. 311—312; $7_3$, 1906—1907, S. 87—88.

Der einzige, der eine richtige Lösungsmethode vorausahnte, ist REGIOMONTANUS (1436—1476; Wien, Nürnberg, Rom). In einem Briefe vom 4. Juli 1471[524] gibt er eine Andeutung über den Lösungsweg, der ihm vorschwebte. Wie man die quadratische Gleichung durch Flächenanlegung — Verwandlung eines Quadrates in eine andere Figur, deren Form durch die Bedingungen der vorgelegten Gleichung bestimmt wird — lösen könne, so führe vielleicht die Verwandlung eines Würfels in einen andern Körper zum Ziele. Daß sich REGIOMONTANUS eingehend mit dem kubischen Problem beschäftigte, geht auch noch aus mehreren anderen Briefstellen hervor. Er kannte genau den Zusammenhang mit der Dreiteilung des Winkels und der Berechnung der Sehne eines Winkels von 1°. Als er 1464 dem Astronomen BIANCHINI eine Dreiecksaufgabe stellte,[525] die auf eine kubische Gleichung führte, fügte er hinzu: *Si dabitis lineam, dabo cordam unius gradus* (Wenn ihr mir die gesuchte Linie gebt, gebe ich die Sehne von 1°). Da sein Bemühen um eine exakte Lösung nicht erfolgreich war, suchte er wenigstens durch Bewegungsgeometrie (vgl. S. 124)[470] das Problem zu zwingen.

Da endlich bringt der Anfang des sechzehnten Jahrhunderts die heiß ersehnte Klärung. Aber welches Verhängnis! Den ersten Entdecker, SCIPIONE DEL FERRO, umhüllt das Dunkel der Geschichte, so daß wir kaum mehr als seinen Namen kennen. Den Ruhm der nächsten Bearbeiter, CARDANO und TARTAGLIA, befleckt ein unerquicklich häßlicher Streit um das Vorrecht der Entdeckung. Die

524 Ed. CURTZE[1383a], S. 335, Z. 27f.: *Sunt enim qui se iactant ampliorem habere artem algebricam, quae in sex capitulis vulgatissimis traditur. Sed ipso profecto ignorant, hanc artem ad cubos, census censuum atque ulteriores potentias extendi non posse, nisi prius geometria solidorum equipollentium edatur. Quemadmodum enim tria capitula composita superficierum equipollentiis innituntur, ita novum artis additamentum ex commutatione solidorum hauriatur necesse est. Hoc ideo commemini, ut labor meus ad id negocium assumptus in parte levetur.* (Manche rühmen sich, die höhere Algebra schon in der zu besitzen, die in den so verbreiteten sechs Normalformen gelehrt wird. Sie übersehen vollkommen, daß sich diese Wissenschaft nicht auf dritte, vierte und höhere Potenzen erweitern läßt, wenn nicht die Geometrie volumengleicher Körper gefördert wird. Wie sich die drei zusammengesetzten Normalformen [der quadratischen Gleichung] auf Antragung von Flächen stützt, so wird notwendigerweise eine weitere Fortführung unserer Lehre von der Umwandlung von Körpern abhängen. Ich möchte daran deswegen erinnern, damit meine darauf gerichteten Bemühungen von anderer Seite unterstützt werden.) —
525 Ed. CURTZE[1383a], S. 262 (ähnlich S. 331h); vgl. auch S. 238: *Dico, quod, si dividerimus angulum in tres partes equales, habebimus cognitionem corde unius gradus* (Ich behaupte, daß, wenn wir einen Winkel in drei gleiche Teile teilen, wir auch die Kenntnis der Sehne von 1° haben).

Akten der langen, unwürdigen Fehde waren schließlich zugunsten TARTAGLIAS geschlossen worden; neuerdings wieder eröffnet, lassen sie den Anteil CARDANOS in besserem Lichte erscheinen.[526]

SCIPIONE DEL FERRO (1465—1526, Professor in Bologna) hatte die Auflösung der Gleichung $x^3 + ax = b$ zuerst gefunden.[527] Hierin stimmen beide Gegner überein. Er teilte sie wahrscheinlich mehreren Bekannten mit, darunter auch einem jungen Freunde, einem Nicht-Fachmathematiker, ANTONIO MARIA FIOR (FLORIDUS); das geschah nach CARDANO 1515, nach TARTAGLIA 1506. FIOR benutzte nun diese Kenntnis, um im Jahre 1535 einem Lehrer der Mathematik von Ruf, dem eben genannten TARTAGLIA (1499?—1557; Brescia, Venedig), nach der Sitte der Zeit Wettaufgaben, 30 an der Zahl, vorzulegen, die sämtlich auf Gleichungen von der Form $x^3 + ax = b$ hinausliefen. TARTAGLIA quälte sich vergeblich ab; acht Tage vor dem festgesetzten Termin fand er endlich, wie er erzählt, die Lösungsformel (12. Februar 1535), einen Tag später (13. Februar) auch für den Fall $x^3 = ax + b$. Jedenfalls lieferte er am vereinbarten Tage die richtigen Lösungen ein. Von FIOR und anderen wiederholt um Bekanntmachung seiner Methode gebeten, verweigerte er dies, blieb auch bei seiner Weigerung, als der andere schon genannte Mathematiker, von Beruf Arzt, CARDANO (1501—1576; Padua, Mailand, Bologna, Rom) ihn brieflich dringend darum anging (12. Februar 1539). Endlich (25. März 1539) ließ er sich bei einer Zusammenkunft mit CARDANO herbei, in fast unverständlichen Versen[528] Andeutungen zu

---

526 S. GHERARDI, *Einige Beiträge zur Geschichte der mathematischen Fakultät der alten Universität Bologna*, deutsch von M. CURTZE, Berlin 1871, Sonderabzug aus Arch. Math. Phys., 52, 1871, S. 110ff.; CANTOR, $2^2$, S. 482—541. E. BORTOLOTTI, *I contributi del Tartaglia, del Cardano, del Ferrari, e della scuola matematica bolognese alla teoria algebrica delle equazioni cubiche.* Studi e memorie per la storia dell' università di Bologna. Vol. IX, Imola. 1926 — Vgl. auch BORTOLOTTI[507]. — 527 Wohl auch der Form $x^3 = ax + b$. Man vermutet heute, daß ihm die Lösung durch Probieren mit kubischen Irrationalitäten geglückt sei. E. BORTOLOTTI[II 154], *L'Algebra*, S. 147—184, Sonderabdruck S. 15ff. — 528 Die Verse TARTAGLIAS lauten für den Fall $x^3 + ax = b$:

| | |
|---|---|
| *Quando che'l cubo con le cose apresso,* | |
| *Se aguaglia à qualche numero discreto:* | $x^3 + ax = b$ |
| *Trouan dui altri, differenti in esso.* | $y - z = b$ |
| *Dapoi terrai, questo per consueto,* | |
| *Che'l lor produtto, sempre sia eguale* | $yz = \left(\frac{a}{3}\right)^3$ |
| *Al terzo cubo, delle cose neto,* | |
| *El residuo poi suo generale,* | |
| *Delli lor lati cubi, ben sottratti* | |
| *Varrà la tua cosa principale.* | $x = \sqrt[3]{y} - \sqrt[3]{z}$ |

*Quesiti et inventioni diverse*[II 670], Ven 1546, libro nono fol. 124r°. *Opere del Famosissimo* NICOLO TARTAGLIA, Venedig 1606, S. 266, Z. 17ff.

machen, denen er, von neuem gebeten, bald darauf brieflich Erläuterungen hinzufügte (23. April 1539). CARDANO mußte durch einen Eid bekräftigen, sein Geheimnis nicht zu veröffentlichen. Diesen Eid brach CARDANO, als er in seiner *Ars magna*[II 74] (Nürnberg 1545) die Methode mitteilte (vgl. Anhang II, Nr. 52d). Zweierlei dient dazu, diesen Treubruch in ein anderes Licht zu setzen. Erstens geschah die Veröffentlichung unter voller Namensnennung FERROS und TARTAGLIAS, die beide als selbständige Entdecker aufgeführt werden.[529] Dann aber hatte CARDANO in Gemeinschaft mit seinem hochbegabten Schüler LUDOVICO FERRARI (1522—1565; Bologna, Mailand) inzwischen, im Jahre 1542, Gelegenheit gehabt,[530] bei dem Schwiegersohn und Nachfolger FERROS, ANNIBALE DELLA NAVE (um 1526—1558 in Bologna), den Nachlaß FERROS einzusehen und die völlige Übereinstimmung der FERROschen Lösung mit der von TARTAGLIA gegebenen festzustellen. Außerdem wußte FIOR seit ungefähr 30 Jahren die Formel und durch ihn, wie durch FERRO selbst, wohl auch durch dessen Schwiegersohn, vielleicht so mancher andere.[531] Von Geheimnis konnte also keine Rede sein!

Nach 1545 begann TARTAGLIA eine äußerst heftige Schriftfehde gegen CARDANO. Von dieser hielt sich CARDANO vornehm zurück und überließ die Entgegnungen seinem temperamentvollen Schüler FERRARI. Im Verlauf des sich auf sehr niedrigem Niveau haltenden Gezänkes wurde schon durch FERRARI der Verdacht laut, TARTAGLIA sei gar nicht Selbstentdecker der Formel, er habe sie irgendwie durch dritte Hand von FERRO entlehnt.[532]

Die Möglichkeit, daß andere (außer FIOR und DELLA NAVE) Kenntnis von der FERROschen Lösung gehabt haben, kann nicht zurück-

---

529 *Ars magna*[II 74], 1545, cap. XI, Bl. 29 r⁰, Einleitung: *Scipio Ferreus Bononiensis jam annis ab hinc triginta fere capitulum hoc inuenit, tradidit uero Anthonio Mariae Florido Veneto, qui cũ in certamen cũ Nicolao Tartalea Brixellense aliquando uenisset, occasionem dedit, ut Nicolaus inuenerit & ipse, qui cum nobis rogantibus tradidisset, suppressa demonstratione, freti hoc auxilio, demonstrationem quaesiuimus, eamque in modos, quod difficillimum fuit, redactam sic subiecimus.* (SCIPIO FERRO aus Bologna entdeckte vor etwa 30 Jahren den Inhalt des folgenden Kapitels und machte dem ANTONIO MARIA FIOR davon Mitteilung. Als FIOR einstmals mit NIC. TARTAGLIA aus Brescia einen Wettkampf hatte, gab er diesem dadurch Gelegenheit, selbst die gleiche Entdeckung zu machen. Von TARTAGLIA erhielt ich Mitteilung, unter Vorenthaltung des Beweises. Veranlaßt durch diese Anregung, suchte ich nach einem Beweise und werde nunmehr die für die Einzelfälle von mir mit großer Anstrengung ersonnenen Beweise vorführen.) — 530 GHERARDI[526], S. 127, 163. — 531 Daselbst S. 129, 143—144, besonders Anm. 1. — 532 Daselbst S. 149—150, 174, 179f.

gewiesen werden. Man fügt hinzu: Oft sind neue Lösungen der kubischen Gleichung gefunden worden, immer wieder andere. Hier sollte der Zufall zwei ganz identische Verfahren unmittelbar hintereinander haben entdecken lassen? Während uns nur die Lösungen von DEL FERRO und TARTAGLIA bekannt sind, nicht ihre Ableitungen, kannte CARDANO auch diese und würde als gewissenhafter Berichterstatter auf eine Verschiedenheit aufmerksam gemacht haben.[533] Ihm mußte ja sehr daran liegen, auf eine vorhandene Verschiedenheit der Ableitung hinzuweisen, um sich vor dem Verdachte des Treubruches zu schützen. Am schwersten wiegen aber Gründe, die aus strenger Kritik der übrigen Leistungen TARTAGLIAS in seinen sonstigen Schriften sich ergeben: Eine lateinische Ausgabe des ARCHIMEDES (1543) durch ihn hat sich als direkte Abschrift einer Übersetzung des Dominikaners WILHELM VON MOERBECKE (geb. in Flandern, von 1278—1281 Erzbischof von Korinth) ohne Namensnennung herausgestellt.[534] Sein *General trattato* (1556—1560) ist in der Darstellnng das vortrefflichste Rechenwerk seiner Zeit, wie wir öfters erwähnten (Bd. I[3], S. 68, 192), enthält aber an geistigem Eigentum recht wenig. In der Theorie der Gleichungen liegen von TARTAGLIA keine wesentlichen Entdeckungen vor! — Hieraus die Folgerungen FERRARIS zu bestätigen, hält nicht schwer. Vielleicht ist der Sachverhalt so, daß TARTAGLIA sich irgendwie in den Besitz der FERROschen Lösung für $x^3 + ax = b$, deren Vorhandensein ihm bekannt war, zu setzen wußte, dann aber die Lösung der Fälle $x^3 = ax + b$ und $x^3 + b = ax$ allein hinzugefügt hat.

Als viel bedeutenderer Mathematiker steht CARDANO vor uns; in ihm trug die Kenntnis der FERROschen Formel ganz andere Früchte. CARDANO lieferte den ersten Beweis für sie,[535] brachte durch die Substitution $x = y \pm \frac{a}{3}$, wo $a$ der Koeffizient des quadratischen Gliedes ist, die allgemeinen kubischen Gleichungsformen auf die drei Normalformen,[536] erkannte das gleichzeitige Vorhandensein

533 Vgl. dagegen G. ENESTRÖM, Bibl. math. $7_3$, 1906—1907, S. 38—43. Ferner H. G. ZEUTHEN, *Geschichte der Mathematik im XVI. u. XVII. Jahrhundert*[II 540], S. 5, 84; M. CANTOR, Arch. Math. Phys. $8_3$, 1905, S. 249—250. — 534 Vgl. H. WIELEITNER, *Das Fortleben der Archimedischen Infinitesimalmethoden usw.*, Qu. u. Stud. B. 1, 1929/30, S. 204. — 535 *Ars magna*[II 74], cap. XI—XIII, Bl. 29 v⁰—33 r⁰; *Opera*[I 558], IV, S. 249—253. Der Beweis ist überaus umständlich; er ist nicht geometrisch, sondern stützt sich auf die Identität $u^3 - v^3 = u^3 - 3u^2v + 3uv^2 - v^3 + 3(u-v)uv$. Vgl. H. WIELEITNER, *Cardanos Beweis* ...[180]. — 536 Daselbst cap. XIV—XXIII, in denen alle möglichen Fälle einzeln behandelt und auf die bereits erledigten zurückgeführt

dreier Wurzeln, auch wenn unter ihnen negative oder irrationale waren,[537] gab die Bedingungen richtig an, unter denen eine kubische Gleichung zwei oder drei Wurzeln haben kann,[538] und erkannte, daß bei einer biquadratischen Gleichung vier Wurzeln auftreten können.[539] Er wußte ferner, daß die Summe der Wurzeln einer kubischen Gleichung gleich dem Koeffizienten des quadratischen Gliedes ist;[540] ja er hatte eine Ahnung von der Möglichkeit gleicher Wurzeln.[541] Selbst die DESCARTESsche Zeichenregel läßt sich in der ersten Anlage bei ihm nachweisen.[542] CARDANO ist der erste, der mit imaginären Wurzeln zu rechnen sich unterfing, wozu er die Anregung in Bologna durch BOMBELLI empfangen hatte (vgl. Bd. II³, S. 106).[543] Für kurze algebraische Symbolschreibung hatte er besondere Befähigung (vgl. II³, S. 52, 150, 183, Anm. 264; III³, Anhang II, Nr. 52 a–c).

So das Geschichtsbild von der Entdeckung der Auflösung kubischer Gleichungen. Kunde von der neuen Errungenschaft kam in weitere Kreise erst durch CARDANOS *Ars magna* (1545)[II 74].

In Deutschland kann man ihre Kenntnis nicht vor MICHAEL STIFELS Neubearbeitung der RUDOLFFschen *Coß*[I 338] (1553) nachweisen. Die am Schluß der *Arithmetica integra*[I 23] von 1544 von STIFEL angeführten kubischen Gleichungen sind sämtlich reduzierbar und entstammen nach STIFELS eigener Angabe CARDANOS *Practica arithmetice generalis*[II 279] von 1539.[544] STIFELS Beispiele sind:[545] $25 + 4x^2 + 2x^3 = 16x + 55$ (nach Addition von $2x^2 + 10x + 5$ auf beiden Seiten durch $2x + 6$ teilbar); $3x^3 = 21x + 18$ (nach Addition von $12x^2 + 9x$ auf beiden Seiten durch $3x + 3$ teilbar); $x^3 = 8x + 7$ (nach Addition von 1 auf beiden Seiten durch $x + 1$ teilbar).

---

werden. CARDANO kannte auch die für den Sonderfall $x^3 + b = ax^2$ geeignete Substitution $x = \frac{\sqrt[3]{b^2}}{y}$, durch die man $y^3 + b = ya\sqrt[3]{b}$, also statt eines quadratischen Gliedes ein lineares Glied erhält. — *Ars magna*[II 74], cap. XVI, fol. 35 r⁰ Mitte, wird das Beispiel $x^3 + 64 = 18x^2$ verwandelt in $y^3 + 64 = 72y$. — 537 *Ars magna*[II 74], cap. XVIII, Bl. 39 v⁰, Z. 22; *Opera*, IV[I 558], S. 259, z. B. letzte Zeile der rechten Spalte: *Semper emergunt tres aestimationes* (immer gehen drei Lösungen hervor). — 538 Vgl. G. ENESTRÖM, Bibl. math. $7_3$, S. 292: $\frac{2}{3}a\sqrt{\frac{a}{3}} > b$ für $x^3 + b = ax$. — 539 Vgl. ebendaselbst; die vier Wurzeln der Gleichung $x^4 + 12 = 7x^2$ gibt CARDANO an mit $2, -2, \sqrt{3}, -\sqrt{3}$. — 540 *Opera*, IV[I 558], S. 259: *Ex hoc patet, quod numerus quadratorum ... semper componitur ex tribus aestimationibus iunctis simul.* (Hieraus ist klar, daß die Anzahl der $x^2$ immer aus den drei Wurzeln als Summe zusammengesetzt ist.) — 541 Vgl. CANTOR, 2², S. 505. — 542 Vgl. CANTOR, 2², S. 539; G. ENESTRÖM, Bibl. math. $7_3$, 1906—1907, S. 293. — 543 CARDANO, *Opera*, IV[I 558], Bl. 287, 377 ff. — 544 Daselbst cap. 22 und 51. — 545 *Arithmetica integra*[I 23], fol. 317 r⁰ und v⁰.

Sehr interessant ist, was Stifel zu Chr. Rudolffs Coß von 1525[II 835] in seinen Zusätzen (1553)[I 338] über die kubischen Gleichungen bringt. Stifel knüpft an die Figur auf der letzten Seite Rudolffs an: sie stellt einen Würfel mit den Seiten $3 + \sqrt{2}$ dar, der durch drei zu den einzelnen Seitenflächen parallele Ebenen so in acht Teile zerschnitten wird, daß an einer Ecke der Würfel mit der Seite 3 entsteht. „Einen ſollichen Cubum hat Chriſtoph Rudolph geſetzt am hinderſten blat ſeiner Coſs / gleych als ob er alſo wölte ſagen. Sihe meyn lieber Leſer ich hab in diſem meynem buch nur alleyn gehandelt die quadrat Coſs. Nu iſt weyter furhanden die Cubik Coſs / da von ich dir nichts gſagt hab. Magſt der halben die Cubiccoſs auch lernen / will ich dir freundtlicher meynung durch diſen Cubum angezeygt haben“.[546] Die Figur spielt auf

$$(3 + \sqrt{2})^3 = 27 + 3 \cdot \sqrt{162} + 18 + \sqrt{8} = 45 + \sqrt{1682}$$

an und umgekehrt auf $\sqrt[3]{45 + \sqrt{1682}} = 3 + \sqrt{2}$. In der Tat war die Behandlung dritter Wurzeln aus solchen Binomen $u + \sqrt{v}$ im ausgehenden 15. Jahrhundert der italienischen Mathematik eine stark bearbeitete Aufgabe und aus ihr heraus war wohl Ferro (vgl. S. 141 und Anm. 527) 10—20 Jahre vor Erscheinen des Rudolffschen Buches auf Lösung der kubischen Gleichung gekommen. Es hat den Anschein, als wolle Stifel andeuten, daß Rudolff bereits eine Ahnung von den Ferroschen Arbeiten hatte oder wenigstens, wie Regiomontanus, die Richtlinien für einen Erfolg in der Würfelteilung sah. In seinen folgenden Darstellungen[547] deckt Stifel diese Verbindung auf. In moderner Schreibart will er die Aufgabe

$$\text{I)} \quad \sqrt[3]{u + \sqrt{v}} = x + \sqrt{y}, \quad \text{Beispiel: } u = 45,\ v = 1682$$

lösen, wobei $u^2 > v$ ist. Aus

$$\text{II}^{a}) \quad (x + \sqrt{y})^3 = x^3 + 3x^2\sqrt{y} + 3xy + y\sqrt{y} = u + \sqrt{v},$$

$$\text{II}^{b}) \quad (x - \sqrt{y})^3 = x^3 - 3x^2\sqrt{y} + 3xy - y\sqrt{y} = u - \sqrt{v}$$

findet er durch Vergleichung der rationalen Teile

$$\text{III)} \quad x^3 + 3xy = u$$

und durch Multiplikation von $\text{II}^{a}$) und $\text{II}^{b}$)

$$\text{IV)} \quad x^2 - y = \sqrt[3]{u^2 - v}.$$

Aus IV) setzt Stifel $y$ in III) ein und erhält so

$$\text{V)} \quad 4x^3 = 3x\sqrt[3]{u^2 - v} + u$$

546 fol. 480 v°, Z. 1—10[I 338]. — 547 fol. 480 v°—fol. 482 r°.

und damit die kubische Gleichung

$$\text{V}^{a)}\ x^3 = \tfrac{3}{4}\sqrt[3]{u^2 - v}\cdot x + \frac{u}{4}\,.$$

Setzt man $\frac{3}{4}\sqrt[3]{u^2 - v} = p$ und $\frac{u}{4} = q$, so ergibt sich die CARDANOsche Normalform

$$x^3 = px + q,$$

die er nunmehr nach der FERROschen Formel behandelt und dabei findet

$$\text{VI)}\ 2x = \sqrt[3]{u + \sqrt{v}} + \sqrt[3]{u - \sqrt{v}}\,.$$

In dem RUDOLFFschen Beispiel $\sqrt[3]{45 + \sqrt{1682}}$ ist $\sqrt[3]{u^2 - v} = 7$, so daß sich ergibt

$$\text{IV)}\ x^2 - y = 7\,,$$

$$\text{V)}\ 4x^3 = 21x + 45\,.$$

Die FERROsche Formel liefert also für $x_1$ den rationalen Teil der dritten Wurzel.

$y$ findet ST. durch Subtraktion von II$^{a)}$ und II$^{b)}$. Er hat

$$\text{III}^{a)}\ (\sqrt{y})^3 + 3x^2\sqrt{y} = \sqrt{v}$$

und durch Einsetzen von $x^2$ aus IV)

$$\text{V}^{b)}\ 4(\sqrt{y})^3 + 3\sqrt[3]{u^2 - v}\cdot\sqrt{y} = \sqrt{v},$$

im Beispiel

$$4(\sqrt{y})^3 + 21\sqrt{y} = \sqrt{1682}\,.$$

Für $\sqrt{y}$ tritt also eine ähnliche kubische Gleichung auf, mit geändertem Vorzeichen des linearen Gliedes.

„hierauſs iſt zu nemen vnd zu verſtehn der grund vnd anfang der Cubiccoſs".[548] STIFEL erkennt also klar den Entdeckungsweg FERROs.

Für die numerische Ausrechnung der in der Lösung auftretenden $\sqrt[3]{u + \sqrt{v}}$ gibt er bei ganzzahligen Werten von $u$, $v$, $x$, $y$ des weiteren[549] eine besondere Regel. In dem Beispiel $\sqrt{45 + \sqrt{1682}}$ ist nach III) $x^2 - y = 7$; 7 muß also um eine solche Zahl $y$ vermehrt werden, daß die Summe eine Quadratzahl wird. Die Annahme $y = 2$ führt zu $x^2 = 9$ und $x = 3$, so daß die Lösung $x + \sqrt{y} = 3 + \sqrt{2}$ sofort da ist.

---

548 fol. 481 r° Mitte. — 549 fol. 484 r°.

Solche Regeln stellt er dann auch für $\sqrt[3]{\sqrt{u}+v}$ und $\sqrt[3]{\sqrt{u}+\sqrt{v}}$ auf. Ist $\sqrt[3]{\sqrt{u}+v}=\sqrt{x}+y$, so ergibt sich ähnlich wie oben $x-y^2=\sqrt[3]{u-v^2}$. In dem Beispiel $\sqrt[3]{\sqrt{18252}+135}$ ist $x-y^2=3$. Hier muß $x-3$ eine Quadratzahl sein. Setzt man $x=12$, so ist $y=3$ und die Lösung heißt $\sqrt{12}+3$. Bei $\sqrt[3]{\sqrt{u}+\sqrt{v}}=\sqrt{x}+\sqrt{y}$ wird $x-y=\sqrt[3]{u-v}$, in dem Beispiel $\sqrt[3]{\sqrt{1350}+\sqrt{1323}}$ mithin $x-y=3$, eine Bedingung, die aber zu unbestimmt ist. Deshalb addiert STIFEL $(\sqrt{x}+\sqrt{y})^3$ und $(\sqrt{x}-\sqrt{y})^3$, woraus sich ergibt

$$(\sqrt{x})^3+3y\sqrt{x}=\sqrt{u}$$

oder

$$x+3y=\sqrt{\frac{u}{x}}.$$

$x$ muß also so gewählt werden, daß $\frac{u}{x}=\frac{1350}{x}=\frac{2\cdot 3^3\cdot 5^2}{x}$ eine Quadratzahl ist. Das trifft zu für $x=6$; damit wird $y=3$, und die Lösung lautet $\sqrt{6}+\sqrt{3}$.

Dieselben Regeln gelten auch, wenn die Radikanden Differenzen sind. Es wird sein

$$\sqrt[3]{45-\sqrt{1682}}=3-\sqrt{2}.$$

$$\sqrt[3]{\sqrt{18252}-135}=\sqrt{12}-3.$$

$$\sqrt[3]{\sqrt{1350}-\sqrt{1323}}=\sqrt{6}-\sqrt{3}.$$

Für die kubische Gleichung $x^3=560-6x$ ist[550]

$$\begin{aligned}x&=\sqrt[3]{280+\sqrt{260^2+8}}+\sqrt[3]{280-\sqrt{260^2+8}}\\&=\sqrt[3]{280+\sqrt{78408}}+\sqrt[3]{280-\sqrt{78408}}\\&=\xi+\sqrt{\eta}+\xi-\sqrt{\eta}\\&=2\xi.\end{aligned}$$

Ist oben $u=280$, $v=78408$, also $\sqrt[3]{u^2-v}=-2$, so wird $\xi^2-\eta=-2$. Die Annahme $\eta=18$ gibt $\xi^2=16$, $\xi=4$, also sofort die Endlösung $x=8$. Andere Annahmen: z. B. $\eta=11$, $\xi=3$, $x=6$; $\eta=27$, $\xi=5$, $x=10$ usw. sind leicht als nicht passend zu erkennen. Im Grunde genommen erleichtert die Formel $\xi^2-\eta=-2$ nur das Raten.

Am Schluß[551] weißt STIFEL noch daraufhin, daß seine Methode auch auf höhere Wurzeln ausgedehnt werden kann.

---

[550] fol. 483 v° oben. — [551] fol. 485 v° Mitte.

Es folgen dann noch 5 kubische Einzelaufgaben:[552]

| | | |
|---|---|---|
| 1) $x - y = 12$, | $xy(x + y) = 14560$, | $(x = 26,\ y = 14)$, |
| 2) $x - y = 18$, | $(x^3 - y^3)(x + y) = 275184$, | $(x = 22,\ y = 4)$, |
| 3) $x - y = 720$, | $\sqrt{x} \cdot y = 20736$, | $(x = 1296,\ y = 576)$, |
| 4) $x - y = 180$, | $x \cdot \sqrt{y} = 3888$, | $(x = 324,\ y = 144)$. |
| 5) $x - y = 12$, | $(x - y)(x^3 + y^3) = 102144$, | $(x = 20,\ y = 8)$. |

Während der nächsten 50 Jahre erschien keine Arbeit in Deutschland, die die kubischen Gleichungen berücksichtigte.[553] Erst Johann Faulhabers (1580—1635, Ulm) *Arithmetischer Cubiccossischer Lustgarten* (Ulm 1604) enthält unter seinen 160 „Blümlein" wieder zahlreichere kubische Aufgaben, mit den Ergebnissen, aber ohne Ableitung.[554] Die von Faulhaber gegebenen Beispiele rechnete Peter Rothe (Rechenmeister in Nürnberg) in seiner *Arithmetica philosophiae* (1608)[II 599] ausführlich vor, nachdem er im ersten Teil die Lehren des Cardano in deutscher Bearbeitung, aber ohne Beweise gebracht hatte. Inzwischen waren in anderen Ländern neue Fortschritte zu verzeichnen gewesen. In Italien hatte R. Bombelli (Prof. d. Math. in Bologna) sich eingehend mit den kubischen Gleichungen beschäftigt, weniger theoretisch als praktisch, und besonders stark rechnerisch die Operationen mit den in der Ferroschen Formel oft auftretenden imaginären Größen geübt. Das Manuskript seines großen Werkes *L'Algebra* (Druck 1572)[II 75] war schon vor 1550 fertiggestellt. Der *casus irreducibilis* $x^3 = ax + b$,

$$x = \sqrt[3]{\frac{b}{2} + \sqrt{\left(\frac{b}{2}\right)^2 - \left(\frac{a}{3}\right)^3}} + \sqrt[3]{\frac{b}{2} - \sqrt{\left(\frac{b}{2}\right)^2 - \left(\frac{a}{3}\right)^3}},$$

wenn $\left(\frac{b}{2}\right)^2 < \left(\frac{a}{3}\right)^3$, bereitete Tartaglia und Cardano unüberwindliche Schwierigkeiten. Cardano vermied in seinen Werken ängstlich solche Beispiele (vgl. Bd. II³, S. 105). In gewissem Ausmaße gelang es Bombelli, den gefährlichen Fall zu zwingen — oder vielmehr die Schwierigkeiten zu verschieben.[555] Handelt es sich um die Ausrechnung $\sqrt[3]{u + \sqrt{-v}} + \sqrt[3]{u - \sqrt{-v}}$, so setzte er

$$1)\ \sqrt[3]{u + \sqrt{-v}} = p + \sqrt{-q} \quad \text{und} \quad 1^{a})\ \sqrt[3]{u - \sqrt{-v}} = p - \sqrt{-q}.$$

552 fol. 485 v—486 v. — 553 Im Ausland brachte Nicolas Petri aus Deventer 1567 einige kubische Aufgaben, wie $x^3 = 9x + 28$, $23x^3 + 32x = 905\frac{5}{9}$; $x^3 = 3x^2 + 5x + 16$, in demselben Jahr auch Pedro Nuñez[II 76], so die Beispiele $x^3 + 3x = 36$, $x^3 + 9x = 54$. Vgl. D. E. Smith, *History II*[I 16], S. 465. — 554 Treutlein, *Die Coß*[II 57], S. 98. — 555 Cantor, 2², S. 624; G. Eneström, Bibl. Math. $8_3$, 1907—1908, S. 87.

Durch Addieren ergibt sich $2p$, durch Multiplikation

$$2)\quad \sqrt[3]{u^2+v}=p^2+q.$$

Dieser Wert $\sqrt[3]{u^2+v}$ heiße $w$, so daß

$$2^{a})\quad p^2+q=w.$$

Durch Kubieren von 1) und Gleichsetzen der reellen Teile fand er weiter

$$3)\quad p^3-3pq=u.$$

Aus $2^{a}$) und 3) folgt

$$4)\quad 4p^3-3wp=u.$$

Aus $2^{a}$), 3), 4) war $p$ zu bestimmen, genauer gesagt, zu erraten; 4) ist ja auch wieder eine kubische Gleichung. Da $p$ und $q$ beide als positiv vorausgesetzt werden, so folgt aus $2^{a}$): $p<\sqrt{w}$ und aus 3) $p>\sqrt[3]{u}$. Wenn $u$ und $w$ ganze Zahlen sind, muß auch $p$ eine solche sein. Handelt es sich zum Beispiel um die Gleichung $x^3=15x+4$, für welche die FERROsche Formel

$$x=\sqrt[3]{2+\sqrt{-121}}+\sqrt[3]{2-\sqrt{-121}},$$

also $u=2$, $v=121$ liefert, so ist $w=\sqrt[3]{4+121}=5$

$$p<\sqrt{5}\quad \text{und}\quad >\sqrt[3]{2}.$$

Hierfür stimmt nur $p=2$, so daß $x=4$ ist. In vielen Fällen versagte natürlich die Methode; immerhin erkannte BOMBELLI, daß sich in dem *casus irreducibilis* die imaginären Bestandteile gegenseitig fortheben mußten.

In Holland gab S. STEVIN (1548—1620, Leiden; Kaufmann, später im Staatsdienst als Ingenieur) in seiner *Arithmétique* von 1585[556] eine wohl durchgearbeitete Theorie der Gleichungen dritten Grades; den imaginären Größen stand aber auch er sehr skeptisch gegenüber.[557] Frankreichs großer Algebraiker VIETA (1540—1603, Paris; Staatsbeamter) griff 1591 das Lösungsproblem in ganz neuer Weise an (vgl. S. 145) und deckte den Zusammenhang, der zwischen den Wurzeln und den Koeffizienten der Gleichung besteht, in allgemeinen Formeln auf (vgl. Anm. 693). Erst CLAIRAUT (1746)[558] und D'ALEMBERT 1751)[559] setzten auseinander, daß die FERROsche Formel nicht bloß eine Wurzel, sondern alle drei darstellt.

556 STEVIN, *Œuvres*[123], éd. GIRARD, I, S. 70ff. H. BOSMANS, *La résolution des équations du 3e degré d'après Simon Stevin*, Mathesis 37, Bruxelles 1923, S. 246—254, 304—311, 341—347. — 557 Vgl. BOSMANS[556], S. 254 oben. — 558 *Élémens d'algèbre*[II 761], S. 268f. — 559 In DIDEROTS *Encyclopédie*[II 613], 2, Paris 1751, S. 736—738, *Cas irréductible.*

Die Fortbildungen und Verbesserungen, die der Theorie der kubischen Gleichung in der Folgezeit zu teil wurden, können nicht einzeln und mit derselben Ausführlichkeit wie im Vorstehenden auseinandergesetzt werden. Die folgende Zusammenstellung verschiedener späterer Lösungsarten kann und soll auf Vollständigkeit keinen Anspruch erheben; sie dient nur zur Darlegung einiger häufiger erwähnten Methoden, die die Schulmathematik nicht übersteigen.

Fachwörter sind nicht zu besprechen. Die Bezeichnung kubische Gleichung tritt in deutschen Büchern seit dem Beginn des achtzehnten Jahrhunderts auf. Bei DESCARTES (1619)[560] und OUGHTRED (1631)[561] ist *aequatio cubica* oft gebraucht. In den *Anfangsgründen* von 1710[124] sagt v. WOLFF noch stets *kubische Aequation*, obgleich ihm das Wort Gleichung bei der einfacheren Form schon ganz geläufig ist.[562] Im *Math. Lexikon* von 1716[164] wird aber *kubische Gleichung* gebildet.[563] Die noch kürzere Bezeichnung Kubikgleichung, ebenso auch Biquadratgleichung J. H. LAMBERTS (1770) fand keinen Boden.[563a]

### I. Algebraische Lösungen.

1) VIETA, 1591[364]. *De aequationum recognitione et emendatione*[564] (zuerst gedruckt 1615; vgl. Anhang II, Nr. 59d): $x^3 + 3ax = 2b$ und $y^2 + xy = a$ $\left(\text{oder } x = \frac{a - y^2}{y}\right)$ ergeben: $y^6 + 2by^3 = a^3$; daraus $y$, dann $x$.

2) CHR. HUYGENS (1629—1695; Haag, zeitweilig Paris). Brief vom 5. Juni 1655 an SCHOOTEN.[565]

In $x^3 + px - q = 0$ wird $x = y - z$ gesetzt. Wird bestimmt, daß $3yz = p$ ist, so erhält man durch diese Substitutionen:

$$y^3 - z^3 - q = 0, \qquad y^3 - \frac{p^3}{27y^3} - q = 0,$$

$$y^6 = qy^3 + \tfrac{1}{27}p^3, \qquad y = \sqrt[3]{\tfrac{1}{2}q + \sqrt{\tfrac{1}{4}q^2 + \tfrac{1}{27}p^3}}.$$

Aus $y$ ergibt sich $z$; beide zusammen liefern:

$$x = \sqrt[3]{\tfrac{1}{2}q + \sqrt{\tfrac{1}{4}q^2 + \tfrac{1}{27}p^3}} - \frac{\tfrac{1}{3}p}{\sqrt[3]{\tfrac{1}{2}q + \sqrt{\tfrac{1}{4}q^2 + \tfrac{1}{27}p^3}}}.$$

Die unbekannte Methode FERROS dürfte sich dem hier eingeschlagenen Verfahren am meisten nähern. Bekannt ist es heute unter dem

560 *Œuvres*, éd. ADAM et TANNERY, 10[1842], S. 155, Z. 1, 13 u. ö. — 561 *Clavis*[1680], 1. Aufl. 1631, cap. XX, Nr. 20, S. 86, Z. 19. — 562 IV[124], § 316, S. 176. — 563 S. 14, Z. 23. — 563a Beyträge II, 1[1765], Vorrede $a_8$ v° Z. 16. — 564 VIETA[364], *Opera*, ed. SCHOOTEN[II 127], Lugd. Bat. 1646, S. 149. — 565 CHR. HUYGENS, *Œuvres*, Ausgabe der holländ. Akademie. Bis jetzt 18 Bde., La Haye 1887—1934, I, S. 330.

Namen JOH. HUDDES (1628—1704, Bürgermeister von Amsterdam). Der Brief, in dem HUDDE sein Verfahren zum erstenmal mitteilt, ebenfalls an SCHOOTEN gerichtet, ist indes über zwei Jahre jünger, Juli 1657, als der von HUYGENS;[566] der einzige Unterschied ist, daß HUDDE $x = y + z$ setzt, wo HUYGENS $x = y - z$ nimmt. Eine weitere Ausbildung unternahm LAGRANGE (1736—1787; Turin, Berlin, Paris).[567]

3) E. W. VON TSCHIRNHAUSEN (1651 bei Görlitz — 1708; Paris, Sachsen). 1683. *Methodus auferendi omnes terminos intermedios ex data aequatione.*[568]

Die gegebene Gleichung:

$$1)\quad x^3 + qx + r = 0$$

wird kombiniert mit der angenommenen:

$$2)\quad x^2 + vx + w = y.$$

Die Elimination von $x$ zwischen 1) und 2) liefert eine kubische Gleichung für $y$, die durch geeignete Bestimmung von $v$ und $w$ zu

$$3)\quad y^3 = \text{const.}$$

gemacht werden kann. Daraus $y$, dann mittelst 2) $x$.

4) L. EULER (1707—1783, Basel, Petersburg, Berlin, Petersburg) 1732. *De formis radicum aequationum cujusque ordinis conjectatio* § 3.[569]

In $$1)\quad x^3 = ax + b$$

wird: $$2)\quad x = \sqrt[3]{A} + \sqrt[3]{B}$$

gesetzt und eine Gleichung:

$$3)\quad z^2 = \alpha z - \beta$$

gesucht, deren Wurzeln $A$ und $B$ sein sollen. Durch Kubieren von 2) und Vergleichen mit 1) wird:

$$a = 3\sqrt[3]{AB}\,, \qquad b = A + B.$$

Aus $A + B = \alpha$ und $AB = \beta$ folgt $\alpha = b$, $\beta = \frac{1}{27}a^3$, so daß 3) nunmehr lautet:

$$4)\quad z^2 = bz - \tfrac{1}{27}a^3.$$

Hieraus $A = z_1$, $B = z_2$ als Wurzeln, dann $x$ nach 2).

5) L. EULER und É. BÉZOUT (1730—1783, Paris). EULER, 1764. *De resolutione aequationum cuiusvis gradus.*[570] BÉZOUT, 1765. *Sur la résolution générale des équations de tous les degrés.*[571]

566 DESCARTES, *Geometria*, ed. SCHOOTEN, 1659[II 93], Teil I, S. 499—500, *De reductione aequationum*[II 339], regula 21, exempl. 4. — 567 Nouv. Mém. Ac. Berlin 1770 (1772)[420], Section I, S. 135ff.; *Œuvres*[I 420], 3, Paris 1869, S. 207ff. — 568 Acta eruditorum, 1683, S. 204—207. — 569 Comment. Ac. Petr. 6, 1732—33 (1738)[421], S. 217ff. — 570 Novi comment. Ac. Petr. 7, 1762/63 (1764), S. 70—98. — 571 Hist. Mém. math. phys. Ac. sc. Paris, 1765 (1768), S. 533—552.

In $$1)\ x^3 + mx^2 + nx + p = 0$$
setzt Bézout:
$$2)\ x = \frac{f + gh}{k + y}$$
und bestimmt $f$, $g$ so, daß
$$3)\ y^3 + h = 0$$
wird. Setzt man die Wurzelgröße für $y$ in 2) ein, so ergibt sich nach Wegschaffung der Nenner ein Ausdruck von der Form:
$$4)\ x = a + by + cy^2.$$
Euler eliminiert $y$ aus 3) und 4) und vergleicht das Resultat der Elimination mit der vorgelegten Gleichung. Das $h$ setzt Bézout schon im Anfang gleich $-1$, während Euler es bis zum Schluß beibehält und erst dann eine von den willkürlichen Konstanten, die ihm das Resultat am einfachsten zu machen verspricht, gleich 1 setzt.

## II. Trigonometrische Lösungen.

I. Vieta, 1591, *De aequationum recognitione et emendatione*[364]. Kurzer Hinweis auf eine ‚elegante' Lösung mit Hilfe der Winkelteilung.[572]

Vieta, 1593 *Supplementum geometriae*[II 290].

Es wird (Propositio XXV) auf das Klarste der Zusammenhang der Lösung einer kubischen Gleichung, auch im Falle des casus irreducibilis, mit der Einschaltung zweier mittleren Proportionalen und mit der Winkeldreiteilung besprochen.[573] Die trigonometrische Lösung der kubischen Gleichung ist schon vorher in der Propositio XVI gegeben:[574] *Si duo triangula fuerint aequicrura singula, & ipsa alterum alteri cruribus aequalia, angulus autem qui est ad basim secundi sit*

572 „*At elegantius et praestantius ex analyticis angularium sectionum huius modi aequalitatum constitutio eruitur*" *Opera*, ed. Schooten[II 127], S. 91, Z. 13 u. 14. — 573 Druck von 1593[II 290], Bl. 21 r°, Z. 11 ff. Prop. XXV consectarium generale: *Generaliter id verum est, opere saltem alterutro vel constructionis duarum mediarum continue proportionalium inter datas vel sectionis anguli in tres partes aequales, omnia problemata, alioqui non solubilia explicari, in quibus cubi solidis vel quadrato-quadrata plano-planis sine adfectione vel cum adfectione adaequantur.* (Es ist allgemein wahr, daß mit einer der beiden Aufgaben — entweder der Konstruktion zweier stetigen Proportionalmittel zwischen zwei gegebenen Größen oder der Dreiteilung des Winkels — alle Aufgaben, in denen Kuben oder Biquadrate mit oder ohne andere Glieder [frei übersetzt!] auftreten, auch wenn sie anderweitig nicht lösbar sind [irreduzibler Fall!], ausgeführt werden können.) Gekannt hat den Zusammenhang der Dreiteilung des Winkels mit der kubischen Gleichung bereits Regiomontanus (vgl. oben S. 135). — 574 Daselbst Bl. 17 v°, Z. 1—6.

*triplus anguli qui est ad basim primi, Cubus ex base primi minus triplo solido sub base primi & cruris communis quadrato aequalis est solido sub base secundi & eiusdem cruris quadrato.* (Wenn zwei einzelne gleichschenklige Dreiecke gegeben sind und die Schenkel des einen gleich denen des anderen, der Winkel aber an der Basis des zweiten dreimal so groß ist als der an der Basis des ersten, dann ist der Würfel über der Basis des ersten, vermindert um den dreifachen Quader aus der Basis des ersten und dem Quadrat des gemeinsamen Schenkels, gleich dem Quader aus der zweiten Basis und dem Quadrat desselben Schenkels.) An der Fig. 33 wiederholt VIETA dann hinter-

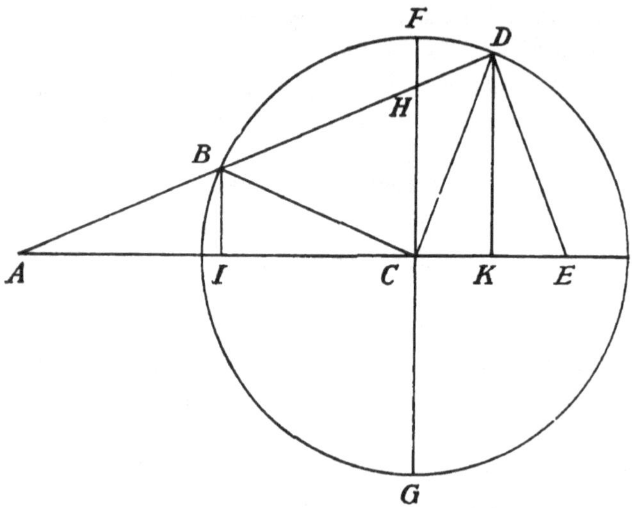


Fig. 33.

her:[575] *Dico igitur cubum ex $AC$ minus solido triplo sub $AC$ & quadrato ex $AB$ aequari solido sub $CE$ & quadrato ex $DC$ seu $AB$.* (Ich behaupte also, daß der Würfel über $AC$ [d. i. $\overline{AC}^3$], vermindert um den dreifachen Quader aus $AC$ und dem Quadrat über $AB$ [d. i. $3AC \cdot \overline{AB}^2$], gleich ist dem Quader aus $CE$ und dem Quadrat über $AB$ [d. i. $CE \cdot AB^2$].) Setzt man die Schenkel gleich $r$, $AC = x$, so ergibt sich also die Behauptung in Gleichungsform:

$$x^3 - 3 \cdot x \cdot r^2 = CE \cdot r^2$$

und, da — wiederum modern und $\measuredangle DCE = \alpha$ gesetzt — $CE = 2r\cos\alpha$ ist,

$$x^3 - 3r^2 x = 2r^3 \cdot \cos\alpha\,.$$

[575] Daselbst, Z. 21—23.

Am Schluß[576] nimmt V. Dreieck $DEC$ gleichseitig, also $\sphericalangle DEC = 60^0$, $\sphericalangle A = 20^0$ und schreibt, da $CE = r$ wird,

*A cubus minus Z quadrato ter in A aequatur Z cubo*

also: $x^3 - 3r^2x = r^3$. Hier ist $A$ VIETAS Symbol der Unbekannten, $Z$ eine bekannte Größe (vgl. Bd. II³ S. 54).

Dieses Beispiel erläutert er noch in einer kürzeren symbolischen Schreibart:

*Sit Z 1 A 1N IC — 3N aequatur 1*

(Wenn $Z$ gleich 1 ist und $A$ gleich $1x$, so wird $x^3 - 3x = 1$; $N$ [numerus] steht statt der Unbekannten $x$, $C$ [cubus] für ihre dritte Potenz $x^3$). Die trigonometrische Lösung ist aus der weiter angefügten Fig. 34 ganz klar:

*Sit Z 100,000,000, Ita se habebunt triangula*

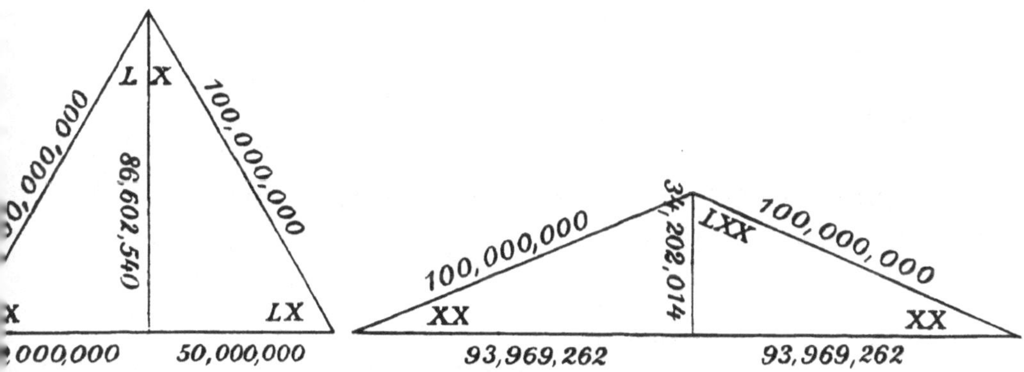


Fig. 34.

(Wenn $r = 100\,000\,000$ ist, so sind die Dreiecke die in der vorstehenden Fig. 34.)

Der Beweisgang VIETAS ist der folgende.[577] In Fig. 33 ist $CG = AB = BH = r$.

Aus $\quad AB^2 - \overline{CH}^2 = (AB + CH)(AB - CH) = GH \cdot HF$

und dem Sekantensatz

$$GH \cdot HF = BH \cdot HD$$

ergibt sich

$$\overline{AB}^2 - \overline{CH}^2 = BH \cdot HD.$$

Der pythagoreische Lehrsatz liefert

$$\overline{CH}^2 = \overline{AH}^2 - \overline{AC}^2 = 4\overline{BH}^2 - \overline{AC}^2.$$

[576] Daselbst, am Schluß des Blattes 17 v⁰. — [577] Daselbst, Bl. 17 v⁰.

Dies eingesetzt ergibt mit Hilfe von $AB = BH$

$$\overline{AB}^2 - 4\overline{BH}^2 + \overline{AC}^2 = BH \cdot HD,$$

$$\overline{AC}^2 - 3\overline{AB}^2 = BH \cdot HD.$$

Aus der Proportion

$$BH : HD = IC : CK$$

wird durch Verdoppeln der rechten Glieder

$$BH : HD = AC : CE,$$

$$AC : CE = BH : HD,$$

und weiter

$$AC : CE = \overline{BH}^2 : BH \cdot HD.$$

Einsetzen ergibt

$$AC : CE = \overline{AB}^2 : \left(\overline{AC}^2 - 3\overline{AB}^2\right),$$

mithin

$$\overline{AC}^3 - 3 \cdot \overline{AB}^2 \cdot AC = CE \cdot \overline{AB}^2,$$

modern

$$x^3 - 3r^2 x = CE \cdot r^2.$$

Setzen wir: $CD = r = a$, $AC = x$, $CE = b$, so erhalten wir die heutige Normalform

$$x^3 - 3a^2 x = a^2 b,$$

wo

$$\cos \alpha = \frac{b}{2a}; \qquad x = 2a \cdot \cos \frac{\varphi}{3} \text{ ist.}$$

2) ALB. GIRARD († 1632, Niederlande).

1629. *Invention nouvelle en l'algèbre.*[578]

GIRARD führt rein geometrisch die Lösung auf die Dreiteilung eines Winkels zurück. Setzt man nachträglich die geometrischen Ableitungen in die algebraische Sprache um, so erhält man für $x^3 = px + q$:

$$x_1 = 2r \cos \varphi$$
$$x_2 = -2r \cos(60^\circ + \varphi)$$
$$x_3 = -2r \cos(60^\circ - \varphi),$$

wobei

$$r = \sqrt{\frac{p}{3}} \quad \text{und} \quad \cos 3\varphi = \frac{3q}{2pr}$$

578 Bl. Dij v°f.[123]. GIRARD löst die Gleichung $x^3 = 13x + 12$ gleichzeitig mit $x^3 = 13x - 12$, um die negativen Werte $x_2$ und $x_3$ zu veranschaulichen (s. S. 89); vgl. L. MATTHIESSEN[402], S. 896—897 und H. BOSMANS, *La théorie des équations dans l'Invention Nouvelle en l'algèbre d'Albert Girard*, Mathesis, 40, Bruxelles 1926, S. 59—155, besonders S. 63 ff.

ist. A. ANDERSON hatte 1615 in einem *Appendix* zu seiner Ausgabe der nachgelassenen Schriften VIETAS *De aequationum recognitione et emendatione*[364] diese Ableitung bereits angelegt.[579] Wenig verschieden ist eine geometrische Methode von VAN SCHOOTEN (1659).[580]

3) A. CAGNOLI, 1786.[581]

Ist $4p^3 \geqq 27q^2$, so setzt CAGNOLI in $x^3 - px \pm q = 0$:

$$\sin 3\varphi = \frac{3q}{p} \cdot \frac{1}{2\sqrt{\frac{p}{3}}}$$

und berechnet mit diesem Hilfswinkel $\varphi$ die drei reellen Lösungen:

$$x_1 = \pm \sin \varphi \cdot 2\sqrt{\frac{p}{3}},$$

$$x_2 = \pm \sin(60^0 - \varphi) \cdot 2\sqrt{\frac{p}{3}},$$

$$x_3 = \mp \sin(60^0 + \varphi) \cdot 2\sqrt{\frac{p}{3}}.$$

Für die Form:

$$x^3 + px \pm q = 0$$

führt CAGNOLI zwei Hilfswinkel $\varphi$ und $\psi$ nacheinander ein, nämlich:

$$\operatorname{tg} \varphi = \frac{p}{3q} \cdot 2\sqrt{\frac{p}{3}}, \quad \operatorname{tg} \psi = \sqrt[3]{\operatorname{tg} \frac{\varphi}{2}},$$

durch die er die einzige vorhandene reelle Wurzel in der Form erhält:

$$x = \mp \operatorname{ctg} 2\psi \cdot 2\sqrt{\frac{p}{3}}.$$

Ist in

$$x^3 - px \pm q = 0$$

$4p^3 < 27q^2$, so geht er ähnlich vor. Durch

$$\sin \varphi = \frac{p}{3q} \cdot 2\sqrt{\frac{p}{3}}, \quad \operatorname{tg} \psi = \sqrt[3]{\operatorname{tg} \frac{\varphi}{2}}$$

findet er die einzige reelle Wurzel:

$$x = \mp \frac{2 \cdot \sqrt{\frac{p}{3}}}{\sin 2\psi}.$$

Ähnlich verfährt u. a. J. A. EYTELWEIN 1824[582] im *casus irreducibilis*;

---

579 Vgl. G. ENESTRÖM, Bibl. math. $13_3$, 1912—1913, S. 167. — 580 DESCARTES, *Geometria*, ed. SCHOOTEN[II 93], 1659, *Appendix de cubicarum aequationum resolutione*, Teil I, S. 345 ff. — 581 *Traité de trigonométrie*[II 89], § 356—361. — 582 J. A. EYTELWEIN, *Die Grundlehren*[II 202], Bd. I, Berlin 1824, § 175, S. 216.

dadurch, daß er $\cos 3\varphi = \frac{3q}{p\cdot\sqrt{\frac{4}{3}p}}$ setzt, erhält er genau die Formeln GIRARDS (S. 150):

$$x_1 = \pm\sqrt{\frac{4}{3}p}\cdot\cos\varphi,$$

$$x_2 = \pm\sqrt{\frac{4}{3}p}\cdot\cos(60^0 - \varphi),$$

$$x_3 = \pm\sqrt{\frac{4}{3}p}\cdot\cos(60^0 + \varphi).$$

Dieses Verfahren wird im Schulunterricht heute fast ausschließlich vorgetragen.

Die trigonometrische Lösung zeigt ihre hohe Verwendbarkeit besonders in dem irreduziblen Fall, da hier die allgemeine FERROsche Formel versagt. Den Beweis, daß dann stets drei reelle Wurzeln vorhanden sind, hat A. C. CLAIRAUT (1713—1765, Paris) zuerst geführt (1746).[583]

Nebenbei sei noch auf eine andere Methode für den irreduziblen Fall aufmerksam gemacht, die von LEIBNIZ[584] und nach ihm von CLAIRAUT unter Benutzung von Reihenentwicklungen aufgestellt wurde.[585] — Der natürliche Eingang zur trigonometrischen Lösung der kubischen Gleichung ist der MOIVREsche Lehrsatz (vgl. Bd. II³, S. 110f.); diesen soll J. A. EYTELWEIN, 1824, zuerst beschritten haben.[586]

### III. Methoden zur näherungsweisen Berechnung der Wurzeln.[587]

### Falscher Ansatz.

Die Verwendung regeldetriähnlicher Schlüsse bei Lösung von Aufgaben, die — modern ausgedrückt — auf einfache Gleichungen ersten Grades führen, lernten wir im Papyrus Rhind kennen (vgl. Bd. I³, S. 188). Die Annahme der methodischen Verwendung einer Versuchszahl, die in der einfachen *regula falsi* liegt, ist dabei gar nicht nötig, auch nicht die Annahme formalen Rechnens mit Regeldetri oder Proportionen.[588] Beispiele aus den Kahuner Papyrusfragmenten[589]

---

**583** *Élém. d'Algèbre* II 761, Partie V, cap. XI, S. 273 f. — **584** L. in *Epistola ad Wallisium*, 29. Dez. 1698; WALLIS, *Opera* 3, Oxoniae 1699, Ep. 27, S. 691—693. — **585** *Élém. d'Algèbre* II 761, V, § X, S. 172. — **586** *Die Grundlehren* II 202, Berlin 1824, I, § 175, S. 216, nach L. MATTHIESSEN 402, S. 898, § 344. — **587** Um Wiederholungen zu vermeiden, werden höhere Gleichungen mit eingeschlossen. — **588** K. VOGEL, *Algebra der Ägypter* II 209, S. 421. Vgl. auch Anm. 6. — **589** K. VOGEL II 269, S. 150—163.

sind sogar quadratischer Natur (vgl. S. 105). Immerhin liegen hierin die Keime der später formal ausgebildeten *regula falsi.*[589a] Sicherlich haben die griechischen Algebraiker ähnliche Überlegungen mit Versuchszahlen bei der Lösung von Gleichungen angestellt. Beispiele finden sich aber erst in der Algebra des Diophant (2. Hälfte des 3. Jahrh. n. Chr.).[590] Bei den Indern entwickelt sich daraus eine formale Lösungsmethode für Gleichungen; wenigstens berichten arabische Schriften,[591] daß sie ihre Kenntnis von dort her hätten. Unmittelbare indische Literaturangaben sind uns indes erst aus der ersten Hälfte des 9. Jahrhunderts bekannt, aus welcher Zeit auch die ersten arabischen Nachrichten stammen. Mahāvīrā (um 830 n. Chr.) macht umfassenden Gebrauch vom falschen Ansatz, sowohl bei algebraischen wie bei geometrischen Aufgaben.[592] In Bhāskaras (geb. 1114 n. Chr.) *Līlāvatī* erscheint ein besonderes Fachwort für die neue Regel: *Iṣṭa-karma* (Regel von der angenommenen Zahl).[593] Im Rechenbuch von Bakhshālī (? 11.—12. Jahrh. n. Chr., vgl. Bd. I³, S. 22—23) sind zwei Arten ihrer Anwendung zu unterscheiden.[594] Ist erstens $ax = p$ die vorgelegte Gleichung und wird für $x = x_1$ $ax_1 = p_1$, so wird $x$ aus der Proportion $x : x_1 = p : p_1$ berechnet. Liegt zweitens $ax + b = p$ vor und wird $ax_1 + b = p_1$ für $x = x_1$, so findet man $x = x_1 + \frac{p - p_1}{a}$.

Wie erwähnt, beginnen die indischen und arabischen Quellen gleichzeitig zu fließen. Lägen nicht die bestimmten Angaben über den indischen Ursprung vor, so könnte man die Sachlage für umgekehrt halten. Denn die arabischen Schriften, zuerst Alḫwārazmī (um 825 n. Chr.), bringen sofort eine wertvolle Erweiterung der Regel, die wir bei den Indern nicht finden, den sog. doppelten falschen Ansatz, die Regel der zwei Fehler, die Methode der Waagschalen (*al-Kiffāt; regula alchatayn* [d. i. der zwei Fehler] bei abendländischen Rechnern). Dies Verfahren läßt sich modern folgendermaßen darstellen:

589a Neuerdings ist auch für die Babylonier die Verwendung einer Versuchszahl festgestellt (K. Vogel brieflich). — 590 IV, 15, 21; VI, 7—11; ed. Tannery[1124]; Übersetzung von Wertheim[1787], IV, 16, 22; VI, 7—11. Vgl. Ver Eecke[1124], die Anmerkungen S. 129, 139, 245—250. — 591 Eine anonyme mittelalterliche lateinische Übersetzung einer arabischen Handschrift (etwa 11. Jahrh. n. Chr.) Libri[II 828], I, 304—371; M. Steinschneider, *Abraham ibn Esra*, Abh. Gesch. Math. 3, Leipzig 1880, S. 119. Die Überschrift lautet: *Liber augmenti diminutionis vocatur numeratio divinationis ex eo quod sapientes Indi posuerunt, quam Abraham compilavit et secundum librum qui Indorum dictus est composuit.* Auch im Text werden die Inder genannt. — 592 B. Datta, *The Bakhsālī Mathematics*[1117], S. 33, Z. 4—5. — 593 Daselbst S. 34—35. — 594 Daselbst S. 31—32.

Ist $f(x) = 0$ die vorgelegte Gleichung und wird für zwei Versuchszahlen $x_1$ und $x_2$ die linke Seite der Gleichung zu $y_1$ und $y_2$

$$y_1 = f(x_1) \quad \text{und} \quad y_2 = f(x_2),$$

so ist bei linearen Gleichungen

$$x' = \frac{x_2 y_1 + x_1 y_2}{y_1 + y_2} \quad (y_1, y_2 \text{ mit verschiedenen Vorzeichen})$$

die genaue Lösung. Wir wissen, daß bei höheren Gleichungen $x'$ wenigstens einen Näherungswert liefert.

Ein einfaches Beispiel in dem allerdings spätarabischen Rechenbüchern von ALḤAṢṢAR (12. Jahrh. n. Chr.) wird in dreifacher Weise vorgerechnet.[595]

1) Einfacher Ansatz mit einer Versuchszahl

$$\frac{x}{3} + \frac{x}{4} = 21,$$

Versuchszahl 12, dann $\frac{12}{3} + \frac{12}{4} = 7$ statt 21. Die Proportion $7 : 12 = 21 : x$ liefert $x = 36$.

2) „Mit Hilfe der Algebra":

$$\frac{x}{3} + \frac{x}{4} = 21,$$
$$\frac{7}{12} x = 21,$$
$$x = 21 \cdot \frac{12}{7},$$
$$x = 36.$$

3) Mit Hilfe der Waagschalen:

$$\frac{x}{3} + \frac{x}{4} = 21.$$

Die Zahl der 1. Waagschale $x_1 = 3$ liefert $1\frac{3}{4}$ statt 21, also zu wenig:

$$y_1 = 19\tfrac{1}{4}.$$

Die Zahl der 2. Waagschale $x_2 = 4$ liefert $2\frac{1}{3}$ statt 21, also zu wenig:

$$y_2 = 18\tfrac{2}{3}.$$

Jetzt wird ganz mechanisch $y_1 x_2 - y_2 x_1 = 19\frac{1}{4} \cdot 4 - 18\frac{2}{3} \cdot 3 = 21$ ausgerechnet und das Resultat durch den Unterschied $19\frac{1}{4} - 18\frac{2}{3} = \frac{7}{12}$ dividiert. $21 : \frac{7}{12}$ gibt wieder 36. Hier sind beide $y$-Werte zu klein; darum mußten im Zähler und Nenner der obigen allgemeinen Formel für $x'$ die Differenzen stehen. Zumeist werden $y_1$ und $y_2$ verschiedene Zeichen haben; daher ist die Bezeichnung der älteren arabischen Schriften für Methode 3: „*Über die Vermehrung und Verminderung*" verständlich. Gleich die älteste, die Abhandlung von ALḪWĀRAZMĪ,

595 H. SUTER, *Das Rechenbuch des Abū Zakarījā el-Ḥaṣṣār*[1222], Bibl. math. 2₃ S. 29—30.

die uns sonst nicht weiter bekannt ist, hat diese Benennung; weitere Schriften werden angegeben von SIND IBN 'ALI und SINĀN IBN ALFATḤ,[596] jüngeren Zeitgenossen von ALḪWĀRAZMĪ. Fast alle arabischen Rechenbücher machen ihre Leser gewissenhaft mit dieser Methode bekannt,[597] wie es ALḤAṢṢĀR[595] tut.

Die oben[591] angeführte lateinische Übersetzung behandelte als erste Aufgabe die Gleichung

$$x - \frac{x}{3} - \frac{x}{4} = 8$$

mit $x_1 = 12$, $y_1 = -3$; $x_2 = 24$, $y_2 = +2$ und löst mechanisch $\frac{2 \cdot 12 + 3 \cdot 24}{2 + 3} = 19\frac{1}{5}$. Beachtenswert ist der Satz für den Zähler: „*Addiere nun 24 und 72, weil der eine Fehler in der Verminderung, der andere in der Vermehrung war; wären dagegen beide in der Verminderung oder in der Vermehrung gewesen, so müßtest Du die kleinere Zahl von der größeren abziehen*".

Die Verwertung dieser Methode des doppelten Ansatzes, um bei höheren Gleichungen Näherungswerte für die Wurzeln zu gewinnen, wird den Arabern nicht unbekannt geblieben sein. Anders ist die überaus scharfe Genauigkeit ALBĪRŪNĪs (973—1048), mit der er die Wurzel einer kubischen Gleichung — auf 7 Dezimalstellen genau — berechnet, nicht zu erklären; Angaben über die Art, wie er rechnet, macht allerdings ALBĪRŪNĪ nicht (vgl. S. 129, 130).

Von LEONARDO von Pisa, der die besten arabischen Quellen benutzt, wird im *Liber abbaci* (1228) der einfache und der doppelte falsche Ansatz benutzt. S. 112f. ist eine schwierigere Aufgabe mit mehreren Unbekannten, die mit dem einfachen Ansatz gelöst ist, wiedergegeben. An anderer Stelle wird die Methode der Waagschale — L. kennt den Namen *Regula elchatayn* — genau auseinandergesetzt, für die verschiedenen Vorzeichen von $y_1$ und $y_2$ sogar mit Figuren, und an mannigfachen Aufgaben geübt.[598] Auch JOHANNES WIDMAN von Eger widmet 1489 der *regula falsi* $6\frac{1}{2}$ Seiten; sein begeistertes Lob in dem uns ungefüge erscheinenden Deutsch klingt ergötzlich.[599]

---

596 CANTOR, I[3], S. 730. — 597 D. E. SMITH, *History* II[116], S. 437. — 598 *Scritti* I[130], S. 318—352. — 599 Behēde vnd hubsche Rechenung[1200], Bl. B VII r°: Nu soltu wissen das Regula falsi ist eyn Regel durch weliche man aller Regel frag (hind an gesaczt Regulā Cosse) machñ mag. vñ wirt a so genant wā durch zwu falsche vnd lugenhafftige zal wirt funden vnd auf gedruckt eyn rechte der frag berichtung vnd warhaftige zal Welche du mit ganczem fleiß vnd steter vbung mercken solt. vnd nicht weniger dan alle oben gesaczte regel schatzñ vnnd vber alle achtñ vnd yn dieser regel soltu also pcediren. Secz zwu zal nach dē bequemlichstñ der

Der oft erwähnte Münchener Sammelband Nr. 14908[II 837] enthält zwei Abhandlungen über den doppelten falschen Ansatz. LUCA PACIOLIS *Summa* von 1494 bringt beide falschen Ansätze[600] in ganz eingehender Darstellung: den doppelten Ansatz nennt er *El cataym, regola delle doi false positioni.* Nach der Begründung gibt er, wie LEONARDO, die mechanische Regel an einem Schema. Die *rigle de une posicion* und *rigle de deux posicions* fehlen auch nicht in den *Triparty* CHUQUETS[601] von 1484 und geben ihm Gelegenheit, mit positiven und negativen Zahlen zu rechnen.

Eine Weiterführung der *regula falsi* auf quadratische und kubische Aufgaben findet sich bei GEMMA FRISIUS (1508 Friesland — 1555 Loewen).[602] Bei der Aufgabe

$$y = 2x, \quad z = 4x, \quad x^2 + y^2 + z^2 = 189$$[603]

setzt er $x = 2$, so daß $y = 4$, $z = 8$ [*Finge primum 2, erit secundus 4, tertius 8* ...]. Dann ist $x^2 + y^2 + z^2 = 84$ statt gleich 189; daher erweitert er die Werte $x$, $y$, $z$ mit $\sqrt{\frac{189}{84}}$, also mit $\frac{3}{2}$ und findet die richtigen Werte $x = 3$, $y = 6$, $z = 12$. Die Probe $3^2 + 6^2 + 12^2$ gibt denn auch 189.

STIFEL widmet der *regula falsi* in seiner *Arithmetica integra* von 1544 einen Abschnitt.[604] Am Schluß seines Buches *The Grovnd of arts* (1540)[I 1014] hängt ROBERT RECORDE die Regel des doppelten falschen Ansatzes an. In dem Rechenschema, an welchem die mechanische Rechenregel abgelesen wird, hatte LEONARDO die Vorzeichen der $y_1$ und $y_2$ — den sogenannten Fehler — mit den Worten *plus* und *minus* angedeutet;[605] bei WIDMAN und RECORDE treten hier zum erstenmal bei den Übungsbeispielen die Vorzeichen + und − auf; danach ist dies bei den deutschen Rechenmeistern, soweit sie sich überhaupt zur *regula falsi* versteigen, häufig der Fall. Des öfteren ist in den einfachen Volksrechenbüchern gerade die *regula falsi* die einzige Stelle, wo die Zeichen + und − in Gebrauch treten.

---

aufgab wie du wilt. vñ die selbige examinir vñ pbir sy noch der aufgab. Seyn dan die selbigñ zwu zal d̃warheyt der aufgab zu vil ad̃ czu wenig alle pede So subtrahir sy vō der zal die dan dy aufgab begert vñ was vberigk ist das sind die zwu lugñ der zweyn falschen zalen. ... Darnach multiplicir die zwu falschñ zalñ kreuzweyß mit den zweyen lugen vnnd subtrahir aber das minst von dem meysten. vnd was vberigk ist das ist die zcall die du teylen solt mit dem gemachtē teyler.... — 600 *Summa*[I 18], fol. 98 v—111 v. — 601 *Triparty*[I 19], p. 631 ff. — 602 *Arithmeticae practicae methodus facilis* (1. Aufl. 1540)[16], Ausgabe Wittenberg 1555, S. 104 bis 114. — 603 Daselbst S. 105. — 604 *Arithm. integra*[I 23], fol. 93 r⁰. — 605 *Liber abbaci*[I 30], *Scritti* I, S. 319 Rand.

Eine sehr brauchbare Näherungsmethode liefert 1545 CARDANO[606] in seiner *Ars magna*; er benutzt diese seine ‚*regula aurea*' nur für Gleichungen dritten und vierten Grades, doch ist sie ohne weiteres auf höhere Gleichungen übertragbar. Liegt die Gleichung $f(x) = k$ vor und sind $a$ und $a + 1$ zwei benachbarte ganze Zahlen, zwischen denen eine Lösung liegt, so daß etwa $f(a) = k - b$ und $f(a + 1) = k + b'$, so errechnet sich CARDANO als angenäherten Wert

$$x_1 = a + \frac{b}{b + b'}.$$

Ist dann $f(x_1) = k - b''$, so folgt als weitere Annäherung

$$x_2 = a + 1 - \frac{b'}{b + b'} \cdot \frac{b'}{b' + b''} \quad \text{usf.}^{607}$$

Die Methode ist von anderen Mathematikern vielfach übernommen.

Ein von dem deutschen Rechenmeister JOACH. JUNGE (Lübeck) 1577 gefundenes Verfahren, das RAIMARUS URSUS (kaiserlicher Mathematiker in Prag) 1601[607a] mitteilte, kann kaum dem vorigen gleichgestellt werden, da es nur Anwendung finden kann, wenn der Wurzelwert ein Teiler der Gleichungskonstanten ist; im Grunde genommen ist es auch gar keine Näherungsmethode.[608]

In einem Anhang zur *L'Arithmétique*[II 139] von 1585[609] setzt STEVIN (1548—1620, Leiden) auseinander, wie er sich Näherungswerte für eine vorgelegte Gleichung verschafft.[610] In der gegebenen Gleichung bringt er zunächst das höchste Glied nach links, alle anderen Glieder nach rechts, wie $x^3 = 300x + 33915024$; dann schätzt er die Anzahl der Ziffern ab, die die Wurzel links vom Komma haben muß, indem er der Reihe nach $x = 1, 10, 100, \ldots$ einsetzt. Er findet in dem Beispiel, daß die Wurzel zwischen 100 und 1000 liegt. Durch Einsetzen von $x = 200, 300, \ldots$ wird die Hundertziffer bestimmt; sie ist 3, da $x = 400$ schon zu viel liefert. Mit $x = 310, 320 \ldots$ werden die Zehner berechnet, schließlich die Einer. Er erhält $x = 323$. Um die Zehntel festzulegen, wird jetzt $x = \frac{3231}{10}, \frac{3232}{10}$ gewählt usf. STEVINS Verfahren ist langsam, aber sicher.

606 *Ars magna*[II 74], 1545, cap. 30, *De regula aurea*, Bl. 53 f.; *Opera*, IV[I 558], S. 273 bis 274. — 607 Vgl. CANTOR $2^2$, S. 506—507. — 607a NIC. RAIMARI URSI ..., *Arithmetica analytica, vulgo Coßa oder Algebra*, Frankfurt a. O. 1601, II, cap. IV, Bl. 𝔈 r⁰f. — 608 G. ENESTRÖM, Bibl. math. $7_3$, 1906—1907, S. 390, ebd. $12_3$, 1911—1912, S. 63. — 609 *Appendice algébraique*, erschien erst 1594 im Druck, 2. Aufl. 1608. H. BOSMANS, *Remarques sur „l'Arithmétique" de Simon Stevin*, Mathesis 36, Bruxelles 1922, S. 17. — Der einfache falsche Ansatz wird bei STEVIN in der *Arithmétique II* probl. 16 behandelt, der doppelte Ansatz probl. 17. Vgl. *Œuvres*[123], S. 93 und probl. 81. — 610 Daselbst S. 19—21.

Bürgi (1552—1633, Kassel, Prag; Mechaniker, Mathematiker, Astronom) griff wieder zum alten doppelten Ansatz (etwa 1590). Sein Beispiel,[611] die Gleichung der Neunecksseite:

$$1)\quad 9 - 30x^2 + 27x^4 - 9x^6 + x^8 = 0,$$

läßt am besten den Gang der Rechnung erkennen. Mittels geometrischer Konstruktion fand Bürgi zunächst $0{,}68 < x < 0{,}69$. Wird $x_1 = 0{,}68$ in 1) eingesetzt, so erscheint rechts statt 0 der Wert 0,0569; bei $x_2 = 0{,}69$ ebenso $-0{,}0828$. Der Unterschied 0,1397 in dem Werte des linken Ausdruckes entspricht demnach einem Unterschiede von 0,01 für den Wurzelwert $x$. Dies veranlaßt Bürgi, die folgende Proportion anzusetzen, wobei wir den Zuwachs von $x_1$ mit $\Delta x$ bezeichnen:

$$0{,}1397 : 0{,}0569 = 0{,}01 : \Delta x.$$

Daraus ergibt sich $\Delta x = 0{,}0040$. Hiermit verbessert er den ersten Wert von $x$ und nimmt nun an:

$$x_1 = 0{,}6840, \qquad x_2 = 0{,}6841,$$

usf. Die erste Wiederholung des Verfahrens liefert bereits mit recht beträchtlicher Genauigkeit $x = 0{,}68404029$. — Ebenso wie Bürgi rechnet auch Pitiscus (1561—1613, Heidelberg) in seiner *Trigonometria* von 1612[I 344, 1117].

Weit überragend ist aber ein von Vieta (1595)[612] ersonnenes Verfahren, das ganz allgemein anwendbar ist. Liegt die Gleichung:

$$f(x) = a_0 x^n + a_1 x^{n-1} + \ldots + a_{n-1} x = a_n$$

vor, z. B. $x^3 + 420000x = 247651713$ mit der leicht erkennbaren Näherungswurzel $x = 417$, und geht man von solch einem Näherungswert $x = a$ aus, so findet Vieta als genaueren Wert:

$$a_1 = a + \frac{a_n - f(a)}{[f(a + s_1) - f(a)] - s_1^n},$$

wo $s_1$ die dekadische Einheit ist, die zu der zu korrigierenden Ziffernstelle gehört. Nimmt man in dem Beispiel $a = 400$, so ist $s_1 = 10$, da die Zehnerziffer zu korrigieren ist; nimmt man $a = 410$, so ist $s_1 = 1$, da es sich nun um die Einerziffer handelt. Vietas Formel läßt sich hinterher leicht mit der Taylorschen Entwicklung als richtig nachweisen.[613]

611 Rud. Wolf, Astronomische Mitteilungen, Nr. 31, 1872, S. 55—67; nach Cantor, 2², S. 646. — 612 *De numerosa potestatum purarum atque adfectarum ad exegesin resolutione tractatus* (gedruckt zuerst Paris 1600); Vieta, ed. Schooten[II 127], Leiden 1646, S. 162—228. — 613 Vgl. G. Eneström, Bibl. math. $11_3$, 1910—1911, S. 234—237; Fl. Cajori, Colorado College Publication, General Series No. 51, 1910, S. 182—184; The Americ. Mathem. Monthly 18, 1911, S. 30.

Das Verfahren VIETAs ist von späteren Mathematikern mit kleinen Verbesserungen vielfach wieder gebracht worden, so von TH. HARRIOT (1631),[614] C. F. M. DECHALES (1674);[615] am klarsten ist die Darstellung von W. OUGHTRED in einem Anhange der Auflage seiner *Clavis*[I 680] von 1647.[616] Einen wesentlichen Fortschritt des Grundgedankens zeigt NEWTONs Methode (1669).[617] NEWTON setzte voraus, daß die erste Annäherung $x = x_1 + \Delta x$ schon so nahe gewählt ist, daß $\Delta x < \frac{1}{10}$, um die in der Rechnung auftretenden höheren Potenzen vernachlässigen zu können. Durch Einsetzen in die vorgelegte Gleichung beliebigen Grades erhält man eine lineare Gleichung für $\Delta x$, das daraus bestimmt werden kann. Mit dem Werte $x_2 = x_1 + \Delta x$ wird die Operation wiederholt; durch Fortsetzung des Verfahrens kann allmählich die Genauigkeit bis zu jedem gewünschten Grade getrieben werden. Mit einer Änderung durch JOSEPH RAPHSON[618] (1697) ist NEWTONs Rechnungsweg heute unter dem Namen des NEWTONschen Approximationsverfahrens bekannt. Hat man für $f(x) = 0$ den Näherungswert $x = a$, so ist:

$$a - \frac{f(a)}{f'(a)}$$

ein genauerer Wert. Das Verfahren ist handlicher als das VIETAs. Während VIETA in dem oben angeführten Beispiel noch den großen Divisor 9120000 benutzen muß, wird NEWTONs Divisor nur 900000. EULER nimmt diese Lösungsart in einem Briefe von 1744 auf und sichert ihre Verbreitung unter Ableitung mit Hilfe der TAYLORschen Entwicklung in seiner Differentialrechnung von 1755.[619]

Die NEWTONsche Näherungsmethode hat den Nachteil, einmal nicht den Grad der Annäherung erkennen zu lassen, dann aber noch eines besonderen Konvergenzbeweises für die erhaltene Reihe zu bedürfen. Den letzten Fehler beseitigte schon J. R. MOURRAILLE

---

614 *Artis analyticae praxis*[II 60], 1631, S. 117—180, *Exegetice numerosa.* — 615 *Cursus seu mundus mathematicus*, Lugduni 1674, 2. Aufl. 1690, I, S. 646 bis 652. — 616 *De Aequationvm affectarvm resolvtione in numeris*[I 1128], engl. Ausg. Oxford 1647; in der lat. Ausgabe von 1652, S. 121—196. — 617 NEWTON, *Analysis per aequationes etc.*, 1669 (1711 zum erstenmal gedruckt), *Commercium epistolicum*[II 787], S. 61ff. Überschrift: *Exempla per Resolutionem Aequationum.* Das Verfahren ist zuerst in WALLIS' *Algebra* 1685[I 682], Kap. 94 veröffentlicht. — 618 JOSEPH RAPHSON, *Analysis Aequationum universalis seu ad Aequationes algebraicas resolvendas methodus generalis*, London 1697; 2. Aufl. London 1702. — 619 Brief an GOLDBACH, 4. VII. 1744; *Institutiones calculi differentialis*[II 196], Petersburg 1755, Cap. IX, S. 546f. EULER, *Vollständige Anleitung zur Algebra*[I 65], Petersburg 1771, 2, S. 326, Kapitel 16, § 223ff.

1768.[620] Beide Fehler vermeidet von vornherein das LAGRANGEsche Verfahren mit Kettenbrüchen (1767).[621] Ist näherungsweise irgendein Wurzelwert $x = p$ bekannt — und LAGRANGE schickt ein besonderes Verfahren zur Auffindung eines solchen voraus —, so wird gesetzt:

$$x = p + \frac{1}{y}.$$

Durch diese Substitution ergibt sich eine Gleichung für $y$, für die $y = q$ ein ganzzahliger Näherungswert sei. Nun setzt man von neuem:

$$y = q + \frac{1}{z},$$

usf. Für die abgeleiteten Gleichungen in $y$, $z$ usw. berechnet LAGRANGE die nötigen Koeffizientenformeln. Ein Nachtrag[622] lehrt Regeln zur Bestimmung imaginärer Wurzeln.

Zu erwähnen ist ferner noch eine von den vorstehenden ganz unabhängige Methode, die DANIEL BERNOULLI (1728) unter Benutzung rekurrenter Reihen vorschlägt.[623] EULER würdigt sie in seiner *Introductio*[I 259] von 1748[624] einer eingehenden Darstellung unter Hinzufügung der durch BERNOULLI nicht gegebenen Herleitung und einer Untersuchung über den Grad ihrer Verwendbarkeit. Eine weitere, noch heute übliche Verbesserung brachte LAGRANGE 1798.[625]

Das deutsche Wort ‚Näherung' für Approximation verbreitet VON WOLFF 1716.[625a]

## 6. Die Gleichungen vierten Grades.

Eng verbunden mit der Lösung der kubischen Gleichungen ist theoretisch wie historisch die der biquadratischen.

Spezielle biquadratische Gleichungen, die in $x^2$ quadratisch sind, finden sich mehrfach in babylonischen Keilschrifttexten, sogar ganz allgemeine werden gestellt, indes ohne daß man erkennen kann, wie sie behandelt werden.[625b] Eine biquadratische Gleichung der obigen speziellen Art liegt der Aufgabe EUKLIDS *Data* Nr. 86 (vgl. S 63f.) zugrunde. Eine geometrische Aufgabe wirklich biquadratischer Art stellte aber ARCHIMEDES (um 287—212 v. Chr., Syrakus) auf und

620 Vgl. FL. CAJORI, Bibl. math. $11_3$, 1910—1911, S. 132—137. — 621 Hist. Mém. Ac. Berlin, 23, 1767 (1769), *Sur la résolution des équations numériques*, S. 311ff. — 622 Hist. Mém. Ac. Berlin, 24, 1768 (1770), *Additions au mémoire sur la rés. etc.*, S. 111ff. — 623 Comm. Ac. Petrop., 3, 1728 (1732), S. 85—100. — 624 Daselbst cap. 18. — 625 *Traité de la résolution des équations numériques etc.* Note VI; *Œuvres* 8[I 420], S. 168f. — 625a *Lexikon* 1716[164], Sp. 135; 1747, Sp. 922. — 625b O. NEUGEBAUER, *Math. Keilschrifttexte*[145b], Qu. u. Stud. A. 3, 1935, I, S. 456.

löste sie mit Hilfe einer Hyperbel und einer Parabel;[626] die Aufgabe klingt an den 8. Wahlsatz (vgl. S. 121) an, der ja kubischer Natur ist, und verlangt in einem Kreise, der durch eine Sehne in ungleiche Abschnitte geteilt ist, durch einen Punkt des Umfangs eine Gerade so zu ziehen, daß ihre im anderen Kreisabschnitt liegende Strecke von gegebener Größe ist. HIPPOKRATES von Chios (um 400 v. Chr.) setzt diese Aufgabe bei seiner Möndchenquadratur als Einschiebungskonstruktion bereits voraus.[627]

Auch APOLLONIOS (um 265—176, Alexandria, Pergamon, Ephesos) behandelt in seinen *Κωνικά* Sätze, die nach unserer Auffassung auf Gleichungen vierten Grades führen. Er untersucht das Schneiden von zwei Kegelschnitten; er weiß, daß dies in höchstens vier Punkten, wenn aber ein Berührungspunkt darunter ist, dann nur noch in zwei weiteren stattfindet, er weiß ferner, daß höchstens zwei Berührungspunkte auftreten können, — alles Sätze, die in unserer algebraischen Form die Anzahl der Wurzeln, bzw. gleicher Wurzeln für biquadratische Gleichungen betreffen. Im fünften Buch der *Κωνικά* untersucht APOLLONIOS die größten und kleinsten Entfernungen eines gegebenen Punktes von einem Kegelschnitt, also seine Normalen; auch diese Aufgabengruppe würde auf biquadratische Gleichungen führen. Gewisse Sonderfälle erfordern sogar Untersuchungen, die auf die Diskriminante bezogen werden können.

Wirkliche Gleichungen vierten Grades treffen wir auch bei DIOPHANT noch nicht.

Die späteren indischen Mathematiker (BHĀSKARA, geb. 1114) haben gelegentlich auch Gleichungen von höherem als dem zweiten Grad, darunter eine biquadratische[495],

$$x^4 - 2(x^2 + 200\,x) = 9999$$

vorgenommen; diese sind aber immer spezieller Art und auf niedrigeren Grad zurückführbar oder mit irgendeinem besonderen Kunstgriff zu lösen.

Den Arabern kommt das Verdienst zu, die kubischen Probleme der Griechen und ähnliche Aufgaben in algebraische Form umgesetzt zu haben, indem sie die geometrischen Beziehungen in solche zwischen den verschiedenen Potenzen einer Unbekannten verwandelten. So weit sie jedoch auch in der Behandlung der Gleichungen dritten Grades kamen, so wenig war ihr Eifer bei den Gleichungen vierten Grades von Erfolg gekrönt.

626 PAPPUS, *Coll.*[I 13], ed. HULTSCH, 3, S. 300 u. 1231. Vgl. A. WITTING, *Eine Aufgabe vierten Grades in der griechischen Mathematik*, Unt. Math. Nat. 40, 1934, S. 53—54. — 627 RUDIO[I 879], S. 58 u. 59.

Von Abu'lwafā' (940—998, Astronom in Bagdad) wird überliefert,[628] daß er eine Abhandlung, *Methode, die Seite des Kubus und des Biquadrates, sowie des aus diesen Potenzen zusammengesetzten Ausdruckes zu finden*, geschrieben habe; mehr als der Titel ist uns aber nicht bekannt. Ob darin wirklich neben den reinen Gleichungen $x^3 = a$ und $x^4 = a$ auch noch die Form $x^4 + ax^3 = b$, was in dem Titel liegen würde, erfolgreich behandelt war, erscheint eigentlich recht zweifelhaft, da selbst 'Omar Alḫajjām († 1123/24), dem bei den Gleichungen dritten Grades die Aufstellung einer systematischen geometrischen Lösung gelang, biquadratische Gleichungen sowohl geometrisch wie algebraisch allgemein durchaus für unlösbar hielt.[629] Wir kennen nur eine Aufgabe biquadratischer Natur, deren Lösung die Araber wirklich geleistet haben.[630] Der von dem Überlieferer nicht genannte Verfasser will ein Trapez mit drei gleichen Seiten aus dieser Seite und dem Flächeninhalt konstruieren. Die sich ergebende Gleichung:

$$(100 - x^2) \cdot (10 - x)^2 = 8100$$

oder:

$$x^4 + 2000x = 20x^3 + 1900$$

wird durch den Schnitt einer Hyperbel $(10 - x)y = 90$ und eines Kreises $x^2 + y^2 = 100$ gelöst.

Der aus arabischen Quellen schöpfende Leonardo von Pisa (1228, *Liber abbaci*) hat in seiner Sammlung auch biquadratische Gleichungen gegeben;[631] sie sind indes sämtlich auf quadratische Gleichungen reduzierbar.

Bis über das fünfzehnte Jahrhundert hinaus erstreckt sich die Zeit des rastlosen Versuchens, wie man die sich entgegenstellenden Schwierigkeiten überwinden könnte. Wir verweisen für diese Zeit auf die Geschichte der kubischen Gleichungen. Erst nach der Lösung dieser gelingt es, auch des höheren Problems Meister zu werden.

Der hochbegabte Schüler Cardanos, Luigi Ferrari (1522—1565; Bologna, Mailand), ist nach Cardanos eigener Aussage der glückliche Entdecker einer Lösung der biquadratischen Gleichung. Ferrari kann, als ihm der große Wurf gelang, noch nicht 23 Jahre alt gewesen sein; denn das Manuskript der *Ars magna*[II 280] (1545), in

628 F. Woepcke[II 2], *Rech. sur l'histoire des scienc. math. chez les orientaux*, Paris 1855, S. 36, Nr. 8 u. Anm. 2 (Extrait No. 2 de l'année 1855 du Journal Asiatique). — 629 F. Woepcke, *L'Algèbre d'Omar Alkhayyāmī*[II 1009], S. 79, § 46 Anfang. — 630 Daselbst S. 115—116; ferner F. Woepcke, *La construction des équations du quatrième degré par les géomètres arabes*, J. math. p. appl. Paris $8_2$, 1863, S. 57—70, bes. S. 65ff. Vgl. L. Matthiessen, *Litterale Gleichungen*[402], S. 544. — 631 z. B. S. 44[I 30].

der CARDANO der Mitwelt die Entdeckung seines Schülers bekannt macht,[632] kam schon 1544 nach Nürnberg zum Druck.

Die Methode FERRARIS besteht darin, daß er die Gleichung:

$$x^4 + n x^2 + p x + q = 0,$$

in der das leicht zu entfernende kubische Glied bereits fehlt, so ordnet, daß beide Seiten, um eine gewisse gleiche Größe ergänzt, zum Quadrat werden.

DA COIE (JOHANNES COLLA), ein zeitgenössischer Mathematiker, wohl aus der Schule FERROS, hatte dem CARDANO 1540 die Aufgabe gestellt, 10 so in drei Teile zu zerlegen, daß eine stetige Proportion entsteht und das Produkt der ersten beiden Teile 6 ist,[632a] also

$$1)\quad x + y + z = 10, \qquad x : y = y : z, \qquad x y = 6.$$

Da $x = \frac{6}{y}$ und $z = \frac{y^2}{x} = \frac{y^3}{6}$, so ergibt sich für den zweiten Teil $y$ die Gleichung

$$\frac{6}{y} + y + \frac{y^3}{6} = 10;$$

$$2)\quad y^4 + 6y^2 + 36 = 60y,$$

$$2^a)\quad y^4 = 60y - 6y^2 - 36.$$

Addiert man auf beiden Seiten, um den einfachen Gedanken FERRARIS klar zu machen,

$$3)\quad 2uy^2 + u^2,$$

so wird

$$4)\quad y^4 + 2uy^2 + u^2 = 2(u-3)y^2 + 60y + (u^2 - 36).$$

Links steht ein Quadrat; damit auch die rechte Seite ein Quadrat wird, muß sein:

$$\sqrt{2(u-3)\cdot(u^2-36)} = 30$$

oder

$$4)\quad u^3 - 3u^2 - 36u + 108 = 450,$$

$$5)\quad u^3 - 3u^2 - 36u - 342 = 0.$$

Diese Bedingung für $u$ ist eine kubische Gleichung, deren Lösung nach den kurz vorher erfolgten Entdeckungen möglich war. Ist $u$

632 *Ars magna* II 74, cap. XXXIX, Regula II, Bl. 22 v°: *Alia est regula nobilior praecedente, & est Ludouici de Ferrarijs, qui eam me rogante inuenit*...; vgl. K. HUNRATH, *Die Ferrari-Cardanische Auflösung der reduzierten Gleichung IV. Grades*, Z. Math. Phys. 30, 1885, S. 41—51. E. BORTOLOTTI, *Sulla scoperta della risoluzione algebrica delle equazioni del quarto Grado*, Period. d. matematiche 6, Bologna 1926, S. 13—16. — 632a *Ars magna* II 74, cap. XXXIX, quaestio V. Vgl. BORTOLOTTI 632, S. 15.

demgemäß bestimmt, so läßt sich 4) durch Quadratwurzelausziehen in eine quadratische Gleichung verwandeln, aus der endlich $y$ entnommen werden kann.

Tatsächlich verfährt CARDANO ein klein wenig anders, um sich mehr den gegebenen Zahlen anzupassen: Statt $u$ wählt er $u + 6$, addiert also

$$2y^2(u + 6) + (u + 6)^2$$

auf beiden Seiten von $2^a$). Dann ergibt sich

$$4^a)\quad y^4 + 2y^2(u + 6) + (u + 6)^2 = 2(u + 3)y^2 + 60y + (u^2 + 12u).$$

Die rechte Seite wird nur zu einem Quadrat, wenn

$$\sqrt{2(u + 3)\cdot(u^2 + 12u)} = 30;$$

also ist jetzt $$u^3 + 15u^2 + 36u = 450$$

die Bedingungsgleichung für $u$.

Die Zurückführung der allgemeinen Form auf die obige Normalform durch Entfernung des kubischen Gliedes lehrt CARDANO nicht besonders, da ähnliche Rechnungen bei den kubischen Gleichungen von ihm genügend geübt werden. Fehlt das lineare Glied, so nimmt er eine Substitution von der Form:

$$x = \frac{a}{y}$$

vor. Daß biquadratische Gleichungen vier Wurzeln haben können, ist ihm völlig klar[539].

BOMBELLI (1572, *L'Algebra*)[633] erläutert das Verfahren FERRARIS an Beispielen; so verwandelt er in moderner Wiedergabe die Gleichung:

$$x^4 + 8x^3 + 11 = 68x$$

in

$$(x^2 + 4x - z)^2 = (16 - 2z)x^2 + (68 - 8z)x + (z^2 - 11).$$

Die rechte Seite wird nur dann ein Quadrat, wenn:

$$2\sqrt{(16 - 2z)\cdot(z^2 - 11)} = 68 - 8z,$$

woraus:

$$147z = z^3 + 666$$

mit $z = 6$ folgt. Nach Einsetzung erhält er:

$$\begin{aligned}(x^2 + 4x - 6)^2 &= 4x^2 + 20x + 25\\ x^2 + 4x - 6 &= 2x + 5\\ x^2 + 2x - 11 &= 0\\ x &= -1 \pm \sqrt{12}.\end{aligned}$$

633 *L'Algebra* [II 75], II, S. 383.

Viel ausführlicher geht STEVIN in seiner *Arithmétique*[II 139] von 1585[634] auf die Gleichungen 4. Grades ein; er behandelt, ganz nach FERRARI, sämtliche möglichen Fälle:

$$x^4 = cx + d,\quad x^4 = bx^2 + cx + d,\quad x^4 = ax^3 + d,\quad x^4 = ax^3 + cx + d,$$
$$x^4 = ax^3 + bx^2 + d,\quad x^4 = ax^3 + bx^2 + cx + d \quad \text{(Probl. 72—77).}$$

Auch VIETA (1591)[364] schließt sich in seiner Abhandlung: *De aequationum recognitione et emendatione libri duo* (gedruckt 1615)[635] eng an FERRARI an.

DESCARTES (1596—1650; Frankreich, Holland; Schweden) faßte das Problem in anderer Weise an (*Géométrie* 1637).[636] Er suchte die Form vom vierten Grade in zwei quadratische Faktoren zu zerlegen, deren jeder, gleich Null gesetzt, eine quadratische Gleichung liefert. In seinen Herleitungen drückt sich DESCARTES sehr dunkel aus, wohl absichtlich wie an anderen Stellen, um den Weg, auf dem er zu seiner neuen Methode gekommen war, zu verdecken.

DESCARTES entfernt zunächst das kubische Glied und schreibt dann die biquadratische Gleichung in der Form hin

$$+ x^4 * . pxx . qx . r \propto 0 .$$

Der Stern bedeutet die Stelle des kubischen Gliedes; die Punkte geben an, daß die Vorzeichen von $p$, $q$ und $r$ + oder — sein können. Benutzen wir im folgenden die moderne Schreibart, so lautet die vorgelegte Gleichung

$$1)\quad + x^4 \pm p x^2 \pm q x \pm r = 0 .$$

An Stelle dieser, fährt DESCARTES fort, müsse man schreiben

$$2)\quad + y^6 \pm 2p y^4 + (p^2 \mp 4r) y^2 - q^2 = 0 .$$

Über die Wahl der Vorzeichen werden genaue Bestimmungen getroffen. Wie DESCARTES von 1) auf 2) kommt, wird mit keinem Wort verraten. Die Bildung von 2) wird an drei Beispielen[637] gezeigt:

$$\text{I)}\ + x^4 - 4x^2 - 8x + 35 = 0 \text{ wird ersetzt durch } y^6 - 8y^4 - 124y^2 - 64 = 0,$$
$$\text{II)}\ + x^4 - 17x^2 - 20x - 6 = 0 \quad \text{„} \quad \text{„} \quad \text{„} \quad y^6 - 34y^4 + 313y^2 - 400 = 0,$$
$$\text{III)}\ + x^4 + \left(\frac{a^2}{2} - c^2\right)x^2 - (a^3 + ac^2)x + \tfrac{5}{16}a^4 - \tfrac{1}{4}a^2c^2 = 0 \text{ durch}$$
$$y^6 + (a^2 - 2c^2)y^4 - (a^4 - c^4)y^2 - (a^6 + 2a^4c^2 + a^2c^4) = 0 .$$

634 Vgl. H. BOSMANS, *La résolution de l'équation du 4e degré chez Simon Stevin.* Mathesis, 39, Bruxelles 1925, S. 49—55, 99—104, 146—153. — 635 cap. 6, probl. 3; *Opera*[II 127], S. 144—148. Vgl. L. MATTHIESSEN, *Litterale Gleichungen*[402], S. 547—548. — 636 *Œuvres de* DESCARTES, éd. ADAM et TANNERY 6[II 96], S. 457ff.; SCHLESINGER[II 93], S. 82. — 637 *Œuvres* 6[II 96], S. 458, Z. 6, 16, 21.

„Nachdem die Gleichung so auf drei Dimensionen zurückgeführt ist, muß man den Wert von $y^2$ nach der vorher auseinandergesetzten Methode suchen. .... Wenn man ihn findet, kann man mit seiner Hilfe die vorhergehende Gleichung [nämlich 1)] in zwei andere zerlegen, deren jede die unbekannte Größe nur in zwei Dimensionen enthält und deren Wurzeln dieselben sind wie die ihrigen, d. h. an Stelle von

$$+x^4 \pm p x^2 \pm q x \pm r = 0$$

muß man folgende zwei andere hinschreiben

$$3^{a})\quad + x^2 - y x + \tfrac{1}{2} y^2 \pm \tfrac{1}{2} p \pm \frac{q}{2y} = 0,$$

$$3^{b})\quad + x^2 + y x + \tfrac{1}{2} y^2 \pm \tfrac{1}{2} p \mp \frac{q}{2y} = 0.$$

... Danach ist es also möglich, alle Wurzeln der vorgelegten Gleichung kennen zu lernen und also die Aufgabe, die auf diese Gleichung geführt hat, ohne Anwendung anderer Linien als Kreisen und Geraden zu konstruieren.“[638]

Für die Beispiele I—III werden nunmehr die erforderlichen Rechnungen durchgeführt.[639]

Für I) ist $y^2 = 16$. Die beiden quadratischen Gleichungen 3) $x^2 - 4x + 5 = 0$ und $x^2 + 4x + 7 = 0$ liefern $x_{1,2} = 2 \pm \sqrt{-1}$, $x_{3,4} = -2 \pm \sqrt{-3}$, also vier imaginäre Wurzeln. Für II) ist wiederum $y^2 = 16$. Die quadratischen Gleichungen: $x^2 - 4x - 3 = 0$ und $x^2 + 4x + 2 = 0$ geben $x_{1,2} = 2 \pm \sqrt{7}$, $x_{3,4} = -2 \pm \sqrt{2}$. In dem großen Buchstabenbeispiel III) wird $y = \sqrt{a^2 + c^2}$; die quadratischen Gleichungen sind

$$z^2 - \sqrt{a^2 + c^2} \cdot z + \tfrac{3}{4} a^2 - \tfrac{1}{2} a \sqrt{a^2 + c^2} = 0,$$

$$z^2 + \sqrt{a^2 + c^2} \cdot z + \tfrac{3}{4} a^2 + \tfrac{1}{2} a \sqrt{a^2 + c^2} = 0,$$

mit den Lösungen

$$z_{1,2} = \sqrt{\frac{a^2}{4} + \frac{c^2}{4}} \pm \sqrt{\frac{c^2}{4} - \frac{a^2}{2} + \tfrac{1}{2} a \sqrt{a^2 + c^2}},$$

$$z_{3,4} = -\sqrt{\frac{a^2}{4} + \frac{c^2}{4}} \pm \sqrt{\frac{c^2}{4} - \frac{a^2}{2} - \tfrac{1}{2} a \sqrt{a^2 + c^2}}.$$

Der lateinischen *Geometria* (1. Aufl. 1649)[II 93] sind *Notae breves* von Florimond de Beaune angehängt, in denen einzelne Stellen der *Géométrie* erläutert werden. De Beaune erkennt, daß in den Herleitungen Descartes' etwas dunkel ist; aber er erfaßt nicht den

638 S. 459, Z. 1ff. — 639 S. 460f.

springenden Punkt: er begnügt sich aus den Gleichungen 3ᵃ) und 3ᵇ), die er in der Form

$$x^2 + \tfrac{1}{2}y^2 \pm \tfrac{1}{2}p = \mp \frac{q}{2y} + yx \quad \text{usw.}$$

quadriert und mit Hilfe von 1) vereinfacht, die Gleichung Nr. 2 zu verifizieren, selbstverständlich, entsprechend den verschiedenen Vorzeichen, in mehreren Einzelberechnungen.[640]

In dem darauf folgenden Kommentar von SCHOOTEN selbst wird auf die DESCARTESsche Herleitung überhaupt nicht eingegangen. Bis zur zweiten Auflage der lateinischen *Geometria* von 1659 bekommt aber SCHOOTEN Klarheit über die Gedankengänge DESCARTES'.[641] Er nimmt als Beispiel Nr. 1 in der Form

$$1)\quad x^4 - px^2 - qx + r = 0$$

und setzt zur Auffindung der Hilfsgleichungen 3ᵃ) und 3ᵇ)

$$x^2 + yx + z = 0 \quad \text{und} \quad x^2 - yx + v = 0$$

an. Durch Multiplikation der beiden quadratischen Formen und Koeffizientenvergleichung mit der gegebenen Hauptgleichung findet SCHOOTEN

$$z - y^2 + v = -p, \qquad -zy + vy = -q, \qquad vz = r,$$

woraus dann durch Elimination von $z$ und $v$ sich für $y$ die Gleichung

$$2)\quad y^6 - 2py^4 + (p^2 - 4r)y^2 - q^2 = 0$$

ergibt. Aus $z + v = y^2 - p$ und $z - v = + \frac{q}{y}$ erhält SCHOOTEN weiter

$$z = \tfrac{1}{2}y^2 - \frac{p}{2} + \frac{q}{2y} \quad \text{und} \quad v = \tfrac{1}{2}y^2 - \frac{p}{2} - \frac{q}{2y},$$

so daß die beiden quadratischen Gleichungen in der Tat die Form 3ᵃ) und 3ᵇ) annehmen.

Die Verdienste DESCARTES' um diese neue Lösung der biquadratischen Gleichung sucht WALLIS in seiner *Algebra*[642] herabzusetzen und sie HARRIOT zuzuschieben, indem er aus Darlegungen in dessen *Artis analyticae praxis* (1631)[II 66] die Hilfsgleichungen DESCARTES' ableitet; hinterher ist das natürlich nicht schwer.

Als dritte Methode ist die zu nennen, die E. W. VON TSCHIRNHAUSEN[643] (1651—1708; Paris, Sachsen) einschlug. Ihre Verwendung für kubische Gleichungen lernten wir früher (S. 146) kennen. Durch Einführung einer neuen Unbekannten $y$ mittels

$$1)\quad y = x^2 + vx + w$$

640 *Geometria*[II 93], 1649, S. 155—158. — 641 *Geometria* 1659[II 93], S. 315, Z. 5ff. — 642 cap. 55. Englische Ausgabe von 1685[I 682], S. 208—212. — 643 Acta Eruditorum[II 568], Leipzig 1683, S. 204—207.

wird das $x$ aus

$$2)\quad x^4 + m x^3 + n y^2 + p x + q = 0$$

eliminiert und nun für die neue biquadratische Gleichung in $y$ die Bestimmung der $v$ und $w$ so vorgenommen, daß das kubische und das lineare Glied fortfallen. Die Größen $v$ und $w$ werden durch eine kubische Gleichung bestimmt.

Auch die übrigen, früher aufgezählten Methoden sind auf Gleichungen vierten Grades übertragen worden.

Euler (1733)[644] setzt in die biquadratische Gleichung:

$$1)\quad x^4 = a x^2 + b x + c$$

die Summe:

$$2)\quad x = \sqrt{A} + \sqrt{B} + \sqrt{C}$$

ein. Die Größen $A$, $B$, $C$ sollen Wurzeln der Hilfsgleichung:

$$3)\quad z^3 = \alpha z^2 - \beta z + \gamma$$

sein, also:

$$\alpha = A + B + C, \quad \beta = AB + BC + AC, \quad \gamma = ABC.$$

Einsetzung in 2) und 1) und Vergleichung mit 3) läßt die $\alpha$, $\beta$, $\gamma$ bestimmen, und 3) wird dadurch zu

$$4)\quad z^3 = \frac{a}{2} z^2 - \frac{4c + a^2}{16} z + \frac{b^2}{64}.$$

Diese Resolvente liefert als Wurzeln $A$, $B$, $C$. Die vier möglichen Werte von $x$ sind alsdann:

$$x_1 = \sqrt{A} + \sqrt{B} + \sqrt{C}, \quad x_2 = \sqrt{A} - \sqrt{B} - \sqrt{C},$$
$$x_3 = \sqrt{B} - \sqrt{C} - \sqrt{A}, \quad x_4 = \sqrt{C} - \sqrt{A} - \sqrt{B}.$$

Auch aus der Substitution:

$$x = \sqrt[4]{A} + \sqrt[4]{B} + \sqrt[4]{C}$$

leitet Euler für $A$, $B$, $C$ eine kubische Gleichung ab.[645]

Die Euler[646]-Bézoutsche[647] Methode hat als Endziel, die Gleichung:

$$1)\quad x^4 + m x^3 + n x^2 + p x + q = 0$$

durch die Substitution:

$$2)\quad x = a + b y + c y^2 + d y^3$$

in

$$3)\quad y^4 + h = 0$$

644 Comm. Ac. Petrop.[421] 6, 1732/33 (1738), S. 218—219 (vorgelegt am 2. Nov. 1733). — 645 Daselbst S. 219—220. — 646 Nov. comment. Ac. Petrop.[570] 9, 1762/63 (1764), S. 70—98. — 647 Hist. Mém. math. phys. Ac. sc. Paris 1765 (1768), S. 538: *Mém. sur la résolution générale des équations de tous les degrés;* vgl. auch Hist. Mém. math. phys. Ac. sc. Paris 1762 (1764), S. 17—52: *Mém. sur plusieurs classes d'équations de tous les degrés, qui admettent une résolution algébrique.*

überzuführen. Vier von den fünf Hilfsgrößen $a, b, c, d, h$ sind zu bestimmen; eine ist beliebig. EULER wählt sofort $c = 1$ und findet für $h$ eine Gleichung dritten Grades. BÉZOUT nimmt $h = -1$ und stellt für $c$ eine Gleichung sechsten Grades auf, in der aber die ungeraden Potenzen von $x$ fehlen.

Bei anderer Gelegenheit[648] eliminiert BÉZOUT in ähnlicher Weise $z$ aus

$$2^{a})\quad x^2 + (f + g z)x + h + k z = v$$

und

$$3^{a})\quad z^2 + D = 0$$

und kombiniert die erhaltene Gleichung mit 1); die Koeffizientenbestimmung führt auf kubische Gleichungen.

LAGRANGE (1770)[649] untersucht Funktionen der vier Wurzeln $x_0, x_1, x_2, x_3$ auf ihre Wertveränderung hin bei Vornahme aller möglichen Permutationen dieser Wurzeln untereinander; er findet eine Funktion:

$$y = x_0 x_2 + x_1 x_3,$$

die bei allen Vertauschungen nur drei Werte $y$ annimmt und daher in Abhängigkeit von einer Gleichung dritten Grades gebracht werden kann. Aus den drei Lösungen der Gleichung in $y$ sind die $x$ zu bestimmen. Eine zweite Funktion:

$$t = x_0 - x_1 + x_2 - x_3$$

nimmt zwar im ganzen sechs verschiedene Werte $t$ an, muß also einer Gleichung sechsten Grades genügen; doch enthält diese nur gerade Potenzen der Unbekannten, so daß auch sie lösbar wird. Die sechs Wurzeln $t_1, \ldots t_6$ führen zu den gesuchten Wurzeln $x_0, \ldots x_3$. —

Eine trigonometrische Lösung der Normalform $x^4 + Ax^2 + Bx + C = 0$ gab A. CAGNOLI 1794.[650]

Die Bezeichnung biquadratische Gleichung findet sich als deutsches Fachwort 1710 in den *Anfangsgründen* CHR. VON WOLFFS.[651]

## 7. Die Gleichungen von höherem als dem vierten Grade.

Als es geglückt war, die Gleichungen dritten und vierten Grades zu lösen, begann das Interesse für Gleichungen noch höheren Grades

648 Hist. Mém. math. phys. Ac. sc. Paris 1765 (1768), S. 548. — 649 Nouv. Mém. Ac. Berlin[420] 1770 (1772), S. 134—215 (bes. S. 180, 183); LAGRANGE, *Œuvres*, éd. SERRET et DARBOUX[1420], 3, Paris 1869, Nr. XIII, sect. II, S. 254f. — 650 Mem. mat. e fis., soc. Ital. 7, Verona 1794, S. 28—33. — 651 IV[I 24], § 373, No. 6, S. 233: biquadratische *Aequation*. Die Bezeichnung *biquadratum* für vierte Potenz schon bei DESCARTES (1628—1629), *Œuvres*, éd. ADAM et TANNERY 10[I 842], S. 344, XI, Z. 4; noch nicht bei CLAVIUS in der *Algebra* von 1608[II 72]. Zumeist sagte man *quadratoquadratum*.

sich zu steigern. Die bedeutendsten Mathematiker des siebzehnten und achtzehnten Jahrhunderts versuchten an der nicht unüberwindlich erscheinenden Aufgabe ihre Kräfte; man ahnte nicht, welch große Kluft sich zwischen den Gleichungen vierten und fünften Grades auftat. Wie bei dem älteren, ähnlich heiß umworbenen Problem der Kreisquadratur brachte erst das neunzehnte Jahrhundert die Aufklärung. Alle Bemühungen mußten ohne Erfolg sein, da der negative Beweis gelang, daß mit den angewandten Hilfsmitteln eine Lösung unmöglich ist. Eine besondere Rolle in dem aussichtslosen Kampfe spielen die Namen Tschirnhausen, Euler, Lagrange.

Tschirnhausens (1651—1708; Paris, Sachsen) Methode, die wir bei kubischen und biquadratischen Gleichungen (S. 146 u. 167f.) sich bewähren sahen, bestand darin, durch Substitutionen solche Glieder der Gleichung fortzuschaffen, die einer Reduktion auf einen niedrigeren Grad hinderlich sind. So glückte bei der kubischen Gleichung die Entfernung der ersten und zweiten Potenz der Unbekannten, bei Gleichungen vierten Grades die der ersten und dritten Potenz. In der Abhandlung aus den Acta Eruditorum von 1683[652] führte Tschirnhausen die Gleichungen fünften und sechsten Grades auf solche zurück, denen das zweit- und dritthöchste Glied fehlt. Diese Abhandlung und sein Briefwechsel mit Leibniz (schon 1677) zeigen deutlich, daß er die Hoffnung hatte, das Fortschaffen der mittleren Glieder noch weiter treiben zu können. Der sich ihm bei der rechnerischen Durchführung entgegenstellenden Schwierigkeiten konnte er natürlich nicht Herr werden. Aus den Antworten, die Leibniz an Tschirnhausen zurücksandte, ersehen wir, daß auch Leibniz ähnliche Bahnen beschritten hatte,[653] ja daß er schon eine Ahnung von der Unmöglichkeit des Vorhabens besaß, soweit es die Tschirnhausensche Methode betraf. „Deine Methode, die mittleren Glieder einer Gleichung wegzuschaffen“ — so schreibt er gelegentlich an Tschirnhausen — „wird meiner Überzeugung nach bei Gleichungen höheren Grades nicht von Erfolg sein können, höchstens in speziellen Fällen. Ich glaube hierfür einen Beweis zu haben.“[654]

652 Act. Erud., Leipzig 1683[568], S. 204—207. Die Entfernung mehrerer Glieder aus einer vorgelegten Gleichung hatte schon 1667 Fr. Dulaurens und 1672 James Gregory angestrebt. Vgl. *Briefwechsel von* G. W. Leibniz *mit Mathematikern*, 1[2], Berlin 1899[II 225], S. 173, Z. 8; dazu G. Eneström, Bibl. math. $9_3$, 1908—1909, S. 259. — 653 Leibniz, *Werke*, ed. Gerhardt, 3. Folge, I, Abt. 4[I 786], Halle 1859, S. 482. — 654 Daselbst S. 478, Z. 3 v. u. — S. 479, Z. 3: ... *tuam methodum radices aequationum inveniendi ... auferendo terminos intermedios ... non puto succedere posse in altioribus, nisi quoad casus speciales. Ejusque rei videor mihi habere demonstrationem.* 1676 glaubte Leibniz indes selbst

LEIBNIZ' Warnung kam nicht in die Öffentlichkeit. Und auch durch sie hätten sich die Mathematiker der nächsten Zeit nicht zurückhalten lassen, solange nicht ein überzeugender Gegenbeweis vorlag. Man erkannte wohl, daß die Rechnungen ins Riesenhafte wuchsen, hoffte aber immer, daß die auftretenden Hilfsgleichungen, wenn sie auch im Grad bedeutend höher waren als die betrachtete Gleichung selbst, sich doch auf irgendeinem Wege, der nur durch die Unübersichtlichkeit der außerordentlich großen Rechnungen versteckt liege, auf niedrigere Gleichungsformen zurückführen ließen.

Auch EULER, der größte Analytiker seiner Zeit, nahm das schwebende Problem in diesem Sinne[655] in Angriff; er traute seiner Methode, die ihn für den Fall $n = 3$ und $n = 4$ nicht im Stich gelassen hatte, mehr zu, als sie leisten konnte. Durch die Substitution:

$$x = \sqrt[n]{x_1} + \sqrt[n]{x_2} + \sqrt[n]{x_3} + \ldots + \sqrt[n]{x_{n-1}}$$ [655a]

dachte er für die Gleichung:

$$x^n + b x^{n-2} + c x^{n-3} + \ldots = 0$$

eine Resolvente $(n - 1)^{\text{ten}}$ Grades:

$$z^{n-1} = \alpha z^{n-2} - \beta z^{n-3} + \gamma z^{n-4} - \ldots$$

erhalten zu können, deren $n - 1$ Wurzeln die $z_1, z_2, z_3 \ldots$ sein sollten. Als ihm dies mißlang, setzte er (30 Jahre später) seine Hoffnung auf die Substitution

$$x = y\sqrt[n]{v} + z\sqrt[n]{v^2} + u\sqrt[n]{v^3} + \ldots + w\sqrt[n]{v^{n-1}}.$$ [656]

---

noch eine Lösung der Gleichung fünften Grades gefunden zu haben: *Neque quisquam hactenus generalem pro altiori aliqua aequatione radicis formulam dedit, quanquam ego aditum ad eam rem reperisse mihi videar, cujus et specimina habeo, sed prolixi calculi necessarium taedium devorare nondum vacavi.* (Niemand hat bisher eine allgemeine Lösungsformel für eine höhere Gleichung gegeben; ich glaube indessen einen Weg gefunden zu haben, wofür ich Beweise besitze, aber die Scheu vor der entsetzlichen Rechnung zu überwinden, habe ich noch keine Zeit gehabt.) LEIBNIZ, *Mathem. Schriften*, ed. GERHARDT, Bd. 7[I 786], Halle 1863, S. 316, Z. 12f. Vgl. A. LOEWY, Bibl. math. $9_3$, 1908—1909, S. 259—260. — **655** Comment. Ac. Petr. 6, 1732/33, *De formis radicum*[421] etc. § 8, S. 220—221; vgl. den Anfang von § 9: *Quamquam autem, si aequatio proposita plures quam quatuor habet dimensiones, aequationem resoluentem definire adhuc non possum: tamen praesto sunt nonnullius momenti argumenta, quibus ista mea conjectura confirmatur* (Indessen kann ich, wenn die vorgelegte Gleichung höher als vom vierten Grad ist, die Resolvente bis jetzt noch nicht bestimmen; doch sind Gründe von nicht unerheblichem Gewicht vorhanden, durch die meine Vermutung unterstützt wird). Vgl. auch Hist. Mém. Ac. Berlin 5, 1749 (1751), S. 263—264. — **655a** Auf diese war schon LEIBNIZ verfallen. Vgl. G. ENESTRÖM, BM. $13_3$, 1912—13, S. 346. — **656** Novi comment. Ac. Petr. 9[570], 1762—63 (1764), S. 70—98.

Seine so oft zu bewundernde rechnerische Gewandtheit brachte ihn dem Ziele nicht näher.

Auch Bézout kam mit seiner Methode (vgl. S. 146f., 168f.) über die Gleichungen vierten Grades nicht hinaus. Ebensowenig Erfolg konnte Lagrange haben,[657] dessen Arbeiten über die Gleichungen dritten und vierten Grades doch auch nur in der Absicht unternommen waren, Verallgemeinerungen für höhere Grade vorzubereiten. Nach Lagrange führt die Tschirnhausensche und die Eulersche Methode bei $n = 5$ auf eine Hilfsgleichung 24. Grades, die Bézoutsche Methode sogar auf eine solche vom 120. Grad, die indes in den Potenzen von $x$ nur durch 5 teilbare Exponenten aufweist. Seine allgemeinen Untersuchungen hellen auch das Dunkel der verwirrend umfangreichen Rechnungen auf.

Weitere Arbeiten lieferte Ch. A. Vandermonde (1735—1796, Paris); er kommt 1771[658] auf wiederum anderem Wege, indem er die allgemeinen Bedingungen untersucht, wann eine Gleichung eine algebraische Lösung überhaupt zuläßt, zu denselben Resultaten wie Lagrange; nur in besonderen Beispielen, wie bei der Kreisteilungsgleichung $x^n - 1 = 0$ (Bd. II[3], S. 196), gelingt ihm die Lösung. Gianfr. Malfatti (1731—1807) kam in demselben Jahr[659] auf die Euler-Bézoutsche Eliminationsmethode zurück; ihm glückte es erstmalig, die Rechnung für den fünften Grad zu Ende zu führen und die Resolvente sechsten Grades wirklich aufzustellen, bei der er natürlich wiederum stehen bleiben mußte. Er zeigte, daß die allgemeine Gleichung fünften Grades stets auflösbar ist, wenn diese Resolvente einen rationalen Faktor besitzt. Dies wurde später (E. Luther 1847)[660] nicht nur als hinreichend, sondern auch als notwendig erkannt.

Was die Mathematiker des achtzehnten Jahrhunderts trotz ihres überaus angestrengten Rechnens noch nicht glauben wollten, erkannte als erster der junge Gauss. Als 22jähriger spricht er 1799 in seiner Doktordissertation aus, es werde nicht so schwer sein, die Unmöglichkeit für den fünften Grad mit aller Strenge zu beweisen, an anderer Stelle werde er seine Untersuchungen darlegen.[661]

---

657 Nouv. Mém. Ac. Berlin[420] 1771 (1773), S. 139. — 658 Hist. Mém. math. phys. Ac. sc. Paris 1771 (1774), S. 365—416: *Mémoire sur la résolution des équations*[II 1153]. — 659 *De aequationibus quadrato-cubicis disquisitio analytica*, Atti Acc. Fis., 4, Siena 1771, S. 129—185. — 660 J. r. ang. Math., 34, Berlin 1847, *De criteriis quibus cognoscatur an aequatio quinti gradus irreductibilis algebraice resolvi possit*, S. 244—254. — 661 *Werke* 3[2], Göttingen 1876[151], S. 17, Z. 1—2 u.: *Forsan non ita difficile foret, impossibilitatem jam pro quinto gradu omni rigore demonstrare, de qua re alio loco disquisitiones meas fusius proponam.*

Gleichzeitig hatte auch der Italiener P. Ruffini (1765—1822) das Problem in Angriff genommen und mit Hilfe von gruppentheoretischen Betrachtungen einen Beweis der Unmöglichkeit geliefert, der jedoch nicht ganz einwandfrei und in der Darstellung vielfach dunkel war, jedenfalls außerhalb Italiens wenig Beachtung fand.[662] In fünf weiteren Abhandlungen, zuletzt 1813, hat Ruffini immer wieder an derselben Aufgabe gearbeitet. Auch der erste Beweis, den 1824 der junge Norweger Henrik Abel (1802—1829) gab,[663] ist an einzelnen Stellen nicht stichhaltig; erst ein 1826 veröffentlichter ist von unanfechtbarer Strenge.[664] Eine Vereinfachung lieferte 1879 L. Kronecker (1823—1891; Berlin).[665]

Die Unauflösbarkeit bezieht sich indes nur auf die ausschließliche Benutzung von Wurzelgrößen. Läßt man transzendente Irrationalitäten zu, so können Auflösungen für die höheren Gleichungen gegeben werden. Die allgemeine Gleichung fünften Grades brachte zunächst der Schwede E. S. Bring (1736—1798; Lund) mit Hilfe der Tschirnhausenschen Transformation auf die kanonische Form $y^5 + Gy + H = 0$,[666] dann von neuem 1834 der englische Mathematiker G. B. Jerrard.[666a] Ch. Hermite (1822—1901; Paris) vollzog zuerst die Lösung mittels elliptischer Funktionen;[667] nach ihm gaben L. Kronecker[668] u. a. weitere Methoden. Die in neuester Zeit definierten und untersuchten automorphen Funktionen erledigen dasselbe Problem für eine beliebig hohe algebraische Gleichung.

662 *Teoria generale delle equazioni*, Bologna 1799; vgl. J. K. Burkhardt, *Die Anfänge der Gruppentheorie von Paolo Ruffini*, Abh. Gesch. M. VI, 1892 = Z. M. Ph. 37, Suppl. S. 119f. — 663 *Mémoire sur les équations algébriques, où l'on démontre l'impossibilité de la résolution de l'équation générale du cinquième degré*, Christania 1824. — 664 *Beweis der Unmöglichkeit, algebraische Gleichungen von höheren Graden als dem vierten aufzulösen.* J. r. ang. Math. 1, 1826, S. 65—84. — 665 *Einige Entwicklungen aus der Theorie der algebraischen Gleichungen. I. Vereinfachung des Abelschen Beweises*, Mon. Ber. Ak. Berlin 1879, S. 205—229. *Werke* 4, 1879, S. 73—80. Vgl. über die Geschichte: J. Pierpont, *Zur Geschichte der Gleichung V. Grades (bis 1858)*, Mon. Hefte Math. Wien, 6, 1895, S. 15—68. — 666 E. S. Bring, *Meletemata quaedam mathematica circa transformationem aequationum algebraicarum, quae convent. Ampl. Facult. Philos. in Regia acad. Carolina Praeside Erl. Sam. Bring ... subjicit Sv. Gust. Sommelius ... 1786 Lundae.* Vgl. J. A. Grunert, Arch. Math. Phys. 40, 1863, S. 103—112; G. Eneström $8_3$, 1907/8, S. 418f., Rezension. — 666a G. B. Jerrard, *Mathematical Researches* T. II, Bristol-London 1834. — 667 Ch. Hermite, Compt. rend. Ac. sc. Paris, 1858, Bd. 46: *Sur la résolution de l'équation du cinquième degré*, S. 508—515, 715—722. — 668 L. Kronecker, *Über die Gleichung 5. Grades*, J. r. ang. Math. 59, Berlin 1861, S. 306—310, Berl. Ak. Berichte 1861 (1862), S. 609ff. Vgl. F. Klein, *Vorlesungen über das Ikosaëder und die Auflösung der Gleichungen vom 5. Grade*, Leipzig 1884, Abschnitt II, S. 139ff.

Hatten auch die angestrengten Bemühungen der Mathematiker vor Abel nicht den gewünschten Verlauf genommen, so stellten sich doch nebenbei andere Beobachtungen und Resultate ein, die für den Ausbau einer Theorie der Gleichungen von Bedeutung sind.

So bemerkte Descartes (1637), daß, wenn eine Gleichung die Wurzel $x_1$ besitzt, ihre auf Null gebrachte Form durch $x - x_1$ teilbar ist,[669] und daß die Konstante stets den Wurzelwert als Faktor haben müsse.[670] Ferner zeigte Hudde in einem Brief (Juli 1657) an van Schooten, daß eine Gleichung auf einen niedrigeren Grad gebracht werden kann, wenn unter einigen ihrer Wurzeln eine Beziehung besteht, wie z. B., wenn die Summe oder das Produkt je zweier oder dreier gleich Null oder gleich einer Konstanten ist, oder wenn einige Wurzeln einander gleich sind.[671] Zu den Familien von Gleichungen höherer Grade, bei denen eine Auflösung gelang, gehören die reziproken Gleichungen A. de Moivres für $n \leqq 9$ (vgl. S. 103f.), ferner die Kreisteilungsgleichungen, für die Gauss (1801) in seinen *Disquisitiones arithmeticae*[672] eine abschließende Theorie gab. Allgemeine Untersuchungen über algebraisch auflösbare höhere Gleichungen stellte Abel[673] an. Sehr wichtig sind die Resultate, die E. Galois (1811—1832, Paris) über dieses Thema erhielt;[674] er stellte als hinreichende und notwendige Bedingung für die algebraische Auflösbarkeit hin, daß sämtliche Wurzeln der betrachteten Gleichung, vorausgesetzt, daß der Grad der Gleichung eine Primzahl ist, sich durch zwei bestimmte unter ihnen rational ausdrücken lassen. Die Untersuchung, welche Formen diese Bedingung wirklich erfüllen, ist noch nicht erledigt.

---

669 Descartes, *Œuvres*, éd. Adam et Tannery, 6[II 96], S. 445, Z. 15—21. Für kubische Gleichungen war der Satz schon Pedro Nuñez 1567, *Algebra*[II 76], Bl. 126 r⁰—127 r⁰, und Harriot 1631[II 66] (Cantor, $2^2$, S. 791) bekannt. Vgl. H. Bosmans, Bibl. math. $8_3$, 1907—1908, S. 163—164. — 670 Descartes, *Œuvres*, éd. Adam et Tannery, 6[II 64], S. 454—455. — 671 Der Brief ist mitgeteilt in der Schootenschen Descartesausgabe v. 1659[II 93], Teil I, S. 407—506. — 672 *Disquisitiones arithmeticae*[I 1157], Leipzig 1801, Abschnitt VII; Gauss' *Werke*, I[I 766], Göttingen 1870, S. 412ff. und *Disquisitionum circa aequationes puras ulterior evolutio* (etwa 1808) aus dem Nachlaß von Gauss; Gauss' *Werke*, II[II 1154], Göttingen 1876, S. 243ff. — 673 Z. r. ang. Math. 4, 1829, S. 131—156: *Mém. sur une classe particulière d'équations résolubles algébriquement;* Abel, *Œuvres*, I, Christiania 1881, Nr. XXV, S. 478—507. — 674 J. math. p. appl. 11, Paris 1846, S. 417ff.: *Sur les conditions de résolubilité des équations par radicaux;* vgl. *Die Abhandlungen über die algebraische Auflösung der Gleichungen von* N. H. Abel *und* E. Galois, deutsch v. H. Maser, Berlin 1889 und die klare Darstellung in G. Verriest, *Évariste Galois et la théorie des équations algébraiques*, Louvain-Paris 1934.

Was die Anzahl der Wurzeln einer Gleichung betrifft, so spricht PETER ROTHE 1608 in der *Arithmetica Philosophica*II 599 zuerst allgemein aus, daß eine Gleichung $n^{ten}$ Grades $n$ Wurzeln haben kann.[675] GIRARD (gest. 1633, Niederlande), der in seiner *Invention nouvelle en l'algèbre* von 1629 denselben Satz aufstellt,[676] behauptet, daß die imaginären Wurzeln (*racines enveloppées*), denen er an sich keine Berechtigung zuteilt, nur deshalb da seien, damit man solche Sätze in ihrer vollen Allgemeinheit aussprechen könne.II 658 DESCARTES (1637, *Géométrie*), der 1628 die Wurzeln einteilte in wahre (= positive), falsche oder implizite (= negative) und imaginäre,[677] drückte sich an anderer Stelle sehr vorsichtig aus: eine Gleichung könne so viel Wurzeln haben, wie ihr Grad anzeigt (er meint hierbei reelle W.); häufig seien einige dieser Wurzeln *falsch* oder *kleiner als Null.*[678] Etwas später[679] sagt er: „Übrigens sind weder die wahren noch die falschen Wurzeln immer reell, sondern manchmal sind sie nur imaginär, d. h. man kann sich wohl immer so viel Wurzeln in jeder Gleichung vorstellen, wie ich gesagt habe, aber es gibt manchmal keine Größe, die denen, die man sich vorstellt, entspricht." Recht klare Einsicht zeigt J. H. RAHN 1659 in seiner Teutschen Algebra.[680] NEWTON faßt den Fundamentalsatz der Algebra in seinen Vor-

675 S. $1^b$, Z. 1—12II 599; . . . in den Cubikossischen *aequationibus* seynd auffs meinste dreyerley werth *radicis* vorhanden / in der zensizensicoß seynd der meinsten geltungen *radicis* 4 . . . vnnd also fort vnendlich seynd in allen nachfolgenden Cossen auffs meinste so vil geltungen *radicis* zu finden / mit wieviel die höchste Quantitet der fürgegebenen Cossischen aequation / vermög der Cossischen Prozession / verzeichnet wird . . . . alle die / so am meinsten geltungen leiden / die haben jhr so viel / vnd auch gar nicht mehr. — 676 GIRARD, *Invention*I 23, Signatur $E_4$ u., II. Theorem: *Toutes les équations d'algèbre reçoivent autant de solutions, que la denomination de la plus haute quantité le demonstre.* — 677 *Œuvres*, éd. ADAM et TANNERY, 6II 69, 1908, S. 335, Z. 10 v. u.: *Nomino quasdam radices veras, quasdam implicitas, id est minores quam nihil, quasdam imaginarias, id est omnino inexplicabiles.* — 678 Vgl. Anm. 165 und DESCARTES, éd. ADAM et TANNERY, 6II 96, S. 445, Z. 6—7: . . . *mais souuent il arriue que quelques-vnes de ces racines sont fausses, ou moindres que rien* . . . — 679 Ed. TANNERY 6II 96, S. 444. Vgl. Anm. 165. — 680 S. 61I 910: So groß das mäß des vermögens ist / so vil wurzeln mag die Aequation befassen / sie seyen dann *affirmat* oder *negat,* oder ganz *absurd* oder unmöglich: Die *negat*-wurzeln heisset *Cartesius radices falsas*; weilen sie aber allein darum *negat* sind / daß sie in der Delineation sich in das Gegenspil der *affirmat*-wurzeln kehren / so bedunken sie mich nicht weniger waarhaft seyn alß die *affirmaten.* Darum so enthalte ich mich sie falsch zu heissen / und bleibe bei dem *negat*-wort / nach eigenschaft des zeichens — so solchen wurzeln angehenkt ist. Die ganz absurden wurzeln sind um ihrer selbs oder ihrer Zeichen willen also bewandt / daß sie den Aufgaben ganz unformlich entsprechen . . .

lesungen (um 1673—1683): Eine Gleichung kann so viel Wurzeln haben, wie ihre Dimension angibt, aber nicht mehr.[681] Dieser Fassung folgte auch C. MACLAURIN (1698—1746, Aberdeen, Edinburg) in seiner *Algebra* (1748, nachgelassenes Werk).[682] Bei EULER erschien endlich in einem Brief vom 15. Dezember 1742 die genaue Form: Jeder algebraische Ausdruck kann in Faktoren ersten und zweiten Grades mit reellen Koeffizienten zerfällt werden.[683] Ein Beweis war ihm nach seiner eigenen Angabe damals nicht in völliger Strenge geglückt. Auch D'ALEMBERT (1717—1783, Paris) nahm diese Untersuchungen auf; ihm verdankt man (1746) einen ersten Beweis.[684] 1749 folgte ein zweiter von EULER;[685] einen dritten gab 1772 LAGRANGE.[686] Sämtliche drei Beweise griff GAUSS in seiner Dissertation von 1799[687] an und deckte Ungenauigkeiten in verschiedenen Schlüssen auf; an ihre Stelle setzte er einen neuen einwandfreien, der nunmehr das Problem endgültig erledigte. Noch dreimal, 1815, 1816, 1849, kam GAUSS auf dasselbe Thema zurück und stellte weitere Beweise auf.[688] Auch aus der Folgezeit könnte noch eine größere Anzahl von Beweisen anderer Mathematiker,[689] die von den verschiedensten Grundlagen ausgehen, aufgezählt werden. Die GAUSSschen Beweise gehen immerhin noch von geometrischen, also anschaulichen Betrachtungen aus. Der erste rein arithmetische, vollständig strenge Beweis, stammt von A. OSTROWSKI 1920.[690]

681 NEWTONS *Arithmetica universalis*[II 541], S. 237: *Potest vero aequatio tot habere radices quot sunt dimensiones ejus — et non plures.* — 682 *A Treatise of Algebra*[II 612], Part. II, chap. I, § 5, S. 135: *No Equation can have more Roots than it contains Dimensions of the unknown Quantity.* — 683 *Correspondance Mathématique*[II 684], ed. FUSS, Petersb. 1843, Bd. I, S. 171, Z. 6ff.: *Omnem expressionem algebraicam* $\alpha + \beta x + \gamma x^2 + \delta x^3 + \varepsilon x^4 + etc.$ *vel in factores reales simplices* $p + qx$, *vel saltem in factores reales quadratos* $p + qx + rx^2$ *resolvi posse.* EULER fügt hinzu: *ein Satz, den ich ungefähr wie einige theoremata Fermatiana, aber nicht summo rigore demonstrieren kann.* — 684 Hist. Mém. Ac. Berlin, 2, 1746 (1748), *Recherches sur le calcul intégral* S. 189—191. — 685 Hist. Mém. Ac. Berlin, 5, 1749 (1751), *Recherches sur les racines imaginaires des équations*[II 925], S. 232—235. — 686 Nouv. Mém. Ac. Berlin 1772 (1774), S. 222ff.; LAGRANGE, *Œuvres*[1430], éd. SERRET et DARBOUX, 4, Paris 1869, S. 479ff. — 687 Helmstädt 1799: *Demonstratio nova theorematis omnem functionem algebraicam rationalem integram unius variabilis in factores reales primi vel secundi ordinis resolvi posse;* GAUSS, *Werke*, Bd. 3[151], Göttingen 1876, S. 1—30. — 688 GAUSS, *Werke*, Bd. 3[151], S. 31—102. — 689 A. AGOSTINI, *Il teorema fondamentale dell' algebra.* Period. di mat. $4_4$, Bologna 1924, S. 307—327. G. LORIA, *Rivista di matematica*, 1891, S. 185—284. — 690 *Zum ersten und vierten Gaußschen Beweis des Fundamentalsatzes der Algebra*, Gött. Nachrichten, Math. Phys. Kl., Berlin 1920, Beiheft, S. 50—58.

GIRARD (1629) gebührt die Priorität in der allgemeinen Aufstellung des Zusammenhanges der Wurzeln einer Gleichung mit ihren Koeffizienten.[691] CARDANO hatte diese Beziehung (1545) nur für Gleichungen dritten Grades erkannt,[692] VIETA (1591) auch für höhere Gleichungen,[693] der letztere freilich immer mit dem Vorbehalt nur positiver Wurzeln, die er allein anerkannte. GIRARD, der die Summe der Wurzeln *première faction*, die Summe ihrer Produkte zu je zweien *deuxième faction* usw. nannte,[694] hielt seinen Satz selbst bei Auftreten gleicher oder imaginärer Wurzeln aufrecht; ja er ging noch weiter und berechnete zum erstenmal die Potenzsummen der Wurzeln $\sum_i x_i^k$ für $k = 1$ bis $k = 4$ aus den Gleichungskoeffizienten.[695] NEWTON (1673—1683), *Arithmetica universalis* II 541, überschreitet $k = 4$ wenigstens für alle Exponenten, die kleiner sind als der Grad der Gleichung;[696] ein allgemeines Bildungsgesetz für beliebig hohe Potenzsummen stellte ausdrücklich

691 GIRARD, *Invention* I 23, Bl. Ciij v°, XI. Definition. Vgl. H. BOSMANS, *Albert Girard et Viète à propos de la théorie de la ‚syncrèse' de ce dernier.* Ann. Soc. scient. Bruxelles, 45, Louvain 1926, S. 35ff. — 692 Es ist sicher, daß CARDANO den Satz auch für quadratische Gleichungen $x_1 + x_2 = -a$; $x_1 x_2 = b$ gekannt hat. Vgl. S. 89f. und Anm. 342. Obgleich die ältesten quadratischen Aufgaben auf $x + y = u$ und $xy = v$, geometrisch und rechnerisch, hinauskamen (vgl. S. 54ff.), wird doch die Erkenntnis des Satzes $x_1 + x_2 = -a$; $x_1 x_2 = b$ erst entstanden sein können, als man das Auftreten von zwei Wurzeln allgemein anerkannte, mochten sie positiv, negativ oder imaginär sein. Und das war erst bei CARDANO der Fall. — 693 Siehe Anm. 364. VIETA zeigt die Zusammensetzung der Koeffizienten bis zu Gleichungen vom 5. Grade. Für $n = 3$ drückt er sich so aus: *Si A cubus* $\overline{-B-D-G}$ *in A quadr.* $\overline{+B \text{ in } D + B \text{ in } G + D \text{ in } G}$ *in A aequetur B in D in G: A explicabilis est de qualibet illarum trium BD vel G*, d. i. Wenn $A^3 - (+B + D + G)A^2 + (B \cdot D + B \cdot G + D \cdot G) \cdot A = BDG$ $\left(\text{modern: } x^3 - (+x_1 + x_2 + x_3)x^2 + (x_1 x_2 + x_1 x_3 + x_2 x_3)x = x_1 \cdot x_2 \cdot x_3\right)$, so ist $A$ (d. i. $x$) durch eine beliebige der Größen $B$, $D$, $G$ (d. i. $x_1$, $x_2$, $x_3$) ausdrückbar. VIETA kannte indes das Verfahren CARDANOs (vgl. S. 89), sich die negativen Wurzeln einer Gleichung durch deren Umbildung vorzustellen; damit gelang es ihm, sich den allgemeinen Fall auch bei negativen Wurzeln klar zu machen. Vgl. G. ENESTRÖM, *Über die Bedeutung von Quellenstudien bei mathematischer Geschichtsschreibung*, B. M. $12_3$, 1911/12, S. 6—7. — 694 Vgl. Anm. 691, zwei Seiten später; II. Theorem, *La première faction des solutions est esgale au nombre du premier meslé, la seconde faction des mesmes, est esgale au nombre du deuxiesme meslé; la troisiesme, au troisiesme, & tousjours ainsi, tellement que la derniere faction est esgale à la fermeture, & ce selon les signes qui se peuvent remarquer en l'ordre alternatif.* — 695 *Invention nouvelle*, 1629 I 23, Bl. Fij, Z. 27—30. — Vgl. L. SAALSCHÜTZ, *Albert Girard und die Waringsche Formel*, Arch. Math. $12_3$, 1907, S. 205, und *Zur Geschichte der Relationen zwischen den Potenzsummen der Wurzeln usw.*, Bibl. math. $9_3$, 1908/9, S. 65ff. — 696 Abschnitt *De transmutationibus aequationum*, S. 251—252.

Maclaurin (1748, *Algebra*) auf.[697] In den *Opuscula varii argumenti* (1750) fügte Euler für dieses zwei weitere Ableitungen hinzu.[698]

Eine gewisse Vorahnung der Beziehung der Zeichenwechsel und Zeichenfolgen in einer Gleichung zu dem Auftreten positiver und negativer Wurzeln scheint Cardano[542] gehabt zu haben (vgl. S. 139[542]). Ausgesprochen wurde diese Zeichenregel erst durch Descartes (1637, *Géométrie*).[699] Wiederum vorsichtig in der Fassung, drückte er sich so aus, daß die Anzahl der positiven Wurzeln gleich der der Zeichenwechsel sein könne und ebenso die Anzahl der negativen Wurzeln gleich der der Zeichenfolgen, da er wohl wußte, daß auch komplexe Wurzeln mit ins Spiel kommen könnten. Die nötige Ergänzung suchte Newton (1673—1683, 1707) zu geben,[700] indem er Vorschriften lehrte, die Anzahl der imaginären Wurzeln abzulesen. Einen Beweis der Descartesschen Zeichenregel versuchte, allerdings nicht einwandfrei, durch Induktion J. Prestet 1675,[701] besser 1741 der Abbé J. P. de Gua (etwa 1712 bis 1785, Pariser Akademie),[702] dann A. G. Kästner (1719—1800, Göttingen),[703] der sich auf zwei frühere Beweise von J. A. von Segner (1728)[704] und F. W. Stübner (1730) beruft. Bemerkenswert ist der durch Wallis[382] und Leibniz verschuldete, in Deutschland weit verbreitete Irrtum, daß die Zeichenregel von Harriot herrühre.[705] Einen völlig einwandfreien Beweis erbrachte auch hier erst wieder Gauss (1828).[706] Die Bedingungen, die Newton für die Existenz

697 Part. II, ch. 2, § 13—16, S. 141—143[II 612]. — 698 *Opuscula*, II[I 861], Berlin 1751, S. 108—120. — 699 *Œuvres de* Descartes, éd. Adam et Tannery, 6[II 96], S. 446, Z. 4—9: *On connoist aussy de cecy combien il peut y auoir de vrayes racines et combien de fausses, en chasque Equation; à scavoir: il y en peut auoir autant de vrayes que les signes + & — s'y trouuent de fois estre changés, & autant de fausses qu'il s'y trouue de fois deux signes +, ou deux signes —, qui s'entre suiuent.* — 700 *Arithm. universalis*[II 541], S. 241ff. — 701 *Elémens des mathématiques*[II 348], S. 368. — Vgl. G. Eneström, Bibl. math. $7_3$, 1906, S. 300. — 702 Hist. Mém. math. phys. Ac. sc. Paris 1741, Amsterdam 1747, S. 96—130. *Démonstrations de la règle de Descartes.* — 703 *Demonstratio theorematis Harrioti*, 1745; nach Cantor, 3², S. 582. — 704 Siehe über den Beweis G. Eneström, Bibl. math. $7_3$, 1906—1907, S. 307 (nur für reelle Wurzeln). — 705 G. Eneström, Bibl. math. $10_3$, 1909—1910, S. 80. Schuld an dem Irrtum ist die Darstellung von Wallis im 41. Kap. seiner *Algebra* — besonders am Schluß, engl. Ausgabe[I 683] von 1685, S. 158—159. Wallis sucht seinen Landsmann Harriot in den Vordergrund zu schieben und die Verdienste Descartes' zu verkleinern. Ähnlich wie bei der Lösung der biquadratischen Gleichung durch Descartes (oben S. 167) bemüht sich W. aus Darstellungen Harriots die Zeichenregel — hinterher! — herauszulesen. — 706 J. r. ang. Math. 3, Berlin 1828, S. 1—4, *Beweis eines algebraischen Lehrsatzes*; Gauss, *Werke*, 3[151], Göttingen 1876, S. 65—70.

imaginärer Wurzeln einer vorgelegten Gleichung aufstellte, waren nicht hinreichend. Erschöpfend sind erst die Untersuchungen von LAGRANGE (1777).[707]

Die bekannte Regel über das Auftreten gleicher Wurzeln hat J. HUDDE (1628—1704, Bürgermeister von Amsterdam) in dem öfter erwähnten Brief an VAN SCHOOTEN (1657) gegeben.[708] Mit Beweis wiederholt er sie in einem anderen Briefe von 1658.[709]

Das Rationalmachen von Gleichungen zeigt FERMAT (1601 bis 1665) an einzelnen Beispielen wie

$$\sqrt[3]{2x^2 - x^3} + \sqrt[3]{x^3 + a^2 x} = b.$$ [710]

Durch einen Brief von FERMAT (1648) wird DESCARTES auf dasselbe Thema gebracht und verwandelt Gleichungen wie $\sqrt{a} + \sqrt{b} + \sqrt{c} = \sqrt{d} + \sqrt{e}$ in rationale.[711]

HUDDE (1628—1704) behandelt 1658[712] denselben Gegenstand; er rechnet eine Gleichung mit 6 Quadratwurzeln und eine andere mit 3 Kubikwurzeln vor, betont dabei aber die Allgemeingültigkeit seines Verfahrens.[713]

## 8. Die unbestimmten Gleichungen.[713a]

Den Höhepunkt in der Theorie der Gleichungen niederen Grades bildet die Analytik des Unbestimmten. Reich an Methoden, tief an Problemen, die mit den schwierigsten Kapiteln der Zahlentheorie in engem Zusammenhang stehen, hat sie eine ebenso interessante Vorgeschichte, deren Dunkel noch der Aufklärung harrt. Griechenland, Indien und China erscheinen als Zentren ihrer Entwicklung.[714]

Griechenland steht an der Spitze. Wir verdanken einem griechischen Mathematiker, DIOPHANTOS von Alexandria (zweite Hälfte des dritten Jahrhunderts n. Chr.), die älteste uns überkommene Be-

707 Nouv. Mém. Ac. Berlin 1777 (1779), *Recherches sur la détermination du nombre des racines imaginaires dans les équations littérales*, S. 111—139; *Œuvres*[I 420], 4, S. 343—374. — 708 *Cartesii Geometria*, ed. SCHOOTEN, 1659[II 93], Teil I, S. 433 ff., regula X. — 709 Daselbst, S. 507—509, Theorema. — 710 *Varia Opera*[I 773], 1679, S. 60; *Œuvres*[I 773], 3, *Traductions*, Paris 1896, S. 160. — 711 *Œuvres*, éd. ADAM et TANNERY, 10[I 842], 1908, S. 308—311. — 712 Brief an VAN SCHOOTEN, abgedruckt in SCHOOTENS Ausgabe der *Geometria* von DESCARTES, 1695[II 93], I, S. 429—433. — 713 G. ENESTRÖM, Bibl. math. $12_3$, 1911—1912. — 713a EULER faßt diese als *Unbestimmte Analytik* zusammen. Vgl. *Algebra*[I 65], 1770, I, 2; Überschrift des 2. Abschnittes im Teil I. — 714 Es wird auch für die unbestimmten Gleichungen babylonischer Ursprung vermutet. Vgl. O. NEUGEBAUER und H. WASCHOW, *Bemerkungen über Quadratwurzeln und Quadratwurzel-Approximationen*, Qu. u. Stud. Math. Ast. Phys. B, 2 (Berlin 1932), S. 297.

arbeitung[715] unbestimmter Gleichungen. Ihn lernten wir als den ersten griechischen Algebraiker überhaupt kennen; jedoch vermochten wir zwischen den Errungenschaften der älteren, äußerlich rein geometrischen Mathematik der Griechen und seiner Algebra eine Brücke zu schlagen und durch den Nachweis einer allmählichen, im Hintergrunde vor sich gehenden Bildung das plötzliche glänzende Auftreten verständlich zu machen (vgl. II³, Anm. 6, S. 47—48, 119f.; III³, S. 25, 50f.). DIOPHANTs Werk Ἀριθμητικά (Arithmetisches) ist unvollständig auf uns gekommen; die Schriften seiner Kommentatorin HYPATIA (um 400 n. Chr.) sind ganz verloren. Nach eingehender Behandlung bestimmter Gleichungen ersten und zweiten Grades greift DIOPHANT das neue Thema an, die unbestimmte Analytik. DIOPHANT kennt, wie die gesamte griechische Mathematik, keine Doppeldeutigkeit der Lösung. Der griechische Algebraiker begnügt sich mit einer Lösung, wie der griechische Geometer bei konstruktiver Behandlung von einem Schnittpunkt völlig befriedigt ist. DIOPHANT kennt keine negativen Zahlen, DIOPHANTs Zahlbegriff überschreitet nicht das Rationale, seine Lösungen beschränken sich nicht auf die Ganzzahligkeit bei unbestimmten Gleichungen — kurz, nirgends geht er über die spezifisch griechische Anschauungsform hinaus.

Beispiele, die auf eine lineare Gleichung mit zwei Unbekannten herauskommen, sind bei DIOPHANT die folgenden:

I. 22 (25):[716] $x - \frac{1}{3}x + \frac{1}{5}z = y - \frac{1}{4}y + \frac{1}{3}x = z - \frac{1}{5}z + \frac{1}{4}y$,

I. 23 (26): $x - \frac{1}{3}x + \frac{1}{6}u = y - \frac{1}{4}y + \frac{1}{3}x = z - \frac{1}{5}z + \frac{1}{4}y = u - \frac{1}{6}u + \frac{1}{5}z$,

I. 24 (27): $x + \frac{1}{3}(y + z) = y + \frac{1}{4}(x + z) = z + \frac{1}{5}(x + y)$,

I. 25 (28): $x + \frac{1}{3}(y + z + u) = y + \frac{1}{4}(z + u + x) = z + \frac{1}{5}(u + x + y) = u + \frac{1}{6}(x + y + z)$,

II. 2: $x - y = 6(x^2 - y^2)$,

II. 17 (18): $x - (\frac{1}{5}x + 6) + (\frac{1}{7}z + 8) = y - (\frac{1}{6}y + 7) + (\frac{1}{5}x + 6) = z - (\frac{1}{7}z + 8) + (\frac{1}{6}y + 7)$.

Zu den quadratischen Beispielen, bei denen die Durchbrechung des Dimensionsprinzipes die völlige Algebraisierung zeigt, gehören:

| | | | |
|---|---|---|---|
| I. 14: | $xy = 3(x + y)$, | II. 8: | $x^2 + y^2 = a$, |
| II. 1: | $x + y = 10(x^2 + y^2)$, | II. 9 (10): | $x^2 + y^2 = a^2 + b^2$, |
| II. 3: | $xy = 6(x - y)$, | II. 10 (11): | $x^2 - y^2 = 60$, |
| II. 4: | $x^2 + y^2 = 10(x - y)$, | IV. 10 (11): | $x^3 + y^3 = x + y$, |
| II. 5: | $x^2 - y^2 = 6(x + y)$, | IV. 11 (12): | $x^3 - y^3 = x - y$. |

IV. 25 (26): $x + y + z = 4$, $\quad xyz = [(y - x) + (z - y) + (z - x)]^3$.

715 Eine unbestimmte Aufgabe in Gedichtform (4 Unbekannte aus 3 Gleichungen zu finden, siehe S. 37), das sogenannte *Rinderproblem*, wird als Archimedisch überliefert. Es ist noch nicht geklärt, ob diese Zuteilung mit Recht angenommen werden kann. Vgl. die Literatur bei L. E. DICKSON, *History*[I 737], Bd. 2, Washington 1920, S. 342—345; T. L. HEATH, ARCHIMEDES' Werke, deutsch von F. KLIEM[I 11], S. 471f. — 716 Die eingeklammerten Zahlen sind die Aufgabennummern in der Übersetzung von WERTHEIM[I 787].

Die Beispiele des VI. Buches betreffen ein rechtwinkliges Dreieck mit der Hypotenuse $x$, den Katheten $y$ und $z$ und dem Flächeninhalt $i$. Zu jeder der folgenden Gleichungen kommt also noch $x^2 = y^2 + z^2$ hinzu:

VI. 6, 7: $i \pm y = 7$,
VI. 8, 9: $i \pm (y + z) = 6$,
VI. 10, 11: $i \pm (x + z) = 4$.

In der größten Mehrzahl der Aufgaben ist, wie in II. 8, 9 (vgl. oben) für gewisse Konstante Quadrat- oder Kubikzahlcharakter vorgeschrieben, so z. B.

II. 11 (12): $x + 3 = \alpha^2$, $x + 2 = \beta^2$,
II. 12 (13): $9 - x = \alpha^2$, $21 - x = \beta^2$,
II. 14 (15): $x+y=20$, $x+z^2=\alpha^2$, $y+z^2=\beta^2$,
II. 20 (21/22): $x^2 \pm y = \alpha^2$, $y^2 \pm x = \beta^2$,
II. 34 (35/36): $x^2 \pm (x + y + z) = \alpha^2$, $y^2 \pm (x + y + z) = \beta^2$, $z^2 \pm (x + y + z) = \gamma^2$,
IV. 6: $x^3 + z^2 = \alpha^3$, $y^2 + z^2 = \beta^2$,
IV. 26/27 (27/28): $xy \pm x = \alpha^3$, $xy \pm y = \beta^3$,
V. 21/22 (24/25): $x^2 y^2 z^2 \pm x^2 = \alpha^2$, $x^2 y^2 z^2 \pm y^2 = \beta^2$, $x^2 y^2 z^2 \pm z^2 = \gamma^2$,
V. 24/25 (27/28): $x^2 y^2 \pm 1 = \alpha^2$, $y^2 z^2 \pm 1 = \beta^2$, $z^2 x^2 \pm 1 = \gamma^2$,
V. 29 (32): $x^4 + y^4 + z^4 = \alpha^2$.

Eine in Konstantinopel gefundene Handschrift aus dem XII. Jahrhundert enthält eine kleine Sammlung unbestimmter Aufgaben nach Art der von DIOPHANT gegebenen, aber vielleicht aus älterer Zeit[282]. Modern geschrieben sind es die folgenden (Zählung nach HEIBERG):

1) $u + v = n(x + y)$ $xy = n \cdot uv$. 2) $x + y = u + v$, $xy = n \cdot uv$.

5) Rechtw. Dreieck ($i$ Inhalt, Hypotenuse $z$): $i = 5$, $x$, $y$, $z$ in rationalen Zahlen anzugeben.

10)—13) $i + x + y + z = a$ $(a = 280, 270, 100, 90)$.

Nach DIOPHANT (etwa Mitte des dritten Jahrhunderts n. Chr.) schweigt die griechische Überlieferung von unbestimmten Gleichungen völlig. Plötzlich taucht anderthalb Jahrhundert nach ihm im fernen Indien neue Kunde auf. ĀRYABHAṬA (geb. 476 n. Chr.), der in sein astronomisches Werk ein kurzes mathematisches Kapitel, *Gaṇita*, einschiebt, gibt ziemlich unvermittelt in ebenso knappen als dunklen Worten eine allgemeine Regel,[717] unbestimmte Gleichungen ersten Grades ganzzahlig zu lösen — ohne weitere Ausführung, ohne Beweis, ohne Beispiele. Man würde aus den gezwungenen Versen ĀRYABHAṬAS überhaupt nicht klug werden, wenn nicht etwas über 100 Jahre später BRAHMAGUPTA (geb. 598) auf dieselbe Regel, die er Methode des Multiplikators (*Kuṭṭaka*)[718] nennt, genauer,[719] noch

[717] ĀRYABHAṬA, ed. L. RODET I 109, Strophe 32, 33, S. 430—434. — [718] Das indische *Kuṭṭaka* ist seit COLEBROOKE fälschlich mit *Zerstäubung* statt mit *Multiplikator* wiedergegeben worden. Vgl. G. R. KAYE, Scientia 25, Bologna 1919, Januarheft, Sonderabzug S. 12, Anm. — [719] Kap. XVIII, Sect. 1, ed. COLEBROOKE I 111, S. 325 f.

viel später Mahāvīrā (um 830 n. Chr.)[720] und Bhāskara (geb. 1114)[721] ausführlich einginge. Ist Diophants Werk eine Sammlung von Einzelaufgaben, deren Lösungsart von Aufgabe zu Aufgabe wechselt und jeder einheitlichen Methode entbehrt,[722] so daß „man nicht imstande ist, wenn man 100 Diophantische Aufgaben gerechnet hat, nun die 101te selbständig in der Diophantischen Weise zu lösen“[206], so tritt uns in der indischen Analytik System und Methode entgegen. Während Diophant in seinen Beispielen als Lösungen irrationale Werte ausschließt, gebrochene Zahlen aber zuläßt, stellen die Inder streng die neue Forderung auf, die Lösungen sollen ganze Zahlen sein. So beschränkte Gleichungen Diophantische zu nennen, wie es die heutige Schulmathematik immer noch macht, ist unhistorisch; leider lassen sich solche fest gewordenen Bezeichnungen kaum mehr ausmerzen.

Wie kamen die Inder zu ihrer neuen Wissenschaft?[723] Überlieferung für die Zeit vor Āryabhaṭa ist nicht vorhanden. Unbestimmte Gleichungen ersten Grades behandelt Diophant gar nicht; sie machen ja, wenn die Ganzzahligkeit der Lösungen nicht verlangt wird, gar keine Schwierigkeit. Weder Āryabhaṭa noch Brahmagupta gaben die Behandlung der unbestimmten Gleichungen als ihr Eigentum aus, keiner der späteren Mathematiker, wie Bhāskara, schreibt ihnen etwas davon zu. Brahmagupta, der sonst oft Āryabhaṭa kritisch erwähnt, weist mit keinem Wort auf seine Kuṭṭaka-Regel hin, versichert vielmehr, daß für diejenigen, die nach gewissen Gestirnkonstellationen suchen, nach Zusammenfallen verschiedener Umlaufszeiten der Planeten, diese Methode ganz bekannt sei;[724] anderseits spielt er bei seinen astronomischen Darlegungen oft direkt auf griechische Gewährsmänner oder Bearbeitungen griechischer Schriften, wie der *Siddhānta Romaka, Siddhānta Pauliša* an.[725] Ist nun auch anderweitig griechische Beeinflussung festgelegt — durch inhaltliche Übereinstimmungen mit Ptolemäus, Benutzung zahlreicher griechischer astronomischer Fachwörter in indischer Form —, so muß man weiter schließen, daß die mit den astronomischen Darbietungen der Inder zugleich gegebenen astronomisch-mathe-

720 Ed. Raṅgācārya I[114], S. 117f. — 721 *Vija-Gaṇita*, Kap. II, § 53f., *Līlāvatī*, Kap. XII, § 248f., ed. Colebrooke I[111], S. 112ff., 15ff. — 722 Zur Erläuterung des Rechnens Diophants vgl. H. Wieleitner, *Mathematische Quellenbücher I*[21], S. 15—21. — 723 B. Datta, *The Origine of Hindu indeterminate Analysis*, Archeion 13 (1931), S. 401—407 sucht die Entstehung der unbestimmten Analytik in der altertümlichen indischen Sakralgeometrie. Vgl. Bd. II[3], S. 89. — 724 G. R. Kaye, Scientia[718] 25, 1919, Sonderabdruck S. 14. — 725 Daselbst S. 15.

matischen Verfahren und Beispiele aus gleicher Quelle fließen. Āryabhaṭa und Brahmagupta geben uns höchstwahrscheinlich nur alexandrinische Gelehrsamkeit, wie sie zu ihrer Zeit ihnen zuströmte, wieder. Wir müssen tief bedauern, diese ihre Quellen heute nicht mehr fassen zu können. Was Diophant außer den uns erhaltenen Schriften noch geleistet, was für Fortschritte Hypatia und andere nach ihr gemacht, das alles ist uns in dem Dunkel des allgemeinen Niedergangs der damaligen Kultur entschwunden; nur Reflexe sind es, die die indische Mathematik zurückwirft.

Die Gleichung ersten Grades $ax \pm by = c$ behandeln die indischen Mathematiker[726] in ihrer Kuṭṭaka-Regel nach einem Verfahren, das sich mit der jetzigen Kettenbruchmethode inhaltlich deckt.[727] Brahmagupta und Bhāskara nehmen auch lineare Gleichungen mit mehr als zwei Unbekannten vor, wie:[728]

$$ax + by + cz + \ldots = t,$$

$$x \equiv a_1 \pmod{b_1} \equiv a_2 \pmod{b_2} \equiv a_3 \pmod{b_3} \equiv a_4 \pmod{b_4}.$$

Mahāvīrā kennt noch ein anderes Verfahren.[729] Die Aufgabe, drei Brüche mit den Nennern 9, 10 und 11 zu suchen, so daß ihre Summe $\frac{877}{990}$ ist, lautet modern $\frac{x}{9} + \frac{y}{10} + \frac{z}{11} = \frac{877}{990}$. M. setzt znnächst $x$, $y$ und $z$ einander gleich, etwa $x = y = z = x_1$, und erhält dann $299 x_1 = 877$, woraus sich $x_1 = 2$ abschätzen läßt. Wird nun $y = x_1 + y_2$ und $z = x_1 + z_2$ gewählt, so bleibt

$$99 y_2 + 90 z_2 = 279.$$

Jetzt werden die Unbekannten wieder gleich gesetzt: $y_2 = z_2$; aus $189 y_2 = 279$ schätzt man $y_2 = 1$. Schließlich sei $z_2 = y_2 + z_3 = 1 + z_3$, wodurch beim Einsetzen $90 z_3 = 90$, also $z_3 = 1$ sich ergibt. Demnach ist $x = 2$, $y = 2 + 1 = 3$, $z = 2 + 1 + 1 = 4$.

An die altägyptischen Stammbruchzerlegungen (vgl. Bd. I³, S. 150—152), deren Auffindung übrigens auch eine Unbestimmtheitsaufgabe ist, erinnert eine andere Aufgabenart von Mahāvīrā,[730] die Zahl 1 so in $n$ Stammbrüche ($n = 5, 6, 7 \ldots$) zu zerlegen, daß die Nenner des zweiten bis vorletzten Bruches eine geometrische Reihe 3, 9 ... bilden. M. gibt die Vorschrift, daß der erste Bruch $\frac{1}{2}$ und

---

726 S. K. Ganguli, *Bhāskarāchārya and Simultaneous indeterminate equations of the first degree*, Bull. Calc. Math. Soc. 17, 1926, Nr. 3, S. 89—98. — 727 G. R. Kaye, *Indian mathematics*[I 122], S. 17. Vgl. die bei Cantor 1³, S. 630 vorgerechneten Beispiele. — 728 Rodet[I 109], S. 14, 43; Colebrooke[I 111], S. 348 bis 360. — 729 Ed. Raṅgācārya[I 114], S. 53—54, Nr. 73, 74. — 730 Daselbst S. 54—55, Nr. 75—76.

der letzte die Hälfte des vorletzten ist. Für den Fall $n = 5$ und $n = 6$ heißen die Lösungen

$1 = \frac{1}{2} + \frac{1}{3} + \frac{1}{9} + \frac{1}{27} + \frac{1}{54}$ und $1 = \frac{1}{2} + \frac{1}{3} + \frac{1}{9} + \frac{1}{27} + \frac{1}{81} + \frac{1}{162}$.

Die Regel ist leicht zu beweisen.

Auch für unbestimmte Gleichungen zweiten Grades weisen die indischen Schriften einen wesentlichen Fortschritt im Vergleich zu DIOPHANT auf. Die Inder (noch nicht ĀRABHAṬA) verstanden es, Gleichungen von der Form:

$$xy = ax + by + c$$

durch ein sinnreiches Verfahren, zu dem sie auch geometrische Betrachtungen heranzogen, zu erledigen; sie führten sogar mit Erfolg die Behandlung von

$$ax^2 + 1 = y^2$$

mit einer von ihnen „zyklisch" genannten Methode durch,[731] lösten also schon eine Aufgabe, die erst im siebzehnten Jahrhundert n. Chr. wieder auftauchte und heute unter dem Namen der PELLschen oder FERMATschen Gleichung eine bedeutende Rolle spielt (vgl. S. 192—193).

Wir kommen zur chinesischen Mathematik. Bei keinem der vorhergehenden oder nachfolgenden Kapitel haben wir auf sie ausführlicher zu verweisen; nirgends findet man bei den chinesischen Schriftstellern mathematische Sätze, die nicht schon vorher bei anderen Völkern entdeckt worden wären oder für die die beigegebenen Zeitbestimmungen infolge der allbekannten Altertümelei dieses Volkes nicht von vornherein verdächtig sind. Die Literatur selbst ist dem Abendland völlig unzugänglich. Auf dem Gebiete der unbestimmten Analytik scheinen vielleicht originale Leistungen vorzuliegen. Es handelt sich um die bereits oben bei der indischen Mathematik angeführte Aufgabe, eine Zahl zu suchen, die bei gegebenen Divisoren gegebene Reste läßt, die also auf unbestimmte Gleichungen ersten Grades mit ganzzahligen Lösungen hinausläuft. Die Anregung zur Betrachtung dieses Problems mag von Indien ge-

731 BRAHMAGUPTA, *Cuṭṭaca*, sect. VI, VII, ed. COLEBROOKE[1111], S. 361—372; BHĀSKARA, *Vīja-Gaṇita*, ch. III, sect. I und ch. VII, VIII, ed. COLEBROOKE[1111], S. 170—184, 245—267, 268—274. Vgl. ALKARḪI, *Extrait du Fakhrī*[1325], S. 43 bis 41; CANTOR, 1[3], S. 630ff.; HANKEL[188], S. 199ff. — B. DATTA, *The Hindu solution of the general Pellian equation*, Bull. Calc. Math. Soc. 19, 1928, S. 87 bis 94; S. K. GANGULI, *The source of the indian solution of the so-called Pellian equation*, Bull. Calc. Math. Soc. 19, 1928, S. 151—176. Die indischen Mathematikhistoriker versuchen nachzuweisen, daß die bei BHĀSKARA (geb. 1114 n. Chr.) auftretende Lösung der allgemeinen PELLschen Gleichung $ax^2 + bx + c = y^2$ älteren indischen Ursprungs ist und nicht mit griechischen Quellen in Verbindung gebracht werden kann.

kommen sein, aber die chinesische Lösungsmethode „der großen Erweiterung" (Ta yen-Regel)[732] ist durchaus verschieden von dem indischen Verfahren; sie deckt sich mit einer Methode, die EULER 1735[733] und GAUSS in den *Disquisitiones arithmeticae*[734] 1801 gibt. Der älteste chinesische Gewährsmann, SUN TSŬ, wird jetzt auf das dritte Jahrhundert n. Chr. angesetzt; weitere chinesische Bearbeitungen sind aus dem achten und dreizehnten Jahrhundert sichergestellt. Wie das Auftreten dieser Ta yen-Regel aber im Abendland seit dem zwölften Jahrhundert zu erklären ist, darüber fehlt jeder Anhalt; möglich, daß gerade hierin ein Hinweis auf völlig entschwundene, gemeinsame indischgriechische Quellen liegt. Nicht nur das Verfahren ist bei LEONARDO von Pisa im *Liber abbaci* von 1228[735] genau dasselbe, sondern merkwürdigerweise stimmt auch das von ihm angeführte Beispiel $3x + 2 = 5y + 3 = 7z + 2$ bis einschließlich der Zahlen mit der chinesischen Aufgabe überein. Jedenfalls wurde durch LEONARDO die neue Regel dem Abendland gewonnen, und es kann uns nicht wundern, sie daraufhin noch öfter anzutreffen, wie z. B. in einer byzantinischen Handschrift aus dem vierzehnten Jahrhundert,[736] in einer Münchener Handschrift des fünfzehnten Jahrhunderts (Frater FRIDERICUS, um 1461),[737] in Briefen REGIOMONTANS aus dem Jahr 1464,[738] in der deutschen Bearbeitung des INITIUS ALGEBRAS (vor 1545),[739] in RUDOLFFS Rechenbuch von 1526[740] u. a.

Erhebliche Fortschritte erfuhr die Lehre von den unbestimmten Gleichungen weder von den Arabern, deren Quelle z. T. DIOPHANT,

---

732 Vgl. K. L. BIERNATZKI, *Die Arithmetik der Chinesen*, J. r. ang. Math. 52, 1856, S. 19ff.; L. MATTHIESSEN, *Zur Algebra der Chinesen* (aus einem Briefe an M. CANTOR), Z. M. Phys. 19, 1874, S. 270—271; derselbe, *Vergleichung der indischen Cuttaca- und der chinesischen Ta yen-Regel*, Z. m. n. Unterr. 7, 1876, S. 78 bis 81; derselbe, *Die Methode Tá yàn im Suän-king von Sun-tsè und ihre Verallgemeinerung durch Yih-Ling im I. Abschnitt der Tá jàn lĭ schū*, Z. M. Phys. 26, 1881, Histor. Abtlg., S. 33—37; derselbe, *Über das sogenannte Restproblem in den chinesischen Werken Shanking und Ta yen lei schu von Yi-Lins*, J. r. ang. Math. 91, 1881, S. 254—261. — 733 EULER, *Solutio problematis arithmetici de inveniendo numero, qui per datos numeros divisus relinquat data residua*, Comm. ac. sc. Petrop. 7, 1734/35 (1740), S. 46—66. Vgl. G. ENESTRÖM, Bibl. math. $9_3$, 1908—1909; *Kleine Bemerkungen*, S. 331, 339. — 734 *Disqu. ar.*[I 157], § 32 u. § 36. — 735 *Scritti* I[130], S. 304, Z. 6—29; vgl. M. CURTZE, Arch. Math. Phys. $13_2$, 1895, S. 391—396, 401—403 und besonders Z. Math. Phys. 41, 1896, Hist.-lit. Abt. S. 81—82. — 736 CANTOR, $1^3$, S. 686. — 737 M. CURTZE[I 463], Abt. Gesch. Math. 7, 1895, S. 64 ff. Anm. — 738 Ed. M. CURTZE[I 333a] S. 219, 262, 295. — 739 Ed. M. CURTZE[II 63], S. 553. INITIUS bezieht sich auf indische Quellen. — 740 Ausgabe[I 15] von 1526, Bl. ($\mathfrak{A}_{VII}$) „Von gele".

z. T. indische Schriften sind,[741] — allerdings ist die erhaltene arabische Literatur zum großen Teil noch nicht zugänglich — noch von den Mathematikern des Mittelalters.

Der Araber Šoǵā' ben Aslam Abū Kāmil (um 900 n. Chr.; Ägypten) folgt indischen Vorbildern; sein *Buch der Seltenheiten der Rechenkunst*[742] enthält eine Sammlung von eingekleideten unbestimmten linearen, ganzzahlig zu lösenden Gleichungen mit 3 bis 5 Unbekannten, die mehr durch geschicktes Raten als nach bewußter Methode behandelt werden. Ein allgemeiner Ansatz der Aufgabe in Gleichungsform wird nicht aufgestellt; Šoǵā' eliminiert sofort eine Unbekannte und wählt dann die anderen Unbekannten so, daß man aus den auftretenden Nennern auf die gesuchten Werte schließen kann. Eine Aufgabe z. B., deren Ansatz:

$$x + y + z = 100$$
$$5x + \tfrac{1}{20}y + z = 100$$

lauten würde, wird in der Rechnung sofort mit

$$100 - x - y = 100 - 5x - \tfrac{1}{20}y$$

begonnen. Hieraus folgt:

$$y = 4x + \tfrac{4}{19}x,$$

so daß $x = 19$ geraten werden kann. Auf eine Aufgabe:

$$x + y + z + u + v = 100$$
$$2x + \tfrac{1}{2}y + \tfrac{1}{3}z + \tfrac{1}{4}u + v = 100,$$

aus der er

$$x = \tfrac{1}{2}y + \tfrac{2}{3}z + \tfrac{3}{4}u$$

ableitet, ist Šoǵā' ganz besonders stolz, da er für sie 2676 Lösungen angeben kann. In der größeren Zahl von Unbekannten, für die er nicht Farbennamen, sondern Münzarten (1. *šai'* = Etwas, 2. *dīnār* = Denarius, 3. *fals* = Pfennig, 4. *ḫātam* = Siegel) wählt, liegt ein kleiner Fortschritt.

An Diophant, dessen Schrift inzwischen durch Abū'lwafā' (940—998, Bagdad) den Arabern bekannt geworden war, lehnt sich Alkarḫī (um 1010; Bagdad) an; er legt wie dieser auf die Ganzzahligkeit der Lösungen kein Gewicht, geht aber über den ersten Grad hinaus.[743]

Ibn al-Haiṭam (um 1000 n. Chr.) gibt zwei Methoden an, um eine durch 7 teilbare Zahl zu finden, die bei Division durch 2, 3, 4, 5, 6

741 Z. B. Alkarḫī, vgl. F. Woepcke, *Extrait du Fakhrî* I 1325, S. 3. — 742 Vgl. H. Suter 213, Bibl. math. $11_3$, 1910—1911, S. 100—120. — 743 *Alkāfī fī'l ḥisāb*, ed. Hochheim I 131, III, S. 19—20; *Extrait du Fakhrî* I 1325, ed. Woepcke, S. 3, 104ff.

immer den Rest 1 gibt (Lösung: 301, 721 . . .).[744] Dieselbe Aufgabe hat LEONARDO von Pisa.[745]

Die erste in einem abendländischen Texte vorkommende unbestimmte Aufgabe treffen wir in einer Sammlung von Scherzaufgaben, *Propositiones ad acuendos juvenes*, aus dem zehnten Jahrhundert. Die Handschrift dürfte der Schule ALKUINS (735—804) angehören. Die Aufgabe lautet: „Wenn 100 Scheffel unter gleichviel Personen verteilt werden, so daß ein Mann 3, eine Frau 2 und ein Kind $\frac{1}{2}$ Scheffel erhält; wieviel Männer, Frauen und Kinder waren es?" Sie entspricht dem Ansatz:

$$x + y + z = 100$$
$$3x + 2y + \tfrac{1}{2}z = 100\,.$$

Es wird nur die Lösung: 11 Männer, 15 Frauen, 74 Kinder gegeben, ohne irgendeine Andeutung der Ableitung.[746] Zahlreicher sind die Aufgaben bei LEONARDO von Pisa. Im *Liber abbaci* (1228) wird[747], wie bei IBN AL-HAIṬAM (vgl. oben) eine Zahl gesucht, die durch 7 teilbar ist und bei der Division mit 2, 3, 4, 5, 6 je den Rest 1 hat; hinterher wird dann eine Zahl gesucht, die wiederum durch 7 geteilt werden kann, aber bei den Divisoren 2, 3, 4, 5, 6 die Reste 1, 2, 3, 4, 5 läßt. Die Art der Lösung geht nicht viel über Raten hinaus. LEONARDO kennt aber auch, wie wir bereits oben sahen, an anderer Stelle die Regel Ta yen.

Bis zum fünfzehnten Jahrhundert schweigen die Mathematiker. Erst um die Mitte dieses Jahrhunderts scheint man unseren Aufgaben neues Interesse entgegenzubringen. In einem Handschriftenband, der in München aufbewahrt wird und in den Jahren 1455 bis 1464 von einem Frater FRIDERICUS geschrieben ist, finden wir mehrere Beispiele wiedergegeben. Eins von ihnen, das auf $43x + 41 = 39y + 33 = 35z + 25 = 31u + 17$ hinausläuft, läßt die Verwendung der Regel Ta yen (vgl. oben S. 185) erkennen.[748] Ihre Kenntnis hat auch REGIOMONTAN (1436—1476) besessen, wie aus seinen Briefen hervorgeht. Am 27. VII. 1463 stellt er dem Astronomen BIANCHINI die Aufgabe,[748a] eine Zahl zu suchen, die durch

744 E. WIEDEMANN, *Notiz über ein von Ibn al-Haiṭam gelöstes arithmetisches Problem*, Sitzungsber. Phys. Med. Soc. Erlangen 24, Erlangen 1892, S. 83. — 745 *Scritti* I[130], S. 281, Z. 3 v. u. bis S. 282. — 746 ALCUINI *Opera*, ed. MIGNE, *Patrologiae* Tomus 101, Paris 1863, S. 1154, Prop. 34. Vgl. G. ENESTRÖM, Bibl. math. $8_3$, 1907—1908, S. 415. — 747 *Scritti*[130], I, S. 281, 282. — 748 M. CURTZE[1463], Abh. Gesch. Math. 7, 1895, S. 64—66. Vgl. auch Arch. Math. Phys. $13_2$[735], 1894, S. 394, 404. — 748a Ed. M. CURTZE[1333a], Abh. Gesch. Math. 12, 1902, S. 219, Nr. 8, S. 237; S. 254, Z. 3f. Ähnliche Aufgabe S. 295, Nr. 6.

17 dividiert 15, durch 13 dividiert 11, durch 10 dividiert 3 als Rest gibt. Am 5. Febr. 1464 gibt letzterer als Antwort 1103 und 3313 *et alii multi* (und viele andere). Offenbar kannte er die allgemeine Lösung nicht und hat die angegebenen Zahlen durch Probieren gefunden. REGIOMONTAN antwortet: *Satis est; nam infiniti sunt tales, quorum minimus est 1103. Huic si addiderimus numerum numeratum ab ipsis tribus divisoribus, scilicet 17, 13, 10 habebitur secundus, item eodem addito resultat tertius etc.* (Die Antwort genügt; denn es gibt solche Zahlen unendlich viele, ihre kleinste ist 1103. Wenn wir zu dieser Zahl die aus den 3 Divisoren gebildete Zahl addieren, ergibt sich die zweite, ebenso durch dieselbe Addition die dritte usw.). Am Rande des Briefes ist $17 \cdot 13 \cdot 10 = 2210$ ausmultipliziert.

Bei einer anderen Aufgabe:[749]

$$x + y + z = 240$$
$$97x + 56y + 3z = 16047$$

sind Nebenrechnungen am Rande, die der Regel Ta yen entsprechen. Bei dieser wie bei der nächsten:[749]

$$x + y + z = 214,$$
$$x^2 - y^2 = y^2 - z^2$$

ist die Randbemerkung beigefügt: *Non admitto autem fractiones numerorum* (Ich lasse aber keine Brüche zu). Auch einige quadratische Aufgaben stellt REGIOMONTANUS, zu denen ihm offenbar das Studium einer von ihm aufgefundenen Diophanthandschrift Veranlassung gegeben hat.

N. CHUQUET kennt die Ta yen-Regel nicht; die im *Triparty* (1484) (Ende des 1. Teiles) auftretenden unbestimmten Aufgaben:[750]

1) $x + y + z = 12$
$2x + y + \frac{1}{2}z = 12$, Lösung: $x = 2,\ y = 6,\ z = 4$;

2) $x + y + z = 12$
$8x + 5y + 3z = 60$, Lösung: $x = 4,\ y = 2,\ z = 6$;

3) $x + y + z = 12$
$4x + 3y + 2z = 36$, Lösung: $x = 5,\ y = 2,\ z = 5$;

werden wie im *Liber abbaci* des LEONARDO von Pisa gelöst. Auch LUCA PACIOLI (*Summa* 1494) geht an solchen Beispielen nicht vorüber.[751] Sie fehlen ebensowenig in den deutschen Büchern der

749 Ebendaselbst S. 262. — 750 *Le Triparty*, ed. MARRE[119], S. 652; auch Anhang z. B. Aufg. 78, 79, 82, 83, Bullettino Boncompagni 14, 1881, S. 434ff.; vgl. G. ENESTRÖM, Bibl. math. $6_3$, 1905, S. 399. — 751 *Summa*[118], 7. Distinction, tract. II, Bl. 105 r°, v°. Vgl. G. ENESTRÖM, Bibl. math. $8_3$, 1907—1909, S. 201.

nächsten Zeit; besonders eine Aufgabe bildet einen festen Bestandteil, die Zecheraufgabe, *Regula Coeci,*[752] die die Anzahl der bei einer Zeche beteiligten Personen, Männer, Frauen und Jungfrauen, aus der bezahlten Geldsumme und den Anteilsverhältnissen berechnen will.[753] Die ganze Reihe der Rechenbücher von WIDMAN, RIESE, APIAN, RUDOLFF an setzt höchst gewissenhaft und verschiedentlich ausschmückend immer dasselbe Problem wieder auseinander. Noch in EULERS *Algebra*[I 65] (1770) hat ein Abschnitt, der von einem System unbestimmter linearer Gleichungen handelt, die Überschrift: *Von der sogenannten regula Coeci.*[754]

Einen neuen Aufschwung nahm die Analytik des Unbestimmten im siebzehnten Jahrhundert. Der Franzose G. BACHET DE MÉZIRIAC (1587—1638) hatte 1612 eine Sammlung interessanter Aufgaben, mathematischer Kunststückchen und Spiele[755] herausgegeben, die so viel Beifall fand, daß 1624 eine zweite Auflage nötig wurde. Unter den Aufgaben befanden sich auch viele, die zu unbestimmten Gleichungen führen; ihnen wandte er besonderes Interesse zu. BACHET schälte das arithmetische Problem aus ihnen heraus und stellte erstmalig wieder klar und deutlich die Forderung, daß die Lösungen der zugrunde liegenden Gleichungen ganzzahlig sein sollten; es glückte ihm, ein allgemeines, allerdings umständliches Verfahren zu ersinnen, das diese Bedingung erfüllte.[756] Lebhafte Anregung zu seinen Untersuchungen gab ihm das Studium DIOPHANTS. BACHET verdankt man auch die erste griechisch-lateinische Ausgabe dieses großen griechischen Zahlentheoretikers.[757] Bedeutsam waren die Anmerkungen, mit denen er den Text begleitete; in ihnen legte er, über DIOPHANT hinausgehend, den Grund zu wichtigen Gebieten der heutigen Zahlentheorie. Auf die Zeitgenossen übte der vielseitige Stoff eine

---

752 Über den Ursprung des Wortes vgl. C. DE VAUX, Bibl. math. $11_2$, 1897, S. 32 Remarque, und H. SUTER, Bibl. math. $6_3$, 1905, S. 112: *Über die Bedeutung des Ausdruckes ‚regula coeci'* (*coecus* statt *coetus* = *coitus*, Zusammenkunft). — 753 Vgl. G. ENESTRÖM, Bibl. math. $5_3$, 1904, S. 201—202, $7_3$, S. 392 bis 393, $8_3$, S. 196. — 754 II[I 65], 2, cap. 2, S. 233. — 755 *Problèmes plaisans et délectables qui se font par les nombres*, Lyon 1612 und 1624. Fast alle hierin enthaltenen Probleme finden sich schon in einer nur handschriftlich vorhandenen Abhandlung *De viribus quantitatis* des LUCA PACIOLI (geschrieben zwischen 1496 und 1508). Vgl. A. AGOSTINI, *Il ‚De viribus quantitatis' di Luca Pacioli*, Periodico di math. $4_4$, 1924. — 756 Die erste Auflage von 1612 enthält bei der 5. Aufgabe die Behauptung, daß ein methodisches allgemeines Verfahren möglich sei; die 2. Auflage 1624 bringt in propos. XXI, S. 37—41 und prop. XVIII, S. 18—33 die genaue Darstellung der Lösung. Vgl. G. ENESTRÖM, Bibl. math. $13_3$, 1912—1913, S. 267. — 757 Paris 1621.

mächtige Wirkung aus. Besonders FERMATS[758] Genie verstand es, die neue Lehre auch für höhere Gleichungen zu einem solchen Grad der Vollendung zu bringen, daß manche der von ihm aufgestellten Sätze, deren Beweis er nicht mitgeteilt hat, noch heute nicht streng nachgewiesen sind, obgleich ihre Richtigkeit feststeht.

Ein anderes brauchbares Lösungsverfahren für die unbestimmten Gleichungen ersten Grades gab der französische Mathematiker M. ROLLE (1652—1719, Pariser Akademie) in seinem 1690 erschienenen Werke *Traité d'Algèbre.*[759] Unter den späterhin noch aufgestellten, nicht wesentlich verschiedenen Methoden sind die von EULER und LAGRANGE die einzigen, die in unseren Schulen Eingang gefunden haben; das erstere deckt sich in der Hauptsache mit dem von ROLLE, das zweite, wenn man von dem Kettenbruchalgorithmus absieht, mit dem BACHETS.

I. Methode von EULER (1707—1783; Berlin, Petersburg). 1734/35: *Solutio problematis arithmetici de inveniendo numero, qui per datos numeros divisus relinquat data residua.*[760]

Ist $ax + by = c$ mit $a < b$ die vorliegende Gleichung, so wird die Division:

$$x = \frac{c - by}{a}$$

ausgeführt. Es möge sein:

$$x = \alpha_1 + \beta_1 y + \frac{\gamma_1 + \delta_1 y}{a},$$

wo $\alpha_1$, $\beta_1$, $\gamma_1$, $\delta_1$ ganze Zahlen, $\gamma_1$ und $\delta_1$ kleiner als $a$ sind. Der letzte Bruch $\frac{\gamma_1 + \delta_1 y}{a}$ muß ebenfalls eine ganze Zahl sein; demnach wird weiter gesetzt:

$$\frac{\gamma_1 + \delta_1 y}{a} = p, \quad \text{woraus} \quad y = \frac{ap - \gamma_1}{\delta_1}$$

folgt. Dividiert man wiederum aus, so sei:

$$y = \alpha_2 + \beta_2 p + \frac{\gamma_2 + \delta_2 p}{\delta_1}$$

mit den ganzzahligen Größen $\alpha_2$, $\beta_2$, $\gamma_2$, $\delta_2$; $\gamma_2$ und $\delta_2 < \delta_1$. Für den letzteren Bruch wird wieder eine neue Größe $q$ eingesetzt und nun in entsprechender Weise weitergeschlossen, bis einmal die vor-

758 DIOPHANTI *Alexandrini quaestionum arithmeticarum libri VI, cum commentariis* D. BACHETI *et observationibus* P. DE FERMAT, Tolosae, 1670 (herausgegeben von dem Sohne SAMUEL FERMAT). — 759 Lib. I[II 609], cap. 7, *Éviter les fractions*, S. 69—77; vgl. CANTOR, 3², S. 103—105. — 760 Comment. Ac. Petr. 7, 1734/35 (1740)[760], S. 46ff.; vgl. auch EULERS *Algebra*[165], II, 2, cap. 1, S. 213f.

genommene Division aufgeht. Rückwärts rechnend erhält man schließlich die gesuchten Wertepaare für $x$ und $y$.

II. Methode von LAGRANGE (1736—1813; Turin, Berlin, Paris). 1768: *Nouvelle méthode pour résoudre les problèmes indéterminés en nombres entiers.*[761]

Für die Näherungswerte $\frac{\alpha_1}{\beta_1}, \frac{\alpha_2}{\beta_2}, \frac{\alpha_3}{\beta_3}, \ldots$, die man durch die Kettenbruchentwicklung von $\frac{a}{b}$ ($a$ und $b$ teilerfremd) erhält, gilt die Beziehung:

$$\alpha_\nu \beta_{\nu+1} - \alpha_{\nu+1} \beta_\nu = \pm 1 .$$

Kombiniert man den Hauptwert $\frac{a}{b}$ mit dem letzten Näherungswert $\frac{a_n}{b_n}$, so erhält man durch

$$a_n b - a b_n = \pm 1$$

ein Wertepaar $\xi = \mp b_n c$, $\eta = \pm a_n c$ für die Gleichung:

$$a x + b y = c .$$

Die Gesamtheit der zu suchenden Wurzeln findet sich dann in

$$x = \xi + b m , \qquad y = \eta - a m ,$$

wo $m$ eine beliebige ganze Zahl bedeutet.

Unbestimmte Gleichungen ersten Grades mit mehr als zwei Unbekannten

$$a_1 x_1 + a_2 x_2 + a_3 x_3 + \ldots + a_n x_n = 0$$

betrachtete EULER (1785).[762] Die Lösungen müssen, wenn $\xi_1, \xi_2 \ldots \xi_n$ ein Lösungssystem ist, von der allgemeinen Form

$$x_i = \xi_i + \sum_{k=1}^{n-1} a_{ki} m_i \qquad (i = 1, 2 \ldots n)$$

sein, wo $m_i$ beliebige ganze Zahlen sind und die $a_{ki}$ in ziemlich zusammengesetzter Weise von den $a_i$ abhängen.[763] Von K. G. J. JACOBI (1804—1851; Berlin) rühren verschiedene Lösungsmethoden her.[764]

Ebensowenig wie die zuletzt besprochenen Gleichungen gehören auch die unbestimmten Gleichungen höheren Grades zum

---

761 Hist. Mém. Ac. Berlin 24, 1768 (1770), S. 181ff.; besonders S. 220ff. — 762 EULER, *Opuscula analytica*[149], II, Petrop. 1785, S. 91—101; *De relatione inter ternas pluresve quantitates instituenda.* — 763 Vgl. J. WEIHRAUCH, *Die Anzahl der Lösungen diophantischer Gleichungen bei theilfremden Koeffizienten*, Ztschr. Math. Phys. 20, 1875, S. 97—117. — 764 *Über die Auflösung der Gleichung* $\alpha_1 x_1 + \alpha_2 x_2 + \ldots + \alpha_n x_n = f \cdot u$, J. r. ang. Math. 69, 1868, S. 1—28; JACOBI, *Werke*, ed. C. BORCHARDT und C. WEIERSTRASS, Berlin 1881—1891, 6, S. 355—384.

Schullehrstoff, so daß sich der folgende Bericht auf wenige geschichtlich wichtige Fälle beschränken darf.

Den Näherungswerten 3 : 2, 7 : 5 usf. der pythagoreischen Schule für das Verhältnis der Diagonale eines Quadrates zu seiner Seite kann die Gleichung $x^2 - 2y^2 = \pm 1$ untergelegt werden. Vgl. Bd. II[3], S. 82f.

Diophant erledigte die quadratische Gleichung $ax^2 + bx + c = y^2$ vollständig nur für den Fall, daß $a$ und $c$ gleich Null ist; in anderen Fällen unterliegen seine Beispiele manchen Beschränkungen. Er untersuchte ferner Doppelgleichungen:

$$a_1 x^2 + b_1 x + c_1 = y^2$$
$$a_2 x^2 + b_2 x + c_2 = z^2,$$

die er aber auch nur in besonderen Fällen bezwang.[765] Diese Formen kannten die Inder gar nicht[731]. Dafür gaben sie eine Lösung der Gleichung:

$$xy = ax + by + c.$$

Die größte Anerkennung erntete die von ihnen überlieferte Behandlungsmethode der Gleichung:

$$ax^2 + b = y^2$$

und im besonderen von

$$ax^2 + 1 = y^2,$$

worauf der allgemeine Fall:

$$ax^2 + bx + c = y^2$$

zurückgeführt werden kann.[766] Es ist dies eine Gleichung, deren hohe Bedeutung für die heutige Theorie der binären quadratischen Formen bekannt ist.[767] Bevor die Geschichtsforschung des neunzehnten Jahrhunderts diese indischen Überlieferungen wieder auffand, galt Fermat (1601—1665, franz. Staatsbeamter) allgemein als erster Aufsteller und Bearbeiter dieser Gleichung. Er legte sie 1657

---

765 Nesselmann[I 316], S. 329—354; *Diophantus of Alexandria*, ed. Th. L. Heath[I 124], S. 67—94. — 766 Brahmagupta (geb. 598 n. Chr.) löste die Gleichungen $92x^2 + 1 = y^2$ und $83x^2 + 1 = y^2$. Colebrooke[I 111], S. 364, question 27; vgl. M. Simon, *Zu Brahmaguptas diophantischen Gleichungen zweiten Grades*, Arch. Math. Phys. 20, 1913, S. 280—281. Bhāskaras Behandlung siehe Colebrooke[I 111], S. 247f. Außer der in Anm. 731 angegebenen indischen Literatur vgl. noch B. Datta, *The Hindu contributions to mathematics*[II 520], S. 41—52. Mahāvīrā behandelt Gleichungen von der Form $xy = 2(x + y)$; $xy = \sqrt{x^2 + y^2}$; $xy = 2\left[2\sqrt{x^2 + y^2} + 3x + 4y + 2(x + y)\right]$. Datta, a. a. O., S. 43. — 767 Vgl. H. Konen, *Geschichte der Gleichung $t^2 - Du^2 = 1$*, Leipzig 1901, Referat von G. Wertheim, Bibl. math. $3_3$, 1902, S. 248—251.

seinen Fachgenossen zur Lösung vor;[768] seine eigene Methode ist uns nicht bekannt geworden. Die englischen Mathematiker WALLIS (1616—1703, Oxford) und BROUNCKER (1620—1684, erster Präsident der Royal Society) entdeckten 1658 auf mühseligem Wege eine Lösung.[769] Von EULER, der die Namen BROUNCKER und PELL verwechselte, erhielt sie den Beinamen der „PELLschen Gleichung";[770] auch die BROUNCKERsche Lösung schrieb EULER schon 1730 PELL zu.[771] EULER benutzte zu seiner Lösung (1759) die Kettenbruchentwicklung von $\sqrt{a}$.[772] LAGRANGES Verfahren von 1769 deckt sich mit dem der Inder.[773] Ihm glückte auch zuerst der Nachweis, den WALLIS vergeblich gesucht hatte, daß $ax^2 + 1 = y^2$, wenn $a$ keine Quadratzahl ist, stets in ganzen Zahlen lösbar ist. Er führte auch den allgemeinen Fall:

$$ax^2 + bxy + cy^2 + dx + cy + f = 0$$

auf den Sonderfall $ax^2 + 1 = y^2$ zurück. Andere Lösungen lieferte G. LEJEUNE DIRICHLET 1837 unter Benutzung der Kreisteilungsgleichungen[774] und L. KRONECKER 1863 auf Grund von Eigenschaften der elliptischen Funktionen.[775]

Eine noch viel weiter zurückgreifende Geschichte besitzt die Gleichung:

$$x^n + y^n = z^n.$$

Für $n = 2$ stellt sie die Pythagoreische Aufgabe dar, rechtwinklige Dreiecke mit ganzzahligen Seiten zu suchen, auf die auch die erweiterte Aufgabe, allgemeine Dreiecke mit rationalen Seiten zu

768 Brief an FRÉNICLE, Febr. 1657, *Œuvres de* FERMAT, éd. TANNERY et HENRY I 782, 2, S. 333, Z. 3—1 v. u.; FERMAT, *Varia opera* I 773, Tolosae 1679, S. 190 letzter Absatz. — 769 WALLIS, *A treatise of algebra* I 682, 1685, chap. 98—99, S. 363—374; *Opera* I 682, II, Oxoniae 1693, *Algebra*, S. 418—429; *Commercium epistolicum de quaestionibus quibusdam mathematicis nuper habitum* (ed. WALLIS, Oxford 1658), Ep. 8, 9, 14, 17, 18, 19. — 770 Novi Comm. Ac. Petr. 11, 1765 (1767), S. 28: *De usu novi algorithmi in problemate* PELLIANO *solvendo.* Vgl. auch *Opusc. anal.* I 149, S. 310. — 771 Brief an GOLDBACH vom 10. August 1730; vgl. G. ENESTRÖM, Bibl. math. $3_3$, 1902, S. 206. Vgl. auch EULER, *Algebra* 1770 I 65, II, 2, cap. 7, § 98. — 772 Novi comment. Ac. Petr. 11, 1765 (1767), S. 28—66. Vorgelegt am 15. Okt. 1759.) — 773 Hist. Mém. Ac. Berlin 23, 1767 (1769), S. 165ff.; LAGRANGE, *Œuvres* I 420, 2, Paris 1868, S. 377ff.; Abh. d. Turiner Akademie, Bd. IV (1766 bis 69) in LAGRANGE, *Œuvres* I 420, 1, Paris, S. 669ff.; ferner: Zusätze zur franz. Ausgabe von EULERS *Algebra*; LAGRANGE, *Œuvres* I 420, 7, Paris 1877, S. 100ff. — 774 J. r. ang. Math., 17, Berl. 1837, S. 286—290, *Sur la manière de résoudre l'équation* $t^2 - pu^2 = 1$ *au moyen des fonctions circulaires*; DIRICHLET, *Werke* II 703, ed. L. KRONECKER und L. FUCHS (I, 1889, II, 1897), S. 345—350. — 775 Ber. Ak. Berlin, 1863 (1864), S. 44—50, *Über die Auflösung der Pellschen Gleichung mittels elliptischer Funktionen*, = *Werke* 4, 1829, S. 219—226.

suchen, deren Inhalt ebenfalls rational ist, zurückkommt. Die allgemeine Lösung der Pythagoreischen Gleichung $x^2 + y^2 = z^2$ ist:

$$1)\quad x = p(2q + p); \quad y = 2q(q + p); \quad z = y + p^2 = x + 2q^2.$$ [776]

Die Lösungswerte 3, 4, 5 waren bereits den alten Babyloniern, wahrscheinlich auch den Ägyptern, bekannt (vgl. Bd. IV, Geometrie, Pythagoreischer Lehrsatz). PYTHAGORAS (sechstes Jahrhundert v. Chr.), der in Gemeinschaft mit seinen Schülern vielfach Untersuchungen über rationale Dreiecke angestellt haben muß, gab die Werte:

$$2)\quad x = 2q + 1; \quad y = 2q^2 + 2q; \quad z = 2q^2 + 2q + 1,$$ [777]

die man aus der allgemeinen Formel für $p = 1$ erhält. Auf eine andere Lösung kam PLATON (429—348 v. Chr., Athen):

$$3)\quad x = m^2 - 1; \quad y = 2m; \quad z = m^2 + 1,$$ [778]

Formeln, die aus 1) durch $q = 1$ und Ersetzung von $p + 1$ durch $m$ hervorgehen. Die allgemeine Lösung hat EUKLID (325 v. Chr.) in seinen Elementen X, 28, Lemma 1 angegeben. Unter der Voraussetzung, daß $\alpha\beta^2$ und $\alpha\gamma^2$ zu gleicher Zeit gerad oder ungerad sind, besteht nach ihm die Beziehung:

$$\alpha\beta^2 \cdot \alpha\gamma^2 + \left(\frac{\alpha\beta^2 - \alpha\gamma^2}{2}\right)^2 = \left(\frac{\alpha\beta^2 + \alpha\gamma^2}{2}\right)^2,$$

d. h. es muß sein

$$4)\quad x = \alpha\beta\gamma; \quad y = \tfrac{1}{2}(\alpha\beta^2 - \alpha\gamma^2); \quad z = \tfrac{1}{2}(\alpha\beta^2 + \alpha\gamma^2).$$

Sieht man hier von dem Verhältnisfaktor $\alpha$ ab, so braucht man nur $\beta = 2q + p$, $\gamma = p$, also $q = \frac{\beta - \gamma}{2}$ anzunehmen, um 1) zu bestätigen.

---

776 Vgl. TH. F. DE LAGNY, *Mémoire sur l'usage qu'on peut faire en Géométrie des polygones rectilignes, arithmétiquement réguliers, par rapport à la mesure des lignes courbes.* Hist. Mém. math. phys. Ac. sc. Paris 1729 (1731), S. 318, Théor. II; ferner H. RATH, *Die rationalen Dreiecke*, Arch. Math. Phys. $56_1$, 1874, S. 188 ff. — 777 PROCLUS, ed. FRIEDLEIN II 369, S. 428, Z. 10—21. HERON, *Geometrica*, cap. 8, § 1, *Opera* 4 I 543, ed. HEIBERG, S. 218, Z. 18 f.: *Ἐὰν ἐπιταγῇς τρίγωνον ὀρθογώνιον συστήσασθαι κατὰ τὴν Πυθαγόρειον μέθοδον ἀπὸ πλήθους περιττοῦ, ποιήσεις οὕτως· δεδόσθω τῇ καθέτῳ ἀριθμὸς ὁ τῶν ε′· ταῦτα ἐφ' ἑαυτά· γίγνονται κε′· ἀπὸ τούτων ἄφελε μονάδα μίαν· λοιπὰ κδ′· τούτων τὸ ἥμισυ γίνεται ιβ′· ταῦτα ἡ βάσις· προσθὲς τῇ βάσει μονάδα μίαν· γίνονται ιγ′. τοσούτων ἡ ὑποτείνουσα.* [Wenn du ein rechtwinkl. Dreieck nach der Methode des PYTHAGORAS von einer geraden Zahl ausgehend bilden sollst, so verfahre folgendermaßen. Für eine Kathete sei die Zahl 5 angenommen ($x = 2q + 1$); das Quadrat hiervon gibt 25. Von diesem subtrahiere 1, Rest 24. Die Hälfte hiervon, 12, gibt die Basis $\left(y = \frac{(2q + 1)^2 - 1}{2} = 2q^2 + 2q\right)$. Zur Basis füge 1 hinzu, das gibt die Hypotenuse 13.] — 778 PROCLUS, ed. FRIEDLEIN II 369, S. 428—429. HERON, *Geometrica*, cap. 9, § 1; *Opera* 4 I 543, ed. HEIBERG, S. 220, Z. 22 f.

Einzelne Kenntnisse der Inder in diesem Punkte sind vielleicht älter als die der Griechen (vgl. I³, S. 21; II³, S. 88f., 172f.). In den *Śulvasūtras*, religiösen Gedichten, vielleicht aus dem fünften oder vierten vorchristlichen Jahrhundert, in denen auch technisch-mathematische Vorschriften zum Bau von Altären (vgl. die Geschichte des Pythagoreischen Lehrsatzes im Bd. Geometrie) gegeben werden, finden sich acht rechtwinklige Dreiecke mit ganzen Zahlen, 3, 4, 5; 5, 12, 13; 8, 15, 17; 12, 16, 20; 7, 24, 25; 15, 20, 25; 12, 35, 37; 15, 36, 39. Diese Beispiele, deren Vorschriften etwa aus dem achten Jahrhundert v. Chr. stammen sollen, waren indes wohl mehr durch Versuche als durch allgemeine Ableitungen gefunden worden.[779] Griechische Mathematik beeinflußte später bestimmt die indische, und es ist EUKLIDS Regel, die BRAHMAGUPTA (geb. 598 n. Chr.) in der Form:

$$5)\quad x = \beta; \quad y = \frac{1}{2}\left(\frac{\beta^2}{\gamma} - \gamma\right); \quad z = \frac{1}{2}\left(\frac{\beta^2}{\gamma} + \gamma\right)^{780}$$

mitteilt; man hat nur $\alpha = \frac{1}{\gamma}$ zu setzen, um die Übereinstimmung herzustellen.

Neuere Untersuchungen[781] fügen hinzu, daß das Produkt dreier Pythagoreischer Zahlen stets den Faktor 60 besitzt (FRÉNICLE 1676).[782] Ferner zeigt FERMAT, daß es kein rechtwinkliges Dreieck gibt, dessen Fläche durch eine Quadratzahl gemessen werden kann.[783]

Durch Aneinanderlegen Pythagoreischer Dreiecke mit zwei übereinstimmenden Katheten findet man rationale schiefwinklige Dreiecke. Von diesen ist die Gruppe besonders interessant, bei der die

779 Von C. MÜLLER, *Die Mathematik der Śulvasūtra* [II 521], Abh. Math. Sem. Hamburg 7, 1929—30, S. 172—204, § 4, wird die Auffindung ganzzahliger Werte für die Seite und die Diagonale eines Rechtecks geschickt geometrisch aufgeklärt. — 780 BRAHMAGUPTA, *Cuṭṭaca*, ch. XVIII, sect. II, 38, ed. COLEBROOKE [I 111], S. 340; BHĀSKARA, *Līlāvatī*, ch. VI, 139—146, ed. COLEBROOKE, S. 61—64. — 781 Nach L. E. DICKSON, *History of the theory of numbers, II, Diophantine analysis*, Washington 1920, enthält ein arabisches Manuskript von 972 eine ganze Tafel solcher pythagoreischer Zahlen. Vgl. ferner J. KERSEY, *Elements of Algebra* 1674; J. C. SCHULZE [II 1300], *Sammlung logarithmischer, trigonometrischer und anderer Tafeln*, Berlin 1778, II, S. 308—311. Am umfangreichsten ist J. SACHS, *Tafeln zum math. Unterricht*, Programmabh. Gymnasium Baden-Baden, Leipzig 1905, 24 Seiten [I 1167]. — 782 *Traité des triangles rectilignes rectangles en nombres.* Mém. de l'Acad. r. d. sc. depuis 1666—1699, 5, Paris 1729, S. 83—166. Vgl. Ann. math. p. appl., 20, Nismes 1829/30, S. 212, *Questions proposées*, Mitte; Lösungen: LENTHÉRIC, S. 376—382; C. PAGLIANI, S. 382—384; ferner *Théorème sur les nombres*, J. r. ang. Math. 5, Berlin 1829, S. 386—387. — 783 FERMATsche Diophantausgabe 1670 [758]; vgl. die deutsche Übersetzung von WERTHEIM [I 787], S. 294 unten bis S. 295.

drei Seiten durch drei aufeinanderfolgende Zahlen gemessen werden; eine Zusammenstellung solcher Dreiecke gab R. HOPPE 1880.[784]

HERON (um 100 v. Chr.) benutzte die PLATONschen Werte, um solche schiefwinkligen rationalen Dreiecke, die nach ihm *Heronische* heißen, zu bilden.[785] Weiteres findet man bei dem Inder BRAHMAGUPTA;[786] er kannte gleichschenklige und dreiseitig-gleiche Trapeze, deren Seiten, Höhen, Diagonalen und Inhalt rational sind, ferner Sehnenvierecke, deren Diagonalen, Diagonalenabschnitte, Inhalt, Durchmesser des Umkreises dieselbe Eigenschaft haben. Sehr eingehend bearbeitet MAHĀVĪRA solche Figuren.[787] Allgemeine Untersuchungen über die Vierecke, deren Seiten und Diagonalen rational sind, stellte in der Neuzeit E. E. KUMMER an.[788] Der Aufgabe, Dreiecke mit rationalen Seiten und Seitenhalbierenden zu finden, widmet EULER fünf Abhandlungen.[789] Durch H. SCHUBERT[790] und E. HAENTZSCHEL[791] sind in jüngster Zeit erhebliche Fortschritte in diesen Fragen gemacht worden.

Die Unmöglichkeit der allgemeinen Gleichung: $x^n + y^n = z^n$ behauptete FERMAT für $n > 2$, indem er zugleich angab, hierfür einen Beweis entdeckt zu haben.[792] Leider ist dieser der Nachwelt nicht erhalten und trotz der angestrengtesten Bemühungen der größten Zahlentheoretiker bis auf die Gegenwart noch nicht wieder geführt worden, so daß man wohl annehmen kann, daß sich FERMAT in der

784 R. HOPPE, *Rationales Dreieck, dessen Seiten aufeinanderfolgende ganze Zahlen sind.* Arch. Math. Phys. 64, 1879, S. 441—443. Genannt sind: 3, 4, 5; 13, 14, 15; 51, 52, 53; 193, 194, 195; 723, 724, 725; 2701, 2702, 2703; 10083, 10084, 10085. — 785 HERON, *Geometrica* cap. 12, Beispiel 13, 14, 15. *Opera*, ed. HEIBERG 4 I 543, S. 234f. — 786 COLEBROOKE I 111, BRAHMAGUPTA, cap. XII, sectio IV, besonders S. 301ff.; BHĀSKARA, *Līlāvatī* cap. VI, besonders S. 79—86. — M. CHASLES, *Aperçu historique sur l'origine et le développement des méthodes en géométrie.* Paris 1837, Note 12, deutsch v. L. A. SOHNKE, Halle 1839, S. 483ff. — 787 B. DATTA, *On Mahavira's Solution on rational triangles and quadrilaterals*, Bull. Calc. Math. Soc. 20, 1928—29 (Calcutta 1930), S. 267—294. — 788 J. r. ang. Math. 37, Berlin 1848, S. 1—20: *Über die Vierecke, deren Seiten und Diagonalen rational sind.* — 789 Novi Comm. Ac. Petrop. 18 (1773), 1774, S. 171—184; Nova Acta Ac. Petrop. 12 (1794), 1801, S. 101—113: Mém. ac. sc. Pétr. 2 (1807/8), 1810, S. 10—16; 7 (1815/16), 1820, S. 3—9; *Comment. arithm.* II, St. Pétr. 1849, S. 648—651. — 790 H. SCHUBERT, *Auslese aus meiner Unterrichts- und Vorlesungspraxis*, Bd. II, Leipzig 1905, S. 5—105: *Ganzzahligkeit in der algebraischen Geometrie.* — 791 Unterrichtsbl. Math. Nat. 1915, 1917; Sitzgsber. Berl. Math. Gesellsch. 14, 1915; Z. math. nat. Unterr. 46, 1915, S. 390 (mit guter Literaturangabe); Jahresb. Deutsch. Math. Ver. 25, 1917, S. 333f. Über Heronische Parallelogramme und andere Vierecke vgl. die Literatur bei M. ZACHARIAS, *Encyklopädie d. math. Wiss.* 3, AB. 9, Leipzig 1921, S. 992, 1008. — 792 Diophantausgabe 1670 758, ed. WERTHEIM I 787, S. 52.

Bündigkeit seines Beweises getäuscht hat. Nur für $n = 4$ kann man bei ihm einen Nachweis herauslesen.[793] Ausführlich erledigte diesen Fall 1676 FRÉNICLE DE BESSY.[794]

Es läßt sich zeigen, daß der Beweis, wenn er für irgendeine Zahl gilt, dann auch auf alle Vielfachen dieser Zahl erweitert werden kann; daher kann man sich bei allen Versuchen nur auf ein $n$, das eine Primzahl ist, beschränken. Mit dem Fall $n = 3$ beschäftigten sich schon die Araber; von dem Astronomen ALḪOǴENDĪ (um 970 n. Chr.) wird mitgeteilt, daß er einen, offenbar nicht einwandfreien Beweis für $n = 3$ gegeben habe.[795] Daß eine Kubikzahl nicht als Summe zweier Kubikzahlen dargestellt werden kann, wußte auch der Perser BEHĀ EDDĪN (1547—1622).[796] Genaue Beweise für $n = 3$ und 4 fand EULER; diesen, der wesentlich mit dem FERMAT-FRÉNICLEschen übereinstimmt,[797] veröffentlichte er 1747,[798] jenen, ungleich schwierigeren, 1763.[799] L. DIRICHLET (1805—1859, Berlin, Göttingen) meisterte 1828 $x^5 + y^5 = z^5$,[800] für welchen Fall auch Vorarbeiten von GAUSS in seinem Nachlaß gefunden wurden.[801] G. LAMÉ führte 1840 $n = 7$ durch.[802] Den bis jetzt allgemeinsten Beweis verdankt man E. E. KUMMER (1810—1893; Breslau, Berlin), der für eine sehr umfassende Gruppe von Exponenten (darunter für jedes $n \leqq 100$) die FERMATsche Behauptung als richtig erwies.[803]

793 Vgl. H. G. ZEUTHEN, *Gesch. d. Math. i. 16.—17. Jahrh.*[II 540], S. 161, 164. — 794 Im *Traité des triangles rectangles en nombres*, Paris 1676, beweist er den allgemeinen Fall, daß $a^2 = b^4 + c^4$ unmöglich ist. Vgl. G. ENESTRÖM, Bibl. math. $4_3$, 1903, S. 88—89. — 795 CANTOR $1^3$, S. 752; vgl. G. ENESTRÖM, Bibl. math. $13_3$, 1913—1914, S. 186. — 796 BEHĀ EDDĪN. *Essenz der Rechenkunst*[I 564], ed. NESSELMANN, S. 55—56, Nr. 4. — 797 Vgl. G. ENESTRÖM, Bibl. math. $4_3$, 1903, S. 88—89; $9_3$, 1908/9, S. 180. F. RUDIO, Jhrsb. DMV. 31, 1922, S. 4. — 798 Comm. Ac. Petr. 10, 1738 (1747); *Theorematum quorundam arithmeticorum demonstrationes*, S. 130 (vorgelegt am 23. Juni 1738). — 799 Nov. comm. Ac. Petr. 8, 1760—1761 (1763); ausführlicher in der *Algebra* von 1770[I 65], II, 2, cap. 15, S. 506. — 800 $n = 5$: *Mémoire sur l'impossibilité de quelques équations indéterminées du cinquième degré.* J. r. ang. Math. 3, 1828, S. 354—357 = *Werke*[774] 1, 1889, S. 21—46 (besonders S. 38f.); $n = 14$: *Démonstration du théorème de Fermat pour le cas des 14ièmes puissances*, J. r. ang. Math. 9, 1832, S. 390—393 = *Werke*[774] 1, 1889, S. 189—194. — 801 GAUSS, *Werke*, 2[I 756], Göttingen 1876, S. 398. — 802 *Mém. d'analyse indéterminée, démonstrant que l'équation* $x^7 + y^7 = z^7$ *est impossible en nombres entiers*, Journ. math. p. appl. 5, 1840, S. 195—211. — 803 J. r. ang. Math. 17, 1837, S. 203—209; 40, 1850, S. 130—138: *Allgemeiner Beweis des Fermatschen Satzes für alle diejenigen Potenzexponenten, welche ungerade Primzahlen sind und in den Zählern der ersten* $\frac{1}{2}(\lambda - 3)$ *Bernoullischen Zahlen als Faktoren nicht vorkommen* (so $n = 5, 7, 11, 13, 17, 19, 23, 29, 31, 41, 43$, *nicht für* $n = 37$); dasselbe auch in J. math. p. appl. 16, Paris 1851, S. 488—498. Abh. Ak. Berlin 1857, Math. Abh. S. 41—74 und

D. Hilbert (1897) hat die Kummerschen Untersuchungen erheblich vereinfacht.[804] Seitdem wurden nur geringe Fortschritte erzielt (Wieferich,[805] D. Mirimanoff[806]). Die Aussetzung eines Preises von 100000 M. für den vollständigen Beweis (Dr. Paul Wolfskehl, Darmstadt; Akademie d. Wiss., Göttingen 1908) hat eine große Menge einschlägiger Arbeiten gezeitigt: keine von diesen hat der Kritik, um die sich besonders A. Fleck[807] verdient gemacht hat, standhalten können.

---

Monatsber. Ak. Berlin 1857, S. 275ff. wird der Beweis auch für $n = 37, 59, 67$ erledigt, so daß für alle Zahlen $n$ von 3 bis 100 das Fermatsche Theorem nachgewiesen ist. — [804] *Die Theorie der algebraischen Zahlkörper*, Jahresb. D. Math. Vergg. Bd. 4, 1897, S. 175—546 = Gesammelte Abhandlungen, Bd. 1, Zahlentheorie, Berlin 1932, S. 63—363, insbesondere Nr. 36, § 172—173, S. 349 bis 355. — [805] *Zum letzten Fermatschen Theorem*, J. r. ang. Math. 136, 1909, S. 293—302. — [806] *L'équation indéterminée $x^l + y^l + z^l = 0$ et le criterium de Kummer*, J. r. ang. Math. 128, 1905, S. 45—68; *Sur le dernier théorème de Fermat*, Compt. R. Ac. sc. Paris 1910, S. 204—208; *Sur le dernier théorème de Fermat*, J. r. ang. Math. 139, 1911, S. 309. — [807] Die Wolfskehlsche Preisstiftung, Arch. Math. Phys. $14_3$, 1909, S. 180—182. *Vermeintl. Beweise*, S. 182, 284, 370; desgl. $15_3$, 1910, S. 108, 285, 370; desgl. $16_3$, 1910, S. 105, 279, 372; desgl. $17_3$, 1911, S. 108, 285, 370; desgl. $18_3$, 1911, S. 105, 204, 288. Vgl. auch *Miszellen zum großen Fermatschen Problem*, Stzgsber. Berl. Math. Ges. 8, 1909, S. 133—148; *Bemerkung zum großen Fermatschen Problem*, Stzgsber. Berl. Math. Ges. 9, S. 1910, S. 50—53; *Der letzte Fermatsche Satz*, Taschenbuch Math. Phys. 3, Leipzig 1913, S. 103—108.

## Anhang I.

# Zeittafel

## zur Geschichte der modernen algebraischen Zeichenschrift.

(Verweise auf Anmerkungen sind Kursiv gedruckt.)

| Jahr | Name | Gegenstand | Band | Seite |
|---|---|---|---|---|
| 1228 | Leonardo von Pisa | Bruchstrich bei gewöhnlichen Brüchen | $I^3$ | 162 |
| | | Bezeichnung einer zweiten Unbekannten im Abendland . . . | $II^3$ | 51 |
| vor 1237 | Jordanus Nemorarius | Durchgehende Benutzung allgemeiner Buchstabengrößen ohne Operationszeichen . . . . . . . . | $II^3$ | 48 |
| um 1360 | Oresme | Potenzartige Symbole, auch für gebrochene Exponenten . . . . . | $II^3$ | 157, 165 |
| | | Multiplikation ohne Zeichen durch Nebeneinanderstellen . . . . . | $II^3$ | 27, *259* |
| um 1460 | Münchener Handschrift Nr. 14908 | Multiplikation ohne Zeichen durch Nebeneinanderstellen wieder aufgenommen . . . . . . . . . | Anh. II | Nr. 37c |
| | | Symbole für die Unbekannte einer Gleichung und ihre Potenzen . . | $II^3$ | 140ff. |
| | | Bruchstrich in algebraischen Ausdrücken . . . . . . . . . . . | $II^3$ | 29 |
| 1464 | Regiomontanus | Multiplikationspunkt . . . . . . | $II^3$ | 28 |
| um 1481 | Dresdener Handschrift C. 80 | Die Zeichen + und − handschriftlich | $II^3$ | 15f. |
| | | Das Zeichen ꝛͤ für die Unbekannte einer Gleichung . . . . . . . | $II^3$ | 141ff. |
| | | Der Wurzelpunkt . . . . . . . | $II^3$ | 141, 181f. |
| 1484 | Chuquet | Exponent Null. Negative Exponenten | $II^3$ | 156 |
| | | Klammerstriche (unter dem Radikanden) . . . . . . . . . . | $II^3$ | 33 |
| 1489 | Widmann | Die Zeichen + und − im Druck . | $II^3$ | 15ff. |
| 1492 | Fr. Pellos | Dezimalbruchpunkt . . . . . . | $I^3$ | 176 |
| 1524 | Riese | Der Wurzelhaken handschriftlich . | $II^3$ | 184 |
| 1525 | Rudolff | Der Wurzelhaken im Druck . . . | $II^3$ | 141, 184 |
| 1544 | Stifel | Erweiterung der cossischen Potenz- und Wurzelzeichen auf beliebige Höhe . . . . . . . . . . . . | $II^3$ | 149 |
| | | Symbole für mehrere Unbekannte und ihre Potenzen . . . . . . | $II^3$ | 151, $III^3$ 47 |
| | | Klammerpunkte . . . . . . . . | $II^3$ | 186 |
| | | Runde Klammern (vereinzelt) . . . | $II^3$ | 35 |
| 1545 | Cardano | Determinantenbildung . . . . . | $III^3$ | 45 |
| | | Erste quadratische Gleichung mit komplexen Wurzeln . . . . . | $III^3$ | 89 |
| 1556 | Tartaglia | Runde Klammern bei Radikanden . | $II^3$ | 34 |

| | | | Band | Seite |
|---|---|---|---|---|
| 1557 | Recorde | Gleichheitszeichen = . . . . . . | II$^3$ | 31 |
| 1571 | Reinhold | Gradzeichen $^0$ . . . . . . . . . | I$^3$ | 63 |
| 1572 | Bombelli | Anfänge der eckigen Klammern . . | II$^3$ | 34 |
| | | Modernes Schema beim Wurzelziehen | II$^3$ | 176 |
| 1579 | Vieta | Dezimalbruchstrich . . . . . . . . | I$^3$ | 176 |
| 1585 | Stevin | Wurzelhaken mit nebengesetztem Exponenten √③, √④. . . . | II$^3$ | 186 |
| | | 8 ⓪ 9 ① 3 ② 7 ③ = 8,937. . . . | I$^3$ | 178 |
| 1591 | Vieta | Einführung von Buchstaben in Verbindung mit Operationszeichen und damit von Formeln. Die Vokale *A*, *E*, *I* . . . für die Unbekannten, die Konsonanten *B*, *G*, *D* . . . für die bekannten Größen . . . . | II$^3$ | 53 |
| 1593 | Vieta | Geschweifte und eckige Klammern . | II$^3$ | 35 |
| 1593 | Clavius | Dezimalpunkt . . . . . . . . . . | I$^3$ | 180 |
| 1606 | Adrianus Romanus | $\mathfrak{R}$ für Radius . . . . . . . . . . | V Eb. Trig. B. 5 | |
| | | $\mathfrak{S}$, $\mathfrak{P}$, $\mathfrak{T}$ als Symbole für Sinus, Tangens (Prosinus) und Sekans (Transsinuosus) . . . . . . . . . . | V Eb. Trig. B. 5 | |
| 1613 | Cataldi | Kettenbruchform . . . . . . . . | VI | |
| 1617 | Neper | Dezimalkomma . . . . . . . . . | I$^3$ | 180 |
| 1618 | Oughtred (?) | Multiplikationszeichen X . . . . | II$^3$ | 26 |
| 1618 | Wright | Dezimalpunkt . . . . . . . . . | I$^3$ | 180 |
| 1620 | Stevin | Buchstaben mit Punkten als Indizes | II$^3$ | 62 |
| 1620 | Gunter | *Loga.* für Logarithmus . . . . . | II$^3$ | 248 |
| 1624 | Kepler | log. für Logarithmus . . . . . . | II$^3$ | 248 |
| 1624 | Ursinus | *L.* für Logarithmus . . . . . . | II$^3$ | 248 |
| 1626 | Girard | $A$, $a$, $\overset{\tan}{A}$, $\overset{\tan}{a}$, $\overset{\sec}{A}$, $\overset{\sec}{a}$ für $\sin\alpha$, $\cos\alpha$, $\operatorname{tg}\alpha$, $\operatorname{ctg}\alpha$, $\sec\alpha$, $\operatorname{cosec}\alpha$ . . . . | V Eb. Trig. B. 5 | |
| | | Das Doppelzeichen ± . . . . . | II$^3$ | 24 |
| 1627 | Speidell | *Si.*, *T.*, *Tan.*, *Se.*, *Si.*, *Co.*, *Se. Co.*, *T. Co.* für sin, tg, sec, cos, cosec, ctg . | V Eb. Trig. B. 5 | |
| 1629 | Girard | Wurzelhaken mit darübergesetzten Exponenten $\overset{2}{\surd}\ \overset{3}{\surd}$ . . . . . . . . | II$^3$ | 187 |
| | | Erste quadratische Gleichung mit 2 negativen Wurzeln . . . . . | III$^3$ | 95 |
| 1631 | Oughtred | Multiplikationskreuz × . . . . . | II$^3$ | 26 |
| | | Klammerdoppelpunkt : . . . . . . | II$^3$ | 36 |
| | | *sv* für sinus versus . . . . . . | V Eb. Trig. B. 5 | |
| 1631 | Norwood | Trigonometrische Funktionssymbole mit Winkelargument: *s E*, *t A*, *ſec D* | V Eb. Trig. B. 5 | |
| 1631 | Harriot | Einführung kleiner Kursivbuchstaben (Vokale für die Unbekannten) . . | II$^3$ | 55 |
| | | Ungleichheitszeichen > < . . . . | II$^3$ | 33 |
| 1633 | Johnson | Divisionsdoppelpunkt : . . . . . . | II$^3$ | 30 |
| 1634 | Hérigone | Potenzen mit nebengesetzten Exponenten *a* 3, *b* 4 . . . . . . . | II$^3$ | 153 |
| 1637 | Descartes | Moderne Potenzsymbole $a^3$, $b^4$ . . | II$^3$ | 154 |
| | | $x$, $y$, $z$ für die Unbekannten; $a$, $b$, $c$ für die bekannten Größen . . . | II$^3$ | 55 |

| | | | Band | Seite |
|---|---|---|---|---|
| 1637 | Descartes | Wurzelstrich (über dem Radikanden) | $II^3$ | 189 |
| 1646 | van Schooten | Buchstaben mit vorgesetzten Zahlenindizes . . . . . . . . . . . | $II^3$ | 62 |
| | | Klammerstrich . . . . . . . . . | $II^3$ | 36 |
| 1654 | Ward | Trigonometrische Symbole mit Summen im Argument: $t, \frac{C+D}{2}$ . | V Eb. Trig. B. 5 | |
| 1655 | Wallis | Das Zeichen $\infty$ für Unendlich . . | $II^3$ | 41 |
| 1657 | Wallis | Potenzen mit allgemeinen Exponenten | $II^3$ | 156 |
| | | Wurzelhaken mit allgemeinen Exponenten. . . . . . . . . . . | $II^3$ | 190 |
| 1657 | Oughtred | s arc, s co arc, t arc, t co arc, se arc, se co arc für sin, cos, tg, ctg, sec, cosec . . . . . . . . . . . . | V Eb. Trig. B. 5 | |
| | | Doppelpunkt bei Proportionen $a:b::c:d$ . . . . . . . . . . | $III^3$ | 14 |
| 1659 | Hudde | $x$ durchgängig für die Unbekannte. | $II^3$ | 61 |
| 1661 | Streete | Sin., Co-sin., Tan., Co-tan. . . . | V Eb. Trig B. 5 | |
| 1663 | Oughtred | $\pi$ für den Halbkreis . . . . . . | IV B. 9 | |
| um 1666 | Newton | Moderne Potenz- und Wurzelsymbole mit allgemeinen Exponenten . . | $II^3$ | 155 f., 190 |
| 1669 | Wing | s, cs, t, ct, sec, csec für sin, cos, tg, ctg, sec, cosec . . . . . . . | V Eb. Trig. B. 5 | |
| 1669 | Zubrodt | Das Prozentzeichen ⁰/₀ im Druck . | $I^3$ | 201 |
| 1674 | Moore | S, Cos, T, Cot für sin, cos, tg, ctg | V Eb. Trig. B. 5 | |
| 1675 | Leibniz | $\int$ und $dx$ . . . . . . . . . . | Cantor $3^2$, S. 166 bis 167 | |
| 1679 | Leibniz | Variable Exponenten $x^z$ . . . . . | $II^3$ | 159 |
| | | Überstrichene Buchstaben . . . . | $II^3$ | 64 |
| 1684 | Leibniz | Buchstaben mit rechts nebengestellten Indizes . . . . . . . . . . | $II^3$ | 63 |
| 1684 | D. Gregory | $a^{\frac{1}{2}}, a^{\frac{3}{2}}, x^{-\frac{5}{2}}, x^{\frac{P}{R}}$ . . . . . . | $II^3$ | 158 |
| 1685 | Caswell | ζ(?) Symbol für die halbe Seitensumme eines Dreiecks . . . . . . . | V Eb. Trig. B. 5 | |
| 1693 | Leibniz | Determinantenähnliche Ausdrücke . | $II^3$ | 43 f. |
| | | Multiplikationspunkt . . . . . . | $II^3$ | 28 |
| | | Die geometrische Proportionsform mit Doppelpunkt und Gleichheitszeichen $a:b=c:d$ . . . . . . | $III^3$ | 14 |
| 1694 | Joh. Bernoulli | Funktionszeichen . . . . . . . | $II^3$ | 41 |
| 1706 | Jones | $cs^2, \frac{1}{2}\angle v$ und $s^2, \frac{1}{2}\angle v$ für $\left(\cos\frac{v}{2}\right)^2$ und $\left(\sin\frac{v}{2}\right)^2$. . . . . . . . . | V Eb. Trig. B. 5 | |
| 1710 | von Wolff | Die arithmetische Proportionsform $a-b=c-d$ . . . . . . | $III^3$ | 14 |
| 1710 | Craig | $l$ als Symbol für Logarithmus . . | $II^3$ | 248 |
| 1718 | Joh. Bernoulli | $\varphi$ als Funktionszeichen . . . . . | $II^3$ | 41 |
| 1720 | Kresa | $r$ für Radius . . . . . . . . . | V Eb. Trig. B. 5 | |

| | | | Band Seite |
|---|---|---|---|
| 1722 | Cotes | Gestrichelte Buchstaben . . . . . | $II^3$ 64 |
| 1729 | Euler | $sAB$, $\cos BC$ für $\sin AB$, $\cos BC$ . | V Eb. Trig. B. 5 |
| 1734 | Euler | $f(x)$ als Funktionszeichen . . . . | $II^3$ 42 |
| 1734 | Clairaut | $\Pi x$, $\Phi x$, $\Delta x$ als Funktionszeichen | $II^3$ 42 |
| 1736 | Euler | $A$ für arc sin, $At$ für arc tg . . . | V Eb. Trig. B. 5 |
| | | $\pi$ für die Maßzahl des Einheitshalbkreises . . . . . . . . . . . | IV B. 9 |
| 1737 | Euler | $A \sin \frac{b}{c}$ für $\text{arc} \sin \frac{b}{c}$ . . . . . . | V Eb. Trig. B. 5 |
| 1739 | Euler | $e$ für 2,718 . . . . . . . . . . . . . | VI Höh. Reihen |
| 1740 | Euler | Potenzen mit imaginären Exponenten | $II^3$ 112, 158 |
| 1747 | Euler | $S$ Symbol für die halbe Seitensumme eines Dreiecks . . . . . . . | V Eb. Trig. B. 5 |
| 1748 | Euler | Wiederaufnahme des Symbols $l$ für Logarithmus . . . . . . . . | $II^3$ 249 |
| 1750 | Cramer | Determinantenschema . . . . . . | $II^3$ 44 |
| v. 1753 ab | Euler | Ständige Benutzung der Symbole sin, cos, tg . . . . . . . . . . . | V Eb. Trig. B. 5 |
| | Euler | $a$, $b$, $c$ Seiten eines Dreiecks; $A$, $B$, $C$ die entsprechenden Winkel . . | V Eb. Trig. B. 5 |
| 1755 | Euler | $\Sigma$ Summenzeichen, $\Delta$ Differenzenzeichen . . . . . . . . . . . | $II^3$ 40 |
| 1764 | Kästner | $\Delta$ gelegentlich Symbol für den Dreiecksinhalt . . . . . . . . . | V Eb. Trig. B. 5 |
| | Kästner | $\alpha$, $\beta$, $\gamma$ gelegentlich für die Winkel eines Dreiecks . . . . . . . | V Eb. Trig. B. 5 |
| 1777 | Euler | $i$ für $\sqrt{-1}$ . . . . . . . . . | $II^3$ 116 |
| 1778 | Euler | $s$ für den sphärischen Exzeß . . . | V Sph. Trig. C. 2c Anm. |
| 1782 | Lexell | $s = \frac{a+b+c}{2}$, $S = \frac{A+B+C}{2}$ . | V Eb. Trig. B. 5 |
| 1794 | Legendre | $\varepsilon$ für den sphärischen Exzeß . . . | V Sph. Trig. C. 2c |
| 1801 | Gauß | $a \equiv 3 \pmod 7$ . . . . . . . . . | Disqu. ar. I ff. |
| 1808 | Carnot | $AB\widehat{\ }AD$ für den Winkel zwischen $AB$ und $AD$ . . . . . . . . | V Eb. Trig. B. 5 |
| 1815 | Cauchy | Moderne Determinantenform . . . | $II^3$ 45 f. |
| 1816 | Crelle | Ständiger Gebrauch von $\alpha$, $\beta$, $\gamma$ für die Dreieckswinkel . . . . . . | V Eb. Trig. B. 5 |
| 1821 | Cauchy | $l$ für den natürlichen Logarithmus . | $II^3$ 249 |
| 1822 | Feuerbach | $r$, $r'$, $r''$, $r'''$ für $\varrho$, $\varrho_a$, $\varrho_b$, $\varrho_c$ . . . | V Eb. Trig. B. 5 |
| 1824 | Fischer | $p$, $q$ für die Abschnitte einer Dreiecksseite durch die Höhe . . . | V Eb. Trig. B. 5 |
| 1824 | Fischer | $\varrho$ Radius des Inkreises . . . . . | V Eb. Trig. B. 5 |
| 1824 | Sorlin | Zyklische Vertauschung der Dreiecksstücke . . . . . . . . . | V Eb. Trig. B. 5 |
| 1826 | Crelle | $(a, b)$ für den Winkel zwischen $a$ und $b$ | V Eb. Trig. B. 5 |
| 1826 | Crelle | $\Delta$ ständig für den Dreiecksinhalt . | V Eb. Trig. B. 5 |
| 1852 | J. H. T. Müller | $\varrho_0$, $\varrho_a$, $\varrho_b$, $\varrho_c$ <br> $s_0$, $s_a$, $s_b$, $s_c$ für $s$, $s-a$, $s-b$, $s-c$ | V Eb. Trig. B. 5 |

## Anhang II.

# Zur Geschichte der mathematischen Schreibart.

## Zusammenstellung von Originalbeispielen aus mathematischen Schriften der verschiedenen Zeitabschnitte.

**Die beigefügten Zahlen bezeichnen die Seiten, auf denen bereits im Text wichtigere Originalstellen angeführt sind; die schrägen Ziffern beziehen sich auf die Anmerkungen. Eingeklammert sind die Bezugstellen für Einzelaufgaben oder für kleine Aufgabensammlungen in moderner Umschrift.**

**Beispiele für die Entwicklung der trigonometrischen Schreibweise sind im folgenden nicht gegeben; sie sind in den betreffenden Abschnitten von Band V angeführt.**

1. Babylonische Keilschrifttäfelchen (bis 3. Jahrt. v. Chr.)$^{\mathrm{III}\,245}$: I³ (16—18), (51), 141, (142); III³ *9*, (52—55), (105), (118), (120).

Aus dem ältesten mathematischen Text (auf einem vierseitigen Prisma), AO 8862 des Louvre$^{\mathrm{III}\,245}$. Nach O. NEUGEBAUER$^{\mathrm{III}\,250}$, S. 9, 10 (II 33ff.).

| Umschrift | Übersetzung |
|---|---|
| uš sag | Länge, Breite. |
| uš *ù* sag *uš-ša-qí-il ma eqlam / lam ab-ni.* | Länge und Breite habe ich multipliziert und so habe ich die Fläche errichtet. |
| *a-sà-ḫi-ir ma-la* uš *e-li* sag *i-te-ru[-ú] it-ti gi-im-ra-at* uš *ù* [sag-] *ia uš-ša-qi-il-ma a-na l[i-b]i* a-šà-*ia ú-ṣi-i[p]-ma 1, 13, 20.* | Wiederum: was immer die Länge über die Breite hinausgeht, habe ich mit der Summe von Länge und meiner [Breite] multipliziert und dann habe ich meine Fläche hinzugefügt und es macht 1, 13, 20. |
| *a-[tu]-úr* uš *ù* sag *ag-mu-u[r-ma] 1, 40.* | Wiederum: Länge und Breite habe ich addiert. [Es macht] 1, 40. |

Ist Länge $= x$, Breite $= y$, Fläche $= xy$, ferner 1, 13, 20 $= 1\frac{13}{60}\frac{20}{60^2} = 1\frac{2}{9}$; 1, 40 $= 1\frac{40}{60} = 1\frac{2}{3}$, so erhält man die

Gleichungen: $(x-y)\cdot(x+y)+xy=1\frac{2}{9}$, $x+y=1\frac{2}{3}$. (Vgl. III³, S. 54, Nr. 9 und S. 105, Z. 12 v. u.)

Zur Umschrift: sumerische Ideogramme sind antiqua, babylonische (akkadische) Worte kursiv gedruckt.

2. Papyrus Moskau (um 1850 v. Chr.)[III 135]: II³ 167, III³ (33).

M 25 = STRUVE[III 135], S. 112.

| Übersetzung | algebraisch |
|---|---|
| **1.** Form des Berechnens eines Haufens, gerechnet zweimal zusammen mit noch (einem Haufen), kommend bis 9.<br>**2.** Der Haufe nun nennt sich? Berechne Du die Summe dieses (einen) Haufens zusammen mit diesen 2. | $2x+x=9$ |
| **3.** Es entsteht 3. Rechne Du mit dieser 3, um zu finden 9. Es entsteht 3 mal. | $9:3=3$ |
| **4.** Siehe: 3 nennt sich. Du hast richtig gefunden. | $x=3$ |

M 19 = STRUVE[III 135], S. 114.

| Übersetzung | algebraisch |
|---|---|
| **1.** Form der Berechnung einer Haufens, gerechnet $1\frac{1}{2}$mal zusammen mit<br>**2.** 4. Er ist gekommen bis 10. Der Haufe nun nennt sich? | $1\frac{1}{2}x+4=10$ |
| **3.** Berechne Du die Größe dieser 10 über dieser 4. Es entsteht 6. | $10-6=4$ |
| **4.** Rechne Du mit $1\frac{1}{2}$, um zu finden 1. Es entsteht $\frac{2}{3}$. Berech- | $1:\frac{3}{2}=\frac{2}{3}$ |
| **5.** ne Du $\frac{2}{3}$ von diesen 6. Es entsteht 4. Siehe: 4. | $6\cdot\frac{2}{3}=4$ |
| **6.** nennt sich. Du hast richtig gefunden. | $x=4$ |

Ägyptische Zahlzeichen: I 18, *100*.

3. Papyrus Rhind[I 381] (zwischen 1788 und 1580 v. Chr.): I³ 73—74, 212; III³ 23, (33—34).

4. **Licinisch-Sextische Gesetze** (376 v. Chr.): I[3] 196—197.
5. **Aristoteles** (384—322 v. Chr.; Athen)[I 6]: I[3] *366*, *710*; II[3] *249*, III[3] *67*.
6. **Euklid** (um 325 v. Chr.; Alexandria)[I 712, II 399, 492a, 745, III 256]: I[3] *379*, 123, *738*, *830*, *982*; II[3] *251*, 86, *960*; III[3] *35*, 57—64, (106), (194).
7. **Eratosthenes** (276—194 v. Chr.): I[3] 153.
8. **Archimedes** (um 287—212 v. Chr.; Syrakus)[I 11, 939, II 478]: I[3] *379*, 153, *939*, *944*; II[3] *1155*, *1224*; III[3] (126—128).
9. **Heron** (um 100 v. Chr.); Alexandria[I 308, 543, II 636]: I[3] *379*, *938*, *944*, *1018*, *1324*; II[3] *804*; III[3] *42*, *145*, 66, (67), (70), (106), 777.
10. **Horaz** (65—8 v. Chr.): I[3] 158.
11. **Geminos** (2. Hälfte 1. Jahrh. v. Chr.)[I 247]: I[3] *269*, *946*.
12. **Ptolemäus** (2. Jahrh. n. Chr.)[I 102]: I[3] 61, 62, *942*, *943*.
13. **Pappus** (Ende 3. Jahrh. n. Chr.)[I 13]: I[3] *379*; II[3] *252*; III[3] *35*.
14. **Diophantos** (2. Hälfte des 3. Jahrh. n. Chr.)[I 124]: I[3] 20, *366*, *379*, 154; II[3] 5—7, *254*, *518*, *726*, *727*, 133, *961*; III[3] *143*, *198*, (35), (38—40), (68—70), *280*, (107), (128), (180—181).
15. **Papyrus Michigan 620** (Zeit um Diophant): III[3] 40, 41.
16. **Theon von Alexandrien** (2. Hälfte des 4. Jahrh. n. Chr.)[I 282]: I[3] *692*.
17. **Āryabhaṭa** (geb. 476 n. Chr., Indien)[I 109]: II[3] 11 f.
18. **Boëtius** (480 Rom — 525 Pavia)[I 73]: III[3] 16, *73*.
19. **Eutokios** (geb. um 480, Askalon)[I 939]: II[3] *1155*.
20. **Brahmagupta** (geb. 598, Indien)[I 111]: I[3] 159; II[3] 12, 134, 201; III[3] (70), (195).
21. **Muḥammad ibn Mūsā Alḫwārazmī** (Anfang 9. Jahrh., arabischer Astronom; Bagdad)[II 372]: I[3] *271*, *516*; II[3] *813*; III[3] (36), (37), (42), (72—74), (108); Anhang II, Nr. 37 Anm.

NB.: Zu Bd. II[3], S. 134 Mitte: Alḫwārazmī hat nur die Unbekanntenpotenzen $x^1$ und $x^2$, nicht $x^3$ und höhere.

*Liber* Maumeti *filii* Moysi Alchoarismi *de algebra et almuchabala*. Lateinische Übersetzung von Alḫwārazmīs Algebra; veröffentlicht in Libri, *Histoire des sciences mathématiques en Italie*, 2. Ausg., Halle 1865, Bd. I, Note XII.

Lösung der quadratischen Gleichung $x^2 + 21 = 10x$, Libri I. S. 257: $x = +\frac{10}{2} \pm \sqrt{\left(\frac{10}{2}\right)^2 - 21}$.

Census et viginti una dragma equantur decem radicibus, cuius significatio est quod cum cuilibet censui addideris viginti unum, erit quod aggregabitur equale decem radicibus illius census. Cuius regula est ut medies radices; et erunt quinque. Quas in se multiplica et perveniet viginti quinque: ex eo itaque minue viginti unum quem cum censu nominasti et remanebit quattuor, cuius accipies radicem, que est duo, quem ex radicum medietate, que est quinque, minue. Remanebit ergo tres qui est radix census quem voluisti; et census est novem. Quod si volueris addes ipsam medietati radicum et erit septem qui est radix census, et census est quadraginta novem. Cum ergo questio evenerit tibi deducens te ad hoc capitulum, ipsius veritatem cum additione experire. Quod si non fuerit, tunc procul dubio erit cum diminutione. Et hoc quidem unum trium capitulorum in quibus radicum mediatio est necessaria progreditur cum additione et diminutione. Scias autem quod cum medias radices in hoc capitulo et multiplicas eas in se, et fit illud quod aggregatur minus dragmis que sunt cum censu, tunc questio est impossibilis. Quod si fuerit eisdem dragmis equalis, tunc radix census est equalis medietati radicum absque augmento et diminutione.

$x^2 + 21 = 10x$ (census $= x^2$, dragma = Konstante, radix $= x$) bedeutet, daß, wenn du 21 zu dem Quadrat einer Zahl addierst, die Summe gleich dem Zehnfachen der Zahl ist. Die Regel hierfür verlangt, daß du die $x$ halbierst, d. i. 5. Diese multipliziere mit sich selbst, d. i. 25. Hiervon subtrahiere jene 21, die du mit dem Quadrat zusammen nanntest; da bleibt 4. Hieraus ziehe die Wurzel, d. i. 2, und subtrahiere diese 2 von der Hälfte der $x$, also von 5. Es wird nun 3 bleiben. Dies ist die Wurzel des Quadrates, die du haben wolltest; das Quadrat ist 9. Wenn du willst, addiere auch die 2 zur Hälfte der Wurzeln, d. i. 7. Das ist $x$ und das Quadrat $x^2$ ist 49. Wenn eine Aufgabe dich auf diese Normalform bringt, so prüfe die Richtigkeit der mit Addition erhaltenen Lösung. Stimmt sie nicht, so ist jeder Zweifel bei der Subtraktion ausgeschlossen. Und nur bei dieser einzigen der drei Normalformen, in denen es sich um Halbierung der $x$ handelt, darf die Lösung mit Addieren und Subtrahieren vor sich gehen. Beachte ferner, daß, wenn du $x$ bei diesem Fall halbierst und quadrierst, und es nun eintritt, daß dieses Resultat weniger beträgt als das konstante Glied, das mit $x^2$ zu vereinigen war, dann eine Lösung unmöglich ist. Wenn es dem konstanten Glied gleich ist, dann ist $x$ gleich der Hälfte der $x$ ohne Vermehrung oder Verminderung.

22. Abū Kāmil Šoğā' ben Aslam (zwischen 850 und 930; Ägypten)[III 213, 214]: III³ (34), (74—76), (80—82), (108), (110 bis 114), (186).
23. Alkarḫī (um 1010; Bagdad)[I 131, 1325]; III³ (43), (44), (77—79), (108), (109).
24. Rechenbuch des Johannes von Sevilla (um 1140 eine Bearbeitung des Rechenbuches von Alḫwārazmī)[I 35]: I³ 92, *517*; II³ *808*.
25. Rechenbuch von Bakhṣālī (12. Jahrh. n. Chr.?; Indien)[I 115]: II³ 13, 14; III³ 13.
26. Gerhard von Cremona (1114—1187; Toledo): III³ *78*.
27. Bhāskara (geb. 1114, Indien)[I 111]: II³ *637*; III³ (129), (161), *731*.
28. Leonardo von Pisa (1180—1250?, Pisa)[I 30, 694]: I³ *449*, 111; II³ 20, *58*, (48), *273*, 75, *638*, *809*. 136, 137, *817*, *818*; III³ *150*, (43), *310*, 80, (80—82), *432*, (110—114).

*Liber abbaci*, 1228 (erste Bearbeitung 1202), *Scritti* I[130], ed. BONCOMPAGNI, Rom 1857.

a) Multiplikation zweier Binome $(10 - x)(24 + x)$, *Scritti* I[130], S. 418, Z. 12 v. u.:

Ex 10 in 24 veniunt denarii 240; et ex 10 in re addita veniunt decem res additae; et ex 24 in re diminuta veniunt 24 res diminutae; a quibus si auferantur 10 res additae, remanebunt 14 res diminutae; et ex re addita in rem diminutam provenit census diminutus et sic habentur pro dicta multiplicatione denarii 240, censo diminutis et rebus 14.

Aus 10 in 24 kommen 240 bekannte Einheiten, aus 10 in ein zuzügliches $x$ kommen 10 zuzügliche $x$; und aus 24 in ein abzügliches $x$ kommen 24 abzügliche $x$. Wenn man von diesen die 10 zuzüglichen $x$ abzieht, bleiben 10 abzügliche $x$. Und aus dem zuzüglichen $x$ in das abzügliche $x$ ergibt sich ein abzügliches $x^2$. — Und so haben wir für die gestellte Multiplikationsaufgabe $240 - x^2 - 14x$.

b) Ähnlich wie bei ALḪWĀRAZMĪ ist das Beispiel $x^2 + 40 = 14x$ bei LEONARDO durchgeführt und erläutert (*Scritti* I[130], S. 409).

c) Eine eingekleidete Gleichung mit Lösung (daselbst S. 410):

Si uis dividere 10 in duas partes, que insimul multiplicate faciant quartam multiplicationis majoris partis in se; pone pro

Wenn du 10 in zwei Teile zerlegen willst, die miteinander multipliziert den vierten Teil des Quadrates des größeren Teiles geben,

majori partem radicem, quam appellabis rem, remanebunt pro minori parte 10, minus re; que multiplicata in re, uenient 10 res, minus censu; et ex multiplicata re in se proueniet census; quia, com multiplicatur radix in se, proueniet quadratus ipsius radicis: ergo decem res, minus censu, equantur quarte parti census. Quare quadruplum ipsarum equabitur censui uni: ergo multiplica 10 res minus censu, per 4, uenient 40 radices, minus 4 censibus que equantur censui. Restaura ergo 4 census ab utraque parte, erunt 5 census, qui equantur 40 radicibus. Quare diuide radices 40 per 5, exibunt radices 8, quibus equatur census: ergo portio, per quam posuisti rem, est 8; quibus extractis de 10, remanent 2, que sunt alia portio.

so nimm den größeren Teil als Unbekannte an und nenne ihn $x$; dann werden für den kleineren Teil $10-x$ bleiben. Beide miteinander multipliziert, liefern $10x—x^2$. Und aus der Multiplikation von $x$ mit sich selbst geht $x^2$ hervor, weil die Unbekannte mit sich multipliziert das Quadrat der Unbekannten selbst liefert. Also

$$10x - x^2 = \tfrac{1}{4}x^2.$$

Das Vierfache wird gleich $1x^2$ sein: darum multipliziere auch $10x-x^2$ mit 4; man erhält $40x-4x^2$, die gleich $1x^2$ sind. Nun füge $4x^2$ auf beiden Seiten hinzu, dann werden $5x^2=40x$. Deshalb dividiere die $40x$ durch 5, so wird $8x=1x^2$. Daher ist der Teil, für den du $x$ gesetzt hast, gleich 8. Nach Subtrahieren von 10 bleiben 2; dieses ist dann der andere Teil.

29. Meister Gernardus (13. Jahrh.)[I 179, 995]: I³ *1050.*

30. Jordanus Nemorarius († 1237?)[I 535]: II³ 124; III³ *42*, 83, (115).

31. Maximus Planudes († 1310, Byzanz)[I 404]: I³ *271.*

32. Nicole Oresme (um 1323—1382, zuletzt Bischof von Lisieux)[I 999]: II³ *259*, 157, 165.

33. Italienische Algebrahandschrift aus dem 14. Jahrh.[II 824]: II³ 137, *828.*

Abgedruckt bei Libri (vgl. oben Nr. 21) Bd. III, S. 288 ff.

Daselbst S. 332: „100000 lire et 25000 cose 2500 quadrati censi e 125 censi cubi e 3 quadrati $\frac{1}{8}$ censi di censo e $\frac{5}{160}$ di censo di cubo, che sono equale ad 161051 lire: restora le parti, leva da onni parte 100000 lire, restara 61051 lire equale a 25000 cose a 2500 quadrati e 125 censi cubi e 3 quadrati $\frac{1}{8}$ censo di censo, e $\frac{5}{160}$ di censo di cubo; reduci ad 1 censo di cubo, avrai 1 censo di cubo e 100 quadrati censo di censo e 4,000 censi cubi et 80000 quadrati censi et 800,000 cose, equale ad 1953632 numero . . .“ — Die nun folgende Lösungsmethode ist falsch!

Die Gleichungen heißen modern:

$$100000 + 25000x + 2500x^2 + 125x^3 + 3\tfrac{1}{8}x^4 + \tfrac{5}{160}x^5 = 161051$$

$$61051 = 25000x + 2500x^2 + 125x^3 + 3\tfrac{1}{8}x^4 + \tfrac{5}{160}x^5$$

$$x^5 + 100x^4 + 4000x^3 + 80000x^2 + 800000x = 1953632$$

usw.

34. Geometria Culmensis (um 1400)[I 319]: I³ *483*, 105, *663*; II³ *1057*, *1058*.

35. Hildesheimer Rechenbuch (1445)[I 87]: I³ *489*.

36. Al-Qalaṣādī († 1477 oder 1486; Andalusier)[II 1063]: III³ 13.

37. Deutsche Algebrahandschrift von 1461, Münchener Sammelband No. 14908[II 837]: I³ *476*; II³ 29, 141, *838*; III³ (187).

a) Die Gleichung $x + \sqrt{x^2 - x} = 2$ lautet in Worten (Abh. Gesch. Math. 7, 1895, S. 49, Z. 3 v. u.):

Gib mir ain zensus vnd zuech darvon sin wurcz [d. i. $x$] vnd von dem, daz vberbelyb an dem census [d. i. $x^2 - x$], zuech och aufs dye wurcz [d. i. $\sqrt{x^2 - x}$], die zwo wurcz tue zesammen [d. i. $x + \sqrt{x^2 - x}$], daz 2 zal darausz werden.

b) Die Gleichung $x^2 + 4 = x^2 + 3x$, auf welche die vorhergehende Aufgabe führt, lautet (Abh. Gesch. Math. 7, S. 50, Z. 10);

1 census vnd 4 dragme gelich ain zensus vnd 3 wurcz.

Anm. Die Aufgabe a) b) stammt aus Muḥammad ibn Mūsās *Algebra* (ed. Rosen[II 372], S. 47): „Ein Vermögen; du nimmst weg seine Wurzel und fügst zu seiner Wurzel die Wurzel dessen, was bleibt: so sind es zwei Dirhem.“ Hier ist anscheinend (vgl. Bd. II³, S. 135) ‚Vermögen‘ als Unbekannte gedacht, und die Gleichung a) hat die Form $\sqrt{x} + \sqrt{x - \sqrt{x}} = 2$, b) $x + 4 = x + 3\sqrt{x}$, so daß das Wort Wurzel nur in eindeutigem Sinne vorkommt. Bei dem Verfasser der Münchener Handschrift ist diese Eindeutigkeit bereits verwischt.

c) In demselben Handschriftenband ist auch eine Zusammenstellung von Beispielen in lateinischer Sprache zur Algebra von 1461 enthalten. Eine Aufgabe daraus lautet (ed. Curtze, Abh. Gesch. Math. 7, 1895, S. 68):

| | |
|---|---|
| Quidam habuit laboratores et pecunias. Si cuilibet laboratori dedit 5, habundet in 30, si vero daret cuilibet 7, deficiet in 30. Queritur, quot sunt laboratores. | Jemand hat Arbeiter und Geld. Wenn er jedem Arbeiter 5 gibt, hat er 30 übrig; wenn er aber jedem 7 gibt, fehlen ihm 30. Gefragt wird, wieviel Arbeiter es sind. |

Sit numerus istorum 1 ꝝ, et fiunt primo 5 ꝝ et 30, fiet secundo 7 ꝝ minus 30 equande 5 ꝝ et 30.

2 ꝝ equande 60, venit ꝝ 30.

Es sei die Zahl der Arbeiter $x$, und es wird zuerst $5x + 30$, hierauf wird $7x - 30$. (Dies) ist gleichzusetzen $5x + 30$.

$2x$ sind gleichzusetzen 60, kommt $x$ (gleich) 30.

38. Regiomontanus (Johannes Müller; geb. 1436, Unfinden bei Königsberg i. Oberfranken, gest. 1476 zu Rom)[I 333a]: I³ 176; II³ 17, 19, 141, *935*; III³ 13, (44), (84), (115), (188).

*De triangulis omnimodis libri quinque;* verfaßt um 1464, gedruckt Nürnberg 1533[I 557].

a) Buch I, S. XXVI, Berechnung am rechtwinkligen Dreieck mit dem pythagoreischen Lehrsatz:

Si latus *ac* fuerit 12, & *bc* 5, quadrabo 12, exurgunt 144. item quadrabo 5, veniunt 25. colligo 144 & 25, fiunt 169. quorum radicem quadratam invenio 13. tantumque fore didici latus *ab*...

Wenn die Seite $AC$ 12 und $BC$ 5 ist, so quadriere ich 12, d. i. 144. Ebenso quadriere ich 5, d. i. 25. Ich addiere 144 und 25, d. i. 169. Als deren Quadratwurzel finde ich 13. So groß, habe ich gelernt, wird $AB$ sein . . .

b) Buch II, 12, S. 51, eine Gleichung $16x^2 + 2000 = 680x$, „16 census et 2000 aequales 680 rebus."

c) Briefe, ed. M. Curtze[I 333a] S. 233, Beispiel einer Gleichungsauflösung (statt ꝝ, ce und m̃ sind die Zeichen der Tafel Bd. II³, S. 17, Nr. 6 zu nehmen):

1 ꝝ / 10 m̃ 1 ꝝ    10 m̃ 1 ꝝ / 1 ꝝ

$$\frac{x}{10-x} \qquad \frac{10-x}{x}$$

2 ce et 100 m̃ 20 ꝝ / 10 ꝝ m̃ 1 ce — 25

$$\frac{2x^2 + 100 - 20x}{10x - x^2} = 25$$

250 ꝝ m̃ 25 ce — 2 ce et 100 m̃ 20 ꝝ

$$250x - 25x^2 = 2x^2 + 100 - 20x$$

270 ꝝ — 27 ce et 100

$$270x = 27x^2 + 100$$

10 ꝝ — 1 ce et $\frac{100}{27}$

$$10x = x^2 + \frac{100}{27}$$

5 m̃ Radice de $21\frac{8}{27}$, ecce valor rei.

$$5 - \sqrt{21\tfrac{8}{27}} = x.$$

39. Deutsche Algebrahandschrift von 1481, Dresdener Sammelband, C 80 [I 482, II 43]: II[3] 16, 17, 18, 141, *1064*, *1065*.

E. Wappler, *Zur Geschichte der deutschen Algebra im fünfzehnten Jahrhundert*, Programm, Zwickau 1887 [II 43].

a) S. 4, Z. 24 f.:

| | |
|---|---|
| 4 *co* minner 5 *dr* ſtund 2 *co* minner 3 *dr* ſo ſprich 4 *co* ſtund 2 *co* macht 8 ʒ. Nu mach 3 *dr* ſtund 4 *co* Daʒ iſt 12 *co* minner vnd mach 5 *dr* ſtund 2 *co* Daʒ iſt 10 *co* minner alſo macht es alʒ ſammet 8 ʒ und 15 *dr* minner 22 *co*. | $(4x-5)\cdot(2x-3)$<br>$4x\cdot 2x = 8x^2$<br>$3\ \cdot 4x = -12x$ (!)<br>$5\ \cdot 2x = -10x$ (!)<br><br>$8x^2 + 15 - 22x$ |

NB. Statt *co* und *dr* sind die auf der Tafel Bd. II[3], S. 141, Nr. 5 angegebenen Zeichen benutzt; ſtund deutet die Multiplikation an (vgl. engl. *times*).

b) S. 5, Z. 5, Aufgabe: Wie groß ist eine Zahl, die gleich dem Produkt aus ihrem $\frac{4}{5}$fachen und ihrem $\frac{5}{6}$fachen ist?

| | |
|---|---|
| Mach mir dy rechnūg ſuche mir ein ʒal oder *n* daʒ ich multiplicir yn ſein $\frac{4}{5}$ vnd ſeȳ $\frac{5}{6}$ mache de(n) *n*. Nun fraget her was der *n* ſey. Nem dir für daʒ der *n* ſey 1 *co* dy $\frac{4}{5}$ voñ *co* iſt $\frac{4}{5}$ voñ *co* vnd $\frac{5}{6}$ voñ *co* mach $\frac{5}{6}$ voñ *co*. Nun multiplicir $\frac{4}{5}$ vonn *co* ſtund $\frac{5}{6}$ vonn *co* daʒ macht $\frac{2}{3}$ voñ ʒ das vil ſeȳ eȳ *co* vnd dritte capitel ſpricht *co* geleych an ʒ darvmb 1 *co* iſt gleich an $\frac{2}{3}$ voñ ʒ teil 1 *co* in $\frac{2}{3}$(ʒ) ſo kompt $1\frac{1}{2}$ vnnd alʒo vil iſt der *n*. | $\frac{4}{5}x\cdot\frac{5}{6}x = x.$<br><br>Die Zahl sei $x$; $\frac{4}{5}$ der Zahl ist $\frac{4}{5}x$, $\frac{5}{6}$ der Zahl $\frac{5}{6}x$<br>$\frac{4}{5}x\cdot\frac{5}{6}x = \frac{2}{3}x^2 = x.$<br>Verweis auf die Normalform Nr. 3: $ax^2 = bx$<br>(vgl. S. 86, die 24 Regeln)<br>$1x = \frac{2}{3}x^2$<br>$x = \frac{3}{2}.$ |

40. Lateinische Algebrahandschrift von 1481, Dresdener Sammelband C 80 [I 482, II 43]: II[3] 17, *49*, *50*, 141, *848*, *851*, 181.

Wappler, Programm [II 43], vgl. Nr. 39.

a) Wappler, S. 16 unterste Aufgabe:

| | |
|---|---|
| Diuidatur 10 in 2 (partes) et alterum per 5 multiplico, et producto per alterum diviso, exeunt $\frac{10}{3}$. Fac sic. Sit prima pars 1 *co*, altera pars 10 – 1 *co*, multiplica alteram per 5, facit 50 – 5 *co* et hoc per 1 *co* diuiso(!) facit $\frac{50-5\,co}{1\,co}$, et hoc equatur (ex) ypothesi $\frac{10}{3}$, | 10 soll in 2 Teile zerlegt werden und zwar soll der eine, mit 5 multipliziert, dann durch den anderen dividiert, $\frac{10}{3}$ ergeben. Mach es so. Der erste Teil sei $x$, der andere $10-x$; multipliziere den zweiten mit 5, gibt $50-5x$, und dividiere durch $1x$, gibt $\frac{50-5x}{x}$, und dies |

igitur illud multiplica per denominatorem facit $\frac{50-5co}{10co}$ (!). Nunc equa, erunt $\frac{25}{3}$ (*co*) equales 50 *dr*. Nunc est in regula. Diuide *dr* per *co*. Facit pars prima 6, secunda 4.

soll der Voraussetzung nach gleich $\frac{10}{3}$ sein . . . (verderbter Text) . . . Nun werden $\frac{25}{3}x$ gleich 50 sein. Jetzt gehts nach der Regel. Dividiere das konstante Glied durch den Koeffizienten von $x$. Der erste Teil wird 6, der zweite 4.

NB. Betreffs der Zeichen *co* und *dr* vgl. Tafel Bd. II³ S. 141, Nr. 6.

b) WAPPLER, S. 29, Z. 40f.; Regel für die Normalform $ax^2 = \sqrt{x}$:

In quo ʒ assimilatur radici de *co*. Tunc ʒ in se ducatur, et a r(adice) de *co* punctus deleatur, et equantur iterum inter se.

Hierin wird $x^2$ mit $\sqrt{x}$ verglichen. Dabei multipliziere die $x^2$ mit sich selbst und von $\sqrt{x}$ lösche das Wurzelzeichen aus; dann wird wieder gleich gesetzt.

41. Bamberger Rechenbuch (1483)[I 407]: I³ 112, *1005*, 208, 209; II³ 22.

42. Nic. Chuquet (starb um 1500; Paris)[I 19]: I³ 144f.; II³ 33, 75, 76, *875*, 182, 200; III³ (44), (84—85), (188).

*Le Triparty en la science des nombres*, 1484 (Manuskript) Abdruck im Bulletino Boncompagni, Bd. XIII, Rom 1880.

a) Aus der Wurzellehre:

S. 731, Z. 24: „℞.² 108. p̄. ℞.² 21 . par 6. p̄ ℞.² 7." d. i. $\frac{\sqrt{108}+\sqrt{21}}{6+\sqrt{7}}$

S. 732, Z. 12 v. u.: „℞.² 13. m̃. ℞.²7 . p̄. ℞.² 6. par ℞.² 5. m̃ ℞.² 2."

d. i. $\frac{\sqrt{13}-\sqrt{7}+\sqrt{6}}{\sqrt{5}-\sqrt{2}}$

b) Lösung der quadratischen Gleichung $12 + 3x^2 = 30x$ oder $4 + x^2 = 10x$ durch $x = 5 \pm \sqrt{21}$. S. 805, Z. 4 v. u.:

. 12 . plus . 3² egaux *a* . 30¹.
Or divise les deux precedens par le sequent si auras . 4 . et . 10 . pour le moyen dont la moictie qui est . 5 . multipliee en soy monte . 25 . dont Il en fault minuer . 4 . reste . 21 . dont ℞.² 21. adioustee a . 5 . ou sou-

$12 + 3x^2 = 30x$.
Dividiere die Koeffizienten der beiden niedrigeren Glieder durch den des höchsten, so hast du 4 u. für das mittlere 10; die Hälfte dieses, die gleich 5 ist, multipliziere mit sich selbst; das gibt 25. Hiervon muß man 4 abziehen, bleibt 21.

| | |
|---|---|
| straicte de . 5 . mōte . 5 . p̄. ℞.² 21. Ou . 5 . m̄. ℞.² 21 . qui sont le nombre que Je vouloye scauoir. | Die Quadratwurzel aus 21 addiert zu 5 oder subtrahiert von 5 gibt $5 + \sqrt{21}$ oder $5 - \sqrt{21}$. Diese sind die Zahl, die ich wissen wollte. |

c) Lösung einer schwierigeren Gleichung: $\sqrt{12x - x^2} + 1 = \sqrt{36 - x^2}$. S. 727:

Je veulx abrevier et egalir ℞.² 12.¹ m̄. 1.² p̄. 1. contre ℞.² 36. m̄. 1.² $[\sqrt{12x - x^2} + 1 = \sqrt{36 - x^2}]$. Pour le p̄mier Il conuient multiplier lune et laultre parties chascune en soy et lon aura pour la p̄miere multiplicacion . 12.¹ m̄. 1.² p̄. ℞² 48.¹ m̄. 4.² p̄. 1 dune part et 36. m̄. 1.² daultre part $[(\sqrt{12x - x^2} + 1)^2 = (\sqrt{36 - x^2})^2$, d. i. $12x - x^2 + \sqrt[2]{48x - 4x^2} + 1 = 36 - x^2]$. Ores donnes . 1.² a lune et a laultre p̄ties si auras 12¹ p̄. ℞² 48.¹ m̄. 4.² p̄. 1 dune part et . 36 de laultre part $[12x + \sqrt{48x - 4x^2} + 1 = 36]$. puis lyeue . 1. de chascune partie si auras 12.¹ p̄. ℞² 48.¹ m̄. 4.² dune part et . 35 . pour laultre $[12x + \sqrt{48x - 4x^2} = 35]$.

Encores soustraiz de ses parties . 12.¹ si trouueras ℞.² 48.¹ m̄. 4.² dune parte et 35. m̄. 12.¹ pour laultre $[\sqrt{48x - 4x^2} = 35 - 12x]$. Et pourtant quelune des parties est encores racine secōde Il conuient multiplier chascune partie en soy et lon aura 48.¹ m̄. 4.² dunc coste et . 1225. m̄. 840.¹ p̄. 144.² daulē coste $[(\sqrt{48x - 4x^2})^2 = (35 - 12x)^2$, d. i. $48x - 4x^2 = 1225 - 840x + 144x^2]$.

Encores pour abreuier ces parties conuient donner . 4². *a* chascune partie et lon aura . 48¹. dune parte et . 1225. m̄. 840.¹ p̄. 148² daultre $[48x = 1225 - 840x + 148x^2]$, Encores fault donner a chūne partie . 840¹. et lon aura . 888¹. pour lune parte egaulx *a*. 1225. p̄ 148.² daultre part $[888x = 1225 + 148x^2]$, qui est la fin de cest abreuiment usw.

43. Johannes Widman von Eger, Rechenbuch, Leipzig 1489[I 200]: I³ 112, 144f., *1070, 1191, 1287*; II³ 15, 16, 141, *1069*; III³ *599.*

a) Blatt (p 2) r⁰.

Item eyner hat kaufft: 6 Eyer — 2 ₰ pro 4 ₰ + 1 ey. Nu ist die frag wie kūpt 1 ey Wiltu das wissen vnd des gleichen So machß nach der regl also Addir dy gemyndertñ 2 ₰ zu 4 ₰ werdñ 6 ₰ vnd dz ist der zeler. vnd darnach Addir auch die kleyner zal der eyer gemyndert zu der grossern irñ gleichñ Ader subtrahir das kleynst gemert von der grossern czal irß gleichñ als 1 ey von 6 pleybñ 5 vnd ist der nenner des vorgefundenen zelers. vnd stet also $\frac{6}{5}$ vnd so tewer kumpt 1 ey.

Die hier befolgte „Regula pulchra“, die unmittelbar davor steht, lautet: Nu szoltu dieβze Regel alβzo verfuren Addir die geminderte zal der ℞ zur furgelegten zal der ℞ Und subtrahir die zal des Dinges vō der andern zal ÿrß gleychen Unnd dividir die vbrige zal der ℞ mit der vberign̄ zal der gekaufften war. vnd der selbign̄ teylung quocient bericht die frag.

b) Die einzige Stelle, an der WIDMAN algebraisch rechnet, findet sich Bl. (E 1) r⁰. W. will ein Quadrat in einem Halbkreis einschreiben; die gegebene Vorschrift $\sqrt{\frac{1}{5}d^2}$ ($d$ Durchmesser des Kreises) für die Berechnung der Quadratseite leitet er nachträglich algebraisch ab (siehe unten). Die von W. gemachten Fehler sind unten hervorgehoben, das Richtige in Klammern beigefügt. Die von W. entworfene Figur zeigt das Quadrat sowohl im oberen als unteren Halbkreis, so daß ein Rechteck a (rechts oben) c (links oben) b (links unten) d (rechts unten) entsteht, dessen Diagonalenschnittpunkt das Zentrum des Kreises ist; dabei ist c b = 2 c a.

... Und darumb soltu seczē dz vom a piß zum c seÿ eyn cossa· vnd vom c zum b auch eÿ cossa [2 cossa]. vnd also sprich dz eyn quadrat [Rechteck] weyt sei 1 cossa vnnd langk 2 cossa Darnach wart wie groß eyn quadrat sey das do weyt sey 1 cossa. Und zweier langk· mltiplicir 1 ꝛ· durch 1 ꝛ wirt 1 zēſs vn̄ multiplicir 2 ꝛ· durch 2 ꝛ werdē 4 zēſs addirß zusammen wern̄ 5 ꝛ. das ist vom a zum b vnd auch vō c zum d auff das geneust [höchstens gleich $(ab)^2$ od. $(ac)^2$]. Un̄ ist oben berurt das der dyameter der rotūd [= Kreis] sey 12 darumb quadrir 12 werden 144 dz teyl durch zēſs als 5 so kūme $28\frac{4}{5}$ vnd szo vil ist die ra. das ist ra. von $28\frac{4}{5}$ vnnd ist geseczt das. dz quadrat sey auff yder seiten 1 ꝛ Darumb ist eyn seyten ℞ von $28\frac{4}{5}$ vnd also hastu das vbereÿ kumpt ꝛ mit der andern̄ regel.

NB. Betreffs des ꝛ siehe Tafel Bd. II³, S. 141, Nr. 8.

44. Luca Pacioli (1445? Borgo San Sepolcro — 1514? Florenz; Franziskaner, Lehrer der Mathematik an verschiedenen italienischen Universitäten)[118]: I³ 109; II³ 32, 51, 125, 126, 138, 182; III³ (45), (46), 85, (115—117), *439*, *440*, (132).

*Summa de Arithmetica Geometria Proportioni et Proportionalita*, Venet. 1494 (verfaßt um 1487).

a) Aus der Wurzellehre:

Teil I, Bl. 22 r⁰ am Rand: ℞℞.27.p̃.℞℞.3
℞℞.27.p̃.℞℞.3
℞.48 p̃.6

d. i. $(\sqrt[4]{27}+\sqrt[4]{3})\cdot(\sqrt[4]{27}+\sqrt[4]{3}) = \sqrt[2]{48}+6$

Teil I, Bl. 124 v⁰ am Rand:
℞ *V.r.*40. p̃.6. p̃.℞ *V.r.*40 m̃.6
℞ *V.r.*40. p̃.6. p̃.℞ *V.r.*40 m̃.6
℞.160. p̃.5

d. i. $\left(\sqrt{\sqrt{40}+6}+\sqrt{\sqrt{40}-6}\right)^2 = \sqrt{160}+4$

b) eine Gleichung $x^2+4=5x$; $x=\sqrt{(\frac{5}{2})^2-4}+\frac{5}{2}$

Teil I, Bl. 145 r⁰, Z. 4 v. u. f.:

| | |
|---|---|
| Trouame .1. numero che multiplicato per .5. facia quãto el suo q̃drato giõto con 4. Poni che sia. 1. *co.* el suo quadrato ene .1. *ce.* giontoci. 4. sera. eq̃le a .5. via. 1. *co.* cioe. 1. *ce.* p̃. 4. se agualiano a. 5. *co.* Smeçça le cose. Multiplica in se. Cauane el numero. Restara $2\frac{1}{4}$. [E la ℞] $2\frac{1}{4}$. p̃.$2\frac{1}{2}$. per lo dimeçamento de le cose valse la cosa. E fo el domondato numero [cioe 4.] ... | Eine Zahl zu finden, die mit 5 multipliziert ebensoviel ausmacht, wie ihr Quadrat zu vier addiert. Setze dieselbe gleich $1x$; ihr Quadrat, $1x^2$, vermehrt um 4, wird gleich sein $5\cdot x$, [d. h. $1x^2+4=5x$]. Nimm die Hälfte der $x$. Multipliziere sie mit sich selbst. Subtrahiere die Konstante. Bleibt $2\frac{1}{4}$. Und $\sqrt{2\frac{1}{4}}$ vermehrt um $2\frac{1}{2}$, die Hälfte der $x$, gibt das $x$. Das liefert die geforderte Zahl 4. |

45. Wiener Handschrift No. 5277 II 751: *Regulę Cosę vel Algobrę*; (vor 1510 entstanden): II³ 19, 126, 141, 184.

46. Grammateus (Heinrich Schreiber aus Erfurt; Lehrer in Wien I 68a: I³ 79, 101, *703*; II³ 49, 126/127.

Rechenbuch, Widmung von 1518, gedruckt wohl Nürnberg 1521.

a) Blatt Hiij r⁰: Als ich vil subtrahirn $\frac{6\ \text{N.}}{4\ 5\ \text{a.}}$ vonn $\frac{3\ \text{N.}}{4\ \text{se.}}$ so pleybt $\frac{12\ \text{ter. mi. } 24\ \text{N.}}{16.\ 5\ \text{a.}}$

modern: $\frac{3}{4x^2}-\frac{6}{4x^5}=\frac{12x^3-24}{16x^5}$.

b) Blatt Giiij r⁰, ein Multiplikationsexempel:

6 pri: — 8 N:
durch
5 pri: — 6 N:
30 se: — 40 pri:
— 36 pri: + 48 N:
30 se: — 76 pri: + 48 N:

modern: $(6x-8)\cdot(5x-6)$
$30x^2-40x$
$-36x+48$
$30x^2-76x+48$

47. A. Riese (1492—1559; Rechenmeister in Annaberg)[I 202, 203, II 831]: $\text{I}^3$ *1308*; $\text{II}^3$ 149; $\text{III}^3$ (86), *329*.

Manuskript über die Gleichungslehre (die Coß) 1524 vollendet; Berlet, Adam Riese, *sein Leben, seine Rechenbücher und seine Art zu rechnen. — Die Coß von* Adam Riese. Leipzig-Frankfurt a. M. 1892[II³ 831].

Berlet S. 40. Behandlung der Normalform $a\,x^2 = \sqrt{b\,x^2}$.

Die zwenzigſte Regel iſt, ßo ʒ vorgleicht wird dem ✓ von ʒ, ßo multiplicir den ʒ in ſich darnach leſche auß den punkt fur dem ʒ, ſo komſtu in die vorgleichung das ʒʒ gleich wird dem ʒ, teyl ʒ in ʒʒ ſo beweyſt alßdan radix quadrata die frag. Alß ich ſetz 3ʒ ſeint gleich dem radix von 36ʒ alſo geſchrieben ✓36ʒ. Multiplicir die 3ʒ in ſich kommen 9ʒʒ vnd leſche aus das punct vor den 36ʒ kommen 9ʒʒ gleich 36ʒ. Machs nach der andern equacionn, ſo kommen 2 valor radicis.

$$\begin{aligned} a\,x^2 &= \sqrt{b\,x^2} \\ a^2x^4 &= b\,x^2 \\ x &= \sqrt{\frac{b}{a^2}} \\ 3\,x^2 &= \sqrt{36x^2} \\ 9\,x^4 &= 36\,x^2 \\ x^2 &= 4 \\ x &= 2 \end{aligned}$$

48. Initius Algebras (1. Drittel, 16. Jahrh.)[II 63]: $\text{II}^3$ *63*, 33, 126, 149, 185; $\text{III}^3$ (87).

49. Christoff Rudolff von Jauer (geb. um 1500)[I 15, II 835]: $\text{I}^3$ 93, *1019*, *1025*, 176, 177; $\text{II}^3$ *13*, 36, *276*, 126, 141, *863*, *866*, 149, *1084*, 186.

1525, die *Coß*[II 835], Buch I, Kap. 9 unter Dividirn,
Blatt (𝔣 5) $\text{r}^0$; Division ungleichnamiger Wurzeln:

Sein die zalen denominiert [mit Wurzelzeichen verſehen] / eine von radice zenſica durch diſen character . .[II³ 1084] [$\sqrt[4]{p}$] Die ander von radice cubica [$\sqrt[3]{q}$]. Multiplicir den zenſdezens in ſich ſelbſt cubice [$p^3$] / dz product werd geheiſſen . a . [$a = p^3$] darnach nim vor dich die ander zal ſo von radice cubica benennt iſt / multiplicir ſie quadrate / [$q^2$] das do kompt multiplicir auch in ſich ſelbſt quadrate [$q^4$] / dz letſt product werd geſprochen . b . [$b = q^4$]. Sein demnach die zalen a b zugleich denominiert / dann ʒʒ in ſich ſelbſt cubice / darnach das quadrat, ſo vom cub erwachſen in ſich ſelbſt quadrate gemultiplicirt / pringē zu peiden teilen die zwölfft ordnung der gleich proporcionirtē zalen numerum oder dragmam hindangeſetzt: denn φ iſt kein zal. Zu exempel Ich will diuidiren . . . 216 durch . . 16[II³ 1084] [$\sqrt[3]{216} : \sqrt[4]{16}$] Multiplicir 16 cubice / kompt 4096 der teiler. Darnach multiplicir 216 quadrate / entſpringt 46656. Dz quadrat ſölchs products: nemlich 2 176 782 336 iſt die zal ſo geteilt ſoll werden. Darumb diuidir 2 176 782 336 durch 4096 / als durch den vorbehaltenen teiler / erſcheint im quocient 531 441. Radix cubica auß radix von radice /

oder radicis radix von radice cubica / zeigt an wie offt .. 16 behalten würt in .., 216[II, 1084]. Steet also

Radix quadrata auß 531441 ist 729: radix quadrata auß 729 ist 27. radix cubica auß 27 thut 3 /.

Dieses Beispiel lautet modern:

$$\sqrt[3]{216}:\sqrt[4]{16}=\sqrt[12]{216^4:16^3}=\sqrt[12]{2176782336:46656}=\sqrt[12]{531441}$$
$$=\sqrt[6]{729}=\sqrt[3]{27}=3.$$

50. P. Apian (1495—1552, Ingolstadt), Rechenbuch von 1527[I 446]: $\mathrm{I}^3$ 109, 177; $\mathrm{II}^3$ 141.

51. Michael Stifel (1486/7 Eßlingen — 1567 Jena)[I 23, 338, 421]: $\mathrm{I}^3$ *617, 1040, 1065, 1066, 1193*; $\mathrm{II}^3$ *12*, 34, 35, 36, 53, *285*ᵃ, 76, *590*, 127, *832*, 141, *856*, *857*, *863*, 151, 164, 185, 186, 200, *1237*, *1238*, *1239*; $\mathrm{III}^3$ 31, *232*, 47, (47), (118), (139—143).

1. *Arithmetica integra*, 1544 Nürnberg[I 23].

a) Blatt 135 v⁰:

Sic uero stat exemplum ad multiplicationem.

$$\surd\mathfrak{z}.12+\surd\mathfrak{z}6.+.\surd\mathfrak{z}.12-\surd\mathfrak{z}6$$
$$\surd\mathfrak{z}.12+\surd\mathfrak{z}6.+.\surd\mathfrak{z}.12-\surd\mathfrak{z}6$$
$$12+\surd\mathfrak{z}6.+12-\surd\mathfrak{z}6$$
$$\surd\mathfrak{z}.144-6.+\surd\mathfrak{z}.144-6$$

Particulae autem, hae multiplicatione huius, faciunt $24+\surd\mathfrak{z}552$.

Folgendermaßen wird aber ein Multiplikationsexempel angesetzt:

$$\left(\sqrt{12+\sqrt{6}}+\sqrt{12-\sqrt{6}}\right)\cdot\left(\sqrt{12+\sqrt{6}}+\sqrt{12-\sqrt{6}}\right)$$
$$=12+\sqrt{6}+12-\sqrt{6}+\sqrt{144-6}+\sqrt{144-6}$$
$$=24+\sqrt{552}.$$

b) Blatt 239 v⁰: Eine Zusammenstellung von Musterbeispielen:

Exemplum additionis.

$$\frac{3\,\mathfrak{x}}{2}\times\frac{4\,\mathfrak{z}}{3\,\mathfrak{ce}}\ \text{facit}\ \frac{9\,\mathfrak{zz}+8\,\mathfrak{z}}{6\,\mathfrak{ce}} \qquad \frac{3}{2}x+\frac{4x^2}{3x^3}=\frac{9x^4+8x^2}{6x^3}$$

Exemplum subtractionis.

$$\frac{3\,\mathfrak{x}}{2}\ \text{de}\ \frac{9\,\mathfrak{zz}+8\,\mathfrak{z}}{6\,\mathfrak{ce}}\ \text{relinquunt}\ \frac{4\,\mathfrak{z}}{3\,\mathfrak{ce}} \qquad \frac{9x^4+8x^2}{6x^3}-\frac{3}{2}x=\frac{4x^2}{3x^3}$$

Exemplum multiplicationis.

$$\frac{9\,\mathfrak{zz}+8\,\mathfrak{z}}{6\,\mathfrak{ce}}\ \text{per}\ \frac{3\,\mathfrak{x}}{2}\ \text{facit}\ \frac{27\,\mathfrak{ss}+24\,\mathfrak{ce}}{12\,\mathfrak{ce}} \qquad \frac{9x^4+8x^2}{6x^3}\cdot\frac{3x}{2}=\frac{27x^5+24x^3}{12x^3}$$

Exemplum divisionis.

$$\frac{27\,\mathfrak{ss}+24\,\mathfrak{ce}}{12\,\mathfrak{ce}}\ \text{per}\ \frac{3\,\mathfrak{x}}{2}\ \text{facit}\ \frac{9\,\mathfrak{zz}+8\,\mathfrak{z}}{6\,\mathfrak{ce}} \qquad \frac{27x^5+24x^3}{12x^3}:\frac{3x}{2}=\frac{9x^4+8x^2}{6x^3}$$

Exemplum reductionis ad terminos signorum.

27 ſs + 24 ce / 12 ce facit 27 ʒ + 24 / 12

$$\frac{27x^5 + 24x^3}{12x^3} = \frac{27x^2 + 24}{12}$$

Exemplum reductionis ad terminos numerorum.

27 ʒ + 24 / 12 facit 9 ʒ + 8 / 4

$$\frac{27x^2 + 24}{12} = \frac{9x^2 + 8}{4}$$

c) Blatt 238 v⁰:

Aliud multiplicationis exemplum.

6 ʒ + 8 𝓇 − 6
2 ʒ − 4
12 ʒʒ + 16 ce − 12 ʒ
− 24 ʒ − 32 𝓇 + 24
12 ʒʒ + 16 ce − 36 ʒ − 32 𝓇 + 24.

$$(6x^2 + 8x - 6)\cdot(2x^2 - 4)$$

$$\begin{array}{r} 12x^4 + 16x^3 - 12x^2 \\ - 24x^2 - 32x + 24 \\ \hline 12x^4 + 16x^3 - 36x^2 - 32x + 24. \end{array}$$

d) Blatt 239 r⁰:

Aliud exemplum divisionis.

− 12 ʒ
12 ʒʒ + 16 ce − 36 ʒ − 32 𝓇 + 24 (quotiens 6 ʒ + 8 𝓇 − 6)
2 ʒ + 0 𝓇 − 4
2 ʒ + 0 𝓇 − 4
2 ʒ + 0 ce − 4.

Vgl. die Methode des Überwärtsdividierens mit reinen Zahlen Bd. I³, S. 107.

e) Blatt 243 v⁰. Eine quadratische Gleichung wird geschrieben:
1 ʒ aequatur 12 𝓇 − 36. modern: $x^2 = 12x - 36$.

2. Neuaugabe der RUDOLFFschen *Coß*, Königsberg i. Pr. 1553 (mit Zusätzen STIFELS)[I 338].

Lösung der Aufgabe: $(x + y)(x^2 - y^2) = 675$
$(x - y)(x^2 + y^2) = 351.$

Blatt 470 v⁰—471 v⁰:

Das 19 Exemplum.

Es sind zwo zalen / so man yhr aggregat multiplicirt in die differentz yhrer quadrat / so kom̃en 675. Multiplicirt man aber der zalen differētz in das aggregat yhrer quadrat so kommen 351. Welche zalen sinds? Facit 1 𝓇 und 1 *A*.

$$(x + y)(x^2 - y^2) = 675$$

$$(x - y)(x^2 + y^2) = 351$$

Alſo multiplicir ich 1 ꝶ + 1 *A* in 1 ʒ − 1 *AA*.

$$(x + y) \cdot (x^2 - y^2)$$

Facit diſs product 1 ce + 1 ʒ *A* − 1 ꝶ *AA* − 1 *AAA*. vnd das iſt gleich 675.

$$x^3 + x^2y - xy^2 - y^3 = 675$$

Darnach multiplicir ich 1 ꝶ − 1 *A*. in 1 ʒ + 1 *AA*. Facit. 1 ce − 1 ʒ *A* + 1 ꝶ *AA* − 1 *AAA*. vnd das iſt gleich 351.

$$(x - y) \cdot (x^2 + y^2)$$

$$x^3 - x^2y + xy^2 - y^3 = 351$$

Setz die proportz dieſer zalen 675 vnd 351 in jhre kleynſte zalen ſo kommen .25 vnd 13. vnd kommen die zwo vergleychung alſo in ein einige vergleychung / ſo man im kreutz multiplicirt

$$\frac{675}{351} = \frac{25}{13}$$

1 ce + 1 ʒ *A* − 1 ꝶ *AA* − 1 *AAA* ╲╱ 25
1 ce − 1 ʒ *A* + 1 ꝶ *AA* − 1 *AAA* ╱╲ 13

$$(x^3 + x^2y - xy^2 - y^3) \cdot 13 = (x^3 - x^2y + xy^2 - y^3) \cdot 25$$

Facit 13 ce + 13 ʒ *A* − 13 ꝶ *AA* − 13 *AAA* gleich 25 ce − 25 ʒ *A* + 25 ꝶ *AA* − 25 *AAA*

$$13x^3 + 13x^2y - 13xy^2 - 13y^3 = 25x^3 - 25x^2y + 25xy^2 - 25y^3$$

Reducirt man dieſe vergleychung mit addiren / vnd darnach mit ſubtrahirn / ſo kommen 38 ʒ *A* − 38 ꝶ *AA*. gleych 12 ce − 12 *AAA*.

$$38x^2y - 38xy^2 = 12x^3 - 12y^3$$

So diuidir ich yetzt auff yeder ſeyten mit 12 ꝶ − 12 *A*. ſo kommen $3\frac{1}{6}$ ꝶ *A*. gleych 1 ʒ + 1 ꝶ *A* + 1 *AA*. Hie addir ich auff yeder ſeyten 1 ꝶ *A*. das ich könne radicem extrahiren.

$$3\tfrac{1}{6}xy = x^2 + xy + y^2$$

Wirt $4\frac{1}{6}$ ꝶ *A* gleych 1 ʒ + 1 ꝶ *A* + 1 *AA*. jetzt extrahir ich auff yeder ſeyten die quadrat wurtzel ſo wird ✓ $4\frac{1}{6}$ ꝶ *A* gleich 1 ꝶ + 1 *A*.

$$4\tfrac{1}{6}xy = x^2 + 2xy + y^2$$

$$\sqrt{4\tfrac{1}{6}xy} = x + y$$

Hie wiederumb hole ich die obern vergleychung da $3\frac{1}{6}$ ꝶ *A* gleich würden 1 ʒ + 1 ꝶ *A* + 1 *AA*. vnd ſubtrahier auff yeder ſeyten 3 ꝶ *A*. ſo werden denn $\frac{1}{6}$ ꝶ *A* gleich 1 ʒ − 2 ꝶ *A* + 1 *AA*. alſo extrahir ich auff yeder ſeyten die quadrat wurtzel / ſo wirt ✓ $\frac{1}{6}$ ꝶ *A* gleich 1 ꝶ − 1 *A*. oben ward auch gefunden das ✓ $4\frac{1}{6}$ ꝶ *A* war gleich 1 ꝶ + 1 *A*. So mach auſs diſen zweyen vergleychungen ein einige ver-

$$3\tfrac{1}{6}xy = x^2 + xy + y^2$$

$$\tfrac{1}{6}xy = x^2 - 2xy + y^2$$

$$\sqrt{\tfrac{1}{6}xy} = x - y$$

$$\sqrt{4\tfrac{1}{6}xy} = x + y$$

gleychung mit addirn. denn da werden 2𝔵 gleich √6𝔵 *A*. $\qquad 2x = \sqrt{6xy}$

Alſo multiplicir ich yetzt auff yeder ſeyten quadrate / ſo kommen 4ʒ gleych 6𝔵 *A*. $\qquad 4x^2 = 6xy$
dividireſtu nu auff yeder ſeyten mit 6𝔵. ſo kompt 1 *A*. gleich ⅔𝔵. Vnd iſt 1 *A* reſoluirt. $\qquad y = \frac{2}{3}x$

Vnd ſtehn yetzt die zalen der auffgab alſo 1𝔵 vnd ⅔𝔵. Wider hol yetzt die auffgab mit diſer ſatzung / ſo wirt 1𝔵 reſoluirt bald auſs dem erſten teyl der auffgab. Vnd kompt 1𝔵 reſoluirt in 9. Alſo ſind die zalen der aufgab 9 vnd 6.

$$(x + \tfrac{2}{3}x)\cdot(x^2 - \tfrac{4}{9}x^2) = 675$$

$$x = 9.$$

52. Geronimos Cardano (1501 — Rom 1576; Pavia, Padua, Mailand, Bologna)[II 74, 279]: II[3] 28, *115*, *116*, 49, 52, *645*, 150, 182, 183; III[3] 31, (45—46), (88—89), (117), (132), *536*, *539*, (163—164).

*Practica Arithmeticae generalis*, Mailand 1539[II 279]. *Artis magnae sive de regulis algebraicis liber unus*, Nürnberg 1545[II 74]. Cardano, *Opera* IV, Lugduni 1663[I 558].

a) Cardano, *Ars magna*, Ausgabe von 1545, Bl. 66 r°, Z. 24 f.

| | |
|---|---|
| 5 *p* : ℞ *m* 15 | $(5 + \sqrt{-15})\cdot(5 - \sqrt{-15})$ |
| 5 *m* : ℞ *m* 15 | |
| 25 *m* : *m* : 15 *q̃d.* eſt 40 | $= 25 - (-15) = 40.$ |

b) Cardano, *Opera*, IV, 1663, S. 287; dieselbe Aufgabe:

5. *p̃*. ℞. *m̃*. 15.
5. *m̃*. ℞. *m̃*. 15.
25. *m̃ m̃* 15 quod est 40.

c) Cardano, IV, S. 29, *Pract. Ar.*, cap. XXII, § 11:
Cardano setzt die drei Divisionen:

$$(x^3 - 1):(x - 1) = x^2 + x + 1$$
$$(x^4 - 1):(x - 1) = x^3 + x^2 + x + 1$$
$$(x^5 - 1):(x - 1) = x^4 + x^3 + x^2 + x + 1$$

folgendermaßen auseinander (vgl. II[3], 149 betr. Rel. P.):

Si igitur diuideres 1. *cu.* *m̃* 1 per 1. *co.* *m̃*. 1. exibit 1. *ce.* *p̃*. 1. *co.* *p̃*. 1, si vero 1. *ce. ce.* *m̃*. 1. per 1. *co.* *m̃*. 1. exibit 1. *cu.* *p̃*. 1. *ce.* *p̃*. 1. *co.* *p̃*. 1 et si divides 1. Rel. P. *m̃*. 1 per 1. *co.* *m̃*. 1. exibit 1. *ce. ce.* *p̃*. 1. *cu.* *p̃*. 1 *co.* *p̃*. 1 ...

d) Die Regel CARDANOS für den Fall $x^3 + px = q$ (*Ars magna*, cap. XI):

$$x = \sqrt[3]{\sqrt{\tfrac{1}{4}q^2 + \tfrac{1}{27}p^3} + \tfrac{1}{2}q} - \sqrt[3]{\sqrt{\tfrac{1}{4}q^2 + \tfrac{1}{27}p^3} - \tfrac{1}{2}q}$$

lautet (Ausgabe 1545, Bl. 30 r⁰):

| | |
|---|---|
| Deducito tertiam partem numeri rerum ad cubum, cui addes quadratum dimidij numeri aequationis & totius accipe radicem, scilicet quadratam, quam servabis (Ausg. 1545: seminabis) unique dimidium numeri quod jam in se duxeras, adijcies, ab altera dimidium idem minues, habebisque Binomium cum sua Apotome, inde detracta ℞ cubica Apotomae ex ℞ cubica sui Binomij, residuū quod ex hoc relinquitur, est rei aestimatio. | Erhebe den dritten Teil der Anzahl der $x[p]$ in den Kubus; zu diesem addiere das Quadrat der Hälfte des konstanten Gliedes $[q]$ und ziehe aus der Summe die Quadratwurzel. Diese merke dir und addiere einmal die Hälfte der konstanten Zahl, die du eben quadriert hattest, ein anderes Mal subtrahiere diese Hälfte. Dadurch erhältst du ein Binomium $[\sqrt{\frac{1}{4}q^2 + \frac{1}{27}p^3} + \frac{1}{2}q]$ und die zugehörige Apotome $[\sqrt{\frac{1}{4}q^2 + \frac{1}{27}p^3} - \frac{1}{2}q]$. Zieht man nun die Kubikwurzel der Apotome von der Kubikwurzel des Binomiums ab, so ist der Rest, der hierbei übrig bleibt, der Wert der Unbekannten. |

53. Niccolò Tartaglia (1500—1557; Brescia, Venedig)[I 59]: I³ *696*, *1055*; II³ 34, 150, *937*, 183; III³ *528*.

*General trattato di numeri et misvre*, Venedig 1556—1560[I 59].

Die algebraische Schreibart ist dieselbe wie bei PACIOLI. Das Pluszeichen ist ein verschnörkeltes *p* ohne irgendeine Ähnlichkeit mit dem deutschen Additionskreuz.

54. R. Recorde (1510—1558, Cambridge)[II 65]: II³ *137*,

55. Johannes Buteo (1492 Dauphiné — 1572)[I 75]: III³ 48.

*Logistica*, Lugduni 1559[I 75].

*Log.* S. 190—191, eine Gleichung mit mehreren Unbekannten (unter Weglassen des verbindenden Textes):

| | modern |
|---|---|
| 1 *A*, $\frac{1}{3}$*B*, $\frac{1}{3}$*C* [14 | $x + \frac{1}{3}y + \frac{1}{3}z = 14$ |
| 1 *B*, $\frac{1}{4}$*A*, $\frac{1}{4}$*C* [ 8 | $y + \frac{1}{4}x + \frac{1}{4}z = 8$ |
| 1 *C*, $\frac{1}{5}$*A*, $\frac{1}{5}$*B* [ 8 | $z + \frac{1}{5}x + \frac{1}{5}y = 8$ |
| 3 *A*. 1 *B*. 1 *C* [42 \| 1ª | $3x + y + z = 42$ |
| 1 *A*. 4 *B*. 1 *C* [32 \| 2ª | $x + 4y + z = 32$ |
| 1 *A*. 1 *B*. 5 *C* [40 \| 3ª | $x + y + 5z = 40$ |

| | |
|---|---|
| 3*A*, 12*B*, 3*C*[ 96 | $3x + 12y + 3z = 96$ |
| 3*A*, 1*B*, 1*C*[ 42 | $3x + y + z = 42$ |
| 11*B*, 2*C*[ 54 | $11y + 2z = 54$ |
| 3*A*. 3*B*. 15*C* [120 | $3x + 3y + 15z = 120$ |
| 3*A*. 1*B*. 1*C*[ 42 | $3x + y + z = 42$ |
| 2*B*. 14*C*[ 78 | $2y + 14z = 78$ |
| 22*B*. 154*C* [858 | $22y + 154z = 858$ |
| 22*B*. 4*C* [108 | $22y + 4z = 108$ |
| 150*C* [750 | $150z = 750$ |

usw.

56. **Pedro Núñez** (1492—1577; Universität Coimbra, Portugal)[II 76].

*Libro de algebra en arithmetica y geometria*, Anvers 1567[II 76].

S. 32[a] eine Divisionsaufgabe mit algebraischen Summen:

| | modern |
|---|---|
| 4.*co*.$\tilde{p}$.3 \| 12.*cu*.$\tilde{p}$.18.*ce*.$\tilde{p}$.27.*co*.$\tilde{p}$.17 | $4x + 3$ in $12x^3 + 18x^2 + 27x + 17$ |
| 12.*cu*.$\tilde{p}$ 9.*ce*. | $12x^3 + 9x^2$ |
| 9.*ce*.$\tilde{p}$.27.*co*.$\tilde{p}$.17 | $9x^2 + 27x + 17$ |
| 9.*ce*.$\tilde{p}$. 6.*co*.$\frac{3}{4}$ | $9x^2 + 6\frac{3}{4}x$ |
| 20.*co*.$\frac{1}{4}$$\tilde{p}$.17 | $20\frac{1}{4}x + 17$ |
| 20.*co*.$\frac{1}{4}$$\tilde{p}$.15$\frac{3}{16}$ | $20\frac{1}{4}x + 15\frac{3}{16}$ |
| 1$\frac{13}{16}$ | $1\frac{13}{16}$ |
| 3.*ce*.$\tilde{p}$.2.*co*.$\frac{1}{4}$.$\tilde{p}$.5$\frac{1}{16}$.$\tilde{p}$.1$\frac{13}{16}$. | $3x^2 + 2\frac{1}{4}x + 5\frac{1}{16}$. Rest $1\frac{13}{16}$. |

57. **Raffaelo Bombelli** (geb. um 1530; Bologna)[II 75]: II³ 33, 34, 107, 152, 183; III³ 31, (91—92), (143—144), (164).

*L'Algebra*, Bologna 1572[II 75].

S. 294, Z. 1 eine Gleichung dritten Grades:

1.$^{3}$ Eguale à 15.$^{1}$ *p*. 4, d. h. $x^3 = 15x + 4$.

58. **Simon Stevin** (1548 Brügge — 1620 Haag, Kaufmann später im Staatsdienst als Ingenieur)[II 139]: I³ *23*, 178; II³ 34, 152, *919*, *938*, 186, 187, 188; III³ 48, (48), (93), (165).

*L'Arithmétique*, 1585[II 139].

| a) éd. GIRARD[I 23], S. 50: | modern |
|---|---|
| ✓bino.5 + ✓3 + ✓bino.5 − ✓3 | $\left(\sqrt{5+\sqrt{3}} + \sqrt{5-\sqrt{3}}\right)^2$ |
| ✓bino.5 + ✓3 + ✓bino.5 − ✓3 | |
| + ✓22 + 5 − ✓3 | $= 5 + \sqrt{3} + \sqrt{22} + \sqrt{22} + 5 - \sqrt{3}$ |
| 5 + ✓3 + ✓22 | |
| Produict et solution 10 + ✓88 | $= 10 + \sqrt{88}$. |

b) S. 54:

| | modern |
|---|---|
| Nombre à multiplier | |
| 2③ − 4②+3① | $(2x^3 - 4x^2 + 3x)$. |
| Multiplicateur + 2④+3③ | $(2x^4 + 3x^3)$ |
| +6⑥ −12⑤+9④ | $+ 6x^6 - 12x^5 + 9x^4$ |
| 4⑦ −8⑥+ 6⑤ | $4x^7 - 8x^6 + 6x^5$ |
| Produict 4⑦ −2⑥− 6⑤+9④ | $4x^7 - 2x^6 - 6x^5 + 9x^4$. |

c) Multipliant √3 ① par √2 ② fait √6 ③

$$\sqrt{3x} \cdot \sqrt{2x^2} = \sqrt{6x^3}$$

Item multipliant √ 3) (① par √ 2)(② fait √ 6)(③

$$\sqrt{3}\, x . \sqrt{2}\, x^2 = \sqrt{6}\, x^3$$

Item multipliant √ bino. √3② + √2① par √bino. √5② + √4① font √ quadrin. √15④ + √12③ + √10③ + √8②.

$$\sqrt{\sqrt{3x^2} + \sqrt{2x}} . \sqrt{\sqrt{5x^2} + \sqrt{4x}}$$
$$= \sqrt{\sqrt{15x^4} + \sqrt{12x^3} + \sqrt{10x^3} + \sqrt{8x^2}}.$$

d) S. 60, Multiplikationsbeispiel mit mehreren Unbekannten:

| | |
|---|---|
| 4 sec. ② + 5① | $(4y^2 + 5x)$. |
| 3 sec. ② + 2① | $(3y^2 + 2x)$ |
| + 8① *M*sec ② + 10② | $8xy^2 + 10x^2$ |
| 12 sec ④ + 15① *M*sec | $+ 12y^4 + 15xy^2$ |
| 12 sec ④ + 23① *M*sec ② + 10② | $12y^4 + 23xy^2 + 10x^2$. |

e) ... Item 2① *D* sec ②, multipliés par 3② *D* ter. ③ donnent produict 6③ *D* sec. ② *D* ter. ③

$$\frac{2x}{y^2} \cdot \frac{3x^2}{z^3} = \frac{6x^3}{y^2 z^3}.$$

f) S. 61: ... Item divisant 6③ *M* sec. ① par 2① *D* ter. ②, donne quotient 3② sec ① *M* ter ②

$$6x^3 y : \frac{2x}{z^2} = 3x^2 y z^2.$$

g) S. 63, Behandlung einer höheren Gleichung:

| | |
|---|---|
| 1⑨ egale à 3⑥ + 5③ seront reduictes | $x^9 = 3x^6 + 5x^3$ wird zurückgeführt auf |
| 1⑥ egale à 3③ + 5 | $x^6 = 3x^3 + 5$. |

h) S. 71, Lösungsformel der kubischen Gleichung $x^3 = 6x + 40$:

√③bino.20 + √392 + √③bino.20 − √392; $x = \sqrt[3]{20 + \sqrt{392}} + \sqrt[3]{20 - \sqrt{392}}$.

59. François Viète (1540—1603; Paris, französischer Staatsbeamter)II 70, 127, 163, 290, 408, III 364: II³ 35, 36, 53, 54, *289*, 153, 156, 188, 189; III³ 29, *364*, 94, (145), (147—150), *693*.

*In artem analyticam isagoge*, Turonis 1591[II 70]. *Zeteticorum libri V*, Turonis (?) 1593[II 163]. — *De aequationum recognitione et emendatione* 1615[III 364]. — VIETA, *Opera mathematica*; ed. SCHOOTEN[II 127].

Die Schreibart SCHOOTENs in der Gesamtausgabe von 1646 ist nicht die originale; SCH. benutzt vielmehr die von DESCARTES (1637) eingeführten Neuerungen.

a) *Isagoge* 1591. Das Rechnen mit Buchstaben:

S. 6: Oporteat $\dfrac{A \text{ plano}}{B}$ addere $Z$. Summa erit $\dfrac{A \text{ planum} + Z \text{ in } B}{B}$

[d. h. Es soll $\frac{a}{b}$ zu $x$ addiert werden. Die Summe beträgt $\frac{a + xb}{b}$]

Oporteat $\dfrac{A \text{ plano}}{B}$ addere $\dfrac{Z \text{ quadratum}}{G}$. Summa erit $\dfrac{G \text{ in } A \text{ planum} + B \text{ in } Z \text{ quadratum}}{B \text{ in } G}$

[d. h. Es soll $\frac{a}{b}$ zu $\frac{x^2}{g}$ addiert werden. Die Summe wird $\frac{ga + bx^2}{bg}$]

Vel denique, oporteat adplicare $\dfrac{B \text{ cubum}}{Z}$ ad $\dfrac{A \text{ cubum}}{D \text{ plano}}$, ortiua erit $\dfrac{B \text{ Cubus in } D \text{ planum}}{Z \text{ in } A \text{ cubum}}$

[d. h. Oder zuletzt, es soll $\frac{b^3}{x}$ durch $\frac{a^3}{d}$ dividiert werden, so entsteht $\frac{b^3 d}{x a^3}$].

b) *Zetet.* I. 8, eine Gleichung:

Originalausgabe, Bl. 3 v⁰: (1593) $\dfrac{B \text{ in } A}{D} + \left\{\dfrac{B \text{ in } A \atop - B \text{ in } H}{F}\right\}$ aequabuntur $B$

SCHOOTENsche Ausgabe, S. 46: (1646) $\dfrac{B \text{ in } A}{D} + \dfrac{B \text{ in } A - B \text{ in } H}{F}$ aequabitur $B$.

Modern: $\dfrac{ax}{b} + \dfrac{ax - ac}{d} = a$

[$A$ die Unbekannte $= x$. Die Konsonanten sind die bekannten Zahlen].

c) Weitere Abweichungen zwischen VIETA und SCHOOTEN:

| | VIETA | SCHOOTEN | Modern |
|---|---|---|---|
| *Zetet.* II, 22: | $l\frac{25}{3} - l\frac{5}{3}$ ($l$ = latus) | $\surd\frac{25}{3} - \surd\frac{5}{3}$ | $\sqrt{\frac{25}{3}} - \sqrt{\frac{5}{3}}$ |
| *Zetet.* IV, 10: | $B \text{ in} \left\{ D \text{ quadratum} \atop + B \text{ in } D \right.$ | $B \text{ in } \overline{D \text{ quad.} + B \text{ in } D}$ | $b(d^2 + bd)$ |
| *Zetet.* IV, 20: | $D \text{ in} \left[ B \text{ cubum } 2 \atop - D \text{ cubo} \right.$ | $D \text{ in } \overline{B \text{ cubum } 2 - D \text{ cubo}}$ | $d(2b^3 - d^3)$. |

d) Behandlung einer kubischen Gleichung. *De emendatione aequationum,* cap. VII, ed. SCHOOTEN, 1646, S. 149.

Problema I.

Cubum adfectum sub latere adfirmate ad quadratum radicem habens solidam idemque adfectum, reducere.

Proponatur $A$ cubus + $B$ plano 3 in $A$, aequari $Z$ solido 2. Oportet facere quod propositum est. $E$ quad. + $A$ in $E$ aequatur $B$ plano.

. . . . . . . . . . . . . igitur $\frac{B \text{ planum} - E \text{ quad.}}{E}$ erit $A$.

Quare

$$\frac{B \text{ plano-plano-planum} - E \text{ quad. in } B \text{ plano-planum } 3 + E \text{ quad quad in } B \text{ planum } 3 - E \text{ cubo cubo}}{E \text{ cubo}}$$

$$+ \frac{B \text{ pl. pl. } 3 - B \text{ pl. in } E \text{ q. } 3}{E} \text{ aequabitur } Z \text{ solido } 2.$$

Et omnibus per $E$ cubum ductis & ex arte concinnatis. $E$ cubi quad. + $Z$ solido 2 in $E$ cubum, aequabitur $B$ plani-cubo.

Quae aequatio est quadrati affirmate affecti, radicem habentis solidam. Facta itaque reductio et quae imperabatur.

Consectarium.

Itaque si $A$ cubus + $B$ plano 3 in $A$, aequetur $Z$ solido 2 et $\sqrt{B \text{ plano-plano-plani} + Z \text{ solido-solido}} - Z$ solido, aequetur $D$ cubo. ergo $\frac{B \text{ planum} - D \text{ quadr.}}{D}$, fit $A$ de qua quaeritur.

Übersetzung: Problem I.

Eine (reduzierte) kubische Gleichung, deren lineares Glied (latus) positiv ist, auf eine quadratische, deren Wurzel eine kubische Größe ist und deren lineares Glied ebenfalls positiv ist, zurückzuführen.

Man nehme $A^3 + 3B^2 A = 2Z^3$ [modern: $x^3 + 3a^2x = 2b^3$]. Um die Aufgabe zu erfüllen, sei $E^2 + AE = B^2$ [modern: $y^2 + xy = a^2$] . . . . . also ist $\frac{B^2 - E^2}{E} = A$ $\left[\text{mod.: } \frac{a^2 - y^2}{y} = x\right]$.

Daher wird $\frac{B^6 - 3E^2B^4 + 3E^4B^2 - E^6}{E^3} + \frac{3B^4 - 3B^2E^2}{E} = 2Z^3$

$$\left[\text{mod.: } \frac{a^6 - 3a^4y^2 + 3a^2y^4 - y^6}{y^3} + \frac{3a^4 - 3a^2y^2}{y} = 2b^3\right].$$

Nachdem alle Glieder mit $E^3$ multipliziert und vorschriftsmäßig geordnet sind, wird $E^6 + 2Z^3E^3 = B^6$ [mod.: $y^6 + 2b^3y^3 = a^6$].

Diese Gleichung ist quadratisch und mit einem positiven (linearen) Gliede versehen, hat außerdem eine kubische Wurzel. Daher ist die Zurückführung geschehen und das Verlangte erfüllt.

### Folgerung.

Wenn daher $A^3 + 3B^2A = 2Z^3$ ist [mod.: $x^3 + 3a^2x = 2b^3$] und $\sqrt{B^6 + Z^6} - Z^3 = D^3$ mod.: $\sqrt{a^6 + b^6} - b^3 = c^3$], so ist $\frac{B^2 - D^2}{D}$ der gesuchte Wert $A$ $\left[\text{mod.: } \frac{a^2 - c^2}{c}\right]$.

e) Die Lösung der kubischen Gleichung:

$A$ cubus + $B$ plano 3 in $A$ aequatur $Z$ solido 2

[modern: $x^3 + 3a^2x = 2b^3$]

wird in der SCHOOTENschen Ausgabe 1646 folgendermaßen geschrieben

$$\sqrt{C.\ \sqrt{B\text{ plano-plano-plani} + Z\text{ solido-solido}} + Z\text{ solido}}$$
$$- \sqrt{C.\sqrt{B\text{ plano-plano-plani} + Z\text{ solido-solido}} - Z\text{ solido}}\,.$$

Eſt A quaesita.

$$\text{d. h. } A = \sqrt[3]{\sqrt{B^6 + Z^6} + Z^3} - \sqrt[3]{\sqrt{B^6 + Z^6} - Z^3}$$

$$\left[\text{modern: } x = \sqrt[3]{\sqrt{a^6 + b^6} + b^3} - \sqrt[3]{\sqrt{a^6 + b^6} - b^3}\right].$$

Über VIETAS Originalschreibart zusammengesetzter Wurzeln vgl. Bd. II[3], S. 188f.

60. **Petrus Ramus** (Pierre de la Ramée, 1515—1572; Paris)[I 989, II 867]: II[3] 151—152, *1110.*

PETRI RAMI, *Arithmetices libri duo et Algebrae totidem*, Frankfurt 1592[II 867].

S. 306: / modern:

$$\begin{array}{rr}
8q + 9 & 7q - 4l \\
7q + 4 & 9l \\
\hline
+ 32q + 36 & 63c - 36q \\
56bq + 63q & \\
\hline
56bq + 95q + 36 &
\end{array}
\qquad
\begin{array}{rr}
(8x^2 + 9) & (7x^2 - 4x) \\
(7x^2 + 4) & \cdot 9x \\
\hline
32x^2 + 36 & 63x^3 - 36x^2 \\
+ 56x^4 + 63x^2 & \\
\hline
+ 56x^4 + 95x^2 + 36 &
\end{array}$$

S. 307: / modern:

$$\begin{array}{r}
l8 - l2 \\
l7 - l3 \\
\hline
- l24 + l6 \\
l56 - l14 \\
\hline
l56 - l24 - l14 + l6
\end{array}
\qquad
\begin{array}{r}
(\sqrt{8} - \sqrt{2}) \\
(\sqrt{7} - \sqrt{3}) \\
\hline
- \sqrt{24} + \sqrt{6} \\
\sqrt{56} - \sqrt{14} \\
\hline
\sqrt{56} - \sqrt{24} - \sqrt{14} + \sqrt{6}
\end{array}$$

61. Johannes Kepler (1571 Weil der Stadt, Württ. — 1630 Regensburg; Graz, Prag, Linz, Ulm)[I 264, II 483, 887]: I³ *1115*; II³ *1272*; III³ 32.

*Harmonice mundi*, lib. I, prop. 45[II 887]. *De Figurarum Harmonicarum Demonstrationes*, Linz 1619, Ges. Werke, ed. FRISCH, Bd. V, Frankfurt a. M.-Erlangen 1864[I 264], S. 104.

.... ejus quadratum $64^{IV} - 96^{VI} + 52^{VIII} - 12^{X} + 1^{XII}$ divisum per $9^{II} - 6^{IV} + 1^{VI}$, quod prius erat $4^{II} - 1^{IV}$, in hoc duc illius denominatorem, et aequabuntur

$$36^{IV} - 33^{VI} + 10^{VIII} - 1^{X} \quad \text{cum} \quad 64^{IV} - 96^{VI} + 52^{VIII} - 12^{X} + 1^{XII}.$$

Ergo etiam $63^{VI} + 11^{X}$ cum $28^{IV} + 42^{VIII} + 1^{XII}$. Hic aequatio prodit quantitatem lateris heptagonici.

Modern: $\frac{64x^4 - 96x^6 + 52x^8 - 12x^{10} + x^{12}}{9x^2 - 6x^4 + x^6} = 4x^2 - x^4$. Rechts multipliziere mit dem linken Nenner, so wird

$$36x^4 - 33x^6 + 10x^8 - x^{10} = 64x^4 - 96x^6 + 52x^8 - 12x^{10} + x^{12};$$

daher auch

$$63x^6 + 11x^{10} = 28x^4 + 42x^8 + x^{12}.$$

Hier erscheint die Gleichung der Siebeneckseite.

62. Christoph Clavius (1537—1612, Bamberg, Rom; Jesuit)[II 72]: I³ *22*; II³ 35, *759*, 188.

*Algebra* CHRISTOPHORI CLAVII *Bambergensis*, Romae 1608[II 72].

a) Gleichungsform, Beispiel S. 43: Sic aequatio inter $\frac{4\mathfrak{x} + 18}{\mathfrak{x}}$ & $\frac{12\mathfrak{x} - 58}{2}$, reducitur per multiplicationem in crucem ad hanc inter $8\mathfrak{x} + 36$, & $12\mathfrak{z} - 58\mathfrak{x}$. Quae sit per transpositionem reducatur, erit eadem aequatio inter $66\mathfrak{x} + 36$, & $12\mathfrak{z}$.

(So wird die Gleichung zwischen $\frac{4x+18}{x}$ und $\frac{12x-58}{2}$ durch Multiplikation über Kreuz auf die folgende zwischen $8x + 36$ und $12x^2 - 58x$ zurückgeführt. Wenn sie durch Umstellung geordnet wird, wird dieselbe eine Gleichung zwischen $66x + 36$ und $12x^2$.) CL. kennt noch keine Gleichheitszeichen.

b) Wurzelschreibart S. 124: ... ex diuisione $\sqrt{\mathfrak{z}}(4 + \sqrt{\mathfrak{z}}\,25 - \sqrt{\mathfrak{z}}\,144 - \sqrt{}\,225)$ per $\sqrt{\mathfrak{z}} - 8$. prouenire $1\frac{1}{2}$), d. i. $\sqrt{4 + \sqrt{25} - \sqrt{144} - \sqrt{225}} : \sqrt{-8} = 1\frac{1}{2}$.

63. Alberd Girard († 1632; Niederlande)[I 23]: I³ *23*; II³ 24, *114*, 35—36, *658*, 153, 158, 187; III³ 95; V B. 5.

*Invention nouvelle en l'algèbre*, Amsterdam 1629[I 23].

| | | |
|---|---|---|
| *Inv.* Seite 𝕮: | cc (128 + V8192) | $\sqrt[3]{128+\sqrt{8192}}$ |
| *Inv.* Seite 𝔅: | ($\frac{2}{3}$) 49 | $49^{\frac{2}{3}}$ |
| *Inv.* Seite $\mathfrak{D}_2$: | Soit 1 ③ esgale à 13 ① + 12 | $1x^3 = 13x + 12$ |

64. Thomas Harriot (1560—1621; Oxford)[II 66]: II³ *120*, 37, 153, 188; III³ 96, 97.

*Artis analyticae praxis*, London 1631[II 66].

S. 12: modern:

$$\begin{array}{l|l} a+b & \!=\!\!=\!\! aaa + baa + bca \\ a+c & \quad + caa - bda \\ a-d & \quad - daa - cda - bcd \end{array}$$

$$(x+b)\cdot(x+c)(x-d) = x^3 + bx^2 + bcx + cx^2 - bdx - dx^2 - cdx - bcd$$

S. 100, eine kubische Gleichung:

*aaa* — 3. *bba* ═══ + 2. *ccc*.

V*ccc* + V*cccccc* — *bbbbbb* + V*ccc* — V*cccccc* — *bbbbbb* ═══ *a*

modern: $x^3 - 3b^2x = 2c^3$

$$\sqrt[3]{c^3+\sqrt{c^6-b^6}} + \sqrt[3]{c^3-\sqrt{c^6-b^6}} = x$$

(Der Wurzelexponent 3. fehlt hier bei Harriot.)

S. 101, ein numerisches Beispiel: modern:

52 ═══ — 3·*a* + *aaaa* ═══ 4 $\qquad 52 = -3x + x^3 \qquad x = 4$

*a* ═══ V3.)26 + V675 + V3.)26 — V675 $\qquad x = \sqrt[3]{26+\sqrt{675}} + \sqrt[3]{26-\sqrt{675}}$

2 . + V3 . . . . + . . . . 2 — V3 $\qquad = 2 + \sqrt{3} + 2 - \sqrt{3}$

4. $\qquad = 4$

65. William Oughtred (1574—1660; Pfarrer in einem englischen Landort)[I 680]: II³ 24, *104*, 28, 30, 39, 153, 188, *1373*; III³ 13, 14, *55*, 95—96, 97; V, B. 5.

*Clavis mathematicae* 1631[I 680], Cap. XII, § 3 u. 4, S. 25 u. 26:

*Aqq* + 4 *AcE* + 6 *AqEq* + 4 *AEc* + *Eqq* $\qquad a^4 + 4a^3b + 6a^2b^2 + 4ab^3 + b^4$

*Aqqcc* + 10 *AcccE* + 45 *AqccEq* + 120 *AqqcEc* + ...

$$a^{10} + 10a^9b + 45a^8b^2 + 120a^7b^3 \ldots$$

66. R. Norwood, *Trigonometry* 1631[I 350]: III³ 13; V, B. 5.

67. Pierre Hérigone, *Cursus mathematicus*, Paris 1634[I 47]: I³ *1129*; II³ 32, 33, 153; III³ 15; IV, A. 2.

68. Pierre de Fermat (1601—1665; franz. Staatsbeamter)[1773]: $I^3$ 773; $III^3$ (179).

*Methodus ad disquirendum maximum et minimum*; um 1638 an DESCARTES geschickt, vor 1637 verfaßt. *Œuvres*, éd. TANNERY et HENRY, Paris 1891, Bd. I[1773].

a) *Œuvres*, S. 138: modern:

$$\frac{Bq.\text{ in }A\text{ in }E + A\text{ in }Ec. - B\text{ in }A\text{ in }Eq.\text{ bis}}{Bq.\text{ in }E\text{ bis} - B\text{ in }Eq.} \qquad \frac{a^2xy + xy^3 - 2axy^2}{2a^2y - ay^2}$$

$(A = x;\quad E = y;\quad B = a)$

b) *Œuvres*, S. 139, Durchführung einer Maximalaufgabe:

| | |
|---|---|
| Sunt adaequanda | Es sei anzugleichen |
| $B - A \text{ cum } \frac{Bq.\text{ in }A\text{ in }E + A\text{ in }Ec. - B\text{ in }A\text{ in }Eq.\text{ bis}}{Bq.\text{ in }E\text{ bis} - B\text{ in }Eq.}$ | $a - x \text{ mit } \frac{a^2xy + xy^3 - 2axy^2}{2a^2y - ay^2}$ |
| et, omnibus ductis in denominatorem et abs $E$ divisis, adaequabuntur | Nachdem alles mit dem Nenner multipliziert und durch $y$ dividiert ist, wird sein |
| $Bc.\text{ bis} - Bq.\text{ in }A\text{ bis} - Bq.\text{ in }E + B\text{ in }A\text{ in }E$ | $2a^3 - 2a^2x - a^2y + axy$ |
| et | |
| $Bq.\text{ in }A + A\text{ in }Eq. - B\text{ in }A\text{ in }E\text{ bis}.$ | $= a^2x + xy^2 - 2axy.$ |
| Quandoquidem nihil est utrimque commune, elidantur homogenea omnia abs $E$ affecta, et aequantur reliqua fiet | Da nichts auf beiden Seiten gemeinsam ist, können alle Glieder mit $y$ weggestrichen werden (Fermat setzt $y = 0$ im Grenzübergang zum Maximum). Das übrige liefert die Gleichung |
| $Bc.\text{ bis} - Bq.\text{ in }A\text{ bis aequalis }Bq.\text{ in }A$ | $2a^3 - 2a^2x = a^2x,$ |
| ideoque | daher |
| $A$ ter aequabitur $B$ bis. | $3x = 2a.$ |

c) *Œuvres*, S. 124, eine höhere Gleichung:

$A$ cub. cub. + $B$ in $A$ qu. cub. + $Z$ pl. in $A$ qu. qu. + $D$ sol. in $A$ cub. + $M$ pl. pl. in $A$ qu. aequari N. sol. sol.

d. h. $x^6 + a_1x^5 + b_2x^4 + c_3x^3 + d_4x^2 = e_6.$

$B = a_1$, ist eine eindimensionale Konstante

$Z$ pl. $= b_2$ „ „ zwei- „ „ ($Z$ planum)

. . . . . . . . . . . . . .

N. sol. sol. $= e_6$ ist eine sechs- „ „ (N. solido-solidum).

69. René Descartes (1596—1650)[I 842, II 93, 96, 307]: II$^3$ 25, *143*, 37, 38, *306*, *312*, *314*, *317*, 59, *335*, 62, *716*, 154, *896*, *897*, *898*, *900*, 189; III$^3$ 15, *165*, (165—166), *699*.

*Géométrie* 1637[II 93, 96]. *Œuvres de* Descartes, éd. Adam et Tannery, 6, Paris 1903[II 96].

a) S. 415:

$$y^6 - 26y^5 \left.\begin{matrix}-2cd\\+bb\\+dd\end{matrix}\right\} y^4 \left.\begin{matrix}+4bcd\\-2ddr\end{matrix}\right\} y^3 \left.\begin{matrix}-2bbcd\\+ccdd\\-ddss\\+ddrr\end{matrix}\right\} yy - 2bccddy + bbccdd \propto 0$$

b) S. 447:

$$\begin{array}{rrrrr} y^4 - 12y^3 & + 54yy & - 108y & + 81 & \\ + 4y^3 & - 36yy & + 108y & - 108 & \\ & - 19yy & + 114y & - 171 & \\ & & - 106y & + 318 & \\ & & & - 120 & \\ \hline y^4 - 8y^3 & - 1yy & + 8y & * & \propto 0, \end{array}$$

c) S. 451: $x^5 **** - b \propto 0$ (ein Stern bedeutet das Fehlen eines Gliedes).

d) S. 452: $x^3 - \sqrt{3}xx + \frac{26}{27}x - \frac{8}{27\sqrt{3}} \propto 0.$

e) S. 461: $+\frac{1}{2}a + \sqrt{\frac{1}{4}aa + \frac{1}{4}cc} - \sqrt{\frac{1}{4}cc - \frac{1}{2}aa + \frac{1}{2}c\sqrt{aa+cc}}.$

f) S. 464: $z^3 \propto *.apz.aaq$, modern: $z^3 = 0z^3 \pm apz \pm a^2q$.

g) Ältere Schriften (vor der *Géométrie* 1637):

*Œuvres* 10[II 96]. *Excerpta mathematica.*

S. 295: 6 ȼ + 11 ʒ + 6 𝔵 + 1 ductum per ✓ $\frac{3}{4}$

modern: $(6x^3 + 11x^2 + 6x + 1)\cdot\sqrt{\frac{3}{4}}$.

S. 299: *AD* sit ad *DE* vt $x$ ad $y$, & *DE* ad *EC* vt $y$ ad $z$. Si ponatur $AB \propto a$, $BC \propto b$, $AC \propto c$, & $AD \propto x$ 𝔵, habetur sequens aequatio:

$$\left.\begin{matrix}+abyy\\-abxx\\-abzz\\+bbxz\\+aaxz\\-ccxz\end{matrix}\right\} ʒ \propto \left.\begin{matrix}+bʒx\\-aabx\\-bccx\\-accx\\-abbz\\+aʒz\end{matrix}\right\} 𝔵 + abcc.$$

Erläuterung: Auf den Seiten *AB* und *BC* je ein Punkt *D* und *E* zu suchen, so daß sich $AD:DE:EC$ wie die bekannten Größen $x:y:z$ verhalten.

70. **Frans van Schooten II** (1615—1660, Leiden)[II 93]: II[3] 37; III[3] 15, (167).

71. **Anonym 1636**, Calcul de Mons. DESCARTES[II 102].

*Œuvres, de* DESCARTES, éd. ADAM et TANNERY, 10[I 842].

a) S. 669: Le produit de $\frac{a-c}{b^2-c^2}\sqrt{db^3+bd^3}$ par $\sqrt{\frac{ab^3-ad^3}{bc}}$ est

$$\frac{a-c}{b^2-c^2}\sqrt{\frac{adb^6-ad^4b^3+ab^4d^3-ad^6b}{bc}}.$$

b) S. 667: $y \propto \frac{-b+g}{4}\sqrt{\frac{\begin{matrix}-4a^2-3b^2\\-4f^2-3g^2+4d^2\\-4c^2-2bg\end{matrix}}{16}+\frac{\begin{matrix}+2ax\\+2cx\\+2fx\end{matrix}}{4}-x^2}.$

72. **Erasmus Bartholinus** (Berthelsen, 1625—1698; Prof. in Kopenhagen)[II 93].

FRANCISCI à SCHOOTEN, *Principia Matheseos universalis seu Introductio ad Geometriae methodum* RENATI DESCARTES, Lugd. 1651. (Ausarbeitung einer Vorlesung VAN SCHOOTENS über die Geometrie DESCARTES'). Abdruck, DESCARTES' *Geometria*, ed. SCHOOTEN, 1659—61[II 98, 344].

a) S. 11:

$$\begin{array}{rrrrrrr}
 & & \text{Multipl.} & 4a^3 + & 3aa - & 2a + 1 & \\
 & & \text{per} & & aa - & 5a + 6 & \\
\hline
 & & & +24a^3 + & 18aa - & 12a + 6 & \\
 & -20a^4 - & 15a^3 + & 10aa - & 5a & & \\
+4a^5 + & 3a^4 - & 2a^3 + & 1aa & & & \\
\hline
\text{product.}\ 4a^5 - & 17a^4 + & 7a^3 + & 29aa - & 17a + 6. & &
\end{array}$$

b) S. 40 unten: $\frac{\overline{5-x}\ \text{in}\ \overline{xx+12}}{\sqrt{xx+12}}$ seu $\overline{5-x}\sqrt{\overline{xx+12}}$.

c) S. 46, Z. 7 f.; 1659, S. 46. Nach Fortlassung des lateinischen Textes und in senkrechter Anordnung völlig modern:

$$\sqrt{\frac{zz+3aa}{4}} - \sqrt{\frac{zz-3aa}{4}} \propto \sqrt{\frac{azz}{b}}$$

$$\frac{1}{2}zz - \sqrt{\frac{z^4-9a^4}{4}} \propto \frac{azz}{b}$$

$$\frac{1}{2}zz - \frac{azz}{b} \propto \sqrt{\frac{z^4-9a^4}{4}}$$

$$\frac{1}{4}z^4 - \frac{az^4}{b} + \frac{aaz^4}{bb} \propto \frac{z^4-9a^4}{4}$$

$$\frac{az^4}{b} - \frac{aaz^4}{bb} \propto \frac{9a^4}{4}$$

$$4abz^4 - 4aaz^4 \propto 9a^4bb$$
$$4bz^4 - 4az^4 \propto 9a^3bb$$
$$z^4 \propto \frac{9a^3bb}{4b-4a}$$
$$zz \propto \frac{3}{2}ab\surd\frac{a}{b-a}$$
$$z \propto \surd\overline{\frac{3}{2}ab\surd\frac{a}{b-a}}.$$

73. **Isaac Newton** (1643—1727; Prof. i. Cambridge, Kgl. Münzdirektor in London; Präsident der Royal Society)[II 358, 541, 787]: II³ 38, *358*, 155, 190; III³ 98, *390*, *391*.

*Arithmetica universalis*, Universitätsvorlesungen NEWTONS, etwa aus der Zeit 1673—1683, von einem Zuhörer WHISTON 1707 herausgegeben[II 541],

a) S. 21, eine Multiplikationsaufgabe:

$$\begin{array}{r} \frac{2ax}{c} - \sqrt{\frac{a^3}{c}} \\ 3a + \sqrt{\frac{abb}{c}} \\ \hline \frac{2ax}{c}\sqrt{\frac{abb}{c}} - \frac{aab}{c} \\ \frac{6aax}{c} - 3a\sqrt{\frac{a^3}{c}} \\ \hline \frac{6aax}{c} - 3a\sqrt{\frac{a^3}{c}} + \frac{2ax}{c}\sqrt{\frac{abb}{c}} - \frac{aab}{c}. \end{array}$$

b) S. 30, eine Divisionsaufgabe:

$$\begin{array}{l} (yy - 2ay + aa)y^4 \quad * \quad - 3\tfrac{1}{2}aayy + 3a^3y - \tfrac{1}{2}a^4(yy + 2ay - \tfrac{1}{2}aa.) \\ \quad \underline{y^4 - 2ay^3 + \quad aayy} \\ \quad 0 + 2ay^3 - 4\tfrac{1}{2}aayy \\ \quad\quad \underline{+ 2ay^3 - 4\ aayy + 2a^3y} \\ \quad\quad\quad 0 - \tfrac{1}{2}aayy + a^3y \\ \quad\quad\quad \underline{- \tfrac{1}{2}aayy + a^3y - \tfrac{1}{2}a^4} \\ \quad\quad\quad\quad 0 \quad\quad 0 \quad\quad 0 \end{array}$$

c) Aus Briefen NEWTONS (*Commercium epistol.*, par BIOT et LEFORT, Paris 1856)[II 179].

S. 63:

$\overline{\overline{\overline{y-4}\times y+5}\times y-12}\times y+17=0$ statt $\{[(y-4)\cdot y+5]\cdot y-12\}y+17=0.$

S. 103: $\overline{P+PQ}|^{\frac{m}{n}} = P^{\frac{m}{n}} + \frac{m}{n}AQ + \frac{m-n}{2n}BQ + \frac{m-2n}{3n}CQ + \ldots$

Dazu Exemplum 2:

Est $\sqrt{5 : c^5 + c^4 x - x^5}$ : (id est $\overline{c^5 + c^4 x - x^5}|^{\frac{1}{5}}$)

$$= c + \frac{c^4 x - x^5}{5c^4} - \frac{2c^8 xx + 4c^4 x^6 - 2x^{10}}{25c^9} + \text{etc.}$$

74. John Wallis (1616—1703; Oxford)$^{\text{I } 682, \text{ II } 204, 446}$: II$^3$ 36, 156, 189, 190; III$^3$ 97, 98.

75. Gottfried Wilhelm Leibniz (1646 Leipzig — 1716 Hannover)$^{\text{I } 786, \text{ II } 42, 225}$: II$^3$ *121*, 29, *135*, 31, *213*, *214*, 43, 44, 63, 64, *666*, 156, 159; III$^3$ 14, *58*.

Die Schreibart ist fast durchgängig modern.

76. W. Jones (1675—1749; Oxford)$^{\text{II } 87}$: II$^3$ *84*, 260; III$^3$ 32; V, B. 5.

## Anhang III.

# Zur Geschichte der kubischen Gleichungen.

Um einen Einblick zu geben, wie die arabische Mathematik die griechische Behandlung kubischer Probleme zu einer allgemeinen Lösung kubischer Gleichungen ausbaute, seien zwei Beispiele des Persers ʿOmar Alḫajjām († 1123; Astronom in Bagdad) in etwas modernisierter Darstellung gegeben: $x^3 = a$ und $x^3 + bx = a$.

*L'Algèbre d'Omar Alkayyâmî*, éd. F. Woepcke, Paris 1851 II² 1009. Erster Hinweis auf die arabische Handschrift in Leiden 1742 durch Meermann. Weitere Handschriften entdeckten Sédillot 1834 und nach ihm Libri in der Bibliothèque royale).

ʿOmar schickt drei vorbereitende Sätze voraus:

1. Zwei Linien zwischen zwei anderen (gegebenen) zu finden, so daß sie in laufender Proportion stehen ($a:x = x:y = y:b$).
   Die Lösung erfolgt in streng griechischer Form durch zwei Parabeln.
2. Gegeben ein Quadrat $a^2$ als Basis der Säule $a^2 h$ und das Quadrat $b^2$: man soll dazu $x$ konstruieren, so daß $a^2 h = b^2 x$.
3. Gegeben eine quadratische Säule: dazu eine andere zu konstruieren von gegebener Höhe und gleichem Inhalt, also $a^2 h = x^2 c$.

Beispiel I. Nach Woepcke, S. 32:

*kaʿbun* *jaʿdilu* *ʿadadan*
(Ein Würfel ist gleich einer Zahl) d. i. $x^3 = a$.

Wir stellen uns die Zahl als Körper $ABCD$ vor, dessen Grundfläche $AC$ das Quadrat der Einheit sei, während die Höhe gleich einer gegebenen Zahl sei. [Das ist der Haupt- und Leitsatz ʿOmars, durch den er die Gleichungen homogen macht und als Summen von rechtwinkligen Quadern darstellt.] Wir wollen nun einen inhaltsgleichen Würfel konstruieren, schalten also zwischen $AB(=1)$ und $BD(=\text{Zahl} = a)$ zwei Proportionalen ein, die uns laut 1. bekannt sind. Sie seien $E$ und $Z$. Dann ist $E^3$ der Würfel. Denn aus $AB:E = E:Z = Z:BD$ folgt $AB^2:E^2 = E^2:Z^2 = E:BD$, also $E^3 = AB^2 \cdot BD = 1^2 . a$.

Beispiel II: Nach WOEPCKE, S. 32ff.:

*mukaʿʿabun wa'aḏlāʿun taʿdilu ʿadadan*
(Würfel und Seiten gleichen einer Zahl) d. i. $x^3 + bx = a$.

Wir machen $AB$ gleich der Seite eines Quadrates, das gleich der Anzahl der $x$ ist. Diese Seite ist also gegeben. Dann konstruieren wir einen Körper, dessen Basisquadrat $AB$, dessen Höhe $BC$ und dessen Inhalt der gegebenen Zahl [$a$] gleich ist; das ist vorher gezeigt worden. Wir zeichnen $BC \perp AB$. Die ‚Körperzahl' ist ein Körper, dessen Basisquadrat gleich 1 und dessen Höhe gleich $a$ ist.

$AB^2 = b, \qquad AB = \sqrt{b},$

$BC \cdot b = a, \qquad BC = \frac{a}{b}.$

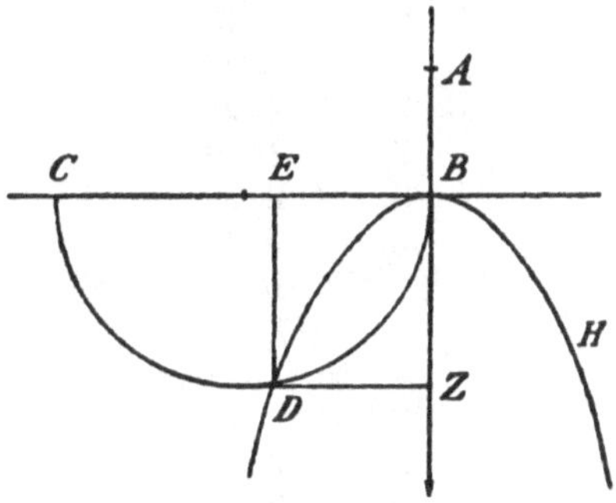


Fig. 35.

Verlängern wir nun $AB$ bis $Z$ und konstruieren mit der Achse $AZ$ eine Parabel, deren Parameter $AB$ ist und deren Scheitel in $B$ liegt. Sie ist vollständig bestimmt. Dann schlagen wir unter $BC$ einen Halbkreis. Dieser muß die Parabel schneiden. Von dem Schnittpunkt $D$ ziehen wir die Senkrechten $DE$ und $DZ$. Nun ist

$$DZ^2 = BZ \cdot BA, \quad \text{also} \quad AB : BE = BE : ED$$
$$[BE = DZ \quad \text{und} \quad ED = BZ \quad \text{gesetzt}].$$

Außerdem ist $BE : ED = ED : CE$ [im Halbkreis]. Also stehen die vier Größen $AB$, $BE$, $ED$, $EC$ in laufender Proportion; mithin ist

$$AB^2 : BE^2 = BE : EC.$$

Daher ist der Körper $AB^2 \cdot EC$ gleich dem Würfel $BE^3$. Fügt man zu beiden den Körper, dessen Basis $AB^2$ und dessen Höhe $BE$ ist, hinzu, so wird:

$$BE^3 + AB^2 \cdot BE = AB^2 \cdot (EC + EB) = AB^2 \cdot BC.$$

Dieses ist aber laut Annahme gleich $1^2 \cdot a$

[also $x^3 + \quad b \cdot x \quad = a$, wo $BE = x$].

# Berichtigung von Bezugsstellen in Band II$^{3}$ auf Anhang II

| | | | | | |
|---|---|---|---|---|---|
| S. 16, | Z. 10 | statt | Nr. $41^{a}$ | lies | Nr. $43^{a}$ |
| | Z. 24 | „ | $37^{a}$ | „ | $39^{a}$ |
| S. 18, | Z. 15 | „ | 38 | „ | 40 |
| S. 19, | Z. 15 | „ | $36^{c}$ | „ | $38^{c}$ |
| S. 21, | Z. 23 | „ | 54 | „ | 56 |
| S. 25, | Z. 20 | „ | $37^{a}$ | „ | $39^{a}$ |
| S. 26, | Z. 8 | „ | $57^{d,e,f}$ | „ | $58^{d,e,f}$ |
| S. 27, | Z. 30 | „ | $38^{a,b}$ | „ | $40^{a,b}$ |
| | Z. 31 | „ | 44 | „ | 46 |
| | Z. 32 | „ | 49 | „ | 51 |
| | Z. 35 | „ | 57, 64 | „ | 58, 65 |
| S. 29, | Z. 1 v.u. | „ | $36^{c}$ | „ | $38^{c}$ |
| S. 32, | Z. 16 | „ | $36^{c}$ | „ | $38^{c}$ |
| S. 37, | Z. 19 | „ | 63 | „ | 64 |
| S. 128, | Z. 14 | „ | 28, $31^{c}$ | „ | $39^{a}$, $46^{b}$, $51^{c}$ |
| S. 129, | Z. 5 | „ | 54 | „ | 56 |
| S. 130, | Z. 13 | „ | $50^{c}$ | „ | $52^{c}$ |
| S. 138, | Z. 1 | „ | 31 | „ | 33 |
| S. 145, | Z. 32 | „ | $41^{b}$ | „ | $43^{b}$ |
| S. 150, | Z. 28 | „ | 44 | „ | 46 |
| S. 151, | Z. 6 | „ | 40 | „ | 42 |
| S. 180, | Z. 10 | „ | 35 | „ | 37 |
| S. 182, | Z. 13 | „ | 42 | „ | 44 |
| | Z. 21 | „ | $40^{c}$ | „ | $42^{c}$ |
| S. 184, | Z. 15 | „ | 45 | „ | 47 |
| | Z. 16 | „ | $38^{b}$ | „ | $40^{b}$ |
| S. 200, | Z. 6 | „ | 47 | „ | 49 |

# Zusammenstellung

der Seitenzahlen und Anmerkungsnummern für Band III der 2. und 3. Auflage

zur Ausnutzung der Namen- und Sachverzeichnisse im Schlußband (Band VII) der zweiten Auflage.

**NB. Die angegebenen Seitenzahlen können sich selbstverständlich nicht völlig decken; sie geben aber zur Auffindung der gesuchten Stelle in der 3. Auflage genügend Anhalt. Die Anmerkungszahlen decken sich genau.**

## I. Seitenzahlen von Band III.

| 2. Aufl. | 3. Aufl. | 2. Aufl. | 3. Aufl. | 2. Aufl. | 3. Aufl. | 2. Aufl. | 3. Aufl. | 2. Aufl. | 3. Aufl. |
|---|---|---|---|---|---|---|---|---|---|
| 1 | 1 | 31 | 42— 44 | 61 | 114—115 | 91 | 170 | 121 | 206—207 |
| 2 | 2 | 2 | 44— 46 | 2 | 115—118 | 2 | 171 | 2 | 207—208 |
| 3 | 3 | 3 | 46— 48 | 3 | 118—120 | 3 | 172 | 3 | 208—209 |
| 4 | 4—5 | 4 | 48— 49 | 4 | 121—123 | 4 | 173—174 | 4 | 209—210 |
| 5 | 5—6 | 5 | 49— 50 | 5 | 123—125 | 5 | 174—175 | 5 | 210—211 |
| 6 | 7—8 | 6 | 50— 51 | 6 | 125—126 | 6 | 175—176 | 6 | 211—212 |
| 7 | 8—9 | 7 | 51— 61 | 7 | 127—129 | 7 | 176—177 | 7 | 212—213 |
| 8 | 9—10 | 8 | 61— 65 | 8 | 129—133 | 8 | 178—179 | 8 | 213—214 |
| 9 | 10—11 | 9 | 65— 67 | 9 | 133—134 | 9 | 179—180 | 9 | 214—215 |
| 10 | 11—12 | 40 | 67— 68 | 70 | 134—135 | 100 | 180—182 | 130 | 215—216 |
| 1 | 12—13 | 1 | 68— 72 | 1 | 135—136 | 1 | 182—183 | 1 | 216—217 |
| 2 | 13—14 | 2 | 72— 78 | 2 | 136—137 | 2 | 184—185 | 2 | 217—218 |
| 3 | 15 | 3 | 78— 79 | 3 | 137—138 | 3 | 185—186 | 3 | 218—219 |
| 4 | 16 | 4 | 79— 80 | 4 | 138—143 | 4 | 186—187 | 4 | 219—220 |
| 5 | 17 | 5 | 80— 82 | 5 | 143—145 | 5 | 187—188 | 5 | 220—221 |
| 6 | 18 | 6 | 83 | 6 | 145—146 | 6 | 188—189 | 6 | 221—222 |
| 7 | 19—20 | 7 | 84 | 7 | 146—147 | 7 | 189—190 | 7 | 222—223 |
| 8 | 20—21 | 8 | 85 | 8 | 147—150 | 8 | 190—191 | 8 | 223—224 |
| 9 | 21—22 | 9 | 86 | 9 | 151 | 9 | 191—192 | 9 | 224 |
| 20 | 22—23 | 50 | 86— 87 | 80 | 152 | 110 | 192—193 | 140 | 225 |
| 1 | 23—25 | 1 | 88— 93 | 1 | 157—158 | 1 | 193—194 | 1 | 226 |
| 2 | 25—27 | 2 | 93—101 | 2 | 158—159 | 2 | 194—195 | 2 | 227 |
| 3 | 27—28 | 3 | 101—102 | 3 | 159—160 | 3 | 196—197 | 3 | 228 |
| 4 | 28—29 | 4 | 102—103 | 4 | 160—161 | 4 | 197—198 | 4 | 229 |
| 5 | 30 | 5 | 103—104 | 5 | 161—162 | 5 | 199 | 5 | 230 |
| 6 | 31—32 | 6 | 104—105 | 6 | 162—163 | 6 | 200—201 | 6 | 231—232 |
| 7 | 32—35 | 7 | 105—107 | 7 | 163—164 | 7 | 201—202 | 7 | 232 |
| 8 | 35—36 | 8 | 108—110 | 8 | 165—168 | 8 | 202 | 8 | 233 |
| 9 | 36—38 | 9 | 110—111 | 9 | 168—169 | 9 | 203—205 | 9 | 234 |
| 30 | 38—41 | 60 | 112 | 90 | 169 | 120 | 205—206 | 150 | 234—235 |

## II. Anmerkungszahlen von Band III.

(Am Rande die Nummern der 2. Auflage und zwar oben ihre Einerziffern; links die Hunderter- und Zehnerziffern.)

| | 0 | 1 | 2 | 3 | 4 | 5 | 6 | 7 | 8 | 9 |
|---|---|---|---|---|---|---|---|---|---|---|
| 0 | | 1 | 2 | 3 | 4 | 5 | — | — | 10 | 14 |
| 1 | 15 | 16 | 17 | 18 | 19 | 20 | 21 | 22 | 23 | 24 |
| 2 | 25 | 27 | 28 | 29 | 30 | 31 | 32 | 33 | 34 | 35 |
| 3 | 37 | 38 | 39 | 40 | 42 | 43 | 44 | 45 | 46 | 48 |
| 4 | 49 | 50 | 51 | 52 | 53 | 54 | 55 | 56 | 57 | 58 |
| 5 | 59 | 60 | 61 | 62 | 63 | 64 | 65 | 66 | 67 | 68 |
| 6 | 69 | 70 | 71 | 72 | 73 | 74 | 75 | 76 | 77 | 78 |
| 7 | 79 | 80 | 81 | 82 | 83 | 84 | 85 | 86 | 87 | 88 |
| 8 | 89 | 90 | 91 | 92 | 93 | 94 | 95 | 96 | 97 | 98 |
| 9 | 99 | 100 | 101 | 102 | 103 | 104 | 105 | 107 | 108 | 109 |
| 10 | 110 | 111 | 112 | 113 | 114 | 115 | 116 | 117 | 118 | 119 |
| 1 | 121 | 122 | 123 | 124 | 125 | 126 | 127 | 128 | 129 | 130 |
| 2 | 131 | 132 | — | 134 | 142 | 143 | 144 | 145 | 146 | 147 |
| 3 | 148 | 149 | 150 | 151 | 152 | 153 | 154 | 155 | 156 | 157 |
| 4 | 158 | 159 | 160 | 161 | 162 | 163 | 164 | 165 | 166 | 167 |
| 5 | 168 | 169 | 170 | 171 | 172 | 173 | 174 | 175 | 176 | 177 |
| 6 | 178 | 179 | 182 | 183 | 184 | 185 | 186 | 187 | 198 | 199 |
| 7 | 204 | 205 | 206 | 208 | — | 213 | 220 | 221 | 222 | 223 |
| 8 | 224 | 225 | 226 | 230 | 231 | 232 | 233 | 234 | 237 | 238 |
| 9 | 239 | 240 | 241 | 242 | 280 | 265 | — | — | 273 | 277 |
| 20 | — | 276 | — | — | — | — | 284 | 285 | 287 | 288 |
| 1 | — | — | 303 | — | — | — | — | — | — | — |
| 2 | — | — | — | — | 318 | 319 | 320 | 321 | 322 | 323 |
| 3 | 324 | 325 | 326 | 327 | 328 | — | 329 | 330 | 331 | 332 |
| 4 | 334 | — | 348 | — | — | 359 | 364 | 365 | 409[a] | 410 |
| 5 | 411 | 412 | 413 | 414 | 425 | 416 | 417 | 418 | 419 | 420 |
| 6 | 421 | 422 | 424 | 426 | — | 428 | — | — | 434 | — |
| 7 | 442 | 451 | 452 | 454 | 455 | 462 | 473 | 463 | 478[a] | 464 |
| 8 | — | 465 | — | 469 | 470 | 471 | 472 | 475 | 476 | 478 |
| 9 | 479 | 480 | 482 | 483 | 484 | 485 | 486 | 487 | 488 | 490 |
| 30 | 491 | 494 | 495 | 496 | 497 | — | 510 | 511 | 512 | 513 |
| 1 | 514 | 515 | 516 | 517 | 518 | 519 | 521 | 522/3 | 524 | 525 |
| 2 | 526 | 528 | 529 | 530 | 531 | 532 | 533 | 535 | 536 | 537 |
| 3 | 538 | 539 | 540 | 541 | 542 | 543 | — | 544 | 554 | — |
| 4 | — | 556 | 559 | 560 | 561 | 562 | 563 | 564 | 565 | 566 |
| 5 | 567 | 568 | 569 | 570 | 571 | — | — | 573 | 578 | 580 |
| 6 | 581 | 582 | 583 | 584 | 585 | 587 | | (498) | 606 | 607 |
| 7 | 608 | — | 611 | 612 | 613 | 614 | 615 | 616 | 617 | 618 |
| 8 | 619 | 621 | 622 | 623 | 625 | 626 | 628 | 629 | 630 | 632 |
| 9 | 633 | 636 | 640 | 643 | 644 | 645 | 646 | 647 | 648 | 649 |
| | 0 | 1 | 2 | 3 | 4 | 5 | 6 | 7 | 8 | 9 |

## Fortsetzung.

| | 0 | 1 | 2 | 3 | 4 | 5 | 6 | 7 | 8 | 9 |
|---|---|---|---|---|---|---|---|---|---|---|
| 40 | 650 | 651 | 652 | 653 | 654 | 655 | 656 | 657 | 658 | 659 |
| 1 | 660 | 661 | 662 | 663 | 664 | 665 | 667 | 668 | 669 | 670 |
| 2 | 671 | 672 | 673 | 674 | 675 | 676 | 677 | 678 | 680 | 681 |
| 3 | 682 | 683 | 684 | 685 | 686 | 687 | 688 | 691 | 693 | 694 |
| 4 | 695 | 696 | 697 | 698 | 699 | 700 | 701 | 702 | 703 | 704 |
| 5 | 705 | 706 | 707 | 708 | 709 | 710 | 711 | 712 | 713 | 715 |
| 6 | 717 | 718 | 719 | 721 | — | 724 | 725 | 727 | 728 | 731 |
| 7 | 732 | 735 | 736 | 737 | 738 | 739 | 740 | 741 | 742 | 743 |
| 8 | 746 | 747 | 748 | $748^{a}$ | 749 | 750 | 751 | 753 | 754 | 755 |
| 9 | 756 | 757 | 758 | 759 | 760 | 761 | 762 | 763 | 764 | 765 |
| 50 | 766 | 767 | 768 | 769 | 770 | 771 | 772 | 773 | 774 | 775 |
| 1 | 776 | 777 | 778 | 780 | 782 | 783 | 784 | 785 | 786 | 788 |
| 2 | 789 | 790 | 791 | 792 | 793 | 794 | 795 | 796 | 797 | 798 |
| 3 | 799 | 800 | 801 | 802 | 803 | 804 | 805 | 806 | 807 | — |
| 4 | | | | | | | | | | |
| | 0 | 1 | 2 | 3 | 4 | 5 | 6 | 7 | 8 | 9 |

MIX
Papier | Fördert gute Waldnutzung
FSC® C083411

Zeitfracht Medien GmbH
Ferdinand-Jühlke-Straße 7
99095 Erfurt, Deutschland
produktsicherheit@kolibri360.de